不确定统计学习理论
与支持向量机

哈明虎　王　超　陈继强　张植明　田大增　著

科学出版社

北京

内 容 简 介

本书系统地介绍了不确定统计学习理论与支持向量机,除扼要介绍国内外其他学者的研究成果外,主要介绍作者已公开发表的系列研究工作.主要内容包括:广义不确定集、广义不确定测度与广义不确定变量、不确定学习过程的一致性、不确定学习过程收敛速度的界、控制不确定学习过程的推广能力、概率测度空间上基于实随机样本的支持向量机、概率测度空间上基于非实随机样本的支持向量机、非概率测度空间上基于非实随机样本的支持向量机以及部分不确定支持向量机的应用.

本书可作为数学、计算机科学与技术、管理科学与工程等专业高年级本科生、研究生的教材或教学参考书,也可供相关领域的科研人员和工程技术人员阅读参考.

图书在版编目(CIP)数据

不确定统计学习理论与支持向量机/哈明虎等著. —北京:科学出版社,
2020.10
  ISBN 978-7-03-066394-8

I. ①不⋯ II. ①哈⋯ III. ①数理统计 IV. ①O21

中国版本图书馆 CIP 数据核字(2020) 第 199042 号

责任编辑:王丽平 贾晓瑞/责任校对:彭珍珍
责任印制:吴兆东/封面设计:蓝正设计

科学出版社 出版
北京东黄城根北街 16 号
邮政编码:100717
http://www.sciencep.com

北京建宏印刷有限公司 印刷
科学出版社发行 各地新华书店经销
*
2020 年 10 月第 一 版 开本:720×1000 B5
2021 年 1 月第三次印刷 印张:17 1/2
字数:350 000
定价:138.00 元
(如有印装质量问题,我社负责调换)

前　　言

统计学习理论是 Vapnik 等在 20 世纪 60 年代提出、90 年代中期建立的一种利用经验小样本数据进行机器学习的一般理论. 由于其理论体系的完备性和实际应用的广泛性, 统计学习理论备受机器学习及相关领域科研和工程技术人员的青睐. 目前, 它被认为是处理小样本学习问题的最佳理论. 由于统计学习理论是建立在概率测度空间上基于实随机样本的, 故它难以处理客观世界中大量存在的概率测度空间上基于非实随机样本 (模糊、粗糙、复值和集值样本等) 和非概率测度空间 (Sugeno 测度、可能性测度、拟概率、不确定测度以及集值概率空间等) 上基于非实随机样本的机器学习问题. 为了统一和简便起见, 把概率测度和非概率测度统称为广义不确定测度, 把概率测度空间和非概率测度空间统称为广义不确定测度空间, 把实随机样本和非实随机样本统称为广义不确定样本. 本书旨在构建处理广义不确定测度空间上基于广义不确定样本机器学习问题的统计学习理论与支持向量机 (简称为不确定统计学习理论与支持向量机). 不确定统计学习理论与支持向量机是传统统计学习理论与支持向量机的发展和拓广. 本书主要介绍作者已公开发表的系列研究工作.

本书的内容安排如下: 第 1 章为绪论; 第 2 章为广义不确定集; 第 3 章为广义不确定测度与广义不确定变量; 第 4 章为不确定学习过程的一致性; 第 5 章为不确定学习过程收敛速度的界; 第 6 章为控制不确定学习过程的推广能力; 第 7 章为概率测度空间上基于实随机样本的支持向量机; 第 8 章为概率测度空间上基于非实随机样本的支持向量机; 第 9 章为非概率测度空间上基于非实随机样本的支持向量机; 第 10 章为不确定支持向量机的应用.

我们于 2001 年开设了 "统计学习理论" 讨论班并成立了课题组, 开始了对不确定统计学习理论以及不确定支持向量机的探讨, 并于 2010 年在科学出版社出版了《不确定统计学习理论》一书, 较系统地介绍了不确定统计学习理论以及不确定支持向量机初步的研究成果. 本书对《不确定统计学习理论》作了较大扩展和完善: 增加了广义不确定集一章 (第 2 章), 讨论了 2-型模糊集、直觉模糊集以及犹豫模糊集等方面的基础知识, 并介绍了课题组在三元模糊集、区间直觉犹豫模糊集和区间 2-型模糊粗糙集方面的研究成果; 把《不确定统计学习理论》一书第 6 章 "不确定支持向量机初步" 扩展为 4 章 (第 7—10 章), 分别为概率测度空间上基于实随机样本的支持向量机、概率测度空间上基于非实随机样本的支持向量机、非概率测度空间上基于非实随机样本的支持向量机以及不确定支持向量机的应用.

感谢杨兰珍、白云超、王鹏、唐文广、周彩丽、田静、李俊华、李嘉、李颜、王英新、张春琴、刘扬、田景峰、张鸿、冯志芳、杜二玲、郑莉芳、张新爱、马丽娟、孙璐、彭桂兵、闫舒静、张现坤、杨扬、高林庆、高志超等博士研究生和硕士研究生, 他们为本书提了很好的建议, 其中一些学生的博士、硕士学位论文的部分内容充实了本书的内容.

本书得到了国家自然科学基金 (编号: 61073121, 11626079)、中国博士后科学基金 (编号: 2018M640234)、河北省自然科学基金 (编号: A2020402013, F2015402033) 和河北省高等学校青年拔尖人才计划项目 (编号: BJ2017031) 的资助, 特此致谢.

由于作者学识和水平所限, 书中不足之处在所难免, 敬请同仁及读者批评指正.

作　者

2020 年 3 月 1 日

目　　录

前言
符号说明
第 1 章　绪论 ··· 1
　1.1　统计学习理论与支持向量机 ··································· 1
　1.2　不确定统计学习理论与支持向量机 ························ 2
　　1.2.1　不确定统计学习理论与支持向量机的提出 ········ 2
　　1.2.2　不确定统计学习理论的研究现状 ···················· 4
　　1.2.3　不确定支持向量机的研究现状 ······················· 5
　　参考文献 ·· 6
第 2 章　广义不确定集 ·· 11
　2.1　模糊集 ·· 11
　2.2　2-型模糊集 ·· 19
　2.3　直觉模糊集 ·· 23
　2.4　三元模糊集 ·· 24
　2.5　犹豫模糊集 ·· 27
　2.6　粗糙集 ·· 29
　2.7　模糊粗糙集、区间 2-型模糊粗糙集与随机粗糙集 ··· 33
　　2.7.1　模糊粗糙集 ·· 33
　　2.7.2　区间 2-型模糊粗糙集 ·································· 36
　　2.7.3　随机粗糙集 ·· 37
　　参考文献 ·· 39
第 3 章　广义不确定测度与广义不确定变量 ················· 41
　3.1　广义不确定测度 ··· 41
　　3.1.1　Sugeno 测度 ··· 41
　　3.1.2　拟测度 ·· 43
　　3.1.3　信任测度与似然测度 ···································· 44
　　3.1.4　可能性测度与必要性测度 ······························ 47
　　3.1.5　可信性测度 ·· 49
　　3.1.6　不确定测度 ·· 51
　　3.1.7　集值测度 ··· 52

　　　　3.1.8　泛可加测度 ··52
　　3.2　广义不确定变量 ···53
　　　　3.2.1　g_λ 变量 ··54
　　　　3.2.2　q 变量 ···60
　　　　3.2.3　模糊变量 ···63
　　　　3.2.4　模糊随机变量 ···67
　　　　3.2.5　不确定变量 ···68
　　　　3.2.6　集值变量 ···69
　　　　3.2.7　泛随机变量 ···71
　　参考文献 ··73

第 4 章　不确定学习过程的一致性 ···75
　　4.1　不确定学习过程的非平凡一致性概念 ···75
　　　　4.1.1　经典学习过程的非平凡一致性概念 ···75
　　　　4.1.2　概率测度空间上基于非实随机样本学习过程的非平凡一致性概念 ·····76
　　　　4.1.3　非概率测度空间上基于非实随机样本学习过程的非平凡一致性概念 ·····79
　　4.2　不确定学习理论的关键定理 ··83
　　　　4.2.1　经典学习理论的关键定理 ···83
　　　　4.2.2　概率测度空间上基于非实随机样本学习理论的关键定理 ·············84
　　　　4.2.3　非概率测度空间上基于非实随机样本学习理论的关键定理 ···········90
　　4.3　不确定一致双边收敛的充要条件 ···102
　　　　4.3.1　经典学习理论一致双边收敛的充要条件 ·······································102
　　　　4.3.2　概率测度空间上基于非实随机样本学习理论一致双边收敛的
　　　　　　　充要条件 ···106
　　4.4　不确定一致单边收敛的充要条件 ···109
　　参考文献 ··109

第 5 章　不确定学习过程收敛速度的界 ···112
　　5.1　基本不等式 ···112
　　　　5.1.1　经典学习理论的基本不等式 ···112
　　　　5.1.2　概率测度空间上基于非实随机样本的基本不等式 ·····················115
　　　　5.1.3　非概率测度空间上基于非实随机样本的基本不等式 ·················119
　　5.2　非构造性的与分布无关的界 ··120
　　　　5.2.1　经典非构造性的与分布无关的界 ···120
　　　　5.2.2　概率测度空间上基于非实随机样本的非构造性的与分布无关的界 ·····121
　　　　5.2.3　非概率测度空间上基于非实随机样本的非构造性的与分布无关的界 ·····122
　　5.3　不确定学习机器推广能力的界 ··123

　　　5.3.1　经典学习机器推广能力的界 ································· 123
　　　5.3.2　概率测度空间上基于非实随机样本的学习机器推广能力的界 ······· 124
　　　5.3.3　非概率测度空间上基于非实随机样本的学习机器推广能力的界 ······· 126
　5.4　不确定函数集的 VC 维 ·· 128
　　　5.4.1　实函数集的 VC 维 ·· 129
　　　5.4.2　复可测函数集的 VC 维 ·· 131
　　　5.4.3　随机集的 VC 维 ·· 132
　5.5　构造性的与分布无关的界 ·· 136
　5.6　构造严格的与分布有关的界 ·· 138
　参考文献 ··· 139
第 6 章　控制不确定学习过程的推广能力 ······································ 140
　6.1　经典结构风险最小化归纳原则 ·· 140
　6.2　不确定收敛速度的渐近界 ·· 142
　　　6.2.1　经典收敛速度的渐近界 ·· 142
　　　6.2.2　概率测度空间上基于非实随机样本的收敛速度的渐近界 ··········· 144
　　　6.2.3　非概率测度空间上基于非实随机样本的收敛速度的渐近界 ········· 148
　6.3　不确定回归估计问题的界 ·· 152
　　　6.3.1　经典回归估计问题的界 ·· 152
　　　6.3.2　非概率测度空间上基于非实随机样本的回归估计问题的界 ········· 155
　参考文献 ··· 162
第 7 章　概率测度空间上基于实随机样本的支持向量机 ······················· 164
　7.1　支持向量机 ··· 164
　　　7.1.1　硬间隔支持向量机 ·· 164
　　　7.1.2　软间隔支持向量机 ·· 166
　　　7.1.3　支持向量机一般算法 ·· 167
　7.2　加权支持向量机 ·· 172
　7.3　特征加权支持向量机 ·· 174
　　　7.3.1　特征加权支持向量机的构建 ·· 174
　　　7.3.2　数值实验 ·· 179
　参考文献 ··· 182
第 8 章　概率测度空间上基于非实随机样本的支持向量机 ···················· 183
　8.1　基于类中心隶属度的模糊支持向量机 ···································· 183
　8.2　基于一种新隶属度的模糊支持向量机 ···································· 185
　　　8.2.1　一种新隶属度设计方法 ·· 185
　　　8.2.2　数值实验 ·· 188

8.3　模糊多类支持向量机 ·· 189

8.3.1　模糊多类支持向量机的构建 ··· 189

8.3.2　数值实验 ·· 192

8.4　直觉模糊支持向量机 ·· 194

8.4.1　直觉模糊隶属函数与直觉指数确定方法 ··················· 194

8.4.2　直觉模糊支持向量机的构建 ··· 197

8.4.3　数值实验 ·· 198

8.5　基于直觉模糊数和核函数的支持向量机 ································ 200

8.5.1　训练样本的直觉模糊数确定方法 ··································· 200

8.5.2　基于直觉模糊数和核函数的支持向量机的构建 ········· 203

8.5.3　数值实验 ·· 204

参考文献 ·· 209

第 9 章　非概率测度空间上基于非实随机样本的支持向量机 ············ 211

9.1　三角模糊支持向量机 ·· 211

9.1.1　模糊线性可分支持向量机 ·· 211

9.1.2　近似模糊线性可分支持向量机 ······································ 213

9.1.3　数值实验 ·· 214

9.2　2-型模糊支持向量机 ·· 215

9.2.1　2-型模糊强线性可分支持向量机 ··································· 215

9.2.2　2-型模糊近似线性可分支持向量机 ······························ 218

9.2.3　数值实验 ·· 220

9.3　支持函数机 ·· 223

9.3.1　集合型数据分类的数学描述 ·· 223

9.3.2　硬间隔支持函数机 ·· 227

9.3.3　软间隔支持函数机 ·· 232

9.3.4　数值实验 ·· 240

9.4　可信性支持向量机 ·· 242

9.4.1　模糊输出样本类别的动态划分方法 ······························ 242

9.4.2　基于模糊输出的可信性支持向量机 ······························ 243

9.4.3　数值实验 ·· 248

参考文献 ·· 252

第 10 章　不确定支持向量机的应用 ·· 254

10.1　单类支持向量机在安全第一投资组合中的应用 ··············· 254

10.1.1　模型构建 ·· 254

10.1.2　模型分析 ·· 256

    10.1.3 应用 ··· 257

  10.2 模糊多类支持向量机在入侵检测中的应用 ······················· 259

  10.3 基于直觉模糊数和核函数的支持向量机在人脸识别中的应用 ······· 260

    10.3.1 人脸数据库 ··· 260

    10.3.2 应用 ··· 262

  10.4 软间隔支持函数机在水质评价中的应用 ·························· 263

  参考文献 ··· 265

索引 ·· 267

符号说明

X　论域

$\mathcal{P}(X)$　X 的幂集

$\mathcal{P}_0(X)$　X 的非空幂集

$\varnothing$　空集

E^c　集合 E 的补集

$\mathcal{B}$　Borel 集

$\mathcal{F}$　σ-代数

P　概率测度

μ　模糊测度

g_λ　λ-模糊测度 (Sugeno 测度)

Pos　可能性测度

Nec　必要性测度

Cr　可信性测度

$\mathcal{M}$　不确定测度

$\mathbf{R}$　实数域

$\mathbf{R}^n$　n 维实数域

$\mu_{\tilde{A}}$　模糊集 $\tilde{A}$ 的隶属函数

$\tilde{\mathcal{F}}(X)$　全体 X 的模糊子集构成的类

$\tilde{\mathcal{F}}(\mathbf{R})$　$\mathbf{R}$ 的全体模糊子集构成的类

$\tilde{\mathcal{F}}_0(\mathbf{R})$　$\mathbf{R}$ 上全体非空模糊子集组成的类

A_λ　$\tilde{A}$ 的 λ-截集

$A_{\underline{\lambda}}$　$\tilde{A}$ 的 λ-强截集

$\mathrm{Ker}\tilde{A}$　$\tilde{A}$ 的核

$\mathrm{Supp}\tilde{A}$　$\tilde{A}$ 的支集

$\tilde{\mathbf{R}}$　$\mathbf{R}$ 上的全体模糊数

$\tilde{\mathbf{R}}^*$　$\mathbf{R}$ 上的全体有界闭模糊数

R　等价关系

$\mathbb{R}$　一族等价关系

$\mathrm{ind}(\mathbb{R})$　$\mathbb{R}$ 上的不可区分关系

$\mathrm{core}(\mathbb{P})$　$\mathbb{P}$ 的核, 即 $\mathbb{P}$ 中所有必要关系所组成的集合

$[x]_R$　包含元素 $x \in U$ 的 R 等价类

$\mathrm{bn}_R(A)$　集合 A 的 R 边界域

$\mathrm{pos}_R(A)$　集合 A 的 R 正域

$\mathrm{neg}_R(A)$　集合 A 的 R 负域

$\overline{R}A$　R 上近似集合

$\underline{R}A$　R 下近似集合

$\rho_R(A)$　集合 A 的粗糙度

$\alpha_R(A)$　集合 A 的近似精度

$Q(\hat{z}, \alpha)$　损失函数

$R(\alpha)$　期望风险

$R_{\mathrm{emp}}(\alpha)$　经验风险

$H_{\mathrm{ann}}^\Lambda(l)$　退火熵

$G^\Lambda(l)$　生长函数

$\sigma_A(x)$　集合 A 的支撑函数

S　$\mathbf{R}^n$ 上的单位球面

$C(S)$　定义在 S 上的连续函数构成的全体

第1章 绪 论

1.1 统计学习理论与支持向量机

在人们对机器智能的研究中, 希望能够用机器 (计算机) 来模拟或实现人类的学习行为, 以获取新的知识或技能, 重新组织已有的知识结构, 使之不断改善自身的性能, 这就是所说的机器学习问题[1]. 机器学习的目的是设计某种 (某些) 方法, 使之能够通过对已知数据的学习, 找到数据内在的相互依赖关系, 从而对未知数据进行预测或对其性质进行判断[2,3]. 机器学习问题的基本模型如图 1.1 所示[2,3].

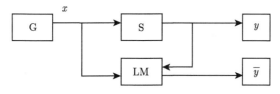

图 1.1 机器学习问题的基本模型

(1) 产生器 (G), 产生随机向量 $x \in \mathbf{R}^n$, 它们是从固定但未知的概率分布 $F(x)$ 中独立抽取的;

(2) 训练器 (S), 对每个输入向量 x 返回一个输出值 y;

(3) 学习机器 (LM), 它能够实现一定的函数集 $f(x, \alpha)(\alpha \in \Lambda)$, 其中 Λ 是参数集合.

在学习过程中, 学习机器观测一系列数据对 (x, y)(训练集). 在训练之后, 学习机器必须对任意输入 x 给定输出 $\bar{y}$. 学习的目标是能够给出输出 $\bar{y}$, 使之接近训练器的响应 y. 同样, 在这里, 最关心的仍是推广能力问题.

机器学习的一个重要分支是基于传统统计学的归纳学习. 传统统计学研究的是渐近理论, 即考虑样本趋于无穷多时的极限特征. 此外, 在确定待求依赖关系之前, 除了有限个参数的取值外, 必须知道它的许多先验信息方可进行学习推断. 在一些实际问题中, 先验信息是很难获取的, 而且所面对的样本数目通常是有限的, 有时还十分有限. 虽然人们早就意识到这一点, 但大多数统计学习算法仍以样本数目足够大 (无穷多) 为假设来推导各种算法, 希望这样得到的算法在样本较少时也能有较好的性能. 然而, 事实并非如此, 依据大样本理论推导的学习算法常常在小样本的实际问题中失效.

人们对于解决此类问题的努力一直在进行, 但是多数工作集中在对已有 (基

于传统统计学原则的) 方法的改进和修正上, 或者学习某种启发式算法. Vapnik
等[2-6]早在 20 世纪 60 年代就开始致力于研究小样本下的机器学习问题, 直到 90
年代中期, 小样本情况下的机器学习理论研究逐渐成熟起来, 形成了一个较完善的
理论体系 —— 统计学习理论 (statistical learning theory, SLT)[7]. 该学习理论第一
次强调了所谓小样本统计学习的问题. 研究表明, 对于很多函数的估计问题, 它可
以得到比基于传统统计技术方法更好的解. 因此, 这一新的理论框架中的小样本统
计学无论是在统计学习理论中还是在理论和应用统计学中, 都形成了一个前沿的研
究方向. 它不仅为研究小样本下的统计模式识别和更广泛的机器学习问题建立了一
个较好的理论框架, 同时以此为基础也发展了一种新的通用模式识别方法 —— 支
持向量机 (support vector machine, SVM)[7,8]. 统计学习理论与支持向量机的主要
内容包括以下 4 部分[7]:

(1) 经验风险最小化原则下学习过程一致性的条件 (重点是学习理论的关键
定理);

(2) 在这些条件下关于统计学习方法推广性的界的结论 (重点是学习过程一致
收敛速度的界、函数集的 VC 维及 VC 维基础上的推广性的界);

(3) 在这些界基础之上建立的小样本归纳推理原则 (主要是结构风险最小化
原则);

(4) 实现新的结构风险最小化原则的实际算法 (重点是支持向量机).

(1)—(3) 是统计学习理论的基础理论部分, 称为狭义上的统计学习理论 (在本
书后面的叙述中, 统计学习理论泛指狭义上的统计学习理论); (4) 是基于统计学习
理论的基础理论发展出的方法及应用部分, 即支持向量机.

由于统计学习理论与支持向量机在解决小样本、非线性等问题中表现出许多
特有的优势, 它们得到了国内外众多专家学者的关注[9-15], 并已成功应用到生物医
学[16,17]、计算机视觉[18,19]、文本分类[20,21] 等众多模式识别领域.

1.2   不确定统计学习理论与支持向量机

1.2.1   不确定统计学习理论与支持向量机的提出

统计学习理论与支持向量机被许多学者认为是处理小样本机器学习问题的有
效理论与算法. 随着其理论研究和实际应用的进一步拓广, 这一理论出现了自身难
以解决的问题. 例如:

(1) 统计学习理论与支持向量机是建立在概率 (一类特殊的测度, 也可称为概
率测度) 空间上的. 众所周知, 概率测度是一个满足可加性 (可列可加性) 的非负单
值实数集函数. 由于可加性条件非常苛刻, 在实际应用中, 这个条件往往得不到满

足. 换言之, 在实际应用中存在着大量的非可加集函数. 例如, 在测量问题中, 尽管经典测度的可加性可以很好地刻画许多类型的、理想的和无误差条件下的测量问题. 然而, 在测量误差不可避免的条件下, 可加性不能充分刻画该条件下的测量问题. 此外, 某些涉及主观评判或非重复性实验的测量, 本质上均是非可加的, 如对某商店出售的一种服装进行评判. 假定只考虑三个主要因素, 即花色式样、耐穿程度及价格, 并由此组成论域 $U=\{$花色式样 (U_1), 耐穿程度 (U_2), 价格 $(U_3)\}$. 为简便起见, U_i 也表示 $\{U_i\}$. 由于人的主观因素的影响, 规定主要因素的重要性度量 μ (μ 是从 U 的幂集到 $[0,1]$ 的一个集函数) 如下:

$$\mu(U_1) = 0.6, \quad \mu(U_2) = 0.5, \quad \mu(U_3) = 0.8,$$

$$\mu(U_1 \bigcup U_2) = 0.7, \quad \mu(U_1 \bigcup U_3) = 0.9, \quad \mu(U_2 \bigcup U_3) = 0.8, \quad \mu(U_1 \bigcup U_2 \bigcup U_3) = 1.$$

显然有 $\mu(U_1 \bigcup U_2) \neq \mu(U_1) + \mu(U_2)$, 这从某种意义上说明了非可加集函数的存在.

(2) 经典的概率测度是从某一经典集合的类到实数域某一子集的单值映射, 但在一些实际问题中遇到的映射的取值不是单值而是集值, 如设 X 和 Y 是两个非空集合, W 是从 $X \times Y$ 到实数 $\mathbf{R}$ 的函数 (映射), 考虑如下最小化问题族:

$$\forall y \in Y, \quad V(y) = \inf_{x \in X} W(x, y),$$

函数 V 称为边缘函数. $\forall y \in Y$, 设

$$G(y) = \{x \in X \,|\, W(x, y) = V(y)\}$$

是上述最小化问题解的子集合, 则 G 是一个从 Y 到 X 的集值映射 (最优化理论的主要内容之一就是研究集值映射 G). 集值测度和积分是伴随着 20 世纪 40 年代集值映射的提出和发展而产生的.

(3) 传统的统计学习理论与支持向量机是基于实随机变量的, 在一些实际应用中, 实随机变量也有一定的局限性. 例如, 在一个特定的城市与特定的气候下, 针对当时的天气随机抽取一组人进行问卷调查, 这个随机实验的调查结果是形如 "一般" "冷" "很冷" "尤其冷" 等模糊性的 "数据", 这些模糊数据是不能直接用实数或实随机变量来刻画的. 因此, 基于实随机变量的统计学习理论与支持向量机也难以解决实际生活中的基于非实随机变量 (如模糊随机变量、随机集变量、粗糙集变量等) 的学习问题.

综上所述, 创建概率测度空间上基于非实随机样本 (模糊、粗糙、复值和集值样本等) 和非概率测度空间 (Sugeno 测度、可能性测度、拟概率、不确定测度以及集值概率空间等) 上基于非实随机样本的统计学习理论与支持向量机具有重要的理论意义和广阔的应用前景. 为了简便起见, 把模糊集、2-型模糊集、直觉模糊集、

粗糙集等统一称为广义不确定集, 把概率测度和非概率测度统一称为广义不确定测度, 把概率测度空间和非概率测度空间统一称为广义不确定测度空间, 把实随机样本和非实随机样本统一称为广义不确定样本. 本书旨在构建统一的、处理广义不确定测度空间上基于广义不确定样本机器学习问题的统计学习理论与支持向量机 (简称为不确定统计学习理论与支持向量机). 不确定统计学习理论与支持向量机同样包括 4 部分主要内容: 广义不确定测度空间上基于广义不确定样本学习过程的一致性 (简称为不确定学习过程的一致性)、广义不确定测度空间上基于广义不确定样本的学习过程收敛速度的界 (简称为不确定学习过程收敛速度的界)、广义不确定测度空间上基于广义不确定样本的结构风险最小化原则 (简称为不确定结构风险最小化原则)、广义不确定测度空间上基于广义不确定样本的支持向量机 (简称为不确定支持向量机).

1.2.2　不确定统计学习理论的研究现状

考虑到统计学习理论在处理概率测度空间上基于非实随机样本和非概率测度空间上基于非实随机样本方面的局限性, 我们课题组分别讨论了概率测度空间上基于非实随机样本的统计学习理论和非概率测度空间上基于非实随机样本的统计学习理论.

(1) 哈明虎等[22,23]给出了基于带零均值噪声样本的统计学习理论的关键定理, 讨论了基于带零均值噪声样本的学习过程一致收敛速度的界, 给出了受噪声影响的模糊样本学习理论的关键定理; Tian 等[24,25]给出了基于模糊样本的学习理论的关键定理和学习过程一致收敛速度的界; Liu 等[26]给出了基于粗糙样本的学习理论的关键定理和学习过程一致收敛速度的界; 张植明等[27,28]提出了基于复随机样本学习理论的关键定理、学习过程一致收敛速度的界、函数集的 VC 维、VC 维基础上推广性的界以及结构风险最小化原则; 孙璐等[29]讨论了基于随机集样本学习理论基础. 此外, Ha 等[30]还讨论了基于模糊复随机样本的学习理论基础.

(2) 哈明虎等[31]将统计学习理论从概率测度空间扩展到 Sugeno 测度空间上, 提出了 Sugeno 测度空间上的经验风险最小化非平凡一致收敛的原则, 并给出了此空间上学习理论的关键定理和学习过程一致收敛速度的界, 也提出了 Sugeno 测度空间上带零均值噪声学习理论的关键定理; 哈明虎等[32]在拟概率空间上得到了学习理论的关键定理和学习过程一致收敛速度的界; 哈明虎等[33,34]在可能性空间上给出了学习理论的关键定理和学习过程一致收敛速度的界; Bai 等[35,36]首先得到了可信性测度空间上学习理论的次关键定理, 继而又得到了可信性测度空间上的学习理论的关键定理和一致收敛速度的界; Zhang 等[37,38]也进一步讨论了不确定测度空间上的统计学习理论, 给出了不确定空间上学习理论的关键定理. Ha 等[39]提出了集值概率空间上基于随机集样本的学习理论, 给出了集值概率空间上基于随机集样本的关键定理、学习过程一致收敛速度的界, 并率先提出了随机集 VC 维的定义以及在此基础上的学习机器推广能力的界和结构经验风险最小化原则. Ha 等[40]给出了 Sugeno 测度空间上基于模糊样本的学习理论的关键定理和学习过程一致收敛速度的界. 张植明和田景峰[41]给出了粗糙空间中基于双重粗糙样本的统计学习理论的理论基础.

1.2.3 不确定支持向量机的研究现状

考虑到传统支持向量机在处理不确定性数据方面的局限性, 国内外的一些专家提出了许多支持向量机的扩展模型. 当不确定数据具有一个规范的扰动界时, Trafalis 等[42,43]在构建支持向量机的过程中引入了鲁棒优化模型, 在最坏情况下仍然保证了较好的性能; Xu 等[44]定义了一种具有单调、有界、非凸和可调节的铰链损失函数, 并在此基础上建立一种新的鲁棒支持向量机, 该支持向量机对边界异常值具有较好的鲁棒性; 基于机会约束的支持向量机也引入了鲁棒优化模型, 即在训练支持向量机的过程中增加一个机会约束以保证不确定数据错分概率最小, 同时这类机会约束可以简化成多变量切比雪夫不等式[45]或者伯恩斯坦边界方案[46]. 针对支持向量机在处理不均衡数据方面的局限性, 范昕炜等[47]提出了一种可补偿类别差异的加权支持向量机, 提高 SVM 对小类别样本的分类能力. 在一些实际问题中, 由于具有较多分类信息的特征在训练最优支持向量机时比含有较少分类信息的特征更为重要, Xing 等[48]提出了一种新型的特征加权支持向量机. 不难发现, 上述这些支持向量机的训练样本仍为概率测度空间上的实随机样本. 因此, 本书将这些支持向量机及经典支持向量机统称为概率测度空间上基于实随机样本的支持向量机.

模糊集[49]和直觉模糊集[50]作为两类不确定性数学工具, 在支持向量机中也得到了成功的应用. Lin 和 Wang[51] 率先将模糊集的隶属度应用到支持向量机中, 提出了模糊支持向量机, 根据每个训练数据分类贡献的大小赋予其不同的模糊隶属度, 以削弱噪声数据对分类的影响. Lee 等[52]还提出了一类可能性支持向量机, 根据数据的几何分布, 给每个训练数据赋予了一个基于可能性距离测度的可能性隶属度. 考虑到一对多支持向量机中的一个不可分区域, Shigeo[53] 对该区域中的每个数据定义了一个模糊隶属度, 提出了基于多类问题的模糊支持向量机. 此外, 哈明虎等[54,55]将直觉模糊集的隶属度和非隶属度引入支持向量机, 将模糊支持向量机推广为直觉模糊支持向量机, 有效地处理了训练数据中更为复杂的噪声信息. 李昆仑等[56]在 Weston 和 Watkins[57] 所提出的多类 SVM 分类器直接构造方法的惩罚项中引入模糊成员函数, 构建了基于模糊成员函数的多类支持向量机. 上述这些支持向量机将概率测度空间上的实随机样本模糊化或直觉模糊化, 统称为概率测度空间上基于非实随机样本的支持向量机.

在一些实际问题中, 训练样本的标签类别往往是由专家给出的, 由于历史资料的缺乏或专家经验和知识的不足, 专家有时不能给出准确的判断. 为此, 杨志民和邓乃扬[58]在可能性测度空间上首次讨论了训练样本标签数据为三角模糊数的分类问题, 并构建了基于可能性理论的模糊支持向量分类机. Wang 等[59]进一步考虑到了模糊标签数据的不确定性, 在可信性测度空间上给出了一种模糊标签数据的动态划分方法, 构建了可信性支持向量机. 此外, 王超[60]还讨论了一类不确定测度空间上训练样本标签数据为 "不确定[61]" 情形下的分类问题, 初步建立了一类 "不确定性支持向量机". 针对训练样本特征数据的不确定性, Ji 等[62]首次在可能性空间中讨论了训练样本特征为三角模糊数的分类问题, 构建了相应的支持向量机并在冠心病的诊断中得到了成功应用. Ha 等[63]基于期望模糊可能性测度和模糊机会约束规划, 结合最大间隔思想初步建立了一类处理 2-型模糊数据分类问题的支持向量机. 考虑到集合型数据的分类问题广泛存在于风速预测、水质评价、视频分析等众多领域, Chen 等[64,65]在 Banach 空间上分别建立了硬间隔和软间隔支持函数机, 并有效应用于水质评价中. 此外, 为了更精确地处理集合型数据的模糊分类问题, 陈继强[66]还构建了一类基于可能性测度的模糊支持函数机. 上述这些支持向量机均是在非概率测度空间上讨论了训练样本的标签或特征数据为不确定情形下的分类问题, 统称为非概率测度空间上基于非实随机样本的支持向量机.

参 考 文 献

[1] 白鹏, 张喜斌, 张斌, 等. 支持向量机理论及工程应用实例. 西安: 西安电子科技大学出版社, 2008

[2] Vapnik V N. The Nature of Statistical Learning Theory. New York: A Wiley-Interscience Publication, 1995

[3] Vapnik V N. 统计学习理论的本质. 张学工, 译. 北京: 清华大学出版社, 2000

[4] Vapnik V N. Statistical Learning Theory. New York: Springer, 1998

[5] Vapnik V N. 统计学习理论. 许建华, 张学工, 译. 北京: 清华大学出版社, 2004

[6] Vapnik V N. An overview of statistical learning theory. IEEE Transactions on Neural Networks, 1999, 10(5): 988-999

[7] 边肇祺, 张学工. 模式识别. 北京: 清华大学出版社, 1999

[8] Cortes C, Vapnik V N. Support vector networks. Machine Learning, 1995, 20: 273-297

[9] Cristianini N, Shawe-Taylor J. 支持向量机导论. 李国正, 王猛, 曾华军, 译. 北京: 电子工业出版社, 2004

[10] 邓乃扬, 田英杰. 数据挖掘中的新方法 —— 支持向量机. 北京: 科学出版社, 2004

[11] 邓乃扬, 田英杰. 支持向量机 —— 理论、算法与拓展. 北京: 科学出版社, 2009

[12] 张学工. 关于统计学习理论与支持向量机. 自动化学报, 2000, 26(1): 32-42

[13] Nello C, John S. An Introduction to Support Vector Machines. Cambridge: Cambridge University Press, 2000

[14] Steinwart I. Consistency of support vector machines and other regularized kernel classifiers. IEEE Transactions on Information Theory, 2005, 51: 128-142

[15] Guermeur Y. VC theory of large margin multi-category classifiers. Journal of Machine Learning Research, 2007, 8: 2551-2594

[16] Jin B, Tang Y C, Zhang Y Q. Support vector machines with genetic fuzzy feature transformation for biomedical data classification. Information Sciences, 2007, 177: 476-489

[17] Ramírez J, Górriz J, Salas-Gonzalez D, et al. Computer-aided diagnosis of Alzheimer's type dementia combining support vector machines and discriminant set of features. Information Sciences, 2013, 237: 59-72

[18] Christlein V, Bernecker D, Hönig F, et al. Writer identification using GMM supervectors and exemplar-SVMs. Pattern Recognition, 2016, 63: 258-267

[19] Han B, Davis L S. Density-based multifeature background subtraction with support vector machine. IEEE Transactions on Pattern Analysis and Machine Intelligence, 2012, 34(5): 1017-1023

[20] Fu J H, Lee S L. A multi-class SVM classification system based on learning methods from indistinguishable Chinese official documents. Expert Systems with Applications, 2012, 39(3): 3127-3134

[21] Mozafari A S, Jamzad M. A SVM-based model-transferring method for heterogeneous domain adaptation. Pattern Recognition, 2016, 56: 142-158

[22] 哈明虎, 李俊华, 白云超, 等. 样本受零均值噪声影响下的学习理论的若干理论研究. 自然科学进展, 2006, 16(12): 1668-1673

[23] Li J H, Ha M H, Bai Y C, et al. Some theoretical studies on learning theory with samples corrupted by noise. Proceedings of International Conference on Machine Learning and Cybernetics, 2006: 3480-3485

[24] Tian J, Ha M H, Li J H, et al. The fuzzy-number based key theorem of statistical learning Theory. Proceedings of International Conference on Machine Learning and Cybernetics, 2006: 3475-3479

[25] Ha M H, Tian J. The theoretical foundations of statistical learning theory based on fuzzy number samples. Information Sciences, 2008, 178(16): 3240-3246

[26] Liu Y, Tian D Z, Wang Y X, et al. The key theorem of statistical learning theory with rough samples. Proceedings of Asian Fuzzy Systems Society International Conference, 2006: 270-274

[27] Ha M H, Pedrycz W, Zhang Z M, et al. The theoretical foundations of statistical learning theory of complex random samples. Far East Journal of Applied Mathematics,

2009, 34(3): 315-336

[28] 张植明, 田景峰, 哈明虎. 基于复拟随机样本的统计学习理论的理论基础. 计算机工程与应用, 2008, 44(9): 82-86

[29] 孙璐, 陈继强, 哈明虎. 基于随机集样本的学习过程一致收敛速率的界. 模糊系统与数学, 2008, 22: 270-272

[30] Ha M H, Pedrycz W, Zheng L F. The theoretical fundamentals of learning theory based on fuzzy complex random samples. Fuzzy Sets and Systems, 2009, 160(17): 2429-2441

[31] 哈明虎, 李颜, 李嘉, 等. Sugeno 测度空间上学习理论的关键定理和一致收敛速度的界. 中国科学 E 辑: 信息科学, 2006, 36(4): 398-410

[32] 哈明虎, 冯志芳, 宋士吉, 等. 拟概率空间上学习理论的关键定理和学习过程一致收敛速度的界. 计算机学报, 2008, 31(3): 476-485

[33] 哈明虎, 王鹏. 可能性空间中学习过程一致收敛速度的界. 河北大学学报 (自然科学版), 2004, 24(1): 1-6

[34] Bai Y C, Ha M H. The key theorem of statistical learning theory on possibility spaces. Proceedings of International Conference on Machine Learning and Cybernetics, 2005: 4374-4378

[35] Bai Y C, Ha M H, Li J H. Structural risk minimization principle on credibility space. Proceedings of International Conference on Machine Learning and Cybernetics, 2006: 3643-3649

[36] Ha M H, Bai Y C, Wang P, et al. The key theorem and the bounds on the rate of uniform convergence of statistical learning theory on a credibility space. Advances in Fuzzy Sets and Systems, 2006, 1(2): 143-172

[37] Zhang X K, Ha M H, Wu J, et al. The bounds on the rate of uniform convergence of learning process on uncertainty space. Advances in Neural Networks, 2009, 5551: 110-117

[38] Yan S J, Ha M H, Zhang X K, et al. The key theorem of learning theory on uncertainty space. Advances in Neural Networks, 2009, 5551: 699-706

[39] Ha M H, Pedrycz W, Chen J Q, et al. Some theoretical results of learning theory based on random sets in set-valued probability space. Kybernetes, 2009, 38: 635-657

[40] Ha M H, Wang C, Pedrycz W. The theoretical foundations of statistical learning theory based on fuzzy random samples in Sugeno measure space. Transactions of the Institute of Measurement and Control, 2012, 34(5): 520-526

[41] 张植明, 田景峰. 基于双重粗糙样本的统计学习理论的理论基础. 应用数学学报, 2009, 32(4): 608-619

[42] Trafalis T B, Gilbert R C. Robust classification and regression using support vector machines. European Journal of Operational Research, 2006, 173(3): 893-909

[43] Trafalis T B, Gilbert R C. Robust support vector machines for classification and computational issues. Optimization Methods and Software, 2007, 22(1): 187-198

[44] Xu G, Cao Z, Hu B G, et al. Robust support vector machines based on the rescaled hinge loss function. Pattern Recognition, 2017, 63: 139-148

[45] Bhattacharyya C, Grate L R, Jordan M I, et al. Robust sparse hyperplane classifiers: application to uncertain molecular profiling data. Journal of Computational Biology, 2004, 11(6): 1073-1089

[46] Ben-Tal A, Bhadra S, Bhattacharyya C, et al. Chance constrained uncertain classification via robust optimization. Mathematical Programming, 2011, 127(1): 145-173

[47] 范昕炜, 杜树新, 吴铁军. 可补偿类别差异的加权支持向量机算法. 中国图象图形学报, 2003, 8(9): 1037-1042

[48] Xing H J, Ha M H, Hu B G, et al. Linear feature-weighted support vector machine. Fuzzy Information and Engineering, 2009, 1(3): 289-305

[49] Zadeh L A. Fuzzy sets. Information and Control, 1965, 8: 338-353

[50] Atanassov K. Intuitionistic fuzzy sets. Fuzzy Sets and Systems, 1983, 20: 87-96

[51] Lin C F, Wang S D. Fuzzy support vector machines. IEEE Transactions on Neural Networks, 2002, 13(2): 464-471

[52] Lee K Y, Kim D W, Lee K H, et al. Possibilistic support vector machines. Pattern Recognition, 2005, 38(8): 1325-1327

[53] Shigeo A. Fuzzy support vector machines for multilabel classification. Pattern Recognition, 2015, 48(6): 2110-2117

[54] 哈明虎, 黄澍, 王超, 等. 直觉模糊支持向量机. 河北大学学报 (自然科学版), 2011, 31(3): 225-229

[55] Ha M H, Wang C, Chen J Q. The support vector machine based on intuitionistic fuzzy number and kernel function. Soft Computing, 2013, 17(4): 635-641

[56] 李昆仑, 黄厚宽, 田盛丰, 等. 模糊多类支持向量机及其在入侵检测中的应用. 计算机学报, 2005, 28(2): 274-280

[57] Weston J, Watkins C. Multi-class support vector machines. Department of Computer Science, Royal Holloway University of London Technical Report, SD-TR-98-04, 1998

[58] 杨志民, 邓乃扬. 基于可能性理论的模糊支持向量分类机. 模式识别与人工智能, 2007, 20(1): 7-14

[59] Wang C, Liu X W, Ha M H, et al. Credibility support vector machines based on fuzzy outputs. Soft Computing, 2018, 22(16): 5429-5437

[60] 王超. 三类不确定支持向量机及其应用. 河北大学博士学位论文, 2013

[61] Liu B D. Uncertainty Theory. 4th ed. Berlin, Heidelberg: Springer, 2015

[62] Ji A B, Pang J H, Qiu H J. Support vector machine for classification based on fuzzy training data. Expert Systems with Applications, 2010, 37(4): 3495-3498

[63] Ha M H, Yang Y, Wang C. A new support vector machine based on type-2 fuzzy samples. Soft Computing, 2013, 17(11): 2065-2074

[64] Chen J Q, Hu Q H, Xue X P, et al. Support function machine for set-based classification with application to water quality evaluation. Information Sciences, 2017, 388: 48-61

[65] Chen J Q, Xue X P, Ma L T, et al. Separability of set-valued data sets and existence of support hyperplanes in the support function machine. Information Sciences, 2018, 430: 432-443

[66] 陈继强. 集合型数据的回归与分类问题研究. 哈尔滨工业大学博士学位论文, 2018

第2章　广义不确定集

为了方便读者, 本章简要回顾模糊集、2-型模糊集、直觉模糊集、犹豫模糊集、粗糙集等相关知识, 并介绍课题组提出的三元模糊集、区间直觉犹豫模糊集和区间 2-型模糊粗糙集等概念, 详细内容可参见各节列出的参考文献. 本书将上述这些不确定信息处理方法统称为广义不确定集.

2.1　模　糊　集

模糊集是由 Zadeh 于 1965 年提出的, 它是经典集合论的一种推广. 本节主要介绍模糊集的相关知识, 详细内容参见文献 [1—3].

定义 2.1.1　设 X 为非空论域, 给出映射 $\mu_{\tilde{A}}: X \to [0,1], x \mapsto \mu_{\tilde{A}}(x)$, 称 $\mu_{\tilde{A}}$ 确定一个 X 的模糊子集 $\tilde{A}$. $\mu_{\tilde{A}}$ 称为 $\tilde{A}$ 的隶属函数, $\mu_{\tilde{A}}(x)$ 称为 x 对 $\tilde{A}$ 的隶属度. 全体 X 的模糊子集构成的类记为 $\tilde{\mathcal{F}}(X)$.

注 2.1.1　由定义 2.1.1 可知, 若 $\mu_{\tilde{A}}(x) \equiv 0$, 则 $\tilde{A}$ 为空集; 若 $\mu_{\tilde{A}}(x) \equiv 1$, 则 $\tilde{A}$ 为全集.

例 2.1.1　取论域 X 为实数域, $\tilde{A}$ 表示 "比 5 大得多的数" 的模糊集合, 其隶属函数如下:

$$\mu_{\tilde{A}} = \begin{cases} 0, & x \leqslant 5, \\ \dfrac{1}{1 + \dfrac{100}{(x-5)^2}}, & x > 5, \end{cases}$$

图像如图 2.1 所示. 若论域 $X = \{x_1, x_2, \cdots, x_n\}$, 模糊集 $\tilde{A}$ 可采用下面三种方法表示:

(1) $\tilde{A} = \sum\limits_{i=1}^{n} \dfrac{\tilde{A}(x_i)}{x_i}$;

(2) $\tilde{A} = \{(x_1, \tilde{A}(x_1)), (x_2, \tilde{A}(x_2)), \cdots, (x_n, \tilde{A}(x_n))\}$;

(3) $\tilde{A} = (\tilde{A}(x_1), \tilde{A}(x_2), \cdots, \tilde{A}(x_n))$.

若 X 为无限论域, $\tilde{A}$ 可表示为

$$\tilde{A} = \int \frac{\tilde{A}(x)}{x}.$$

符号 "$\sum$" 和 "$\int$" 不表示通常意义下的求和与积分, 而是表示各个元素与其隶属

度的对应关系的一个总括.

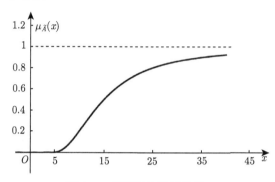

图 2.1　模糊集的隶属函数

例 2.1.2　设 $X = \{2, 3, 4, 5, 6, 7\}$, $\tilde{A}$ 表示 "大约为 5", 其隶属度如表 2.1 所示, 则 $\tilde{A}$ 可表示为

(1) $\tilde{A} = \dfrac{0}{2} + \dfrac{0.4}{3} + \dfrac{0.8}{4} + \dfrac{1}{5} + \dfrac{0.8}{6} + \dfrac{0.4}{7}$;

(2) $\tilde{A} = \{(2, 0), (3, 0.4), (4, 0.8), (5, 1), (6, 0.8), (7, 0.4)\}$;

(3) $\tilde{A} = (0, 0.4, 0.8, 1, 0.8, 0.4)$.

表 2.1　模糊集的隶属度

x	2	3	4	5	6	7
$\mu_{\tilde{A}}(x)$	0	0.4	0.8	1	0.8	0.4

定义 2.1.2　设 $\tilde{A}, \tilde{B} \in \tilde{\mathcal{F}}(X)$, 则

(1) 若 $\forall x \in X$ 恒有 $\mu_{\tilde{A}}(x) \geqslant \mu_{\tilde{B}}(x)$, 则称 $\tilde{A}$ 包含 $\tilde{B}$, 记为 $\tilde{A} \supseteq \tilde{B}$;

(2) 若 $\forall x \in X$ 恒有 $\mu_{\tilde{A}}(x) = \mu_{\tilde{B}}(x)$, 则称 $\tilde{A}, \tilde{B}$ 相等, 记为 $\tilde{A} = \tilde{B}$.

定义 2.1.3　设 $\tilde{A}, \tilde{B} \in \tilde{\mathcal{F}}(X)$, 定义运算 $\tilde{A} \bigcup \tilde{B}, \tilde{A} \bigcap \tilde{B}, \tilde{A}^c$ 如下:

$$\mu_{\tilde{A} \bigcup \tilde{B}}(x) = \mu_{\tilde{A}}(x) \vee \mu_{\tilde{B}}(x),$$

$$\mu_{\tilde{A} \bigcap \tilde{B}}(x) = \mu_{\tilde{A}}(x) \wedge \mu_{\tilde{B}}(x),$$

$$\mu_{\tilde{A}^c}(x) = 1 - \mu_{\tilde{A}}(x).$$

$\tilde{A} \bigcup \tilde{B}, \tilde{A} \bigcap \tilde{B}, \tilde{A}^c$ 分别称为 $\tilde{A}$ 与 $\tilde{B}$ 的并集、交集和 $\tilde{A}$ 的补集.

例 2.1.3　设 $X = \{a, b, c, d, e\}$ 且

$$\tilde{A} = \frac{0.3}{a} + \frac{0.4}{b} + \frac{0.5}{c} + \frac{1}{d} + \frac{0.8}{e}, \quad \tilde{B} = \frac{0.7}{a} + \frac{0.3}{b} + \frac{0.6}{c} + \frac{0.5}{d} + \frac{0.1}{e},$$

则

$$\tilde{A} \bigcup \tilde{B} = \frac{0.3 \vee 0.7}{a} + \frac{0.4 \vee 0.3}{b} + \frac{0.5 \vee 0.6}{c} + \frac{1 \vee 0.5}{d} + \frac{0.8 \vee 0.1}{e}$$

$$= \frac{0.7}{a} + \frac{0.4}{b} + \frac{0.6}{c} + \frac{1}{d} + \frac{0.8}{e},$$

$$\tilde{A} \bigcap \tilde{B} = \frac{0.3 \wedge 0.7}{a} + \frac{0.4 \wedge 0.3}{b} + \frac{0.5 \wedge 0.6}{c} + \frac{1 \wedge 0.5}{d} + \frac{0.8 \wedge 0.1}{e}$$

$$= \frac{0.3}{a} + \frac{0.3}{b} + \frac{0.5}{c} + \frac{0.5}{d} + \frac{0.1}{e},$$

$$\tilde{A}^c = \frac{1 - 0.3}{a} + \frac{1 - 0.4}{b} + \frac{1 - 0.5}{c} + \frac{1 - 1}{d} + \frac{1 - 0.8}{e}$$

$$= \frac{0.7}{a} + \frac{0.6}{b} + \frac{0.5}{c} + \frac{0}{d} + \frac{0.2}{e}.$$

模糊子集的并、交和补运算的性质如下:

(1) 幂等律: $\tilde{A} \bigcup \tilde{A} = \tilde{A}$, $\tilde{A} \bigcap \tilde{A} = \tilde{A}$;

(2) 交换律: $\tilde{A} \bigcup \tilde{B} = \tilde{B} \bigcup \tilde{A}$, $\tilde{A} \bigcap \tilde{B} = \tilde{B} \bigcap \tilde{A}$;

(3) 结合律: $(\tilde{A} \bigcup \tilde{B}) \bigcup \tilde{C} = \tilde{A} \bigcup (\tilde{B} \bigcup \tilde{C})$, $(\tilde{A} \bigcap \tilde{B}) \bigcap \tilde{C} = \tilde{A} \bigcap (\tilde{B} \bigcap \tilde{C})$;

(4) 吸收律: $\tilde{A} \bigcap (\tilde{A} \bigcup \tilde{B}) = \tilde{A}$, $\tilde{A} \bigcup (\tilde{A} \bigcap \tilde{B}) = \tilde{A}$;

(5) 分配律: $(\tilde{A} \bigcup \tilde{B}) \bigcap \tilde{C} = (\tilde{A} \bigcap \tilde{C}) \bigcup (\tilde{B} \bigcap \tilde{C})$, $(\tilde{A} \bigcap \tilde{B}) \bigcup \tilde{C} = (\tilde{A} \bigcup \tilde{C}) \bigcap (\tilde{B} \bigcup \tilde{C})$;

(6) $\varnothing$ 与 X 满足: $X \bigcap \tilde{A} = \tilde{A}$, $X \bigcup \tilde{A} = X$, $\varnothing \bigcap \tilde{A} = \varnothing$, $\varnothing \bigcup \tilde{A} = \tilde{A}$;

(7) 复原律: $(\tilde{A}^c)^c = \tilde{A}$;

(8) 对偶律: $(\tilde{A} \bigcup \tilde{B})^c = \tilde{A}^c \bigcap \tilde{B}^c$, $(\tilde{A} \bigcap \tilde{B})^c = \tilde{A}^c \bigcup \tilde{B}^c$.

为方便起见, 隶属函数 $\mu_{\tilde{A}}$ 简记为 $\tilde{A}$.

定义 2.1.4 设 $\tilde{A} \in \tilde{\mathcal{F}}(X) \, (\forall \lambda \in [0,1])$, 记

$$(\tilde{A})_\lambda = A_\lambda = \{x | \tilde{A}(x) \geqslant \lambda\},$$

称 A_λ 为 $\tilde{A}$ 的 λ-截集, λ 为置信水平. 又记

$$(\tilde{A})_\lambda = A_\lambda = \{x | \tilde{A}(x) > \lambda\},$$

称 A_λ 为 $\tilde{A}$ 的 λ-强截集. 显然,

$$\forall \lambda_1 < \lambda_2 \Rightarrow A_{\lambda_1} \supseteq A_{\lambda_2}, A_{\lambda_1} \supseteq A_{\lambda_2}.$$

定义 2.1.5 设 $\tilde{A} \in \tilde{\mathcal{F}}(X)$, A_1 称为 $\tilde{A}$ 的核, 记为 $\mathrm{Ker}\tilde{A}$; A_0 称为 $\tilde{A}$ 的支集, 记为 $\mathrm{Supp}\tilde{A}$; $A_0 - A_1$ 称为 $\tilde{A}$ 的边界.

定理 2.1.1 (分解定理 I) 设 $\tilde{A} \in \tilde{\mathcal{F}}(X)$, 则 $\tilde{A} = \bigcup\limits_{\lambda \in [0,1]} \lambda A_\lambda$.

定理 2.1.2 (分解定理 II) 设 $\tilde{A} \in \tilde{\mathcal{F}}(X)$, 则 $\tilde{A} = \bigcup\limits_{\lambda \in [0,1]} \lambda A_\lambda$.

定理 2.1.3 (分解定理III) 设 $\tilde{A} \in \tilde{\mathcal{F}}(X)$, 令 $H : [0,1] \to \mathcal{P}(X)$, $\lambda \mapsto H(\lambda)$ 且满足 $A_\lambda \subseteq H(\lambda) \subseteq A_\lambda$ ($\forall \lambda \in [0,1]$), 则

(1) $\tilde{A} = \bigcup\limits_{\lambda \in [0,1]} \lambda H(\lambda)$;

(2) $\lambda_1 < \lambda_2 \Rightarrow H(\lambda_1) \supseteq H(\lambda_2)$;

(3) $A_\lambda = \bigcap\limits_{\alpha < \lambda} H(\alpha) \ (\lambda \neq 0)$, $A_\lambda = \bigcup\limits_{\alpha > \lambda} H(\alpha) \ (\lambda \neq 1)$.

定义 2.1.6 (扩展原理) 设 $f : X \to Y, x \mapsto f(x)$, f 可以诱导出一个从 $\tilde{\mathcal{F}}(X)$ 到 $\tilde{\mathcal{F}}(Y)$ 的映射及一个从 $\tilde{\mathcal{F}}(Y)$ 到 $\tilde{\mathcal{F}}(X)$ 的映射,

$$f : \tilde{\mathcal{F}}(X) \to \tilde{\mathcal{F}}(Y), \quad \tilde{A} \mapsto f(\tilde{A}),$$

$$f^{-1} : \tilde{\mathcal{F}}(Y) \to \tilde{\mathcal{F}}(X), \quad \tilde{B} \mapsto f^{-1}(\tilde{B}).$$

$f(\tilde{A}), f^{-1}(\tilde{B})$ 的隶属函数分别定义为

$$f(\tilde{A})(y) = \bigvee\limits_{f(x)=y} \tilde{A}(x),$$

$$f^{-1}(\tilde{B})(x) = \tilde{B}(f(x)).$$

$f(\tilde{A})$ 称为 $\tilde{A}$ 的像, $f^{-1}(\tilde{B})$ 称为 $\tilde{B}$ 的逆像.

例 2.1.4 设 $X = \{a,b,c,d,e,h\}$, $Y = \{1,3,5,7\}$,

$$f(a) = f(b) = f(c) = 1, \quad f(d) = f(e) = 3, \quad f(h) = 5,$$

$$\tilde{A} = \frac{1}{a} + \frac{0.9}{c} + \frac{0.2}{d} + \frac{0.6}{h}.$$

求 $f(\tilde{A})$ 及 $f^{-1}(f(\tilde{A}))$.

解 根据扩展原理可知

$$f(\tilde{A})(1) = \bigvee\limits_{f(x)=1} \tilde{A}(x) = \tilde{A}(a) \vee \tilde{A}(b) \vee \tilde{A}(c) = 1 \vee 0 \vee 0.9 = 1,$$

$$f(\tilde{A})(3) = \bigvee\limits_{f(x)=3} \tilde{A}(x) = \tilde{A}(d) \vee \tilde{A}(e) = 0.2 \vee 0 = 0.2,$$

$$f(\tilde{A})(5) = \bigvee\limits_{f(x)=5} \tilde{A}(x) = \tilde{A}(h) = 0.6,$$

$$f(\tilde{A})(7) = \bigvee\limits_{f(x)=7} \tilde{A}(x) = 0,$$

即

$$f(\tilde{A}) = \frac{1}{1} + \frac{0.2}{3} + \frac{0.6}{5} + \frac{0}{7}.$$

令 $\tilde{B} = f(\tilde{A})$, 则

$$f^{-1}(f(\tilde{A}))(x) = f^{-1}(\tilde{B})(x) = \tilde{B}(f(x)),$$

从而

$$f^{-1}(\tilde{B})(a) = \tilde{B}(f(a)) = \tilde{B}(1) = 1,$$
$$f^{-1}(\tilde{B})(b) = \tilde{B}(f(b)) = \tilde{B}(1) = 1,$$
$$f^{-1}(\tilde{B})(c) = \tilde{B}(f(c)) = \tilde{B}(1) = 1,$$
$$f^{-1}(\tilde{B})(d) = \tilde{B}(f(d)) = \tilde{B}(3) = 0.2,$$
$$f^{-1}(\tilde{B})(e) = \tilde{B}(f(e)) = \tilde{B}(3) = 0.2,$$
$$f^{-1}(\tilde{B})(h) = \tilde{B}(f(h)) = \tilde{B}(5) = 0.6.$$

因此,

$$f^{-1}(f(\tilde{A})) = \frac{1}{a} + \frac{1}{b} + \frac{1}{c} + \frac{0.2}{d} + \frac{0.2}{e} + \frac{0.6}{h}.$$

定义 2.1.7　设 $\tilde{A}^{(k)} \in \tilde{\mathcal{F}}(X_k)(k = 1, 2, \cdots, n)$, 则 $\tilde{A}^{(1)}, \tilde{A}^{(2)}, \cdots, \tilde{A}^{(n)}$ 的卡氏积运算可以看成映射

$$\tilde{\mathcal{F}}(X_1) \times \tilde{\mathcal{F}}(X_2) \times \cdots \times \tilde{\mathcal{F}}(X_n) \to \tilde{\mathcal{F}}(X_1 \times X_2 \times \cdots \times X_n),$$

$$(\tilde{A}^{(1)}, \tilde{A}^{(2)}, \cdots, \tilde{A}^{(n)}) \mapsto \tilde{A}^{(1)} \times \tilde{A}^{(2)} \times \cdots \times \tilde{A}^{(n)},$$

并且 $\tilde{A}^{(1)} \times \tilde{A}^{(2)} \times \cdots \times \tilde{A}^{(n)}$ 的隶属函数为

$$(\tilde{A}^{(1)} \times \tilde{A}^{(2)} \times \cdots \times \tilde{A}^{(n)})(x_1, x_2, \cdots, x_n) = \bigwedge_{k=1}^{n} \tilde{A}^{(k)}(x_k),$$

其中

$$X_1 \times X_2 \times \cdots \times X_n = \{(x_1, x_2, \cdots, x_n) | x_i \in X_i\}.$$

定义 2.1.8 (多元扩展原理)

$$f : X = X_1 \times X_2 \times \cdots \times X_n \to Y = Y_1 \times Y_2 \times \cdots \times Y_m,$$

$$x = (x_1, x_2, \cdots, x_n) \mapsto f(x_1, x_2, \cdots, x_n) = y = (y_1, y_2, \cdots, y_m),$$

则 f 可诱导出

$$f : \tilde{\mathcal{F}}(X_1) \times \tilde{\mathcal{F}}(X_2) \times \cdots \times \tilde{\mathcal{F}}(X_n) \to \tilde{\mathcal{F}}(Y),$$
$$(\tilde{A}^{(1)} \times \tilde{A}^{(2)} \times \cdots \times \tilde{A}^{(n)}) \mapsto f(\tilde{A}^{(1)}, \tilde{A}^{(2)}, \cdots, \tilde{A}^{(n)})$$
$$\triangleq f(\tilde{A}^{(1)} \times \tilde{A}^{(2)} \times \cdots \times \tilde{A}^{(n)}),$$
$$f^{-1} : \tilde{\mathcal{F}}(Y_1) \times \tilde{\mathcal{F}}(Y_2) \times \cdots \times \tilde{\mathcal{F}}(Y_m) \to \tilde{\mathcal{F}}(X),$$
$$(\tilde{B}^{(1)} \times \tilde{B}^{(2)} \times \cdots \times \tilde{B}^{(m)}) \mapsto f^{-1}(\tilde{B}^{(1)}, \tilde{B}^{(2)}, \cdots, \tilde{B}^{(m)})$$
$$\triangleq f^{-1}(\tilde{B}^{(1)} \times \tilde{B}^{(2)} \times \cdots \times \tilde{B}^{(m)}),$$

并且隶属函数为

$$f(\tilde{A}^{(1)}, \tilde{A}^{(2)}, \cdots, \tilde{A}^{(n)})(y) = \bigvee_{f(x_1, x_2, \cdots, x_n) = y} \left(\bigwedge_{k=1}^{n} \tilde{A}^{(k)}(x_k) \right),$$

$$f^{-1}(\tilde{B}^{(1)} \times \tilde{B}^{(2)} \times \cdots \times \tilde{B}^{(m)})(x) = \bigwedge_{j=1}^{m} \tilde{B}^{(j)}(y_j).$$

例 2.1.5　设 $X = \{1, 2, \cdots, 10\}$，在 X 上的两个模糊集为

$$\tilde{A} = \frac{1}{1} + \frac{0.8}{2} + \frac{0.6}{4}, \quad \tilde{B} = \frac{0.3}{2} + \frac{0.5}{3} + \frac{0.4}{5},$$

求 $\tilde{A} + \tilde{B}$.

解　根据扩展原理可得

$$\begin{aligned}
(\tilde{A} + \tilde{B})(3) &= \bigvee_{x_1 + x_2 = 3} (\tilde{A}(x_1) \wedge \tilde{B}(x_2)) \\
&= \tilde{A}(1) \wedge \tilde{B}(2) \\
&= 1 \wedge 0.3 = 0.3, \\
(\tilde{A} + \tilde{B})(4) &= \bigvee_{x_1 + x_2 = 4} (\tilde{A}(x_1) \wedge \tilde{B}(x_2)) \\
&= (\tilde{A}(1) \wedge \tilde{B}(3)) \vee (\tilde{A}(2) \wedge \tilde{B}(2)) \\
&= (1 \wedge 0.5) \vee (0.8 \wedge 0.3) \\
&= 0.5.
\end{aligned}$$

同理

$$(\tilde{A} + \tilde{B})(5) = 0.5, \quad (\tilde{A} + \tilde{B})(6) = 0.4, \quad (\tilde{A} + \tilde{B})(7) = 0.5, \quad (\tilde{A} + \tilde{B})(9) = 0.4,$$

$$(\tilde{A} + \tilde{B})(1) = (\tilde{A} + \tilde{B})(2) = (\tilde{A} + \tilde{B})(8) = 0,$$

即

$$\tilde{A} + \tilde{B} = \frac{0.3}{3} + \frac{0.5}{4} + \frac{0.5}{5} + \frac{0.4}{6} + \frac{0.5}{7} + \frac{0.4}{9}.$$

定义 2.1.9　设 $\tilde{A} \in \tilde{\mathcal{F}}(X)$.

(1) $\tilde{A}$ 称为凸模糊集当且仅当 $\forall \lambda \in [0,1], A_\lambda$ 是凸集;

(2) $\tilde{A}$ 称为闭模糊集当且仅当 $\forall \lambda \in [0,1], A_\lambda$ 是闭集, 即 $\forall x_n \in A_\lambda (n = 1, 2, \cdots)$, 若 $\lim\limits_{n} x_n = a$, 则 $a \in A_\lambda$;

(3) $\tilde{A}$ 称为闭凸模糊集当且仅当 $\forall \lambda \in [0,1], A_\lambda$ 是闭凸集;

(4) $\tilde{A}$ 称为正则模糊集当且仅当存在 $x_0 \in X$, 使得 $\tilde{A}(x_0) = 1$;

(5) $\tilde{A}$ 称为有限集模糊集当且仅当 $\mathrm{Supp}\tilde{A}$ 为有界集, $\tilde{A}$ 称为有界模糊集当且仅当 $\forall \lambda \in (0,1]$, A_λ 为有界集.

定理 2.1.4 $\tilde{A}$ 是 X 上凸模糊集的充要条件是

$$\tilde{A}(kx_2 + (1-k)x_1) \geqslant \tilde{A}(x_2) \wedge \tilde{A}(x_1), \quad k \in [0,1].$$

定理 2.1.5 设 A 为定义在实数域 $\mathbf{R}$ 上的普通集合且 A 有界, 那么 A 是闭凸集当且仅当 A 是闭区间数.

定义 2.1.10 实数域 $\mathbf{R}$ 上正则凸模糊集 $\tilde{A}$ 称为模糊数; 正则闭凸模糊集称为闭模糊数; 正则有界闭凸模糊集称为有界闭模糊数; 正则有限闭凸模糊集称为有限闭模糊数. 全体模糊数记为 $\tilde{\mathbf{R}}$, 全体有界闭模糊数记为 $\tilde{\mathbf{R}}^*$.

定义 2.1.11 设 $\tilde{A} \in \tilde{\mathbf{R}}$, 若 $x \leqslant 0$ 有 $\tilde{A}(x) = 0$, 则 $\tilde{A}$ 称为正模糊数; 若 $x \geqslant 0$ 有 $\tilde{A}(x) = 0$, 则 $\tilde{A}$ 称为负模糊数. $\tilde{\mathbf{R}}^-$, $\tilde{\mathbf{R}}^+$ 分别记为负、正模糊数的全体.

例 2.1.6 设 $\tilde{1}$ 为定义在实数域上的模糊集, 其隶属函数为

$$\tilde{1}(x) = \begin{cases} 1, & x = 1, \\ 0, & x \neq 1. \end{cases}$$

易证 $\tilde{1}$ 是模糊数.

例 2.1.7 设 a,b 是实数, $b > 0$, $\tilde{a}$ 为定义在实数域上的模糊集且其隶属函数为

$$\tilde{a}(x) = \begin{cases} 1 - \dfrac{a-x}{b}, & a-b < x < a, \\ 1, & x = a, \\ 1 - \dfrac{x-a}{b}, & a < x < a+b. \end{cases}$$

易证 $\tilde{a}$ 是模糊数, 称其为三角模糊数.

定理 2.1.6 $\tilde{A} \in \tilde{\mathbf{R}}^*$ 当且仅当其隶属函数为

$$\tilde{A}(x) = \begin{cases} 1, & x \in [a,b] \neq \varnothing, \\ L(x), & x < a, \\ R(x), & x > b, \end{cases}$$

其中 $L(x)$ 是增函数且右连续, $0 \leqslant L(x) < 1$ 且 $\lim\limits_{x \to -\infty} L(x) = 0$, $R(x)$ 是减函数且左连续, $0 \leqslant R(x) < 1$ 且 $\lim\limits_{x \to +\infty} R(x) = 0$.

例 2.1.8 设

$$\tilde{2} = \frac{0.5}{1} + \frac{1}{2} + \frac{0.6}{4}, \quad \tilde{3} = \frac{0.3}{2} + \frac{1}{3} + \frac{0.5}{4},$$

求 $\tilde{2} \cdot \tilde{3}$.

解

$$(\tilde{2} \cdot \tilde{3})(2) = \bigvee_{x_1 \cdot x_2 = 2} (\tilde{2}(x_1) \wedge \tilde{3}(x_2)) = 0.5 \wedge 0.3 = 0.3,$$

$$(\tilde{2} \cdot \tilde{3})(3) = \bigvee_{x_1 \cdot x_2 = 3} (\tilde{2}(x_1) \wedge \tilde{3}(x_2)) = 0.5 \wedge 1 = 0.5,$$

$$(\tilde{2} \cdot \tilde{3})(4) = \bigvee_{x_1 \cdot x_2 = 4} (\tilde{2}(x_1) \wedge \tilde{3}(x_2)) = (0.5 \wedge 0.5) \vee (1 \wedge 0.3) = 0.5.$$

同理可得

$$(\tilde{2} \cdot \tilde{3})(6) = 1, \quad (\tilde{2} \cdot \tilde{3})(8) = 0.5, \quad (\tilde{2} \cdot \tilde{3})(12) = 0.6, \quad (\tilde{2} \cdot \tilde{3})(16) = 0.5,$$

故

$$\tilde{2} \cdot \tilde{3} = \frac{0.3}{2} + \frac{0.5}{3} + \frac{0.5}{4} + \frac{1}{6} + \frac{0.5}{8} + \frac{0.6}{12} + \frac{0.5}{16}.$$

例 2.1.9 设模糊数 $\tilde{A}, \tilde{B}$ 如下:

$$\tilde{A}(x) = \mathrm{e}^{-\left(\frac{x-a}{\sigma_1}\right)^2}, \quad \tilde{B}(y) = \mathrm{e}^{-\left(\frac{y-b}{\sigma_2}\right)^2},$$

求 $(\tilde{A} + \tilde{B})$.

解

$$
\begin{aligned}
(\tilde{A} + \tilde{B})(z) &= \bigvee_{x+y=z} (\tilde{A}(x) \wedge \tilde{B}(y)) \\
&= \bigvee_{x+y=z} \left(\mathrm{e}^{-\left(\frac{x-a}{\sigma_1}\right)^2} \wedge \mathrm{e}^{-\left(\frac{y-b}{\sigma_2}\right)^2} \right) \\
&= \bigvee_{x \in \mathbf{R}} \left(\mathrm{e}^{-\left(\frac{x-a}{\sigma_1}\right)^2} \wedge \mathrm{e}^{-\left(\frac{z-x-b}{\sigma_2}\right)^2} \right).
\end{aligned}
$$

因为对固定的 z, 当 $\mathrm{e}^{-\left(\frac{x-a}{\sigma_1}\right)^2} = \mathrm{e}^{-\left(\frac{z-x-b}{\sigma_2}\right)^2}$ 时, $\mathrm{e}^{-\left(\frac{x-a}{\sigma_1}\right)^2} \wedge \mathrm{e}^{-\left(\frac{z-x-b}{\sigma_2}\right)^2}$ 可达到最大值, 从而

$$\frac{z-x-b}{\sigma_2} = \pm \frac{x-a}{\sigma_1},$$

即

$$x_1 = \frac{\sigma_2 a + \sigma_1 z - \sigma_1 b}{\sigma_1 + \sigma_2}, \quad x_2 = \frac{\sigma_2 a - \sigma_1 z + \sigma_1 b}{\sigma_2 - \sigma_1}.$$

注意到

$$\frac{x_1 - a}{\sigma_1} = \frac{z - (a+b)}{\sigma_1 + \sigma_2}, \quad \frac{x_2 - a}{\sigma_1} = \frac{z - (a+b)}{\sigma_1 - \sigma_2},$$

可知 x_1 能使 $\mathrm{e}^{-\left(\frac{x-a}{\sigma_1}\right)^2} \wedge \mathrm{e}^{-\left(\frac{z-x-b}{\sigma_2}\right)^2}$ 达到最大值, 从而

$$(\tilde{A} + \tilde{B})(z) = \mathrm{e}^{-\left(\frac{z-(a+b)}{\sigma_1+\sigma_2}\right)^2}.$$

注 2.1.2 $\tilde{A}(x) = \mathrm{e}^{-\left(\frac{x-a}{\sigma_1}\right)^2}$, $\tilde{B}(y) = \mathrm{e}^{-\left(\frac{y-b}{\sigma_2}\right)^2}$ 均为正态型模糊数.

注 2.1.3 设 $\tilde{a} \in \tilde{\mathbf{R}}^*$, 则根据模糊集的分解定理有

$$\tilde{a} = \bigcup_{\lambda \in [0,1]} \lambda a_\lambda = \bigcup_{\lambda \in [0,1]} \lambda[a_\lambda^-, a_\lambda^+].$$

定义 2.1.12 设 $\tilde{a}, \tilde{b} \in \tilde{\mathbf{R}}^*$, 若 $\forall \lambda \in [0,1]$ 有

$$a_\lambda^- \leqslant b_\lambda^-, \quad a_\lambda^+ \leqslant b_\lambda^+,$$

则称 $\tilde{a} \leqslant \tilde{b}$.

若 $\tilde{a} \leqslant \tilde{b}$ 且存在 $\lambda_0 \in [0,1]$ 有

$$a_{\lambda_0}^- < b_{\lambda_0}^- \quad \text{或} \quad a_{\lambda_0}^+ < b_{\lambda_0}^+,$$

则称 $\tilde{a} < \tilde{b}$.

若 $\tilde{a} \leqslant \tilde{b}$ 且 $\tilde{b} \leqslant \tilde{a}$, 则称 $\tilde{a} = \tilde{b}$.

定理 2.1.7 设 $\tilde{a}, \tilde{b} \in \tilde{\mathbf{R}}^*$, 则 $\forall \lambda \in (0,1]$ 有
(1) $(\tilde{a} + \tilde{b})_\lambda = a_\lambda + b_\lambda = [a_\lambda^- + b_\lambda^-,\ a_\lambda^+ + b_\lambda^+]$;
(2) $(\tilde{a} - \tilde{b})_\lambda = a_\lambda - b_\lambda = [a_\lambda^- - b_\lambda^-,\ a_\lambda^+ - b_\lambda^+]$;
(3) $(\tilde{a} \cdot \tilde{b})_\lambda = a_\lambda \cdot b_\lambda = [c,\ d]$, 其中

$$c = \min\left\{a_\lambda^- \cdot b_\lambda^-, a_\lambda^- \cdot b_\lambda^+,\ a_\lambda^+ \cdot b_\lambda^-, a_\lambda^+ \cdot b_\lambda^+\right\},$$
$$d = \max\left\{a_\lambda^- \cdot b_\lambda^-, a_\lambda^- \cdot b_\lambda^+,\ a_\lambda^+ \cdot b_\lambda^-, a_\lambda^+ \cdot b_\lambda^+\right\}.$$

2.2 2-型模糊集

本节将重点介绍 2-型模糊集理论, 包括 2-型模糊集的定义、2-型模糊集的运算以及 2-型模糊关系, 详见参考文献 [4,5].

对于一个隶属函数, 如果将某个 x 对应的点左右移动, 这时 x 对应的隶属函数不再只取一个值, 而在一个区间内变化. 因此, 这时会得到一个三维隶属函数——2-型隶属函数, 并用它来表示 2-型模糊集.

定义 2.2.1 一个 2-型模糊集 $\tilde{A}$ 由 2-型模糊隶属函数 $\mu_{\tilde{A}}(x, u)$ 确定, 即

$$\tilde{A} = \{((x, u), \mu_{\tilde{A}}(x, u)) \,|\, \forall x \in U, \forall u \in J_x \subseteq I\}, \tag{2.1}$$

其中 $I = [0, 1], 0 \leqslant \mu_{\tilde{A}}(x, u) \leqslant 1$. $\tilde{A}$ 还可以表示为

$$\tilde{A} = \int_{x \in U} \int_{u \in J_x} \mu_{\tilde{A}}(x, u)/(x, u), \quad J_x \subseteq I, \tag{2.2}$$

其中 $\iint$ 表示所有 x 和 u 的并.

定义 2.2.2　对于 $x' \in X, u \in J'_x \subseteq I$, 定义

$$\mu_{\tilde{A}}(x') \equiv \mu_{\tilde{A}}(x = x', u) = \int_{u \in J_{x'}} f_{x'}(u)/u$$

为第二隶属函数, 其中 $0 \leqslant f_{x'}(u) \leqslant 1$. 显然, 第二隶属函数是一个隶属函数, 也称为第二集. 因此, 在第二隶属函数的基础上 2-型模糊集可以表示为

$$\tilde{A} = \{(x, \mu_{\tilde{A}}(x)) \,|\forall x \in U\},$$

或者

$$\tilde{A} = \int_{x \in U} \mu_{\tilde{A}}(x)/x = \int_{x \in U} \left(\int_{u \in J_x} f_x(u)/u\right)\Big/x, \quad J_x \subseteq I.$$

称第二隶属函数的域 J_x 为 x 的本原隶属度, 第二隶属函数的幅度称为第二度.

定义 2.2.3　一个 2-型模糊集 $\tilde{A}$ 的本原隶属度所包含的不确定性构成的一个有界区域称为不确定性的迹, 它是所有本原隶属度的并, 即

$$D(\tilde{A}) = \bigcup_{x \in X} J_x.$$

例 2.2.1　图 2.2 表示一个 2-型模糊集, 图中阴影部分的区域为其迹, 对于 $\forall x \in X$ 有

$$J_x = D\left(\tilde{A}(x)\right) = \begin{cases} [0, 0], & x \leqslant -1, \\ [0.4x + 0.6, -0.3x + 0.6], & -1 < x \leqslant 0, \\ [-0.3x + 0.6, 0.4x + 0.6], & 0 < x \leqslant 1, \\ [0, 0], & x > 1. \end{cases}$$

图 2.3 表示一个第二隶属函数, 其对应的本原隶属度为 $J_{0.5} = [0.45, 0.8]$.

定义 2.2.4　设 $\tilde{A}$ 和 $\tilde{B}$ 为两个 2-型模糊集, $\mu_{\tilde{A}}(x)$ 和 $\mu_{\tilde{B}}(x)$ 分别为对应的第二隶属函数, 即

$$\mu_{\tilde{A}}(x) = \int_{u \in J_x^u} f_x(u)/u, \quad \mu_{\tilde{B}}(x) = \int_{w \in J_x^w} g_x(w)/w.$$

2-型模糊集的并、交、补运算定义如下:

(1) $\tilde{A} \bigcup \tilde{B} \Leftrightarrow \mu_{\tilde{A} \bigcup \tilde{B}} (x) = \mu_{\tilde{A}} (x) \sqcup \mu_{\tilde{B}} (x)$

$$= \int_{u \in J_x^u} \int_{w \in J_x^w} (f_x (u) \star g_x (w))/(u \vee w), \quad \forall x \in X;$$

(2) $\tilde{A} \bigcap \tilde{B} \Leftrightarrow \mu_{\tilde{A} \bigcap \tilde{B}} (x) = \mu_{\tilde{A}} (x) \sqcap \mu_{\tilde{B}} (x)$

$$= \int_{u \in J_x^u} \int_{w \in J_x^w} (f_x (u) \star g_x (w))/(u \wedge w), \quad \forall x \in X;$$

(3) $\sim \tilde{A} \Leftrightarrow \mu_{\sim \tilde{A}} (x) = \neg \mu_{\tilde{A}} (x) = \int_{u \in J_x^u} f_x (u)/(1 - u).$

其中 $\star$ 表示 T-模取小或乘积算子, $\sqcap, \sqcup, \neg$ 分别表示 join, meet, negation 算子.

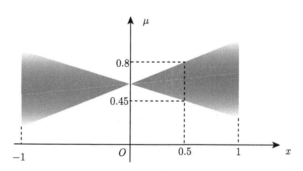

图 2.2   2-型模糊集的迹

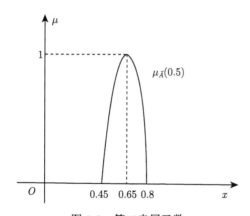

图 2.3   第二隶属函数

定义 2.2.5   对于 2-型模糊集 $\tilde{A}$, 若对所有的第二度有 $\mu_{\tilde{A}} (x, u) = 1$, 则 $\tilde{A}$ 称为区间 2-型模糊集, 如图 2.4 所示.

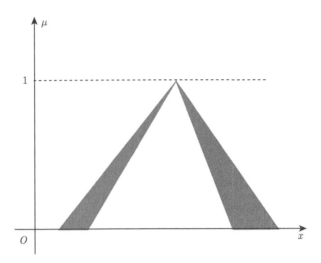

图 2.4　区间 2-型模糊集

区间 2-型模糊集 $\tilde{A}$ 可以表示为

$$\tilde{A} = \int_{x \in U} \int_{u \in J_x} 1/(x, u), \quad J_x \subseteq I. \tag{2.3}$$

定义 2.2.6　设 U, W 为两个非空论域, $\tilde{F}(U \times W)$ 为 $U \times W$ 上的 2-型模糊集全体. $\tilde{R} \in \tilde{F}(U \times W)$ 称为 U 与 W 之间的 2-型模糊二元关系, 即

$$\tilde{R} = \left\{ \left(\left((x, y), t \right), \mu_{\tilde{R}} \left((x, y), t \right) \right) \mid (x, y) \in U \times W, t \in J_{(x,y)} \subseteq I \right\}, \tag{2.4}$$

或者

$$\tilde{R} = \int_{(x,y) \in U \times W} \int_{t \in J_{(x,y)}} \mu_{\tilde{R}} \left((x, y), t \right) / ((x, y), t),$$

或者

$$\begin{aligned}
\tilde{R} &= \int_{(x,y) \in U \times W} \mu_{\tilde{R}} (x, y) / (x, y) \\
&= \int_{(x,y) \in U \times W} \left(\int_{t \in J_{(x,y)}} f_{(x,y)} (t) / t \right) \Big/ (x, y), \quad J_{(x,y)} \subseteq I,
\end{aligned}$$

其中 $0 \leqslant \mu_{\tilde{R}} \left((x, y), t \right) \leqslant 1, 0 \leqslant f_{(x,y)} (t) \leqslant 1$. 如果 $U = W$, 则 $\tilde{R}$ 称为 U 上的 2-型模糊关系.

定义 2.2.7　设 U, W 为两个非空论域, $\tilde{F}(U \times W)$ 为 $U \times W$ 上的区间 2-型

模糊集全体. $\tilde{R} \in \tilde{F}(U \times W)$ 称为 U 与 W 之间的区间 2-型模糊二元关系, 即

$$\tilde{R} = \int_{(x,y) \in U \times W} \int_{t \in J_{(x,y)}} 1/((x,y),t)$$

$$= \int_{(x,y) \in U \times W} \left(\int_{t \in J_{(x,y)}} 1/t \right) \bigg/ (x,y), \quad J_{(x,y)} \subseteq I.$$

定义 2.2.8 设 U 为非空论域, $\tilde{R}$ 为 U 上的区间 2-型模糊二元关系. $\tilde{R}$ 是具有自反区间 2-型模糊关系, 如果

$$\mu_{\tilde{R}}((x,x),1) = 1, \quad \mu_{\tilde{R}}((x,x),u) = 0, \quad \forall x \in X, u \in U.$$

$\tilde{R}$ 是具有对称区间 2-型模糊关系, 如果

$$J_{(x,y)} = J_{(y,x)}, \quad \mu_{\tilde{R}}((x,y),u) = \mu_{\tilde{R}}((y,x),u), \quad \forall x,y \in U, u \in J_{(x,y)}.$$

$\tilde{R}$ 是具有传递区间 2-型模糊关系, 如果 $\forall x,y \in U$, 有

$$l_{\tilde{R}}(x,y) \geqslant \bigvee_{z \in U} (l_{\tilde{R}}(x,z) \wedge l_{\tilde{R}}(z,y)),$$

且

$$r_{\tilde{R}}(x,y) \geqslant \bigvee_{z \in U} (r_{\tilde{R}}(x,z) \wedge r_{\tilde{R}}(z,y)).$$

满足自反、对称和传递的区间 2-型模糊关系称为一个区间 2-型模糊相似关系.

2.3 直觉模糊集

本节将主要介绍直觉模糊集、直觉模糊数、区间直觉模糊集和区间直觉模糊数等相关理论知识, 详细文献参见 [6,7].

定义 2.3.1 设 X 是一个非空集合, 则 X 上的一个直觉模糊集定义为

$$A = \{\langle x, \mu_A(x), \nu_A(x) \rangle | x \in X\}, \tag{2.5}$$

其中 $\mu_A : X \to [0,1]$ 和 $\nu_A : X \to [0,1]$ 分别称为 A 的隶属函数和非隶属函数, 且对于任意 $x \in X$, 有 $0 \leqslant \mu_A(x) + \nu_A(x) \leqslant 1$ 成立, $\pi_A(x) = 1 - \mu_A(x) - \nu_A(x)$ 为 X 中元素 x 属于 A 的直觉指数, 它是 x 属于 A 的犹豫度或不确定度.

当直觉模糊集的非隶属函数 $\nu_A(x) = 0$ 时, 直觉模糊集即为一个模糊集. 因此, 模糊集是直觉模糊集的一个特例, 但需注意二者的运算法则不同.

定义 2.3.2 设 X 是一个非空集合, 则 X 上的一个区间直觉模糊集定义为

$$A = \{\langle x, \mu_A(x), \nu_A(x) \rangle | x \in X\},$$

其中 $\mu_A(x) = [\mu_A^-(x), \mu_A^+(x)] \subset [0,1]$, $\nu_A(x) = [\nu_A^-(x), \nu_A^+(x)] \subset [0,1]$, 且对于任意的 $x \in X$ 满足 $0 \leqslant \mu_A^+(x) + \nu_A^+(x) \leqslant 1$.

为方便起见, 令 $\alpha = (\mu_\alpha, \nu_\alpha)$, 如果 $\mu_\alpha \in [0,1]$, $\nu_\alpha \in [0,1]$, $\mu_\alpha + \nu_\alpha \leqslant 1$, 则称 α 为直觉模糊数. 如果 $\mu_\alpha = [\mu_\alpha^-, \mu_\alpha^+] \subset [0,1]$, $\nu_\alpha = [\nu_\alpha^-, \nu_\alpha^+] \subset [0,1]$, $\mu_\alpha^+ + \nu_\alpha^+ \leqslant 1$, 则称 α 为区间直觉模糊数.

定义 2.3.3 对于任意直觉模糊数 $\alpha = (\mu_\alpha, \nu_\alpha)$, 一般通过得分函数

$$s(\alpha) = \mu_\alpha - \nu_\alpha \tag{2.6}$$

对其评估, s 称为 α 的直觉模糊得分值.

不难发现, μ_α 与 ν_α 的差值越大, 则 α 的直觉模糊得分值越大, 从而直觉模糊数越大. 因此, $\alpha^+ = (1,0)$ 为最大的直觉模糊数, $\alpha^- = (0,1)$ 为最小的模糊数. 但是, 在某些特殊的情况下, 无法通过得分函数来比较直觉模糊数大小. 下面介绍了一种精确函数

$$h(\alpha) = \mu_\alpha + \nu_\alpha. \tag{2.7}$$

由于 $\pi_\alpha + h_\alpha = 1$, 所以 h_α 越大则犹豫度 π_α 越小, 进而直觉模糊数越精确. 得分函数和精确函数类似于统计学中的期望和方差. 在直觉模糊数的得分值相等的情况下, 精度越高, 则相应的直觉模糊数越大. 基于上述理论, 两个直觉模糊数之间的大小关系比较如下:

(1) 若 $s(\alpha_1) < s(\alpha_2)$, 则 $\alpha_1 < \alpha_2$;

(2) 若 $s(\alpha_1) = s(\alpha_2)$, 且 $h(\alpha_1) < h(\alpha_2)$, 则 $\alpha_1 < \alpha_2$;

(3) 若 $s(\alpha_1) = s(\alpha_2)$, 且 $h(\alpha_1) = h(\alpha_2)$, 则 $\alpha_1 = \alpha_2$.

定义 2.3.4 考虑到精确函数对直觉模糊数大小关系的得分函数为

$$H(\alpha) = \frac{1 - \nu_\alpha}{2 - \mu_\alpha - \nu_\alpha}, \quad H(a) \in [0,1]. \tag{2.8}$$

不难发现, 该得分函数具有以下性质:

(1) 当 $s(\alpha_1) < s(\alpha_2)$ 时, $H(\alpha_1) < H(\alpha_2)$;

(2) 当 $s(\alpha_1) = s(\alpha_2)$, $h(\alpha_1) < h(\alpha_2)$ 时, $H(\alpha_1) < H(\alpha_2)$.

2.4 三元模糊集

直觉模糊集可以有效描述许多投票问题中的支持、反对和弃权的信息, 但对于一些投票问题中另选他人的信息还难以处理. 基于此, 我们推广了直觉模糊集, 提出了三元模糊集的概念[8].

定义 2.4.1 已知 X 为一个非空集, 则 X 上的一个三元模糊集定义为

$$\tilde{A} = \{\langle x, \mu_{\tilde{A}}(x), \nu_{\tilde{A}}(x), \pi_{\tilde{A}}(x)\rangle | x \in X\}, \tag{2.9}$$

其中

$$\mu_{\tilde{A}} : X \to [0,1], \quad x \in X,$$
$$\nu_{\tilde{A}} : X \to [0,1], \quad x \in X,$$
$$\pi_{\tilde{A}} : X \to [0,1], \quad x \in X,$$

且满足如下条件

$$0 \leqslant \mu_{\tilde{A}}(x) + \nu_{\tilde{A}}(x) + \pi_{\tilde{A}}(x) \leqslant 1, \quad \forall x \in X.$$

$\mu_{\tilde{A}}, \nu_{\tilde{A}}$ 分别为 $\tilde{A}$ 隶属度和非隶属度. $\rho_{\tilde{A}} = \mu_{\tilde{A}} + \nu_{\tilde{A}}$ 称为候选度, $\pi_{\tilde{A}}$ 称为非候选度. 因此,

$$\{\langle x, \rho_{\tilde{A}}(x), \pi_{\tilde{A}}(x)\rangle | x \in X\}$$

也是一个直觉模糊集, 称为直觉模糊候选集. 此外, $\tau_{\tilde{A}} = 1 - \mu_{\tilde{A}} - \nu_{\tilde{A}} - \pi_{\tilde{A}}$ 称为 $\tilde{A}$ 的犹豫度.

例 2.4.1 如图 2.5 所示, 假设 A, B, C 为二维空间上的三个非空集, 且 $X = A \bigcup B \bigcup C$. 对于任意的 $x = (x_1, x_2) \in X$, 坐标 x_1 已知, 而 x_2 未知. 对于未知集合 F 满足

$$A \subset F \subset A \bigcup B, \quad A \neq F \neq A \bigcup B.$$

这时得到一个三元模糊集

$$\tilde{F} = \{\langle x, \mu_{\tilde{F}}(x), \nu_{\tilde{F}}(x), \pi_{\tilde{F}}(x)\rangle | x \in X\}, \tag{2.10}$$

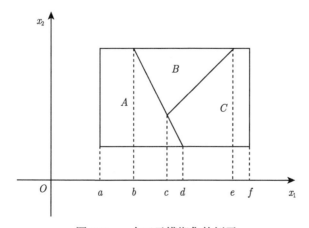

图 2.5 一个三元模糊集的例子

其中

$$\mu_{\tilde{F}}(x) = \begin{cases} 1, & a \leqslant L(x) \leqslant b, \\ 0.7, & b < L(x) \leqslant c, \\ 0.2, & c < L(x) \leqslant d, \\ 0.1, & d < L(x) \leqslant e, \\ 0, & e < L(x) \leqslant f; \end{cases}$$

$$\nu_{\tilde{F}}(x) = \begin{cases} 0, & a \leqslant L(x) \leqslant b, \\ 0.2, & b < L(x) \leqslant c, \\ 0.4, & c < L(x) \leqslant d, \\ 0.3, & d < L(x) \leqslant e, \\ 0, & e < L(x) \leqslant f; \end{cases}$$

$$\pi_{\tilde{F}}(x) = \begin{cases} 0, & a \leqslant L(x) \leqslant c, \\ 0.1, & c < L(x) \leqslant d, \\ 0.5, & d < L(x) \leqslant e, \\ 1, & e < L(x) \leqslant f. \end{cases}$$

对于任意的 $x \in X$, 有

$$0 \leqslant \mu_{\tilde{F}}(x) + \nu_{\tilde{F}}(x) + \pi_{\tilde{F}}(x) \leqslant 1,$$

且

$$\rho_{\tilde{F}} = \mu_{\tilde{F}} + \nu_{\tilde{F}} = \begin{cases} 1, & a \leqslant L(x) \leqslant b, \\ 0.9, & b < L(x) \leqslant c, \\ 0.6, & c < L(x) \leqslant d, \\ 0.4, & d < L(x) \leqslant e, \\ 0, & e < L(x) \leqslant f. \end{cases}$$

因此, $\{\langle x, \rho_{\tilde{F}}(x), \pi_{\tilde{F}}(x) \rangle | x \in X\}$ 是关于 $\tilde{F}$ 的一个直觉模糊候选集. 任意的 $x \in X$ 犹豫模糊度为

$$\tau_{\tilde{F}}(x) = \begin{cases} 0, & a \leqslant L(x) \leqslant b, \\ 0.1, & b < L(x) \leqslant c, \\ 0.3, & c < L(x) \leqslant d, \\ 0.1, & d < L(x) \leqslant e, \\ 0, & e < L(x) \leqslant f. \end{cases}$$

定义 2.4.2 已知 X 上的三个三元模糊集为

$$\tilde{A} = \{\langle x, \mu_{\tilde{A}}(x), \nu_{\tilde{A}}(x), \pi_{\tilde{A}}(x)\rangle | x \in X\},$$
$$\tilde{A}_1 = \{\langle x, \mu_{\tilde{A}_1}(x), \nu_{\tilde{A}_1}(x), \pi_{\tilde{A}_1}(x)\rangle | x \in X\},$$
$$\tilde{A}_2 = \{\langle x, \mu_{\tilde{A}_2}(x), \nu_{\tilde{A}_2}(x), \pi_{\tilde{A}_2}(x)\rangle | x \in X\},$$

则

(1) $\tilde{A}^c = \{\langle x, \nu_{\tilde{A}}(x), \mu_{\tilde{A}}(x), \pi_{\tilde{A}}(x)\rangle\}$;

(2) $\tilde{A}_1 \bigcup \tilde{A}_2 = \{\langle x, \max\{\mu_{\tilde{A}_1}(x), \mu_{\tilde{A}_2}(x)\}, \min\{\nu_{\tilde{A}_1}(x), \nu_{\tilde{A}_2}(x)\}, \min\{\pi_{\tilde{A}_1}(x),$
$\pi_{\tilde{A}_2}(x)\}\rangle\}$;

(3) $\tilde{A}_1 \bigcap \tilde{A}_2 = \{\langle x, \min\{\mu_{\tilde{A}_1}(x), \mu_{\tilde{A}_2}(x)\}, \max\{\nu_{\tilde{A}_1}(x), \nu_{\tilde{A}_2}(x)\}, \min\{\pi_{\tilde{A}_1}(x),$
$\pi_{\tilde{A}_2}(x)\}\rangle\}$;

(4) $\tilde{A}_1 + \tilde{A}_2 = \{\langle x, 1 - (1 - \mu_{\tilde{A}_1}(x))(1 - \mu_{\tilde{A}_2}(x)), \nu_{\tilde{A}_1}(x)\nu_{\tilde{A}_2}(x), \pi_{\tilde{A}_1}(x)\pi_{\tilde{A}_2}(x)\rangle\}$;

(5) $\tilde{A}_1 \cdot \tilde{A}_2 = \{\langle x, \mu_{\tilde{A}_1}(x)\mu_{\tilde{A}_2}(x), 1 - (1 - \nu_{\tilde{A}_1}(x))(1 - \nu_{\tilde{A}_2}(x)), \pi_{\tilde{A}_1}(x)\pi_{\tilde{A}_2}(x)\rangle\}$.

性质 2.4.1 三元模糊集的运算法则是封闭的.

性质 2.4.2 已知 $\tilde{A}, \tilde{A}_1, \tilde{A}_2$ 为三元模糊集, 则

(1) $(\tilde{A}^c)^c = \tilde{A}$;

(2) $(\tilde{A}_1 \bigcup \tilde{A}_2)^c = \tilde{A}_1^c \bigcap \tilde{A}_2^c, (\tilde{A}_1 \bigcap \tilde{A}_2)^c = \tilde{A}_1^c \bigcup \tilde{A}_2^c$;

(3) $(\tilde{A}_1 + \tilde{A}_2)^c = \tilde{A}_1^c \cdot \tilde{A}_2^c, (\tilde{A}_1 \cdot \tilde{A}_2)^c = \tilde{A}_1^c + \tilde{A}_2^c$.

2.5 犹豫模糊集

本节主要介绍犹豫模糊集、犹豫模糊元等相关知识, 详见参考文献 [9] 和 [10]. 在区间直觉模糊集和犹豫模糊集的基础上, 课题组还提出了区间直觉犹豫模糊集的概念[11].

定义 2.5.1 设 X 为一非空集合, X 上的一个犹豫模糊集定义为

$$E = \{\langle x, h_E(x)\rangle | x \in X\},$$

其中 $h_E(x)$ 为 [0,1] 上的子集, 表示 $x \in X$ 属于 E 可能性隶属度.

为方便起见, $h = h_E(x)$ 表示为犹豫模糊元, H 为所有犹豫模糊元构成的集合.

定义 2.5.2 已知 h, h_1, h_2 为三个犹豫模糊元, 则

(1) $h^c = \{1 - \gamma | \gamma \in h\}$;

(2) $h_1 \bigcup h_2 = \{\gamma_1 \vee \gamma_2 | \gamma_1 \in h_1, \gamma_2 \in h_2\}$;

(3) $h_1 \bigcap h_2 = \{\gamma_1 \wedge \gamma_2 | \gamma_1 \in h_1, \gamma_2 \in h_2\}$.

定义 2.5.3 已知 h, h_1, h_2 为三个犹豫模糊元, 则

(1) $h_1 \oplus h_2 = \{\gamma_1 + \gamma_2 - \gamma_1\gamma_2 | \gamma_1 \in h_1, \gamma_2 \in h_2\}$;

(2) $h_1 \otimes h_2 = \{\gamma_1 \gamma_2 | \gamma_1 \in h_1, \gamma_2 \in h_2\}$;

(3) $h^\lambda = \{\gamma^\lambda | \gamma \in h\}$;

(4) $\lambda h = \{1 - (1 - \gamma)^\lambda | \gamma \in h\}$.

定义 2.5.4 一个犹豫模糊元 h 的得分函数定义为

$$s(h) = \frac{\sum\limits_{\gamma \in h} \gamma}{\#h},$$

其中 $\#h$ 表示 h 中元素的个数.

定义 2.5.5 设 X 为一非空集合, X 上的一个区间直觉犹豫模糊集 $\tilde{E}$ 为

$$\tilde{E} = \{\langle x, h_{\tilde{E}}(x) \rangle | x \in X\},$$

其中 $h_{\tilde{E}}(x)$ 是由 X 上的区间直觉模糊数构成的集合, 表示 x 属于 $\tilde{E}$ 的隶属度和非隶属度区间. 方便起见, $\tilde{h} = h_{\tilde{E}}(x)$ 表示为区间直觉犹豫模糊元. 若 $\alpha \in \tilde{h}$, 则 α 为一个区间直觉模糊数, 即

$$\alpha = (\mu_\alpha, \nu_\alpha) = \left([\mu_\alpha^-, \mu_\alpha^+], [\nu_\alpha^-, \nu_\alpha^+]\right).$$

定义 2.5.6 $\tilde{h}, \tilde{h}_1, \tilde{h}_2$ 为三个区间直觉犹豫模糊元, 其运算定义为

(1) $\tilde{h}^c = \{\alpha^c | \alpha \in \tilde{h}\} = \{([\nu_\alpha^-, \nu_\alpha^+], [\mu_\alpha^-, \mu_\alpha^+]) | \alpha \in \tilde{h}\}$;

(2) $\tilde{h}_1 \bigcup \tilde{h}_2 = \{\alpha_1 \vee \alpha_2 | \alpha_1 \in \tilde{h}_1, \alpha_2 \in \tilde{h}_2\}$
$= \{([\mu_{\alpha_1}^- \vee \mu_{\alpha_2}^-, \mu_{\alpha_1}^+ \vee \mu_{\alpha_2}^+], [\nu_{\alpha_1}^- \wedge \nu_{\alpha_2}^-, \nu_{\alpha_1}^+ \wedge \nu_{\alpha_2}^+])\}$;

(3) $\bigcap \tilde{h}_2 = \{\alpha_1 \wedge \alpha_2 | \alpha_1 \in \tilde{h}_1, \alpha_2 \in \tilde{h}_2\}$
$= \{([\mu_{\alpha_1}^- \wedge \mu_{\alpha_2}^-, \mu_{\alpha_1}^+ \wedge \mu_{\alpha_2}^+], [\nu_{\alpha_1}^- \vee \nu_{\alpha_2}^-, \nu_{\alpha_1}^+ \vee \nu_{\alpha_2}^+])\}$;

(4) $\tilde{h}_1 \otimes \tilde{h}_2 = \{\alpha_1 \otimes \alpha_2 | \alpha_1 \in \tilde{h}_1, \alpha_2 \in \tilde{h}_2\}$
$= \{([\mu_{\alpha_1}^- \mu_{\alpha_2}^-, \mu_{\alpha_1}^+ \mu_{\alpha_2}^+], [\nu_{\alpha_1}^- + \nu_{\alpha_2}^- - \nu_{\alpha_1}^- \nu_{\alpha_2}^-, \nu_{\alpha_1}^+ + \nu_{\alpha_2}^+ - \nu_{\alpha_1}^+ \nu_{\alpha_2}^+])\}$;

(5) $\tilde{h}_1 \oplus \tilde{h}_2 = \{\alpha_1 \oplus \alpha_2 | \alpha_1 \in \tilde{h}_1, \alpha_2 \in \tilde{h}_2\}$
$= \{([\mu_{\alpha_1}^- + \mu_{\alpha_2}^- - \mu_{\alpha_1}^- \mu_{\alpha_2}^-, \mu_{\alpha_1}^+ + \mu_{\alpha_2}^+ - \mu_{\alpha_1}^+ \mu_{\alpha_2}^+], [\nu_{\alpha_1}^- \nu_{\alpha_2}^-, \nu_{\alpha_1}^+ \nu_{\alpha_2}^+])\}$;

(6) $\lambda \tilde{h} = \{\lambda \alpha | \alpha \in \tilde{h}\}$
$= \{([1 - (1 - \mu_\alpha^-)^\lambda, 1 - (1 - \mu_\alpha^+)^\lambda], [(\nu_\alpha^-)^\lambda, (\nu_\alpha^+)^\lambda]) | \alpha \in \tilde{h}\}$;

(7) $\tilde{h}^\lambda = \{\alpha^\lambda | \alpha \in \tilde{h}\}$
$= \{([(\mu_\alpha^-)^\lambda, (\mu_\alpha^+)^\lambda], [1 - (1 - \nu_\alpha^-)^\lambda, 1 - (1 - \nu_\alpha^+)^\lambda]) | \alpha \in \tilde{h}\}$.

定理 2.5.1 $\tilde{h}, \tilde{h}_1, \tilde{h}_2$ 为三个区间直觉犹豫模糊元, 则 $\tilde{h}_1 \oplus \tilde{h}_2, \tilde{h}_1 \otimes \tilde{h}_2, \lambda \tilde{h}$ 和 $\tilde{h}^\lambda$ 均为区间直觉犹豫模糊元.

定理 2.5.2 $\tilde{h}, \tilde{h}_1, \tilde{h}_2$ 为三个区间直觉犹豫模糊元, 则

(1) $\tilde{h}_1^c \bigcup \tilde{h}_2^c = (\tilde{h}_1 \bigcap \tilde{h}_2)^c$;

(2) $\tilde{h}_1^c \bigcap \tilde{h}_2^c = (\tilde{h}_1 \bigcup \tilde{h}_2)^c$;

(3) $(\tilde{h}^c)^\lambda = (\lambda\tilde{h})^c$;

(4) $\lambda(\tilde{h}^c) = (\tilde{h}^\lambda)^c$;

(5) $\tilde{h}_1^c \oplus \tilde{h}_2^c = (\tilde{h}_1 \otimes \tilde{h}_2)^c$;

(6) $\tilde{h}_1^c \otimes \tilde{h}_2^c = (\tilde{h}_1 \oplus \tilde{h}_2)^c$;

(7) $\tilde{h}_1 \oplus \tilde{h}_2 = \tilde{h}_2 \oplus \tilde{h}_1$;

(8) $\lambda(\tilde{h}_1 \oplus \tilde{h}_2) = \lambda\tilde{h}_1 \oplus \lambda\tilde{h}_2$;

(9) $(\lambda_1\lambda_2)\tilde{h} = \lambda_1(\lambda_2\tilde{h})$;

(10) $\tilde{h}_1 \otimes \tilde{h}_2 = \tilde{h}_2 \otimes \tilde{h}_1$;

(11) $\tilde{h}_1^\lambda \otimes \tilde{h}_2^\lambda = (\tilde{h}_1 \otimes \tilde{h}_2)^\lambda$;

(12) $\tilde{h}^{\lambda_1\lambda_2} = (\tilde{h}^{\lambda_1})^{\lambda_2}$.

2.6 粗 糙 集

本节主要介绍粗糙集的相关定义和知识约简等基础知识, 详细内容参见文献 [12] 和 [13].

定义 2.6.1 假设 U 为非空有限集合 (也称论域), R 是定义在 U 上的等价关系, $[x]_R$ 表示包含元素 $x \in U$ 的 R 等价类, U/R 表示 R 的所有等价类的集合. 一个知识库就是一个关系系统 $K = (U, \mathbb{R})$, $\mathbb{R}$ 是 U 上的一族等价关系.

定义 2.6.2 假设 R 是定义在 U 上的等价关系, $\forall A \subseteq U$, 二元组 (U, R) 称为 Pawlak 近似空间. 下面定义的两个子集:

$$\underline{R}A = \{x \in U | [x]_R \subseteq A\},$$

$$\overline{R}A = \{x \in U | [x]_R \bigcap A \neq \varnothing\}$$

分别称为 A 的 R 下近似集合和 R 上近似集合.

集合 $\mathrm{bn}_R(A) = \overline{R}A - \underline{R}A$ 称为集合 A 的 R 边界域; $\mathrm{pos}_R(A) = \underline{R}A$ 称为集合 A 的 R 正域; $\mathrm{neg}_R(A) = U - \overline{R}A$ 称为集合 A 的 R 负域. 显然, $\overline{R}A = \mathrm{pos}_R(A) \bigcup \mathrm{bn}_R(A)$.

定理 2.6.1 在 Pawlak 近似空间 (U, R) 中, $\forall A, B \subseteq U$, 上、下近似算子具有下列性质:

(1) $\underline{R}A \subseteq A \subseteq \overline{R}A$;

(2) $\underline{R}(A \bigcap B) = \underline{R}(A) \bigcap \underline{R}(B)$, $\overline{R}(A \bigcup B) = \overline{R}A \bigcup \overline{R}B$;

(3) $\underline{R}(A\bigcup B) \supseteq \underline{R}A\bigcup \underline{R}B, \overline{R}(A\bigcap B) \subseteq \overline{R}A\bigcap \overline{R}B$;

(4) $\overline{R}(A^c) = (\underline{R}A)^c, \underline{R}(A^c) = (\overline{R}A)^c$;

(5) $\underline{R}U = \overline{R}U = U, \underline{R}\varnothing = \overline{R}\varnothing = \varnothing$;

(6) $A \subseteq B \Rightarrow \overline{R}A \subseteq \overline{R}B, \underline{R}A \subseteq \underline{R}B$;

(7) $\underline{R}(\underline{R}A) = \overline{R}(\underline{R}A) = \underline{R}A, \overline{R}(\overline{R}A) = \underline{R}(\overline{R}A) = \overline{R}A$.

定义 2.6.3　在 Pawlak 近似空间 (U, R) 中, $\forall A \subseteq U$, 如果 $\overline{R}A = \underline{R}A$, 则称集合 A 为可定义集; 如果 $\overline{R}A \neq \underline{R}A$, 则称集合 A 为不可定义集或者粗糙集.

定义 2.6.4　在 Pawlak 近似空间 (U, R) 中, $\forall A \subseteq U$, 由等价关系 R 定义的集合 A 的近似精度为 $\alpha_R(A) = \dfrac{|\underline{R}A|}{|\overline{R}A|}$, 其中 $A \neq \varnothing, |A|$ 表示集合 A 的基数.

集合 A 的粗糙度定义为 $\rho_R(A) = 1 - \alpha_R(A)$. 显然 $0 \leqslant \alpha_R(A) \leqslant 1, 0 \leqslant \rho_R(A) \leqslant 1$.

知识约简是粗糙集理论的核心内容之一. 众所周知, 知识库中知识 (属性) 并不是同等重要的, 甚至其中某些知识是冗余的, 所以知识约简就是在保持知识库分类能力不变的条件下, 删除其中不相关或不重要的知识.

知识约简中有两个基本概念: 约简和核. 在对约简和核讨论之前, 先作如下定义:

令 $\mathbb{R}$ 为一族等价关系, $R \in \mathbb{R}$. 如果

$$\mathrm{ind}\,(\mathbb{R}) = \mathrm{ind}\,(\mathbb{R} - \{R\}),$$

则称 R 为 $\mathbb{R}$ 中不必要的; 否则, 称 R 为 $\mathbb{R}$ 中必要的.

如果每一个 $R \in \mathbb{R}$ 都为 $\mathbb{R}$ 中必要的, 则称 $\mathbb{R}$ 为独立的; 否则, 称 $\mathbb{R}$ 为依赖的.

定理 2.6.2　如果 $\mathbb{R}$ 为独立的, $\mathbb{P} \subseteq \mathbb{R}$, 则 $\mathbb{P}$ 也是独立的,

定理 2.6.3　$\mathrm{core}(\mathbb{P}) = \bigcap \mathrm{red}(\mathbb{P})$, 其中 $\mathrm{red}(\mathbb{P})$ 表示 $\mathbb{P}$ 的所有约简.

可以看出, 核这个概念的用处有两个方面. 一是核包含在所有约简之中, 它可以作为所有约简的计算基础; 二是在知识约简时, 它是不能消去的知识特征集合.

例 2.6.1　设 $K = (U, \mathbb{R})$ 是一个知识库, 其中 $U = \{x_1, x_2, \cdots, x_8\}, \mathbb{R} = \{R_1, R_2, R_3\}$, 等价关系 R_1, R_2, R_3 有下列等价类:

$$U/R_1 = \{\{x_1, x_4, x_5\}, \{x_2, x_8\}, \{x_3\}, \{x_6, x_7\}\},$$

$$U/R_2 = \{\{x_1, x_3, x_5\}, \{x_6\}, \{x_2, x_4, x_7, x_8\}\},$$

$$U/R_3 = \{\{x_1, x_5\}, \{x_6\}, \{x_2, x_7, x_8\}, \{x_3, x_4\}\}.$$

关系 $\mathrm{ind}(\mathbb{R})$ 有下列等价类:

$$U/\mathrm{ind}(\mathbb{R}) = \{\{x_1, x_5\}, \{x_2, x_8\}, \{x_3\}, \{x_4\}, \{x_6\}, \{x_7\}\}.$$

关系 R_1 为 $\mathbb{R}$ 中必要的, 因为

$$U/\text{ind}(\mathbb{R} - \{R_1\}) = \{\{x_1, x_5\}, \{x_2, x_7, x_8\}, \{x_3\}, \{x_4\}, \{x_6\}\}$$
$$\neq U/\text{ind}(\mathbb{R}).$$

对于关系 R_2 有

$$U/\text{ind}(\mathbb{R} - \{R_2\}) = \{\{x_1, x_5\}, \{x_2, x_8\}, \{x_3\}, \{x_4\}, \{x_6\}, \{x_7\}\}$$
$$= U/\text{ind}(\mathbb{R}),$$

故关系 R_2 是 $\mathbb{R}$ 中不必要的.

同样, 对于关系 R_3,

$$U/\text{ind}(\mathbb{R} - \{R_3\}) = \{\{x_1, x_5\}, \{x_2, x_8\}, \{x_3\}, \{x_4\}, \{x_6\}, \{x_7\}\}$$
$$= U/\text{ind}(\mathbb{R}).$$

因此, 关系 R_3 是 $\mathbb{R}$ 中不必要的.

这表明通过等价关系 R_1, R_2 和 R_3 的集合定义的分类与根据 R_1 和 R_2 或 R_1 和 R_3 定义的分类相同, 即表明该系统的知识可以通过 $U/\text{ind}(\{R_1, R_2\})$ 或 $U/\text{ind}(\{R_1, R_3\})$ 来表达.

为了得到 $\mathbb{R} = \{R_1, R_2, R_3\}$ 的约简, 检验 $\{R_1, R_2\}$ 和 $\{R_1, R_3\}$ 是否为独立的. 因为 $U/\text{ind}(\{R_1, R_2\}) \neq U/\text{ind}(R_1)$ 且 $U/\text{ind}(\{R_1, R_2\}) \neq U/\text{ind}(R_2)$, 所以, $\{R_1, R_2\}$ 为独立的且 $\{R_1, R_2\}$ 为 $\mathbb{R}$ 的一个约简. 同理, $\{R_1, R_3\}$ 也是 $\mathbb{R}$ 的一个约简.

这样 $\mathbb{R}$ 有两个约简, 即 $\{R_1, R_2\}$ 和 $\{R_1, R_3\}$, 并且

$$\text{core}(\mathbb{R}) = \{R_1, R_2\} \bigcap \{R_1, R_3\} = \{R_1\}.$$

在应用中, 一个分类相对于另一个分类的关系十分重要. 因此, 下面将介绍知识的相对约简和相对核的概念. 首先定义一个分类相对于另一个分类的正域.

令 P 和 Q 为 U 中的等价关系, Q 的 P 正域记为 $\text{pos}_P(Q)$, 即

$$\text{pos}_P(Q) = \bigcup_{X \in U/Q} \underline{P}X.$$

Q 的 P 正域是 U 中所有根据分类 U/P 的信息可以准确地划分到关系 Q 的等价类中去的对象集合.

令 $\mathbb{P}$ 和 $\mathbb{Q}$ 为等价关系族, $R \in \mathbb{P}$. 如果

$$\text{pos}_{\text{ind}(\mathbb{P})}(\text{ind}(\mathbb{Q})) = \text{pos}_{\text{ind}(\mathbb{P}-\{R\})}(\text{ind}(\mathbb{Q})),$$

则称 R 为 $\mathbb{P}$ 中 $\mathbb{Q}$ 不必要的; 否则, R 为 $\mathbb{P}$ 中 $\mathbb{Q}$ 必要的.

为简单起见, 也用 $\mathrm{pos}_{\mathbb{P}}(\mathbb{Q})$ 代替 $\mathrm{pos}_{\mathrm{ind}(\mathbb{P})}(\mathrm{ind}(\mathbb{Q}))$.

如果 $\mathbb{P}$ 中的每个 R 都为 $\mathbb{Q}$ 必要的, 则称 $\mathbb{P}$ 为 $\mathbb{Q}$ 独立的 (或 $\mathbb{P}$ 相对于 $\mathbb{Q}$ 独立).

设 $\mathbb{S} \subseteq \mathbb{P}, \mathbb{S}$ 为 $\mathbb{P}$ 的 $\mathbb{Q}$ 约简当且仅当 $\mathbb{S}$ 是 $\mathbb{P}$ 的 $\mathbb{Q}$ 独立子族且 $\mathrm{pos}_{\mathbb{S}}(\mathbb{Q}) = \mathrm{pos}_{\mathbb{P}}(\mathbb{Q})$. $\mathbb{P}$ 的 $\mathbb{Q}$ 约简称为相对约简. $\mathbb{P}$ 中所有 $\mathbb{Q}$ 必要的原始关系构成的集合称为 $\mathbb{P}$ 的 $\mathbb{Q}$ 核, 简称为相对核, 记为 $\mathrm{core}_{\mathbb{Q}}(\mathbb{P})$. 相对核与相对约简的关系可见下述定理.

定理 2.6.4　$\mathrm{core}_{\mathbb{Q}}(\mathbb{P}) = \bigcap \mathrm{red}_{\mathbb{Q}}(\mathbb{P})$, 其中 $\mathrm{red}_{\mathbb{Q}}(\mathbb{P})$ 是所有 $\mathbb{P}$ 的 $\mathbb{Q}$ 约简构成的集合.

例 2.6.2　设 $K = (U, \mathbb{P})$ 是一个知识库, 其中 $U = \{x_1, x_2, \cdots, x_8\}, \mathbb{P} = \{R_1, R_2, R_3\}$, 等价关系 R_1, R_2 和 R_3 有下列等价类:

$$U/R_1 = \{\{x_1, x_3, x_4, x_5, x_6, x_7\}, \{x_2, x_8\}\},$$

$$U/R_2 = \{\{x_1, x_3, x_4, x_5\}, \{x_2, x_6, x_7, x_8\}\},$$

$$U/R_3 = \{\{x_1, x_5, x_6\}, \{x_2, x_7, x_8\}, \{x_3, x_4\}\}.$$

由 $\mathbb{P}$ 导出的分类为

$$U/\mathrm{ind}(\mathbb{P}) = \{\{x_1, x_5\}, \{x_3, x_4\}, \{x_2, x_8\}, \{x_6\}, \{x_7\}\}.$$

假设等价关系 Q 有下列等价类:

$$U/Q = \{\{x_1, x_5, x_6\}, \{x_3, x_4\}, \{x_2, x_7\}, \{x_8\}\},$$

Q 的 $\mathbb{P}$ 正域为

$$\mathrm{pos}_{\mathbb{P}}(Q) = \{x_1, x_5\}\bigcup\{x_3, x_4\}\bigcup\{x_6\}\bigcup\{x_7\} = \{x_1, x_3, x_4, x_5, x_6, x_7\}.$$

现在从 $\mathbb{P}$ 中去掉 R_1 得到

$$U/(\mathbb{P} - \{R_1\}) = U/\{R_2, R_3\} = \{\{x_1, x_5\}, \{x_3, x_4\}, \{x_2, x_7, x_8\}, \{x_6\}\}.$$

因为

$$\mathrm{pos}_{(\mathbb{P}-\{R_1\})}(Q) = \{x_1, x_5\}\bigcup\{x_3, x_4\}\bigcup\{x_6\} = \{x_1, x_3, x_4, x_5, x_6\} \neq \mathrm{pos}_{\mathbb{P}}(Q),$$

故 R_1 是 $\mathbb{P}$ 中 Q 必要的. 从 $\mathbb{P}$ 中去掉 R_2 得到

$$U/(\mathbb{P} - \{R_2\}) = U/\{R_1, R_3\} = \{\{x_1, x_5, x_6\}, \{x_3, x_4\}, \{x_2, x_8\}, \{x_7\}\},$$

由此导出正域

$$\mathrm{pos}_{(\mathbb{P}-\{R_2\})}(Q) = \{x_1, x_5, x_6\}\bigcup\{x_3, x_4\}\bigcup\{x_7\} = \{x_1, x_3, x_4, x_5, x_6, x_7\} = \mathrm{pos}_{\mathbb{P}}(Q),$$

因此, R_2 为 $\mathbb{P}$ 中 Q 不必要的. 最后省略 $\mathbb{P}$ 中的 R_3 得到

$$U/(\mathbb{P}-\{R_3\}) = U/\{R_1, R_2\} = \{\{x_1, x_3, x_4, x_5\}, \{x_2, x_8\}, \{x_6, x_7\}\},$$

正域为

$$\mathrm{pos}_{(\mathbb{P}-\{R_3\})}(Q) = \varnothing \neq \mathrm{pos}_{\mathbb{P}}(Q).$$

因此, R_3 为 $\mathbb{P}$ 中 Q 必要的.

这样 $\mathbb{P}$ 的 Q 核为 $\{R_1, R_3\}$, 它也是 $\mathbb{P}$ 的 Q 约简.

2.7 模糊粗糙集、区间 2-型模糊粗糙集与随机粗糙集

本节主要介绍模糊粗糙集、区间 2-型模糊粗糙集、随机粗糙集基本知识. 详细内容参见文献 [13—15].

2.7.1 模糊粗糙集

定义 2.7.1 设 (U, R) 是 Pawlak 近似空间, 即 R 是论域 U 上的一个等价关系. 若 A 是 U 上的一个模糊集合, 则 A 关于 (U, R) 的一对下近似 $\underline{A}_R$ 和上近似 $\overline{A}_R$ 定义为 U 上的一对模糊集合, 其隶属函数分别定义为

$$\underline{A}_R(x) = \inf\{A(y)|y \in [x]_R\}, \quad x \in U,$$
$$\overline{A}_R(x) = \sup\{A(y)|y \in [x]_R\}, \quad x \in U,$$

其中 $[x]_R$ 为元素 x 在关系 R 下的等价类. 若 $\underline{A}_R = \overline{A}_R$, 则称 A 是可定义的; 否则, 称 A 是模糊粗糙集 (fuzzy rough set). 称 $\underline{A}_R$ 是 A 关于 (U, R) 的正域, $(\overline{A}_R)^c$ 是 A 关于 (U, R) 的负域, $\underline{A}_R\bigcap(\overline{A}_R)^c$ 为 A 的边界.

可以验证, 当 A 是 U 上的经典集合时, $\underline{A}$ 和 $\overline{A}$ 就退化为 A 在 Pawlak 意义下关于 (U, R) 的下近似和上近似. 因此, 定义 2.7.1 是 Pawlak 意义下的推广形式.

定理 2.7.1 由定义 2.7.1 给出的下近似 $\underline{A}$ 和上近似 $\overline{A}$ 满足下列性质:

(1) $\underline{A} \subseteq A \subseteq \overline{A}$;

(2) $\overline{A\bigcup B} = \overline{A}\bigcup\overline{B}, \underline{A\bigcap B} = \underline{A}\bigcap\underline{B}$;

(3) $\underline{A}\bigcup B \subseteq \underline{A\bigcup B}, \overline{A\bigcap B} \subseteq \overline{A}\bigcap\overline{B}$;

(4) $\underline{(A^c)} = \left(\overline{A}\right)^c, \overline{(A^c)} = (\underline{A})^c$;

(5) $\overline{(\overline{A})} = \underline{(\overline{A})} = \overline{A}, \underline{(\underline{A})} = \overline{(\underline{A})} = \underline{A}$;

(6) $\underline{U} = U, \overline{\varnothing} = \varnothing$;

(7) 若 $A \subseteq B$, 则 $\underline{A} \subseteq \underline{B}$ 且 $\overline{A} \subseteq \overline{B}$.

定义 2.7.2　设 (U, R) 是 Pawlak 近似空间, A, B 是 U 上的模糊集合. 称 A 与 B 是模糊粗下相等的, 若 $\underline{A} = \underline{B}$, 记作 $A \approx B$; 称 A 与 B 是模糊粗上相等的, 若 $\overline{A} = \overline{B}$, 记作 $A \simeq B$; 称 A 与 B 是模糊粗相等的, 若 $\underline{A} = \underline{B}$ 且 $\overline{A} = \overline{B}$, 记作 $A \approx B$.

易见, 对于 U 上的等价关系 R, $\approx$, $\simeq$ 和 $\approx$ 都是 $\tilde{\mathcal{F}}(U)$ 上的等价关系. 以后对于 $\approx$, $\simeq$ 和 $\approx$, 都是指在某个特定的等价关系 R 下的.

定理 2.7.2　设 (U, R) 是近似空间, 则在 $\tilde{\mathcal{F}}(U)$ 中下列性质成立:

(1) $A \approx B$ 当且仅当 $A \bigcap B \approx A$ 且 $A \bigcap B \approx B$;

(2) $A \simeq B$ 当且仅当 $A \bigcup B \simeq A$ 且 $A \bigcup B \simeq B$;

(3) 若 $A \simeq A'$ 且 $B \simeq B'$, 则 $A \bigcup B \simeq A' \bigcup B'$;

(4) 若 $A \approx A'$ 且 $B \approx B'$, 则 $A \bigcap B \approx A' \bigcap B'$;

(5) 若 $A \subseteq B$ 且 $B \simeq \varnothing$, 则 $A \simeq \varnothing$;

(6) 若 $A \subseteq B$ 且 $A \approx U$, 则 $B \approx U$;

(7) 若 $A \approx \varnothing$ 或 $B \approx \varnothing$, 则 $A \bigcap B \approx \varnothing$;

(8) 若 $A \simeq U$ 或 $B \simeq U$, 则 $A \bigcup B \simeq U$;

(9) $A \approx U$ 当且仅当 $A = U$;

(10) $A \simeq \varnothing$ 当且仅当 $A = \varnothing$.

定义 2.7.3　设 (U, R) 是近似空间, A 是 U 上的模糊集合, 则 A 关于近似空间 (U, R) 依参数 $0 < \beta \leqslant \alpha \leqslant 1$ 的下近似 $\underline{A}_\alpha$ 和上近似 $\overline{A}_\beta$ 分别定义为

$$\underline{A}_\alpha = \{x \in U | \underline{A}(x) \geqslant \alpha\},$$

$$\overline{A}_\beta = \{x \in U | \overline{A}(x) \geqslant \beta\}.$$

设 (U, R) 是近似空间, $A \in \tilde{\mathcal{F}}(U)$, 定义 A 关于 (U, R) 的粗糙度 $\rho_R(A)$ 为

$$\rho_R(A) = 1 - \frac{|\underline{A}|}{|\overline{A}|}.$$

当 $|\overline{A}| = 0$ 时, 约定 $\rho_R(A) = 0$; 称 $\eta_R(A) = \dfrac{|\underline{A}|}{|\overline{A}|}$ 为 A 关于 (U, R) 的近似精度.

显然, $0 \leqslant \rho_R(A) \leqslant 1$, $0 \leqslant \eta_R(A) \leqslant 1$. 若 A 是可定义的, 则有 $\rho_R(A) = 0$, $\eta_R(A) = 1$.

设 (U, R) 是近似空间, $A \in \tilde{\mathcal{F}}(U)$, 对于 $0 < \beta \leqslant \alpha \leqslant 1$, 定义 A 在近似空间 (U, R) 中关于参数 α, β 的粗糙度 $\rho_A^{\alpha, \beta}$ 如下:

$$\rho_A^{\alpha, \beta} = 1 - \frac{|\underline{A}_\alpha|}{|\overline{A}_\beta|},$$

约定当 $\overline{A}_\beta = \varnothing$ 时, $\rho_A^{\alpha,\beta} = 0$.

定理 2.7.3　关于参数 α,β 的粗糙度 $\rho_A^{\alpha,\beta}$ 有

(1) $0 \leqslant \rho_A^{\alpha,\beta} \leqslant 1$;

(2) 若 β 固定, 则 $|\underline{A}_\alpha|$ 随 α 增加而减小, 从而 $\rho_A^{\alpha,\beta}$ 随 α 增加而增加; 若 α 固定, 则 $|\overline{A}_\beta|$ 随 β 增加而减小, 从而 $\rho_A^{\alpha,\beta}$ 随 β 增加而减小.

定理 2.7.4　关于参数 α,β 的粗糙度 $\rho_A^{\alpha,\beta}$ 有

(1) 若对于 (U,R) 中的任意等价类 $[x]$ 都存在 $y \in [x]$, 使得 $A(y) < \alpha$, 则 $\underline{A}_\alpha = \varnothing$, 从而 $\rho_A^{\alpha,\beta} = 1$;

(2) 若模糊集 A 在 (U,R) 的每个等价类中的隶属函数都是常数, 则对于任意的 $\alpha \in (0,1]$ 有 $\underline{A}_\alpha = \overline{A}_\alpha$, 从而 $\rho_A^{\alpha,\alpha} = 0$.

定理 2.7.5　若模糊集 A 的隶属函数恒为常数, 即存在 $\delta > 0$, 使对于任意的 $x \in U$ 有 $A(x) = \delta$, 则

(1) 当 $0 < \beta < \delta < \alpha \leqslant 1$ 时, 有 $\rho_A^{\alpha,\beta} = 1$;

(2) 对于 $0 < \beta \leqslant \alpha \leqslant 1$ 的其他情形, 有 $\rho_A^{\alpha,\beta} = 0$.

定理 2.7.6　设对于任意的 $x \in U$ 有 $A(x) \geqslant r$ 且 $A,B \in \tilde{\mathcal{F}}(U), A \subseteq B, 0 < \beta \leqslant \alpha \leqslant 1$, 则

(1) 如果 $\overline{A}_\beta = \overline{B}_\beta$, 那么 $\rho_B^{\alpha,\beta} \leqslant \rho_A^{\alpha,\beta}$;

(2) 如果 $\underline{A}_\alpha = \underline{B}_\alpha$, 那么 $\rho_A^{\alpha,\beta} \leqslant \rho_B^{\alpha,\beta}$;

(3) 如果存在 $r > 0$, 对于任意 $x \in U$ 有 $A(x) \geqslant r$, 那么当 $\beta \geqslant r$ 时, 有 $\rho_B^{\alpha,\beta} \leqslant \rho_A^{\alpha,\beta}$;

(4) 如果存在 $r > 0$, 对于任意 $x \in U$ 有 $A(x) \geqslant r$, 那么当 $\alpha \leqslant r$ 时, 有 $\rho_B^{\alpha,\beta} = \rho_A^{\alpha,\beta} = 0$.

定理 2.7.7　设 $A,B \in \tilde{\mathcal{F}}(U)$, 若 $A \approx B$, 则对任意 $0 < \beta \leqslant \alpha \leqslant 1$, 有 $\rho_A^{\alpha,\beta} = \rho_B^{\alpha,\beta}$.

定理 2.7.8　设 $A,B \in \tilde{\mathcal{F}}(U), 0 < \beta \leqslant \alpha \leqslant 1$, 则有

$$\rho_{A\bigcup B}^{\alpha,\beta}|\overline{A}_\beta \bigcup \overline{B}_\beta| \leqslant \rho_A^{\alpha,\beta}|\overline{A}_\beta| + \rho_B^{\alpha,\beta}|\overline{B}_\beta| - \rho_{A\bigcup B}^{\alpha,\beta}|\overline{A}_\beta \bigcap \overline{B}_\beta|.$$

定理 2.7.9　若 $S \subseteq R, A \in \tilde{\mathcal{F}}(U)$, 则

(1) $\underline{A}_R \subseteq \underline{A}_S, \overline{A}_S \subseteq \overline{A}_R$;

(2) $\underline{A}_\alpha^R \subseteq \underline{A}_\alpha^S, \overline{A}_\beta^S \subseteq \overline{A}_\beta^R$.

定理 2.7.10　若 $S \subseteq R, A \in \tilde{\mathcal{F}}(U)$, 则

(1) $\rho_S^{\alpha,\beta}(A) \leqslant \rho_R^{\alpha,\beta}(A)$;

(2) $\rho_S(A) \subseteq \rho_R(A)$.

2.7.2　区间 2-型模糊粗糙集

定义 2.7.4　设 U 和 W 为两个非空论域, $\tilde{R} \in \tilde{F}_{IT2}(U \times W)$ 为 U 到 W 上的一个区间 2-型模糊关系, 三元组 $(U, W, \tilde{R})$ 称为区间 2-型模糊近似空间. 任意的 $\tilde{A} \in \tilde{F}_{IT2}(W)$ 的上近似 $\overline{\tilde{R}}(\tilde{A})$ 和下近似 $\underline{\tilde{R}}(\tilde{A})$ 定义为

$$\overline{\tilde{R}}(\tilde{A}) = \int_{x \in U} \int_{u \in D\overline{\tilde{R}}(\tilde{A})(x)} 1/(x, u), \quad \underline{\tilde{R}}(\tilde{A}) = \int_{x \in U} \int_{u \in D\underline{\tilde{R}}(\tilde{A})(x)} 1/(x, u),$$

其中对于任意的 $u \in X$, 有

$$D\overline{\tilde{R}}(\tilde{A})(x) = [\mu_{\underline{D}\overline{\tilde{R}}(\tilde{A})}(x), \mu_{\overline{D}\overline{\tilde{R}}(\tilde{A})}(x)];$$

$$D\tilde{R}(\tilde{A})(x) = [\mu_{\underline{D}\tilde{R}(\tilde{A})}(x), \mu_{\overline{D}\tilde{R}(\tilde{A})}(x)];$$

$$\mu_{\underline{D}\overline{\tilde{R}}(\tilde{A})}(x) = \bigvee_{y \in W}\{\mu_{\underline{D}\tilde{R}}(x, y) \wedge \mu_{\underline{D}\tilde{A}}(y)\};$$

$$\mu_{\overline{D}\overline{\tilde{R}}(\tilde{A})}(x) = \bigvee_{y \in W}\{\mu_{\overline{D}\tilde{R}}(x, y) \wedge \mu_{\overline{D}\tilde{A}}(y)\};$$

$$\mu_{\underline{D}\,\underline{\tilde{R}}(\tilde{A})}(x) = \bigwedge_{y \in W}\{(1 - \mu_{\overline{D}\tilde{R}}(x, y)) \vee \mu_{\underline{D}\tilde{A}}(y)\};$$

$$\mu_{\overline{D}\,\underline{\tilde{R}}(\tilde{A})}(x) = \bigwedge_{y \in W}\{(1 - \mu_{\underline{D}\tilde{R}}(x, y)) \vee \mu_{\overline{D}\tilde{A}}(y)\}.$$

如果对于任意的 $x \in U$, $\overline{R}(\tilde{A})(x) = \underline{R}(\tilde{A})(x)$, 则 $\tilde{R}$ 关于区间 2-型模糊近似空间 $(U, W, \tilde{R})$ 是可定义的; 否则, $\tilde{R}$ 关于区间 2-型模糊近似空间 $(U, W, \tilde{R})$ 是粗糙的.

例 2.7.1　设 $U = \{x_1, x_2, x_3\}$, $W = \{y_1, y_2, y_3, y_4\}$, $\tilde{R} \in \tilde{F}_{IT2}(U \times W)$, $\tilde{A} \in \tilde{F}_{IT2}(W)$. 令 $D\tilde{R}(x_i, y_j) = [l_{\tilde{R}}(i, j), r_{\tilde{R}}(i, j)]$, $D\tilde{A}(y_j) = [l_{\tilde{A}}(j), r_{\tilde{A}}(j)]$ $(i = 1, 2, 3, j = 1, 2, 3, 4)$, 其中

$$l_{\tilde{R}} = \begin{bmatrix} 0.8 & 0.2 & 0.7 & 0.6 \\ 0.5 & 0.4 & 0.7 & 0.2 \\ 0.9 & 0.5 & 0.3 & 0.1 \end{bmatrix}, \quad r_{\tilde{R}} = \begin{bmatrix} 0.9 & 0.5 & 0.8 & 0.7 \\ 1 & 0.6 & 0.9 & 0.4 \\ 0.9 & 0.8 & 0.7 & 0.3 \end{bmatrix},$$

$$l_{\tilde{A}} = [0.7, 0.6, 0.2, 0.3], \quad r_{\tilde{A}} = [0.9, 0.7, 0.5, 0.6].$$

根据定义 2.7.4, 可知

$$\mu_{\underline{D}\overline{\tilde{R}}(\tilde{A})}(x_1) = \bigvee_{y \in W}\{\mu_{\underline{D}\tilde{R}}(x_1, y) \wedge \mu_{\underline{D}\tilde{A}}(y)\} = 0.7,$$

$$\mu_{\overline{D}\overline{\tilde{R}}(\tilde{A})}(x_1) = \bigvee_{y \in W}\{\mu_{\overline{D}\tilde{R}}(x_1, y) \wedge \mu_{\overline{D}\tilde{A}}(y)\} = 0.9,$$

$$\mu_{\underline{D}\,\underline{\tilde{R}}(\tilde{A})}(x_1) = \bigwedge_{y \in W}\{(1 - \mu_{\overline{D}\tilde{R}}(x_1, y)) \vee \mu_{\underline{D}\tilde{A}}(y)\} = 0.2,$$

$$\mu_{\overline{D}\,\underline{\tilde{R}}(\tilde{A})}(x_1) = \bigwedge_{y \in W}\{(1 - \mu_{\underline{D}\tilde{R}}(x_1, y)) \vee \mu_{\overline{D}\tilde{A}}(y)\} = 0.5.$$

因此

$$D\overline{\tilde{R}}(\tilde{A})(x_1) = [0.7, 0.9], \quad D(\tilde{A})(x_1) = [0.2, 0.5].$$

类似地, 我们还可以得到

$$D\overline{\tilde{R}}(\tilde{A})(x_2) = [0.5, 0.9], \quad D(\tilde{A})(x_2) = [0.2, 0.5],$$

$$D\overline{\tilde{R}}(\tilde{A})(x_3) = [0.7, 0.9], \quad D(\tilde{A})(x_3) = [0.3, 0.7].$$

定理 2.7.11 $(U, W, \tilde{R})$ 为一个区间 2-型模糊近似空间. 对于任意的 $\tilde{A}, \tilde{B}$, $\tilde{A}_i \in \tilde{F}_{IT2}(W)$, $i \in J, M \subseteq W, (x, y) \in U \times W, [\alpha, \beta] \subseteq I$, 有

(1) $\underline{\tilde{R}}\left(\bigcap_{i \in J} \tilde{A}_i\right) = \bigcap_{i \in J} \underline{\tilde{R}}\left(\tilde{A}_i\right), \overline{\tilde{R}}\left(\bigcup_{i \in J} \tilde{A}_i\right) = \bigcup_{i \in J} \overline{\tilde{R}}\left(\tilde{A}_i\right)$;

(2) $\underline{\tilde{R}}(\sim \tilde{A}) = \sim \overline{\tilde{R}}(\tilde{A}), \overline{\tilde{R}}(\sim \tilde{A}) = \sim \underline{\tilde{R}}(\tilde{A})$;

(3) $\underline{\tilde{R}}(\tilde{A}) \bigcup \underline{\tilde{R}}(\tilde{B}) = \underline{\tilde{R}}(\tilde{A} \bigcup \tilde{B}), \overline{\tilde{R}}(\tilde{A} \bigcap \tilde{B}) \overline{\tilde{R}}(\tilde{A}) \bigcap \overline{\tilde{R}}(\tilde{B})$;

(4) $\underline{\tilde{R}}(W) = U, \overline{\tilde{R}}(\varnothing) = \varnothing$;

(5) $\tilde{A} \subseteq \tilde{B} \Rightarrow \underline{\tilde{R}}(\tilde{A}) \subseteq \underline{\tilde{R}}(\tilde{B}), \overline{\tilde{R}}(\tilde{A}) \subseteq \overline{\tilde{R}}(\tilde{B})$;

(6) $\tilde{A} \preceq \tilde{B} \Rightarrow \underline{\tilde{R}}(\tilde{A}) \preceq \underline{\tilde{R}}(\tilde{B}), \overline{\tilde{R}}(\tilde{A}) \preceq \overline{\tilde{R}}(\tilde{B})$;

(7) $\overline{\tilde{R}}(\overline{[\alpha, \beta]} \bigcap \tilde{A}) = \overline{[\alpha, \beta]} \bigcap \overline{\tilde{R}}(\tilde{A}), \underline{\tilde{R}}(\overline{[\alpha, \beta]} \bigcup \tilde{A}) = \overline{[\alpha, \beta]} \bigcup \underline{\tilde{R}}(\tilde{A})$;

(8) $\overline{\tilde{R}}(\overline{[\alpha, \beta]}) \preceq \overline{[\alpha, \beta]}, \overline{[\alpha, \beta]} \underline{\tilde{R}} \preceq (\overline{[\alpha, \beta]})$;

(9) $\overline{\tilde{R}}(\overline{[\alpha, \beta]}) = \overline{[\alpha, \beta]} \Leftrightarrow \overline{\tilde{R}}(W) = U, \underline{\tilde{R}}(\overline{[\alpha, \beta]}) = \overline{[\alpha, \beta]} \Leftrightarrow \underline{\tilde{R}}(\varnothing) = \varnothing$;

(10) $\overline{\tilde{R}}(\tilde{1}_y)(x) = \tilde{R}(x, y), \underline{\tilde{R}}(\tilde{1}_{W-\{y\}})(x) = \sim \tilde{R}(x, y)$;

(11) $\overline{\tilde{R}}(\tilde{1}_M)(x) = \bigvee_{y \in M} \tilde{R}(x, y), \underline{\tilde{R}}(\tilde{1}_M)(x) = \bigwedge_{y \notin M}(\sim \tilde{R}(x, y))$.

2.7.3 随机粗糙集

在数据处理中, 人们经常会碰到某些对象或事例描述的数据信息不安全、不精确, 甚至丢失的情况. 面对这种情况, 人们为了使数据处理的结果尽可能与原系统保持一致, 可将对象属性的可能取值全部考虑进去, 这时一些对象的某些属性取值不再是单点值而是取集合值了, 可将这种数据库的对象描述函数看成随机集. 下面介绍基于随机集的粗糙集模型 (简称随机粗糙集).

定义 2.7.5 设 U 和 W 是两个有限非空集合, $(U, 2^U, \mathrm{P})$ 为概率测度空间. 显然, $(2^W, \sigma(2^W))$ 是一个可测空间, 这样任何一个集值函数 $F: U \to 2^W$ 就是一个随机集, 称四元有序组 $A = (U, W, F, \mathrm{P})$ 为随机集近似空间, 对于任意 $X \in 2^W$, 定义关于 A 的下近似 $\underline{\mathrm{apr}}_F X$ 和上近似 $\overline{\mathrm{apr}}_F X$ 为

$$\underline{\mathrm{apr}}_F X = \{u \in U | F(u) \subseteq X\}, \quad \overline{\mathrm{apr}}_F X = \{u \in U | F(u) \bigcap X \neq \varnothing\}.$$

当 $\underline{\mathrm{apr}}_F X = \overline{\mathrm{apr}}_F X$ 时, 称 X 关于近似空间 A 是可定义的; 否则, 称 X 关于近似空间 A 是不可定义的或粗糙的.

注 2.7.1 当 $U = W$ 时, 如果定义二元关系 $R = \{(u,v)|v \in F(u), u \in U\}$, 并且可以将 $F(u)$ 看成 u 的邻域, 这时得到的模型就退化为一般关系下的广义粗糙集模型. 又由于一般 U 和 W 是两个不同的论域. 因此, 随机粗糙集模型又与概率粗糙集模型是不相同的. 以下若 F 比较明确, 则将下标 F 省去.

定理 2.7.12 设 $F : U \to 2^W$ 是随机集, 则近似算子满足下列性质:

(1) $\underline{\mathrm{apr}}X = (\overline{\mathrm{apr}}(X^{\mathrm{c}}))^{\mathrm{c}}, \overline{\mathrm{apr}}X = \left(\underline{\mathrm{apr}}(X^{\mathrm{c}})\right)^{\mathrm{c}}, X \subseteq W$;

(2) $\underline{\mathrm{apr}}W = U, \overline{\mathrm{apr}}\varnothing = \varnothing$;

(3) $\underline{\mathrm{apr}}(X \bigcap Y) = \underline{\mathrm{apr}}X \bigcap \underline{\mathrm{apr}}Y, \overline{\mathrm{apr}}(X \bigcup Y) = \overline{\mathrm{apr}}X \bigcup \overline{\mathrm{apr}}Y, X, Y \subseteq W$;

(4) $X \subseteq Y \subseteq W \Rightarrow \underline{\mathrm{apr}}X \subseteq \underline{\mathrm{apr}}Y, \overline{\mathrm{apr}}X \subseteq \overline{\mathrm{apr}}Y$;

(5) $\underline{\mathrm{apr}}(X \bigcup Y) \supseteq \underline{\mathrm{apr}}X \bigcup \underline{\mathrm{apr}}Y, \overline{\mathrm{apr}}(X \bigcap Y) \subseteq \overline{\mathrm{apr}}X \bigcap \overline{\mathrm{apr}}Y, X, Y \subseteq W$.

定理 2.7.13 若 $F : U \to 2^W$ 是随机集, 则以下性质等价:

(1) 对任意 $u \in U$ 有 $F(u) \neq \varnothing$;

(2) 对任意 $X \subseteq W, \underline{\mathrm{apr}}X \subseteq \overline{\mathrm{apr}}X$;

(3) $\underline{\mathrm{apr}}\varnothing = \varnothing$;

(4) $\overline{\mathrm{apr}}W = U$.

定理 2.7.14 设 $F : U \to 2^U$ 是随机集, 则以下性质等价:

(1) 任意的 $x \in U$ 是 F 的不动点;

(2) $\underline{\mathrm{apr}}X \subseteq X, \forall X \subseteq U$;

(3) $X \subseteq \overline{\mathrm{apr}}X, \forall X \subseteq U$.

定理 2.7.15 关系划分函数 j 满足下列性质:

(1) $\bigcup\limits_{A \subseteq W} j(A) = U$;

(2) $A \neq B, A, B \subseteq W \Rightarrow j(A) \bigcap j(B) = \varnothing$.

定理 2.7.16 设 $F : U \to 2^W$ 为随机集, $j : 2^W \to 2^U$ 为关系划分函数, 则近似算子与关系划分函数有以下关系:

(1) $\underline{\mathrm{apr}}X = \bigcup\limits_{B \subseteq X} j(B), X \subseteq W$;

(2) $\overline{\mathrm{apr}}X = \bigcup\limits_{B \bigcap X \neq \varnothing} j(B), X \subseteq W$;

(3) $j(X) = \underline{\mathrm{apr}}X \backslash \bigcup\limits_{B \subseteq X} \underline{\mathrm{apr}}B$.

引理 2.7.1 集函数 m, B 和 L 有以下关系:

(1) $B(X) = \sum\limits_{A \subseteq X} m(A), X \in 2^W$;

(2) $L(X) = \sum\limits_{A \bigcap X \neq \varnothing} m(A), X \in 2^W;$

(3) $m(X) = \sum\limits_{A \subseteq X} (-1)^{|X \backslash A|} B(A), X \in 2^W.$

定理 2.7.17 若随机集 $F: U \to 2^W$ 对于任意的 $u \in U$ 有 $F(u) \neq \varnothing$, 则 m 是 mass 函数.

定理 2.7.18 若随机集 $F: U \to 2^W$ 对于任意的 $u \in U$ 有 $F(u) \neq \varnothing$, 则引理 2.7.1 中的集函数 B 和 L 分别是 W 上的信任函数和似然函数.

定理 2.7.19 设 B 是 W 上的一个信任函数, 则存在有限论域 U, 2^U 上的概率测度 P 和随机集 $F: U \to 2^W$, 使得对于任意的 $u \in U, F(u) \neq \varnothing$, 并且 $P(\underline{\mathrm{apr}}_F X) = B(X) (X \in 2^W).$

定义 2.7.6 设 $F: U \to 2^W$ 是随机集, 函数 $f: U \to W$ 称为 F 的一个选择, 若对于任意的 $u \in U$ 有 $F(u) \neq \varnothing$.

定理 2.7.20 设 $F: U \to 2^W$ 是随机集, 对于任意的 $f \in S_F$, 记它在 $(W, 2^W)$ 上导出一个概率测度为 P_f, 即 $P_f = P\{u \in U | f(u) \in X\} (X \in 2^W).$

若对于任意的 $X \in 2^W$, 显然有

$$\{u \in U | f(u) \in X\} \subseteq \{u \in U | F(u) \bigcap X \neq \varnothing\}.$$

因此, $P_f(X) \leqslant P(\overline{\mathrm{apr}}(X)) = L(X)$, 从而 $P_f \in \mathrm{core}(B)$, 于是 P_f 是 B 的配置.

定义 2.7.7 设 φ 是论域 U 上的一族概率测度, 记

$$\varphi_*(X) = \inf\{P(X) | P \in \varphi\}, \quad X \in 2^U,$$

$$\varphi^*(X) = \sup\{P(X) | P \in \varphi\}, \quad X \in 2^U,$$

φ_* 称为 φ 的概率下界, φ^* 称为 φ 的概率上界.

定理 2.7.21 设 φ 是论域 U 上的一族概率测度, 则以下性质成立:

(1) $\varphi_*(\varnothing) = \varphi^*(\varnothing) = 0, \varphi_*(U) = \varphi^*(U) = 1;$

(2) $0 \leqslant \varphi_*(X) \leqslant \varphi^*(X) \leqslant 1, X \in 2^U;$

(3) $\varphi^*(X) = 1 - \varphi_*(X^c), X \in 2^U;$

(4) 对于任意的 $X, Y \in 2^U, X \bigcap Y = \varnothing$, 则

$$\varphi_*(X) + \varphi_*(Y) \leqslant \varphi_*(X \bigcup Y) \leqslant \varphi_*(X) + \varphi^*(Y)$$

$$\leqslant \varphi^*(X \bigcup Y) \leqslant \varphi^*(X) + \varphi^*(Y).$$

参 考 文 献

[1] Zadeh L A. Fuzzy sets. Information and Control, 1965, 8: 338-353

[2] 罗承忠. 模糊集引论. 北京: 北京师范大学出版社, 2005

[3] 哈明虎, 杨兰珍, 吴从炘. 广义模糊集值测度引论. 北京: 科学出版社, 2009

[4] Mendel J M, John R I. Type-2 fuzzy sets made simple. IEEE Transactions on Fuzzy Systems, 2002, 10: 117-127

[5] Wu H Y, Wu Y Y, Luo J P. An interval type-2 fuzzy rough set model for attribute reduction. IEEE Transactions on Fuzzy Systems, 2009, 17: 301-315

[6] Atanassov K. Intuitionistic fuzzy sets. Fuzzy Sets and Systems, 1986, 20: 87-96

[7] Atanassov K, Gargov G. Interval valued intuitionistic fuzzy sets. Fuzzy Sets and Systems, 1989, 31: 343-349

[8] Wang C, Ha M H, Liu X W. A mathematical model of ternary fuzzy set for voting. Journal of Intelligent and Fuzzy Systems, 2015, 29: 2381-2386

[9] Torra V. Hesitant fuzzy sets. International Journal of Intelligent Systems, 2010, 25: 529-539

[10] Xia M M, Xu Z S. Hesitant fuzzy information aggregation in decision making. International Journal of Approximate Reasoning, 2011, 52: 395-407

[11] Zhang Z M. Interval-valued intuitionistic hesitant fuzzy aggregation operators and their application in group decision-making. Journal of Applied Mathematics, 2013: 1-13, ID: 670285

[12] Pawlak Z. Rough set. International Journal of Computer and Information Sciences, 1982, 11(5): 341-356

[13] 张文修, 吴伟志, 梁吉业, 等. 粗糙集理论与方法. 北京: 科学出版社, 2001

[14] 张文修. 集值测度与随机集. 西安: 西安交通大学出版社, 1989

[15] Zhang Z M. On characterization of generalized interval type-2 fuzzy rough sets. Information Sciences, 2013, 219: 124-150

第3章 广义不确定测度与广义不确定变量

为了方便读者, 本章将介绍广义不确定测度和广义不确定变量的基础知识以及课题组在此基础上取得的研究成果, 有兴趣的读者可参见各节中引用的参考文献.

3.1 广义不确定测度

本节主要介绍几种常用的广义不确定测度, 分别为 Sugeno 测度[1]、拟测度[2]、信任测度与似然测度[3]、可能性测度与必要性测度[2]、可信性测度[4]、不确定测度[5]、集值测度[6,7]和泛可加测度[8].

设 X 是一个非空集合, $\mathcal{C}$ 是 X 上的一个非空集类, $\mu : \mathcal{C} \to [0, \infty]$ 是一个非负广义实值集函数. 约定

$$\sup_{x \in \varnothing}\{x | x \in [0, \infty]\} = 0,$$

$$\inf_{x \in \varnothing}\{x | x \in [0, 1]\} = 1,$$

$$0 \times \infty = \infty \times 0 = 0,$$

$$\frac{1}{\infty} = 0,$$

$$\infty - \infty = 0,$$

$$\sum_{i \in \varnothing} a_i = 0,$$

其中 $\{a_i\}$ 是一个实数序列.

3.1.1 Sugeno 测度

定义 3.1.1 (1) 称 μ 在 $\mathcal{C}$ 上满足 λ-律, 若存在 $\lambda \in \left(-\dfrac{1}{\sup \mu}, \infty\right) \bigcup \{0\}$, 其中 $\sup \mu = \sup\limits_{E \in \mathcal{C}} \mu(E)$, 使得 $\forall E, F \in \mathcal{C}$, $E \bigcup F \in \mathcal{C}$, 并且 $E \bigcap F = \varnothing$ 有

$$\mu(E \bigcup F) = \mu(E) + \mu(F) + \lambda \cdot \mu(E) \cdot \mu(F);$$

(2) 称 μ 在 $\mathcal{C}$ 上满足有限 λ-律, 若存在上述的 λ, 使得对 $\mathcal{C}$ 中的任意有限不交集类 $\{E_1, \cdots, E_n\}$, $\bigcup\limits_{i=1}^{n} E_i \in \mathcal{C}$ 有

$$\mu\left(\bigcup_{i=1}^{n} E_i\right) = \begin{cases} \dfrac{1}{\lambda}\left\{\prod_{i=1}^{n}[1+\lambda \cdot \mu(E_i)]-1\right\}, & \lambda \neq 0, \\[4mm] \sum_{i=1}^{n} \mu(E_i), & \lambda = 0; \end{cases}$$

(3) 称 μ 在 $\mathcal{C}$ 上满足 σ-λ-律, 若存在上述的 λ, 使得对 $\mathcal{C}$ 中的任意有限不交集序列 $\{E_n\}$, $\bigcup_{n=1}^{\infty} E_n \in \mathcal{C}$ 有

$$\mu\left(\bigcup_{i=1}^{\infty} E_i\right) = \begin{cases} \dfrac{1}{\lambda}\left\{\prod_{i=1}^{\infty}[1+\lambda \cdot \mu(E_i)]-1\right\}, & \lambda \neq 0, \\[4mm] \sum_{i=1}^{\infty} \mu(E_i), & \lambda = 0. \end{cases}$$

注 3.1.1　当 $\lambda = 0$ 时, λ-律、有限 λ-律、σ-λ-律分别是可加性、有限可加性、σ-可加性.

定理 3.1.1　若 μ 是环 $\mathcal{R}$ 的集函数且满足 λ-律, 则 μ 满足有限 λ-律.

定义 3.1.2　若集函数 μ 在 $\mathcal{C}$ 上满足 σ-λ-律, 并且至少存在一个集合 $E \in \mathcal{C}$, 使得 $\mu(E) < \infty$, 则称 μ 是 $\mathcal{C}$ 上的 λ-模糊测度, 记为 g_λ. 当 $\mathcal{C}$ 是一个 σ-代数, 并且 $g_\lambda(X) = 1$ 时, g_λ 也称为 Sugeno 测度.

例 3.1.1　令 $X = \{x_1, x_2\}$ 且 $\mathcal{C} = \mathcal{P}(X)$, 若

$$\mu(E) = \begin{cases} 0, & E = \varnothing, \\ 0.5, & E = \{x_1\}, \\ 0.2, & E = \{x_2\}, \\ 1, & E = X, \end{cases}$$

则易证 μ 是 λ-模糊测度且 $\lambda = 3$. 但

$$1 = \mu(X) \neq \mu\{x_1\} + \mu\{x_2\} = 0.7,$$

即 μ 不满足可加性且 $\mu(\varnothing) = 0$, 故 μ 是一种非可加的 Sugeno 测度.

定理 3.1.2　若 g_λ 是 $\mathcal{C}$ 上的 λ-模糊测度且 $\varnothing \in \mathcal{C}$, 则 $g_\lambda(\varnothing) = 0$, 并且 g_λ 具有有限 λ-律.

定理 3.1.3　若 g_λ 是半环 $\mathcal{S}$ 上的一个 λ-模糊测度, 则 g_λ 是单调非减的.

定理 3.1.4　如果 g_λ 是半环 $\mathcal{S}$ 上的一个 λ-模糊测度, 则当 $\lambda < 0$ 时, g_λ 是次可加的; 当 $\lambda > 0$ 时, g_λ 是超可加的; 当 $\lambda = 0$ 时, g_λ 是可加的.

定理 3.1.5 设 $X = \{x_1, x_2, \cdots, x_n\}$, $\mathcal{C}$ 由 X 和 X 中所有单点集构成, μ 是 $\mathcal{C}$ 上的集函数, 满足 $\mu\{x_i\} < \mu(X) < \infty$ $(i = 1, 2, \cdots, n)$, 并且至少存在两点 x_{i_1}, x_{i_2}, 使得 $\mu\{x_{i_j}\} > 0$ $(j = 1, 2)$, 则 μ 为 λ-模糊测度, λ 由下面的等式

$$1 + \lambda \cdot \mu(X) = \prod_{i=1}^{n} (1 + \lambda \cdot \mu(\{x_i\}))$$

唯一确定, 并且

(1) $\sum\limits_{i=1}^{n} \mu\{x_i\} < \mu(X) \Rightarrow \lambda > 0$;

(2) $\sum\limits_{i=1}^{n} \mu\{x_i\} = \mu(X) \Rightarrow \lambda = 0$;

(3) $\sum\limits_{i=1}^{n} \mu\{x_i\} > \mu(X) \Rightarrow -1/\mu(X) < \lambda < 0$.

3.1.2 拟测度

定义 3.1.3 设 $a \in (0, \infty]$. 广义实值函数 $\theta : [0, a] \to [0, \infty]$ 称为 T-函数当且仅当 θ 是连续的、严格增的, 并且满足

$$\theta(0) = 0 \quad \text{和} \quad \theta^{-1}(\infty) = \begin{cases} \text{不存在,} & a < \infty, \\ \infty, & a = \infty. \end{cases}$$

定义 3.1.4 集函数 μ 称为拟可加的当且仅当存在 T-函数 θ, 其定义域包含 μ 的值域, 并且满足

$$(\theta \circ \mu)(E) = \theta(\mu(E)), \quad \forall E \in \mathcal{C}$$

是可加的; μ 称为拟测度当且仅当存在 T-函数 θ, 使得集函数 $\theta \circ \mu$ 为 $\mathcal{C}$ 上的经典测度. 此时, T-函数 θ 称为 μ 的真 T-函数.

显然, 任何经典测度都是拟测度, 其 T-函数 $\theta(x) \equiv x$.

例 3.1.2 令 $X = \{2, 4, \cdots, 2n\}$, $\mathcal{C} = \mathcal{P}(X)$ 且 $\forall E \in \mathcal{C}$,

$$\mu(E) = \left(\frac{|E|}{2n} \right)^4.$$

容易验证 μ 不是经典测度, 但为拟测度, 并且 $\theta(x) = x^{\frac{1}{4}}$ $(x \in [0, 1])$.

定理 3.1.6 半环 $\mathcal{S}$ 上的任意拟测度都是拟可加的模糊测度.

定理 3.1.7 若 μ 是经典测度, 真 T-函数 θ 的任意定义域包含 μ 的值域, 则 $\theta^{-1} \circ \mu$ 是以 θ 为真 T-函数的拟测度.

推论 3.1.1 环上的任意一个拟可加模糊测度都是拟测度.

定理 3.1.8　设 $\lambda \neq 0$, 任意 λ-模糊测度 g_λ 是拟测度, 且真 T-函数为

$$\theta_\lambda(y) = \frac{\ln(1+\lambda y)}{k\lambda}, \quad y \in [0, \sup g_\lambda], k \text{ 是任意有限正实数};$$

反之, 若 μ 是一经典测度, 则 $\theta_\lambda^{-1} \circ \mu$ 是一 λ-模糊测度, 且

$$\theta_\lambda^{-1}(x) = \frac{e^{k\lambda x}-1}{\lambda}, \quad x \in [0,\infty], k \text{ 是任意有限正实数}.$$

推论 3.1.2　半环上的 λ-律等价于有限 λ-律.

推论 3.1.3　半环上的 λ-模糊测度是连续的.

推论 3.1.4　在环上, λ-律加上连续性等价于 σ-λ-律. 进而, 在环上满足 λ-律的模糊测度是一个 λ-模糊测度.

注 3.1.2　在半环上满足 λ-律 (或是拟可加的) 模糊测度可能不满足 σ-λ-律 (或不是一个拟测度).

定义 3.1.5　函数 $\theta : [0,1] \to [0,1]$ 称为正规 T-函数, 当且仅当 θ 是连续、严格增加的, 并且 $\theta(0)=0, \theta(1)=1$; 若 θ 是正规 T-函数, 则拟测度 μ 称为拟概率.

注 3.1.3　由上面的定义知道, 概率也是拟概率, 它以 $\theta(x) = x \, (x \in [0,1])$ 作为其正规 T-函数; Sugeno 测度也是拟概率, 以 $\theta(x) = \log_{1+\lambda}(1+\lambda x) \, (x \in [0,1])$ 作为其正规 T-函数.

当 μ 是拟概率时, 三元组 $(X, \mathcal{F}, \mu)$ 称为拟概率空间. 由拟概率的定义不难得到下面的性质.

性质 3.1.1　设 $(X, \mathcal{F}, \mu)$ 为拟概率空间, 则

(1) $\mu(\varnothing) = 0, \mu(X) = 1$;

(2) 若 $A, B \in \mathcal{F}, A \subset B$, 则 $\mu(A) \leqslant \mu(B)$;

(3) 若 $A \in \mathcal{F}$, 则 $\mu(A^c) = \theta^{-1}(1 - \theta \circ \mu(A))$;

(4) 若 $A, B \in \mathcal{F}, B \subset A$, 则 $\mu(A-B) = \theta^{-1}(\theta \circ \mu(A) - \theta \circ \mu(B))$;

(5) 若 $A, B \in \mathcal{F}$, 则

$$\mu\left(A \bigcup B\right) = \theta^{-1}\left(\theta \circ \mu(A) + \theta \circ \mu(B) - \theta \circ \mu\left(A \bigcap B\right)\right).$$

3.1.3　信任测度与似然测度

定义 3.1.6　设 $\mathcal{P}(\mathcal{P}(X))$ 是 $\mathcal{P}(X)$ 的幂集. 若 P 是定义在 $(\mathcal{P}(X), \mathcal{P}(\mathcal{P}(X)))$ 上的离散概率测度且 $P\{\varnothing\} = 0$, 则由下式定义的集函数 $m : \mathcal{P}(X) \to [0,1]$:

$$m(E) = P\{E\}, \quad \forall E \in \mathcal{P}(X)$$

称为 $\mathcal{P}(X)$ 上的基本概率指定.

定理 3.1.9 集函数 $m : \mathcal{P}(X) \to [0,1]$ 是一基本概率指定当且仅当

(1) $m(\varnothing) = 0$;

(2) $\sum\limits_{E \in \mathcal{P}(X)} m(E) = 1$.

定义 3.1.7 若 m 是 $\mathcal{P}(X)$ 上的基本概率指定, 则由下式定义的集函数 Bel : $\mathcal{P}(X) \to [0,1]$:

$$\mathrm{Bel}(E) = \sum_{F \subset E} m(F), \quad \forall E \in \mathcal{P}(X)$$

称为空间 $(X, \mathcal{P}(X))$ 上的信任测度.

$|E|$ 表示可数集 E 的势或者基数.

定理 3.1.10 若 E 是一非空有限集合, 则 $\sum\limits_{F \subset E} (-1)^{|F|} = 0$.

定理 3.1.11 若 E 是一有限集合, $F \subset E$ 且 $F \neq E$, 则

$$\sum_{G | F \subset G \subset E} (-1)^{|G|} = 0.$$

定理 3.1.12 设 X 有限, λ 和 ν 是定义在 $\mathcal{P}(X)$ 上的有限集函数, 则

$$\lambda(E) = \sum_{F \subset E} \nu(F), \quad \forall E \in \mathcal{P}(X)$$

当且仅当

$$\nu(E) = \sum_{F \subset E} (-1)^{|E-F|} \lambda(F), \quad \forall E \in \mathcal{P}(X).$$

定理 3.1.13 若 Bel 是 $(X, \mathcal{P}(X))$ 上的信任测度, 则

(1) $\mathrm{Bel}(\varnothing) = 0$;

(2) $\mathrm{Bel}(X) = 1$;

(3) $\mathrm{Bel}\left(\bigcup\limits_{i=1}^{n} E_i\right) \geqslant \sum\limits_{I \subset \{1,2,\cdots,n\}, I \neq \varnothing} (-1)^{|I|+1} \mathrm{Bel}\left(\bigcap\limits_{i \in I} E_i\right)$, 其中 $\{E_1, E_2, \cdots, E_n\}$ 是 $\mathcal{P}(X)$ 上的任意有限子类;

(4) Bel 是上连续的.

定理 3.1.14 信任测度是单调非减且超可加的.

定理 3.1.15 设 X 是一有限集. 若集函数 $\mu : \mathcal{P}(X) \to [0,1]$ 满足以下条件:

(1) $\mu(\varnothing) = 0$;

(2) $\mu(X) = 1$;

(3) $\mu\left(\bigcup\limits_{i=1}^{n} E_i\right) \geqslant \sum\limits_{I \subset \{1,2,\cdots,n\}, I \neq \varnothing} (-1)^{|I|+1} \mu\left(\bigcap\limits_{i \in I} E_i\right)$,

其中 $\{E_1, E_2, \cdots, E_n\}$ 是 $\mathcal{P}(X)$ 中任意有限子类, 则由下式:

$$m(E) = \sum_{F \subset E} (-1)^{|E-F|} \mu(F), \quad \forall E \in \mathcal{P}(X)$$

确定的集函数 m 是一基本概率指定, 并且 μ 是由 m 诱导的信任测度, 即

$$\mu(E) = \mathrm{Bel}(E) = \sum_{F \subset E} m(F).$$

定义 3.1.8　设 m 是 $\mathcal{P}(X)$ 上的一基本概率指定, 则由下式定义的集函数

$$\mathrm{Pl}(E) = \sum_{F \cap E \neq \varnothing} m(F), \quad \forall E \in \mathcal{P}(X)$$

称为 $(X, \mathcal{P}(X))$ 上的似然测度.

定理 3.1.16　若 Bel 和 Pl 分别是由同一个基本概率指定 m 诱导出的信任测度和似然测度, 则 $\forall E \subset X$,

$$\mathrm{Bel}(E) = 1 - \mathrm{Pl}(E^c) \quad \text{且} \quad \mathrm{Bel}(E) \leqslant \mathrm{Pl}(E).$$

定理 3.1.17　若 Pl 是 $(X, \mathcal{P}(X))$ 上的似然测度, 则

(1) $\mathrm{Pl}(\varnothing) = 0$;

(2) $\mathrm{Pl}(X) = 1$;

(3) $\mathrm{Pl}\left(\bigcap_{i=1}^{n} E_i\right) \leqslant \sum_{I \subset \{1,2,\cdots,n\}, I \neq \varnothing} (-1)^{|I|+1} \mathrm{Pl}\left(\bigcup_{i \in I} E_i\right)$, 其中 $\{E_1, E_2, \cdots, E_n\}$ 是 $\mathcal{P}(X)$ 中的任意有限子类;

(4) Pl 是下连续的.

定理 3.1.18　任一似然测度都是单调非减且是次可加的.

定理 3.1.19　设 P 是定义在 $(X, \mathcal{P}(X))$ 上任意离散型的概率测度, 则其既是信任测度又是似然测度, 并且对应的基本概率指定在 $\mathcal{P}(X)$ 的单点集上取正值. 反之, 若 m 是一在 $\mathcal{P}(X)$ 的单点集上取正值的基本概率指定, 则由 m 诱导出的信任测度和似然测度一致, 并且均为 $(X, \mathcal{P}(X))$ 上的离散型概率测度.

定理 3.1.20　设 Bel 和 Pl 是由同一个基本概率指定 m 诱导出的信任测度和似然测度. 若 Bel 和 Pl 一致, 则 m 在单点集上取值.

定理 3.1.21　设 X 是一可数集, $g_\lambda(\lambda \neq 0)$ 是定义在 $(X, \mathcal{P}(X))$ 上的一个 Sugeno 测度, 则当 $\lambda > 0$ 时, g_λ 是一个信任测度; 当 $\lambda < 0$ 时, g_λ 是一个似然测度.

例 3.1.3　令 $X = \{a, b\}$, $m\{a\} = 0.2, m\{b\} = 0.5, m(\varnothing) = 0, m(X) = 0.3$, 易

证 m 是基本概率指定, 则由 m 诱导出的信任测度与似然测度如下:

$$\text{Pl(E)} = \begin{cases} 0.5, & E = \{a\}, \\ 0.8, & E = \{b\}, \\ 1, & E = X, \end{cases} \qquad \text{Bel(E)} = \begin{cases} 0.2, & E = \{a\}, \\ 0.5, & E = \{b\}, \\ 1, & E = X. \end{cases}$$

3.1.4 可能性测度与必要性测度

定义 3.1.9 称 μ 在 $\mathcal{C}$ 上是模糊可加的 (或 f 可加的) 当且仅当对任意的子类 $\{E_t | t \in T\} \subset \mathcal{C}$, $\bigcup\limits_{t \in T} E_t \in \mathcal{C}$ 有

$$\mu\left(\bigcup_{t \in T} E_t\right) = \sup_{t \in T} \mu(E_t),$$

其中 T 是任意的一个指标集.

若 $\mathcal{C}$ 是一个有限类, 则 μ 在 $\mathcal{C}$ 上是 f 可加的当且仅当 μ 是 f 可加的.

定义 3.1.10 若 $\mathcal{C}$ 上的集函数 μ 是 f 可加的, 并且存在 $E \in \mathcal{C}$, 使得 $\mu(E) < \infty$, 则称 μ 为 $\mathcal{C}$ 上的广义可能性测度, 记为 π.

定义 3.1.11 若 π 是定义在 $(X, \mathcal{P}(X))$ 上的广义可能性测度, 则函数

$$f : X \to [0, \infty], \quad f(x) = \pi\{x\}, \quad \forall x \in X$$

称为 μ 的 (可能性) 密度函数.

定理 3.1.22 任一定义在 $\mathcal{C}$ 上的广义可能性测度都是一个下半连续模糊测度, 即

$$\lim_n \pi(E_n) = \pi(E).$$

定义 3.1.12 定义在 $(X, \mathcal{P}(X))$ 上的正则广义可能性测度 π 称为可能性测度, 记为 Pos.

例 3.1.4 设 $X = (-\infty, \infty)$,

$$\mu(E) = \begin{cases} 0.3, & E = \{5\}, \\ 0, & E = \varnothing, \\ 1, & \text{其他}. \end{cases}$$

易证 μ 是可能性测度.

例 3.1.5 设 $X = \{x_1, x_2, \cdots, x_n\}$,

$$\mu(E) = \begin{cases} 0.5, & E = \{x_i\}, i = 1, 2, \cdots, n, \\ 1, & E = X, \\ 0, & \text{其他}. \end{cases}$$

由于

$$1 = \mu(X) = \mu\{x_1, x_2, \cdots, x_n\} \neq \sup_{1 \leqslant i \leqslant n} \{x_i\} = 0.5,$$

故 μ 不满足 f 可加性, 即 μ 不是可能性测度.

定理 3.1.23　若 f 是可能性测度 Pos 的密度函数, 则 $\sup\limits_{x \in X} f(x) = 1$. 反之, 若函数 $f : X \to [0, 1]$ 满足 $\sup\limits_{x \in X} f(x) = 1$, 则 f 可以唯一地确定可能性测度 Pos, 并且 f 就是 Pos 的密度函数.

定义 3.1.13　基本概率指定 m 是一致的当且仅当其在一链 (即一个依包含关系构造的全序集类) 上取值.

定理 3.1.24　设 $X = \{x_1, x_2, \cdots, x_n\}$, 则任意可能性测度是似然测度, 并且对应的基本概率指定是一致的. 反之, 由一致的基本概率指定诱导出的似然测度是一个可能性测度.

定义 3.1.14　若 Pos 是 $\mathcal{P}(X)$ 上的可能性测度, 则其对偶集函数

$$\mathrm{Nec}(E) = 1 - \mathrm{Pos}(E^{\mathrm{c}}), \quad \forall E \in \mathcal{P}(X)$$

称为 $\mathcal{P}(X)$ 上的必要性测度.

例 3.1.6　设 $X = (-\infty, \infty)$,

$$\mu(E) = \begin{cases} 0.7, & E = X - \{5\}, \\ 1, & E = X, \\ 0, & E \neq X, X - \{5\}. \end{cases}$$

易证 μ 是必要性测度.

定理 3.1.25　集函数 $\mathrm{Nec} : \mathcal{P}(X) \to [0, 1]$ 是必要性测度的充分必要条件是对 $\mathcal{P}(X)$ 的任意子类 $\{E_t | t \in T\}$, 有

$$\mathrm{Nec}\left(\bigcap_{t \in T} E_t\right) = \inf_{t \in T} \mathrm{Nec}(E_t),$$

其中 T 是一个指标集, 并且 $\mathrm{Nec}(\varnothing) = 0$.

定理 3.1.26　任一必要性测度都是上半连续的模糊测度. 进一步, 如果 X 有限, 则任意必要性测度都是信任测度, 并且对应的基本概率指定是一致的.

定理 3.1.27　设 $(X, \mathcal{F}, \mathrm{Pos})$ 是可能性测度空间, 则

(1) $\forall A \in \mathcal{F}, 0 \leqslant \mathrm{Pos}(A) \leqslant 1$;

(2) $\forall A, B \in \mathcal{F}, \mathrm{Pos}(A \bigcup B) \leqslant \mathrm{Pos}(A) + \mathrm{Pos}(B)$.

定理 3.1.28　设 $(X, \mathcal{F}, \mathrm{Pos})$ 是可能性测度空间, 则

(1) $\mathrm{Nec}(\varnothing) = 0$;

(2) $\mathrm{Nec}(X) = 1$;

(3) $\forall A \in \mathcal{P}(X)$, 若 $\mathrm{Pos}(A) < 1$, 则 $\mathrm{Nec}(A) = 0$;

(4) $\forall A \in \mathcal{P}(X)$, $\mathrm{Nec}(A) + \mathrm{Pos}(A^c) = 1$.

注 3.1.4 必要性测度不满足次可加性. 事实上, 设 $X = \{x_1, x_2\}$, 若 $\mathrm{Pos}\{x_1\} = 1, \mathrm{Pos}\{x_2\} = 0.6$, 则 $\mathrm{Nec}\{x_1\} = 0.4, \mathrm{Nec}\{x_2\} = 0$, 从而

$$\mathrm{Nec}\{x_1\} + \mathrm{Nec}\{x_2\} = 0.4 < 1 = \mathrm{Nec}\{x_1, x_2\}.$$

定理 3.1.29 设 Pos 是定义在 $(X, \mathcal{P}(X))$ 上的可能性测度, 则其是一致自连续的.

3.1.5 可信性测度

定义 3.1.15 设 $\mathrm{Cr} : \mathcal{P}(X) \to [0,1]$. Cr 称为可信性测度当且仅当 Cr 满足以下条件:

(1) $\mathrm{Cr}(X) = 1$;

(2) $\forall A, B \in \mathcal{P}(X), A \subset B \Rightarrow \mathrm{Cr}(A) \leqslant \mathrm{Cr}(B)$;

(3) Cr 是自对偶的, 即 $\forall A \in \mathcal{P}(X)$, $\mathrm{Cr}(A) + \mathrm{Cr}(A^c) = 1$;

(4) $\forall \{A_i\} \subset \mathcal{P}(X), \sup_i \mathrm{Cr}(A_i) < 0.5 \Rightarrow \mathrm{Cr}\left(\bigcup_i A_i\right) = \sup_i \mathrm{Cr}(A_i)$.

注 3.1.5 令

$$\mathrm{Cr}(A) = \frac{1}{2}(1 + \mathrm{Pos}(A) - \mathrm{Pos}(A^c))$$
$$= \frac{1}{2}(\mathrm{Pos}(A) + \mathrm{Nec}(A)),$$

则 Cr 为可信性测度.

注 3.1.6 当一个模糊事件的可能性测度为 1 时, 事件未必发生; 同样, 当该事件的必要性测度为 0 时, 该事件也可能发生. 但是若该事件的可信性测度为 1, 则事件必然发生; 反之, 若可信性测度为 0, 则必不发生.

例 3.1.7 设 $X = \{a, b, c\}$ 且 Pos 的可能性密度函数如下:

$$f\{a\} = 0.7, \quad f\{b\} = 0.3, \quad f\{c\} = 1,$$

则

$$\mathrm{Pos}\{a, b\} = 0.7, \quad \mathrm{Pos}\{a, c\} = 1, \quad \mathrm{Pos}\{b, c\} = 1, \quad \mathrm{Pos}(X) = 1, \quad \mathrm{Pos}(\varnothing) = 0,$$

$$\mathrm{Nec}\{a, b\} = 0, \quad \mathrm{Nec}\{a, c\} = 0.7, \quad \mathrm{Nec}\{b, c\} = 0.3, \quad \mathrm{Nec}(X) = 1, \quad \mathrm{Nec}(\varnothing) = 0,$$

$$\mathrm{Nec}\{a\} = 0, \quad \mathrm{Nec}\{c\} = 0.3, \quad \mathrm{Nec}\{b\} = 0.$$

进一步, 根据注 3.1.5 可得可信性测度如下:

$$\mathrm{Cr}\{a,b\}=0.35, \quad \mathrm{Cr}\{a,c\}=0.85, \quad \mathrm{Cr}\{b,c\}=0.65, \quad \mathrm{Cr}(X)=1, \quad \mathrm{Cr}(\varnothing)=0,$$

$$\mathrm{Cr}\{a\}=0.35, \quad \mathrm{Cr}\{c\}=0.65, \quad \mathrm{Cr}\{b\}=0.15.$$

定理 3.1.30　设 Cr 是定义在 $(X,\mathcal{P}(X))$ 上的可信性测度, 则 $\forall A,B \in \mathcal{P}(X)$ 有

(1) 当 $\mathrm{Cr}(A\bigcup B) \leqslant 0.5$ 时, $\mathrm{Cr}(A\bigcup B) = \mathrm{Cr}(A) \vee \mathrm{Cr}(B)$;

(2) 当 $\mathrm{Cr}(A\bigcap B) \geqslant 0.5$ 时, $\mathrm{Cr}(A\bigcap B) = \mathrm{Cr}(A) \wedge \mathrm{Cr}(B)$.

注 3.1.7　定理 3.1.30 不仅适用于有限个集合, 也适用于无限多个集合.

定理 3.1.31　设 Cr 是定义在 $(X,\mathcal{P}(X))$ 上的可信性测度, 则 $\forall A,B \in \mathcal{P}(X)$ 有

(1) 当 $\mathrm{Cr}(A) + \mathrm{Cr}(B) < 1$ 时, $\mathrm{Cr}(A\bigcup B) = \mathrm{Cr}(A) \vee \mathrm{Cr}(B)$;

(2) 当 $\mathrm{Cr}(A) + \mathrm{Cr}(B) > 1$ 时, $\mathrm{Cr}(A\bigcap B) = \mathrm{Cr}(A) \wedge \mathrm{Cr}(B)$.

定理 3.1.32　设 Cr 是定义在 $(X,\mathcal{P}(X))$ 上的可信性测度, 则 Cr 是次可加的, 即 $\forall A,B \in \mathcal{P}(X), \mathrm{Cr}(A\bigcup B) \leqslant \mathrm{Cr}(A) + \mathrm{Cr}(B)$.

定理 3.1.33　设 Cr 为定义在 $(X,\mathcal{P}(X))$ 上的可信性测度, 则其是一致自连续的.

定理 3.1.34　设 $\{A_n\} \subset \mathcal{P}(X)$ 且 $A \in \mathcal{P}(X)$, Cr 定义在 $(X,\mathcal{P}(X))$ 上. 若以下任何一个条件成立:

(1) 当 $\mathrm{Cr}(A) \leqslant 0.5$ 时, $A_n \nearrow A$;

(2) 当 $\lim\limits_{n\to\infty} \mathrm{Cr}(A_n) < 0.5$ 时, $A_n \nearrow A$;

(3) 当 $\mathrm{Cr}(A) \geqslant 0.5$ 时, $A_n \searrow A$;

(4) 当 $\lim\limits_{n\to\infty} \mathrm{Cr}(A_n) > 0.5$ 时, $A_n \searrow A$,

则 $\lim\limits_{n\to\infty} \mathrm{Cr}(A_n) = \mathrm{Cr}(A)$.

例 3.1.8　设 $X = \{1,2,\cdots\}$, $A_n = \{1,2,\cdots,n\}(n=1,2,\cdots)$, Pos 是定义在 $\mathcal{P}(X)$ 上的可能性测度,

$$\mathrm{Pos}\{n\} = \frac{2n-1}{2n}, \quad \mathrm{Cr}(A) = \frac{1}{2}(\mathrm{Pos}(A) + \mathrm{Nec}(A)).$$

显然, $A_n \nearrow X$, 但

$$\lim_{n\to\infty} \mathrm{Cr}(A_n) = \lim_{n\to\infty} \frac{2n-1}{4n} = \frac{1}{2} \neq 1 = \mathrm{Cr}(X),$$

即下连续性不成立.

例 3.1.9　设 $X = \{1,2,\cdots\}, A_n = \{n,n+1,\cdots\}(n=1,2,\cdots)$, Pos 是定义在 $\mathcal{P}(X)$ 上的可能性测度且

$$\mathrm{Pos}\{n\} = \frac{2n-1}{2n}, \quad \mathrm{Cr}(A) = \frac{1}{2}(\mathrm{Pos}(A) + \mathrm{Nec}(A)).$$

显然, $A_n \searrow \varnothing$, 但

$$\lim_{n\to\infty} \mathrm{Cr}(A_n) = \lim_{n\to\infty} \frac{2n-1}{4n} = \frac{1}{2} \neq 0 = \mathrm{Cr}(\varnothing),$$

即上连续性不成立.

3.1.6 不确定测度

定义 3.1.16 $\varGamma$ 是一个非空集合, $\mathcal{L}$ 是由 $\varGamma$ 的子集 (称为事件) 组成的 σ-代数, 若集函数 $\mathcal{M}$ 满足

(1) (规范性) $\mathcal{M}(\varGamma) = 1$;

(2) (自对偶性) 对任意的事件 $\varLambda \in \varGamma$ 有 $\mathcal{M}(\varLambda) + \mathcal{M}(\varLambda^c) = 1$;

(3) (次可数可加性) 对任意可数个事件 $\varLambda_i \in \varGamma$ 有

$$\mathcal{M}\left(\bigcup_{i=1}^{\infty} \varLambda_i\right) \leqslant \sum_{i=1}^{\infty} \mathcal{M}(\varLambda_i),$$

则称 $\mathcal{M}$ 为不确定测度, 三元组 $(\varGamma, \mathcal{L}, \mathcal{M})$ 称为不确定空间.

注 3.1.8 可信性测度和概率都是特殊的不确定测度. 不难发现 $\mathcal{M}(\varnothing) = 0$.

例 3.1.10 设 P, Cr 分别是定义在 $(\varGamma, \mathcal{L})$ 上的概率测度和可信性测度, 并且 $a \in [0,1]$, 易证

$$\mathcal{M}(A) = a\mathrm{P}(A) + (1-a)\mathrm{Cr}(A)$$

是不确定测度.

例 3.1.11 设 $\varGamma = \{a, b, c\}$ 且

$$\mathcal{M}\{a\} = 0.5, \quad \mathcal{M}\{b\} = 0.3, \quad \mathcal{M}\{c\} = 0.4,$$
$$\mathcal{M}(\varnothing) = 0, \quad \mathcal{M}(\varGamma) = 1,$$
$$\mathcal{M}\{a,b\} = 0.6, \quad \mathcal{M}\{a,c\} = 0.7, \quad \mathcal{M}\{b,c\} = 0.5,$$

则 $\mathcal{M}$ 是不确定测度.

定理 3.1.35 (单调性) 设 $\mathcal{M}$ 是定义在 $(\varGamma, \mathcal{L})$ 上的不确定测度, 若 $A_1, A_2 \in \mathcal{L}$, 且 $A_1 \subset A_2$, 则

$$\mathcal{M}(A_1) \leqslant \mathcal{M}(A_2).$$

定理 3.1.36 设 $\mathcal{M}$ 是定义在 $(\varGamma, \mathcal{L})$ 上的不确定测度, 则 $\forall \{r_i\}, \{r_j\} \in \mathcal{L}$ 有

$$\mathcal{M}\{r_i\} + \mathcal{M}\{r_j\} \leqslant 1 \leqslant \sum_{n=1}^{\infty} \mathcal{M}\{r_n\}.$$

定理 3.1.37 定义在 $(\Gamma, \mathcal{L})$ 上的不确定测度是一致自连续的.

注 3.1.9 由定理 3.1.37 可知不确定测度是零可加的.

定理 3.1.38 设 $\mathcal{M}$ 是定义在 $(\Gamma, \mathcal{L})$ 上的不确定测度, 并且在论域 Γ 里至多存在两个元素具有非零的不确定测度值, 则

$$\mathcal{M} \text{ 是不确定测度} \Leftrightarrow \mathcal{M} \text{ 是概率测度} \Leftrightarrow \mathcal{M} \text{ 是可信性测度}.$$

定理 3.1.39 设 $\mathcal{M}$ 是定义在 $(\Gamma, \mathcal{L})$ 上的不确定测度, 则 $\forall \{A_n\} \subset \mathcal{L}$ 有

(1) 若 $A_n \nearrow \Gamma$, 则 $\lim\limits_{n \to \infty} \mathcal{M}(A_n) > 0$;

(2) 若 $A_n \searrow \varnothing$, 则 $\lim\limits_{n \to \infty} \mathcal{M}(A_n) < 1$.

3.1.7 集值测度

定义 3.1.17 设 $(\Omega, \mathcal{F})$ 是可测空间, 则映射 $\pi: \mathcal{F} \to \mathcal{P}(\mathbf{R}^m)$ 是集值测度当且仅当

$$\pi \left(\bigcup_{n=1}^{\infty} A_n \right) = \sum_{n=1}^{\infty} \pi(A_n),$$

其中 $A_n \in \mathcal{F}(n = 1, 2, \cdots), A_i \bigcap A_j = \varnothing (i \neq j)$, 称 $(\Omega, \mathcal{F}, \pi)$ 为集值测度空间.

定义 3.1.18 称映射 $\pi: \mathcal{F} \to \mathcal{P}(\mathbf{R}^m)$ 为集值概率, 若 π 是可测空间 $(\Omega, \mathcal{F})$ 上的集值测度, 并且 $1 \in \pi(\Omega)$, 简记为 $(\Omega, \mathcal{F}, \pi)$.

例 3.1.12 设 $\mathcal{A} = \{\varnothing, A, A^c, \Omega\}, A \neq \varnothing, \Omega$, 记

$$\pi(\varnothing) = \{0\}, \quad \pi(\Omega) = \{x \in \mathbf{R}^m | \, \|x\| \leqslant 2\},$$

$$\pi(A) = \pi(A^c) = \{x \in \mathbf{R}^m | \, \|x\| \leqslant 1\},$$

则 π 是 $(\Omega, \mathcal{A})$ 上的紧凸集值测度.

例 3.1.13 设 $\Omega = [0, 1], \mathcal{A} = \mathcal{B}[0, 1]$, 对 $B \in \mathcal{B}[0, 1]$, 记

$$\pi(B) = \begin{cases} \{0\}, & B \text{ 中元素可数}, \\ \mathbf{R}^m, & B \text{ 中元素不可数}, \end{cases}$$

则 π 是 $(\Omega, \mathcal{A})$ 上的集值测度.

定理 3.1.40 若 π 是集值测度, 则 $\pi(\Omega) = \{0\}$ 或 $\pi(\Omega)$ 是无界集.

定理 3.1.41 若 π 是有界集值测度, 则 $\pi(A)(A \in \mathcal{F})$ 是有界集.

3.1.8 泛可加测度

设 $\mathbf{R}_+ = [0, \infty), \overline{\mathbf{R}}_+ = [0, \infty]$.

定义 3.1.19 设 $\oplus$ 为 $\overline{\mathbf{R}}_+$ 上的二元运算, 其中 $a, b, c, a_i, b_i \in \overline{\mathbf{R}}_+ (i = 1, 2)$, 若满足

(1) $a \oplus b = b \oplus a$;

(2) $(a \oplus b) \oplus c = a \oplus (b \oplus c)$;

(3) $a_1 \leqslant b_1, a_2 \leqslant b_2 \Rightarrow a_1 \oplus a_2 \leqslant b_1 \oplus b_2$;

(4) $a \oplus 0 = a$;

(5) 若 $\{a_n\} \subset \overline{\mathbf{R}}_+$, $\{b_n\} \subset \overline{\mathbf{R}}_+$ 且 $\lim\limits_{n \to \infty} a_n$ 及 $\lim\limits_{n \to \infty} b_n$ 存在, 则

$$\lim_{n \to \infty} (a_n \oplus b_n) = \lim_{n \to \infty} a_n \oplus \lim_{n \to \infty} b_n,$$

则称 $\overline{\mathbf{R}}_+$ 关于 "$\oplus$" 构成可换保序半群, 记为 $(\overline{\mathbf{R}}_+, \oplus)$.

定义 3.1.20 若 $a, b, c, a_i, b_i \in \overline{\mathbf{R}}_+ (i = 1, 2)$, 则 $\overline{\mathbf{R}}_+$ 上的二元运算 "$\odot$" 满足

(1) $a \odot b = b \odot a$;

(2) $(a \odot b) \odot c = a \odot (b \odot c)$;

(3) $(a \oplus b) \odot c = (a \odot c) \oplus (b \odot c)$;

(4) $a_1 \leqslant b_1, a_2 \leqslant b_2 \Rightarrow a_1 \odot a_2 \leqslant b_1 \odot b_2$;

(5) $a \odot 0 = 0$;

(6) $a \neq 0$ 和 $b \neq 0 \Leftrightarrow a \odot b \neq 0$;

(7) 存在单位元 $I \in \overline{\mathbf{R}}_+$, 使得 $I \odot a = a$;

(8) 若 $\{a_n\} \subset \overline{\mathbf{R}}_+$, $\{b_n\} \subset \overline{\mathbf{R}}_+$, $\lim\limits_{n} a_n$ 和 $\lim\limits_{n} b_n$ 存在且有限, 则

$$\lim_{n \to \infty} (a_n \odot b_n) = \lim_{n \to \infty} a_n \odot \lim_{n \to \infty} b_n,$$

则称 $\overline{\mathbf{R}}_+$ 关于 "$\oplus$", "$\odot$" 构成可换保序半环, 并记其为 $(\overline{\mathbf{R}}_+, \oplus, \odot)$.

定义 3.1.21 若 $(X, \mathcal{F}, \mu)$ 为模糊测度空间, $(\overline{\mathbf{R}}_+, \oplus, \odot)$ 为可换保序半环, 则称六元总体 $(X, \mathcal{F}, \mu, \overline{\mathbf{R}}_+, \oplus, \odot)$ 为泛测度空间, 简称为泛空间. 若 $(X, \mathcal{F})$ 为可测空间, 则称 $(X, \mathcal{F}, \overline{\mathbf{R}}_+, \oplus, \odot)$ 为泛可测空间.

定义 3.1.22 设 $(X, \mathcal{F}, \mu, \overline{\mathbf{R}}_+, \oplus, \odot)$ 是泛空间, μ 称为泛可加的, 若满足

$$\mu(E \bigcup F) = \mu(E) \oplus \mu(F), \quad \forall E, F \in \mathcal{F}, E \bigcap F = \varnothing.$$

易知, 概率测度和可能性测度均是泛可加测度的特例.

3.2 广义不确定变量

本节主要介绍 7 种广义不确定变量, 包括 g_λ 变量[9,10]、q 变量[11,12]、模糊变量[4,13,14]、模糊随机变量[15-27]、不确定变量[5,18,19]、集值变量[6,7]以及泛随机变量[20]的相关知识.

3.2.1　g_λ 变量

定义 3.2.1　设 ξ 是 g_λ 变量, 则 g_λ 分布函数定义为

$$F_{g_\lambda}(x) = g_\lambda\{\xi \leqslant x\}, \quad \forall x \in \mathbf{R}.$$

性质 3.2.1　设 $F_{g_\lambda}(x)$ 是 g_λ 变量 ξ 在 Sugeno 测度空间上的分布函数, 则
(1) 单调不减;
(2) $F_{g_\lambda}(x)$ 是右连续的.
证　$\forall x_1, x_2 \in \mathbf{R}$ 且 $x_1 < x_2$, 则 $\{\xi \leqslant x_1\} \subset \{\xi \leqslant x_2\}$. 因此

$$F_{g_\lambda}(x_1) = g_\lambda\{\xi \leqslant x_1\} \leqslant g_\lambda\{\xi \leqslant x_2\} = F_{g_\lambda}(x_2).$$

由于 $F_{g_\lambda}(x)$ 是单调不减的, 要证 $F_{g_\lambda}(x)$ 右连续, 则只需证

$$\lim_{n\to\infty} F_{g_\lambda}\left(x + \frac{1}{n}\right) = F_{g_\lambda}(x)$$

即可. 由于

$$F_{g_\lambda}\left(x + \frac{1}{n}\right) = g_\lambda\left\{\xi \leqslant x + \frac{1}{n}\right\},$$

$$\left\{\xi \leqslant x + \frac{1}{n}\right\} \supset \left\{\xi \leqslant x + \frac{1}{n+1}\right\},$$

$$\bigcap_{n=1}^{\infty}\left\{\xi \leqslant x + \frac{1}{n}\right\} = \{\xi \leqslant x\},$$

进而

$$\lim_{n\to\infty} F_{g_\lambda}\left(x + \frac{1}{n}\right) = \lim_{n\to\infty} g_\lambda\left\{\xi \leqslant x + \frac{1}{n}\right\} = g_\lambda\{\xi \leqslant x\} = F_{g_\lambda}(x),$$

故 g_λ 测度的分布函数 $F_{g_\lambda}(x)$ 右连续.
例 3.2.1　若 g_λ 变量 ξ 的分布函数是

$$F_{g_\lambda}(x) = \begin{cases} \dfrac{1}{\lambda}\left\{(1+\lambda)^{\frac{1}{\sqrt{2\pi}\sigma}\int_{-\infty}^{x} e^{-\frac{(t-\mu)^2}{2\sigma^2}}\mathrm{d}t} - 1\right\}, & \lambda \neq 0, \\ \dfrac{1}{\sqrt{2\pi}\sigma}\displaystyle\int_{-\infty}^{x} e^{-\frac{(t-\mu)^2}{2\sigma^2}}\mathrm{d}t, & \lambda = 0, \end{cases}$$

则 ξ 是具有 Sugeno 正态分布, 记为 $\xi \sim SN(\mu, \sigma^2, \lambda)$, 其中 $\mu \in \mathbf{R}, \sigma \geqslant 0, \lambda \in (-1, \infty)\bigcup\{0\}$ 为实数.
例 3.2.2　若 g_λ 变量 ξ 的分布函数为

当 $\lambda \neq 0$ 时,

$$F_{g_\lambda}(x) = \begin{cases} 0, & x \leqslant 0, \\ ((1+\lambda)^x - 1)/\lambda, & 0 < x < 1, \\ 1, & x \geqslant 1. \end{cases}$$

当 $\lambda = 0$ 时,

$$F_{g_\lambda}(x) = \begin{cases} 0, & x \leqslant 0, \\ x, & 0 < x < 1, \\ 1, & x \geqslant 1. \end{cases}$$

则 ξ 是服从参数为 λ 的均匀分布, 记为 $\xi \sim SU((0,1),\lambda)$.

显然, 当 $\lambda = 0$ 时, $\xi \sim SN(\mu,\sigma^2,\lambda)$ 等价于 $\xi \sim N(\mu,\sigma^2)$, 且 $\xi \sim SU((0,1),\lambda)$ 等价于 $\xi \sim U(0,1)$.

定义 3.2.2　设 ξ 是一个 g_λ 变量, $F_{g_\lambda}(x)$ 是 Sugeno 分布函数. 如果

$$\int_{-\infty}^{\infty} |x| \, \mathrm{d}\theta_\lambda \left(F_{g_\lambda}(x) \right) < \infty,$$

则 ξ 的期望定义为

$$E_{g_\lambda}(\xi) = \theta_\lambda^{-1} \left\{ \int_{-\infty}^{\infty} x \mathrm{d}\theta_\lambda \left(F_{g_\lambda}(x) \right) \right\}.$$

定义 3.2.3　设 ξ 是一个 g_λ 变量, 则 ξ 的方差定义为

$$D_{g_\lambda}(\xi) = E_{g_\lambda} \left(\xi - \theta_\lambda E_{g_\lambda}(\xi) \right)^2.$$

定义 3.2.4　设 (ξ,η) 为二维 g_λ 变量, 其联合分布函数 $F_{g_\lambda} : \mathbf{R}^2 \to [0,1]$ 定义为

$$F_{g_\lambda}(x,y) = g_\lambda\{\xi \leqslant x, \eta \leqslant y\}, \quad \forall x,y \in \mathbf{R}.$$

定义 3.2.5　设 (ξ,η) 为二维 g_λ 变量, 若 $\forall x,y \in \mathbf{R}$ 有

$$F_{g_\lambda}(x,y) = \theta_\lambda^{-1} \left(\theta_\lambda \left(g_\lambda \left\{ \xi \leqslant x, \eta < \infty \right\} \right) \cdot \theta_\lambda \left(g_\lambda \left\{ \xi \leqslant \infty, \eta < y \right\} \right) \right),$$

则称 g_λ 变量 ξ 与 η 为相互独立的.

定义 3.2.6　假设 $\xi,\xi_1,\xi_2,\cdots$ 为 Sugeno 测度空间 $(X,\mathcal{F},g_\lambda)$ 上的 g_λ 变量. 若对任意的 $\varepsilon > 0$, 有

$$\lim_{n \to \infty} g_\lambda \left\{ |\xi_n - \xi| \geqslant \varepsilon \right\} = 0,$$

则称 g_λ 变量序列 $\{\xi_n\}$ 依 Sugeno 测度收敛于 ξ. 记为

$$\lim_{n\to\infty} \xi_n = \xi(g_\lambda) \quad 或 \quad \xi_n \xrightarrow{g_\lambda} \xi.$$

定义 3.2.7 假设 $\xi,\xi_1,\xi_2,\cdots$ 是定义在 Sugeno 测度空间 $(X,\mathcal{F},g_\lambda)$ 上的 g_λ 变量. 如果存在 $A \in \mathcal{F}$ 满足 $g_\lambda(A) = 0$ 并使得对所有 $\omega \in \overline{A}$ 有

$$\lim_{n\to\infty} \xi_n(\omega) = \xi(\omega),$$

则 $\{\xi_n\}$ 称为几乎处处 (a.s.) 收敛于 ξ, 记为

$$\lim_{n\to\infty} \xi_n = \xi(g_\lambda\text{-a.s.}) \quad 或 \quad \xi_n \xrightarrow[g_\lambda]{\text{a.s.}} \xi.$$

引理 3.2.1 假设 $\xi_1,\xi_2,\cdots,\xi_n$ 是相互独立的 g_λ 变量, $E(\xi_k) < \infty$ 且 $|\xi_k| \leqslant c$ $(k = 1,2,\cdots,n)$, 则对每个 $\varepsilon > 0$ 有

$$g_\lambda\left\{\max_{k\leqslant n}|S_k - \theta_\lambda(E(S_k))| \geqslant \varepsilon\right\} \leqslant \frac{(1+\lambda)^{\frac{\sum_{k=1}^{n}\theta_\lambda(D(\xi_k))}{\varepsilon^2}} - 1}{\lambda}.$$

证 记

$$S_k = \sum_{i=1}^{k}\xi_i, \quad A_k = \left\{\max_{j\leqslant k}|S_j - \theta_\lambda(E(S_j))| < \varepsilon\right\}$$

且

$$B_k = A_{k-1} - A_k = \{|S_1 - \theta_\lambda(E(S_1))| < \varepsilon,\cdots,|S_k - \theta_\lambda(E(S_k))| \geqslant \varepsilon\}.$$

显然, $B_1,B_2,\cdots,B_k$ 互不相交.

设 $A_0 = X$, 则

$$A_0^c = A_0 - A_n = (A_0 - A_1)\bigcup(A_1 - A_2)\bigcup\cdots\bigcup(A_{n-1} - A_n) = \bigcup_{k=1}^{n}B_k,$$

且

$$B_k \subset \{|S_{k-1} - \theta_\lambda(E(S_{k-1}))| < \varepsilon, |S_k - \theta_\lambda(E(S_k))| \geqslant \varepsilon\}.$$

进而

$$\int_{B_k}|S_n - \theta_\lambda(E(S_n))|^2\mathrm{d}\theta_\lambda(F_{g_\lambda}(x))$$
$$= \theta_\lambda^{-1}E(|(S_n - \theta_\lambda(E(S_n)))\chi_{B_n}|^2)$$
$$\geqslant \theta_\lambda^{-1}E(|(S_k - \theta_\lambda(E(S_k)))\chi_{B_k}|^2)$$
$$= \int_{-\infty}^{+\infty}((S_k - \theta_\lambda(E(S_k)))\chi_{B_k})^2\mathrm{d}\theta_\lambda(F_{g_\lambda}(x))$$
$$\geqslant \varepsilon^2\int_{B_k}\mathrm{d}\theta_\lambda(F_{g_\lambda}(x)) \geqslant \varepsilon^2\theta_\lambda g_\lambda(B_k),$$

且

$$\sum_{k=1}^{n} \theta_\lambda \left(D(\xi_k) \right) = \theta_\lambda \left(D(S_n) \right)$$

$$= \sum_{k=1}^{n} \int_{B_k} |S_n - \theta_\lambda \left(E(S_n) \right)|^2 \mathrm{d}\theta_\lambda \left(F_{g_\lambda}(x) \right)$$

$$\geqslant \varepsilon^2 \sum_{k=1}^{n} \theta_\lambda \left(g_\lambda(B_k) \right) = \varepsilon^2 \theta_\lambda \left(g_\lambda \left(\bigcup_{k=1}^{n} B_k \right) \right).$$

因此

$$g_\lambda \left(A_n^c \right) = g_\lambda \left(\bigcup_{k=1}^{n} B_k \right) \leqslant \frac{(1+\lambda)^{\frac{\sum\limits_{k=1}^{n} \theta_\lambda(D(\xi_k))}{\varepsilon^2}} - 1}{\lambda},$$

即

$$g_\lambda \left\{ \max_{k \leqslant n} |S_k - \theta_\lambda \left(E(S_k) \right)| \geqslant \varepsilon \right\} \leqslant \frac{(1+\lambda)^{\frac{\sum\limits_{k=1}^{n} \theta_\lambda(D(\xi_k))}{\varepsilon^2}} - 1}{\lambda}.$$

引理 3.2.2 设 $\xi_1, \xi_2, \cdots, \xi_n$ 是 g_λ 变量, 以下命题等价:

(1) $\xi_n \xrightarrow[g_\lambda]{\text{a.s.}} \xi$;

(2) $\forall \varepsilon > 0, g_\lambda \left\{ \bigcap_{k=1}^{\infty} \bigcup_{n=k}^{\infty} \left(|\xi_n - \xi| \geqslant \varepsilon \right) \right\} = 0$;

(3) $\forall \varepsilon > 0, \lim\limits_{k \to \infty} g_\lambda \left\{ \bigcup_{n=k}^{\infty} \left(|\xi_n - \xi| \geqslant \varepsilon \right) \right\} = 0$.

引理 3.2.3 假设 $\xi_1, \xi_2, \cdots, \xi_n$ 是相互独立的 g_λ 变量, 且满足

$$E(\xi_k) < \infty, \quad D(\xi_k) < \infty, \quad \sum_{n} \theta_\lambda \left(D_{g_\lambda} \left(\frac{\xi_n}{n} \right) \right) < \infty, \quad k = 1, 2, \cdots, n,$$

则

$$\sum_{k=1}^{n} \left(\frac{\xi_k}{k} - \theta_\lambda \left(E \left(\frac{\xi_k}{k} \right) \right) \right) \xrightarrow[g_\lambda]{\text{a.s.}} 0.$$

证 令 $\xi'_k = \dfrac{\xi_k}{n}, k = 1, 2, \cdots, n$, 则 ξ'_k 也是相互独立的 g_λ 变量. 因此

$$S'_n = \sum_{k=1}^{n} \frac{\xi_k}{n} = \frac{1}{n} \sum_{k=1}^{n} \xi_k = \frac{S_n}{n}, \quad \theta_\lambda \left(E(S'_n) \right) = \theta_\lambda \left(E \left(\sum_{k=1}^{n} \left(\frac{\xi_k}{k} \right) \right) \right).$$

即, 只需证

$$S'_n - \theta_\lambda \left(E(S'_n) \right) \xrightarrow[g_\lambda]{\text{a.s.}} 0.$$

不难发现

$$\bigcup_k \left\{ |S'_{n+k} - E(S'_{n+k})| \geqslant \varepsilon \right\} = \bigcup_k \left\{ \max_{v \leqslant k} |S'_{n+v} - \theta_\lambda E(S'_{n+v})| \geqslant \varepsilon \right\}$$

是一个非减序列的并集. 利用引理 3.2.1, 有

$$g_\lambda\left\{\bigcup_{k=1}^\infty\left\{\left|S_{n+k}'-\theta_\lambda\left(E(S_{n+k}')\right)\right|\geqslant\varepsilon\right\}\right\}$$

$$=\lim_{m\to\infty}g_\lambda\left\{\max_{v\leqslant k}\left|S_{n+v}'-\theta_\lambda\left(E(S_{n+v}')\right)\right|\geqslant\varepsilon\right\}$$

$$\leqslant\lim_{m\to\infty}\frac{(1+\lambda)^{\frac{\sum\limits_{k=1}^m\theta_\lambda(D(\xi_{n+k}))}{\varepsilon^2}}-1}{\lambda}$$

$$=\frac{(1+\lambda)^{\frac{\sum\limits_{k=n+1}^\infty\theta_\lambda(D(\xi_k))}{\varepsilon^2}}-1}{\lambda}.$$

由于

$$\sum_{k=1}^\infty\theta_\lambda(D(\xi_k'))=\sum_{k=1}^\infty\theta_\lambda\left(D\left(\frac{\xi_k}{k}\right)\right)<\infty,$$

则

$$\sum_{k=n+1}^\infty\theta_\lambda\left(D(\xi_k')\right)\to0\quad(n\to\infty),$$

进而

$$g_\lambda\left\{\bigcup_k\left\{\left|S_{n+k}'-\theta_\lambda\left(E\left(S_{n+k}'\right)\right)\right|\geqslant\varepsilon\right\}\right\}\to0.$$

从而

$$g_\lambda\left\{\bigcup_{n=k}^\infty\left\{\left|S_n'-\theta_\lambda\left(E\left(S_n'\right)\right)\right|\geqslant\varepsilon\right\}\right\}\leqslant g_\lambda\left\{\bigcup_k\left\{\left|S_{n+k}'-\theta_\lambda\left(E\left(S_{n+k}'\right)\right)\right|\geqslant\varepsilon\right\}\right\}\to0.$$

由引理 3.2.2 可知

$$S_n'-\theta_\lambda\left(E\left(S_n'\right)\right)\xrightarrow[g_\lambda]{\text{a.s.}}0.$$

因此

$$\sum_{k=1}^n\left\{\frac{\xi_k}{k}-\theta_\lambda\left(E\left(\frac{\xi_k}{k}\right)\right)\right\}\xrightarrow[g_\lambda]{\text{a.s.}}0.$$

引理 3.2.4　已知 $A_1,A_2,\cdots$ 是集合序列. 假设 $\sum\limits_{k=1}^\infty\theta_\lambda\left(g_\lambda\left(A_k\right)\right)<\infty$, 则

$$g_\lambda\left\{\bigcap_{n=1}^\infty\bigcup_{k\geqslant n}A_k\right\}=0.$$

引理 3.2.5　已知 $\xi_1,\xi_2,\cdots$ 为同分布 g_λ 变量序列, 其中分布函数为 $F_{g_\lambda}(x)$, 期望为 a $(a<\infty)$. 假设 $\xi_k^*=\xi_k\chi_{\{|\xi_k|\leqslant k\}}(\omega)$, $k=1,2,\cdots$, 且满足

$$\sum_{k=1}^{n} \theta_\lambda \left(g_\lambda \left\{ \xi_k^* \neq \xi_k \right\} \right) < \infty, \quad \frac{1}{n} \sum_{k=1}^{n} \xi_k^* - \frac{1}{n} \theta_\lambda \left(E \left(\sum_{k=1}^{n} \xi_k^* \right) \right) \xrightarrow[g_\lambda]{\text{a.s.}} 0,$$

则

$$\frac{1}{n} \sum_{k=1}^{n} \xi_k - \theta_\lambda (a) \xrightarrow[g_\lambda]{\text{a.s.}} 0.$$

证 假设

$$\bar{\xi}_n = \frac{1}{n} \sum_{k=1}^{n} \xi_k, \quad \bar{\xi}_n^* = \frac{1}{n} \sum_{k=1}^{n} \xi_k^*, \quad E(\xi_k) = a,$$

$$E(\bar{\xi}_n^*) = E \left(\frac{1}{n} \sum_{k=1}^{n} \xi_k^* \right) = \theta_\lambda^{-1} \left(\frac{1}{n} \sum_{k=1}^{n} \theta_\lambda \left(E(\xi_k^*) \right) \right),$$

则

$$\left| \bar{\xi}_n - \theta_\lambda (a) \right| = \left| \bar{\xi}_n - \bar{\xi}_n^* + \bar{\xi}_n^* - \theta_\lambda \left(E \left(\bar{\xi}_n^* \right) \right) + \theta_\lambda \left(E \left(\bar{\xi}_n^* \right) \right) - \theta_\lambda (a) \right|$$
$$\leqslant \left| \bar{\xi}_n - \bar{\xi}_n^* \right| + \left| \bar{\xi}_n^* - \theta_\lambda \left(E \left(\bar{\xi}_n^* \right) \right) \right| + \left| \theta_\lambda \left(E \left(\bar{\xi}_n^* \right) \right) - \theta_\lambda (a) \right|.$$

由于

$$\sum_{k=1}^{n} \theta_\lambda \left(g_\lambda \left\{ \xi_k^* \neq \xi_k \right\} \right) < \infty,$$

利用引理 3.2.2 和引理 3.2.4 可得

$$\left| \bar{\xi}_n - \bar{\xi}_n^* \right| \xrightarrow[g_\lambda]{\text{a.s.}} 0.$$

由

$$\frac{1}{n} \sum_{k=1}^{n} \xi_k^* - \frac{1}{n} \theta_\lambda \left(E \left(\sum_{k=1}^{n} \xi_k^* \right) \right) \xrightarrow[g_\lambda]{\text{a.s.}} 0,$$

可知

$$\left| \bar{\xi}_n^* - \theta_\lambda \left(E \left(\bar{\xi}_n^* \right) \right) \right| \xrightarrow[g_\lambda]{\text{a.s.}} 0.$$

由于

$$\theta_\lambda \left(E \left(\xi_n^* \right) \right) = \int_{-n}^{n} x \mathrm{d}\theta_\lambda \left(F_{g_\lambda} (x) \right) \xrightarrow[n \to \infty]{} \int_{-\infty}^{\infty} x \mathrm{d}\theta_\lambda^{-1} \left(F_{g_\lambda} (x) \right) = \theta_\lambda (a),$$

因此

$$\theta_\lambda \left(E \left(\bar{\xi}_n^* \right) \right) = \frac{1}{n} \sum_{k=1}^{n} \theta_\lambda \left(E(\xi_k^*) \right) \xrightarrow[n \to \infty]{} \frac{1}{n} \sum_{k=1}^{n} \theta_\lambda (a) = \theta_\lambda (a),$$

进而

$$\frac{1}{n}\sum_{k=1}^{n}\xi_k - \theta_\lambda(a) \xrightarrow[g_\lambda]{\text{a.s.}} 0.$$

引理 3.2.6　设 $x_1, x_2, \cdots$ 是实数序列且 $\sum\limits_{k=1}^{n}\dfrac{x_k}{k} < \infty$, 则

$$\frac{1}{n}\sum_{k=1}^{n}x_k \xrightarrow[n\to\infty]{} 0.$$

定理 3.2.1 (强大数定律)　设 $\xi_1, \xi_2, \cdots$ 是独立同分布 g_λ 变量序列, 且具有相同的期望值 $a(a < \infty)$, 则

$$\frac{1}{n}\sum_{k=1}^{n}\xi_k - \theta_\lambda(a) \xrightarrow[g_\lambda]{\text{a.s.}} 0.$$

证　由于 $E(\xi_k) < \infty$, 有 $\displaystyle\int_{-\infty}^{+\infty}|x|\mathrm{d}\theta_\lambda(F_{g_\lambda}(x)) < \infty$, 则 $\displaystyle\sum_{k=1}^{\infty}\theta_\lambda\left(E\left(\frac{\xi_k^{*2}}{k^2}\right)\right) < \infty$. 令 $\xi_k^* = \xi_k\chi_{\{|\xi_k|\leqslant k\}}(\omega)$, 则

$$\sum_{k=1}^{\infty}\theta_\lambda\left(D\left(\frac{\xi_k^*}{k}\right)\right) \leqslant \sum_{k=1}^{\infty}\theta_\lambda\left(E\left(\frac{\xi_k^{*2}}{k^2}\right)\right) < \infty.$$

由引理 3.2.3, 有

$$\sum_{k=1}^{n}\left(\frac{\xi_k}{k} - \theta_\lambda\left(E\left(\frac{\xi_k}{k}\right)\right)\right) \xrightarrow[g_\lambda]{\text{a.s.}} 0.$$

再由引理 3.2.6, 有

$$\frac{1}{n}\sum_{k=1}^{n}\xi_k^* - \frac{1}{n}\theta_\lambda\left(E\left(\sum_{k=1}^{n}\xi_k^*\right)\right) \xrightarrow[g_\lambda]{\text{a.s.}} 0.$$

因此, 由引理 3.2.5 和 $\displaystyle\sum_{k=1}^{\infty}\theta_\lambda(g_\lambda\{\xi_k^* \neq \xi_k\}) < \infty$, 可知

$$\frac{1}{n}\sum_{k=1}^{n}\xi_k - \theta_\lambda(a) \xrightarrow[g_\lambda]{\text{a.s.}} 0.$$

定理得证.

3.2.2　q 变量

由于拟概率空间上的 q 变量及其分布函数、期望、方差等定义分别与概率测度空间和 Sugeno 测度空间上对应的定义形式是一致的 (除独立性的定义稍有不同

外). 因此, 只列出拟概率空间上的 q 变量及其相互独立的定义, 其他定义就不一一列出了.

定义 3.2.8 设 $(X, \mathcal{F}, \mu)$ 为拟概率空间, $\xi = \xi(\omega)\,(\omega \in X)$ 为定义在 X 上的实值函数. 对任意给定的实数 x, 若 $\{\omega \,|\, \xi(\omega) \leqslant x\} \in \mathcal{F}$, 则 ξ 称为拟概率空间上的 q 变量.

设 $F_\mu(x, y)$, $F_{\mu\xi}(x)$ 和 $F_{\mu\eta}(y)$ 分别是 (ξ, η) 的联合分布函数以及 ξ 和 η 的边缘分布函数, 若对任意 x, y 有

$$F_\mu(x, y) = \theta^{-1}\left(\theta\left(F_{\mu\xi}(x)\right) \cdot \theta\left(F_{\mu\eta}(y)\right)\right)$$

成立, 则称 ξ 和 η 是相互独立的 q 变量.

根据定义 3.2.8 可以给出如下性质:

性质 3.2.2 设 ξ 是一个离散 q 变量, $x_1, x_2, \cdots$ 是 ξ 的所有可能值, 则

$$\theta^{-1}\left(\sum_{i=1}^{\infty} \theta \circ \mu(x_i)\right) = 1.$$

证 由定义知 $\theta \circ \mu$ 是一个概率, 则由概率的性质知

$$\sum_{i=1}^{\infty} \theta \circ \mu(x_i) = 1.$$

又因为 $\theta^{-1}(1) = 1$, 所以有

$$\theta^{-1}\left(\sum_{i=1}^{\infty} \theta \circ \mu(x_i)\right) = 1.$$

性质 3.2.3 设 $F_\mu(x)$ 是 q 变量 ξ 的分布函数, 则

(1) 若 $a < b$, 则 $F_\mu(a) < F_\mu(b)$;

(2) $\lim\limits_{x \to -\infty} F_\mu(x) = 0$, $\lim\limits_{x \to \infty} F_\mu(x) = 1$;

(3) $F_\mu(x + 0) = F_\mu(x)$;

(4) $x_1, x_2 \in \mathbf{R}$, μ 为拟概率, 则

$$\mu\{x_1 < \xi \leqslant x_2\} = \theta^{-1}\left(\theta\left(F_\mu(x_2)\right) - \theta\left(F_\mu(x_1)\right)\right).$$

为了在拟概率空间上讨论统计学习理论的关键定理, 下面给出并证明拟概率空间上的 Markov 不等式、Chebyshev 不等式和 Khinchin 大数定律.

定理 3.2.2 (Markov 不等式) 若 ξ 是一个非负 q 变量, 任意 $t > 0$, 则下面不等式成立:

$$\mu\{\xi \geqslant t\} \leqslant \theta^{-1}\left(1 - \theta\left(1 - \frac{E_\mu(\xi)}{t}\right)\right).$$

证　由定义知 $\theta \circ \mu$ 是概率, 则

$$\begin{aligned}
\mu\{\xi \geqslant t\} &= \theta^{-1}\left(\theta \circ \mu\{\xi < \infty\} - \theta \circ \mu\{\xi \leqslant t\}\right) \\
&= \theta^{-1}\left(1 - \theta\left(\int_{-\infty}^{t} \mathrm{d}F_\mu(x)\right)\right) \\
&= \theta^{-1}\left(1 - \theta\left(1 - \int_{t}^{\infty} \mathrm{d}F_\mu(x)\right)\right) \\
&\leqslant \theta^{-1}\left(1 - \theta\left(1 - \frac{E_\mu(\xi)}{t}\right)\right),
\end{aligned}$$

故定理成立.

注 3.2.1　在定理 3.2.2 中, 当 $\theta(x) = x$ 时, 定理变成 $\mu\{\xi \geqslant t\} \leqslant \dfrac{E_\mu(\xi)}{t}$, 与概率测度空间上的 Markov 不等式相同.

当取 $\theta(x) = \log_{1+\lambda}(1 + \lambda x)$, $\theta^{-1}(x) = \dfrac{(1+\lambda)^x - 1}{\lambda}$ 时, 不等式变为

$$\mu\{\xi \geqslant t\} \leqslant \frac{E_\mu(\xi)}{t + \lambda t - \dfrac{\lambda E_\mu(\xi)}{t}}.$$

当 $\lambda \leqslant 0$ 时可变为 $\mu\{\xi \geqslant t\} \leqslant \dfrac{E_\mu(\xi)}{t + \lambda t}$; 当 $\lambda > 0$ 时变为 $\mu\{\xi \geqslant t\} \leqslant \dfrac{E_\mu(\xi)}{t}$.

下面再给出拟概率空间上的 Chebyshev 不等式和 Khinchin 大数定律.

定理 3.2.3 (Chebyshev 不等式)　设 ξ 是一个 q 变量且其期望 $E_\mu(\xi) = \omega$, 方差 $D_\mu(\xi) = \sigma^2$, 则对任意 $\varepsilon > 0$, 下面的不等式成立:

$$\mu\{|\xi - \omega| \geqslant \varepsilon\} \leqslant \theta^{-1}\left(1 - \theta\left(1 - \frac{\sigma^2}{\varepsilon^2}\right)\right).$$

证　对 $|\xi - \omega|^2$ 直接应用 Markov 不等式即得.

定理 3.2.4 (Khinchin 大数定律)　假设 $\xi_1, \xi_2, \cdots$ 是独立同分布的 q 变量序列, 若 $\xi_n(n = 1, 2, \cdots)$ 具有相同的期望且 $E_\mu(\xi_n) = a < \infty (n = 1, 2, \cdots)$, 则对任意 $\varepsilon > 0$, 等式

$$\lim_{n \to \infty} \mu\left\{\left|\frac{1}{n}\sum_{i=1}^{n}\xi_i - a\right| < \varepsilon\right\} = 1$$

成立.

3.2.3 模糊变量

本节主要介绍模糊变量的定义[13]、模糊变量的可能性分布[13]、期望模糊可能性测度[14]、2-型模糊向量[14]以及模糊变量的可信性分布[14]等相关知识.

定义 3.2.9 假设 $(\Gamma, \mathcal{A})$ 称为一个备域空间, Pos 为 $\mathcal{A}$ 上的一个可能性测度, 则称 $\xi : \Gamma \mapsto \mathbf{R}$ 为一个模糊变量, 如果对任意的 $r \in \mathbf{R}$, 有

$$\{\gamma \in \Gamma \,|\, \xi(\gamma) \leqslant r\} \in \mathcal{A},$$

$(\Gamma, \mathcal{A}, \mathrm{Pos})$ 称为一个可能性空间.

本书将在 $[0,1]$ 上取值的模糊变量的集合表示为 $\mathcal{R}[0,1]$.

定义 3.2.10 对于任意的 $t \in \mathbf{R}$,

$$\mu_\xi(t) = \mathrm{Pos}\{\gamma \in \Gamma \,|\, \xi(\gamma) = t\},$$

称函数 $\mu_\xi(t)$ 为模糊变量 ξ 的可能性分布.

下面给出几种常用模糊变量的可能性分布.

例 3.2.3 (1) 矩形模糊变量 $\xi = (r_1, r_2)$ 的可能性分布为

$$\mu_\xi(x) = \begin{cases} 1, & r_1 \leqslant x < r_2, \\ 0, & \text{其他}. \end{cases}$$

(2) 三角模糊变量 $\xi = (r_1, r_2, r_3)$ 的可能性分布为

$$\mu_\xi(x) = \begin{cases} \dfrac{x - r_1}{r_2 - r_1}, & r_1 \leqslant x < r_2, \\ 1, & x = r_2, \\ \dfrac{r_3 - x}{r_3 - r_2}, & r_2 < x \leqslant r_3, \\ 0, & \text{其他}. \end{cases}$$

(3) 梯形模糊变量的 $\xi = (\alpha, r_1, r_2, \beta)$ 的可能性分布为

$$\mu_\xi(x) = \begin{cases} \dfrac{x - \alpha}{r_1 - \alpha}, & \alpha \leqslant x < r_1, \\ 1, & r_1 \leqslant x < r_2, \\ \dfrac{x - \beta}{r_2 - \beta}, & r_2 \leqslant x \leqslant \beta, \\ 0, & \text{其他}. \end{cases}$$

注 3.2.2 显然, 矩形模糊变量和三角模糊变量均是梯形模糊变量的特例. 对于梯形模糊变量 $\xi = (\alpha, r_1, r_2, \beta)$, 如果 $r_1 = \alpha, r_2 = \beta$, 则该梯形模糊变量成为矩形模糊变量; 如果 $r_1 = r_2 = r$, 则该梯形模糊变量成为三角模糊变量 $\xi = (\alpha, r, \beta)$.

定义 3.2.11　模糊变量 ξ 的期望定义为

$$E(\xi) = \int_0^{+\infty} \mathrm{Pos}\{\xi \geqslant r\}\mathrm{d}r - \int_{-\infty}^0 \mathrm{Pos}\{\xi \leqslant r\}\mathrm{d}r,$$

其中两个积分中至少有一个是有限的.

定义 3.2.12　假设 ξ, η 是可能性空间 $(\Gamma, \mathcal{A}, \mathrm{Pos})$ 的一个模糊变量. 集合 $\{\xi, \eta\}$ 的期望模糊下界 $\xi \tilde{\wedge} \eta$ 是

$$\xi \tilde{\wedge} \eta = \begin{cases} \xi, & E(\xi) < E(\eta), \\ \eta, & E(\xi) > E(\eta), \\ \xi \text{ 或 } \eta, & E(\xi) = E(\eta). \end{cases}$$

假设 $\xi_i(i \in I), \xi$ 是可能性空间 $(\Gamma, \mathcal{A}, \mathrm{Pos})$ 上的模糊变量, 有 $\underset{i \in I}{\tilde{\wedge}} \xi_i = \xi$. 如果 $\underset{i \in I}{\wedge} E(\xi_i) = E(\xi)$, 集合 $\{\xi, \eta\}$ 的期望模糊上界为

$$\xi \tilde{\vee} \eta = \begin{cases} \xi, & E(\xi) > E(\eta), \\ \eta, & E(\xi) < E(\eta), \\ \xi \text{ 或 } \eta, & E(\xi) = E(\eta). \end{cases}$$

假设 $\xi_i(i \in I)$ 是可能性空间 $(\Gamma, \mathcal{A}, \mathrm{Pos})$ 上的模糊变量, 有

$$\underset{i \in I}{\tilde{\vee}} \xi_i = \xi, \quad \underset{i \in I}{\vee} E(\xi_i) = E(\xi).$$

定义 3.2.13　假设 $\mathcal{A}$ 是定义在 Γ 上的一个备域, 称 $\tilde{\mathrm{Pos}}_E : \mathcal{A} \mapsto \mathcal{R}[0,1]$ 为期望模糊可能性测度, 如果它满足下面条件:

(1) $\tilde{\mathrm{Pos}}_E(\varnothing) = 0, \tilde{\mathrm{Pos}}_E(\Gamma) = 1$;

(2) 对于 $\mathcal{A}$ 的任意有限子类 $\{A_i \,|\, i \in I\}$, 有

$$\tilde{\mathrm{Pos}}_E\left(\bigcup_{i \in I} A_i\right) = \underset{i \in I}{\tilde{\vee}} \tilde{\mathrm{Pos}}_E(A_i).$$

三元组 $(\Gamma, \mathcal{A}, \tilde{\mathrm{Pos}}_E)$ 称为期望模糊可能性空间.

定义 3.2.14　假设 $(\Gamma, \mathcal{A}, \tilde{\mathrm{Pos}}_E)$ 是一个期望模糊可能性空间. 如果对任意的 $r = (r_1, r_2, \cdots, r_m) \in \mathbf{R}^m$, 有

$$\left\{\gamma \in \Gamma \,|\, \tilde{\xi}(\gamma) \leqslant r\right\} \in \mathcal{A},$$

也就是说

$$\{\gamma \in \Gamma \,|\, \tilde{\xi}(\gamma) \leqslant r\} = \{\gamma \in \Gamma \,|\, \tilde{\xi}_1(\gamma) \leqslant r_1, \tilde{\xi}_2(\gamma) \leqslant r_2, \cdots, \tilde{\xi}_m(\gamma) \leqslant r_m\} \in \mathcal{A},$$

称映射 $\tilde{\xi} : \Gamma \mapsto \mathbf{R}^m$ 为 m 维 2-型模糊向量. 当 $m = 1$ 时, 称映射 $\tilde{\xi} : \Gamma \mapsto \mathbf{R}^m$ 为 2-型模糊变量.

定义 3.2.15 假设 $\tilde{\xi} = (\tilde{\xi}_1, \tilde{\xi}_2, \cdots, \tilde{\xi}_m)$ 是定义在期望模糊可能性空间 $(\Gamma, \mathcal{A}, \tilde{\mathrm{Pos}})$ 上的一个 2-型模糊向量. $\tilde{\xi}$ 的第二可能性分布函数 $\tilde{\mu}_{\tilde{\xi}}(r)$ 为

$$\tilde{\mu}_{\tilde{\xi}}(r) = \tilde{\mathrm{Pos}}_E \left\{ \gamma \in \Gamma | \tilde{\xi}(\gamma) = r \right\}, \quad r \in \mathbf{R}^m.$$

例 3.2.4 称 $\tilde{\xi}$ 为 2-型三角模糊变量, 如果当 $x \in [r_1, r_2]$ 时, 它的第二可能性分布 $\tilde{\mu}_{\tilde{\xi}}(x)$ 为

$$\left(\frac{x-r_1}{r_2-r_1} - \theta_l \min\left\{ \frac{x-r_1}{r_2-r_1}, \frac{r_2-x}{r_2-r_1} \right\}, \frac{x-r_1}{r_2-r_1}, \frac{x-r_1}{r_2-r_1} + \theta_r \min\left\{ \frac{x-r_1}{r_2-r_1}, \frac{r_2-x}{r_2-r_1} \right\} \right);$$

当 $x \in [r_2, r_3]$ 时, 它的第二可能性分布 $\tilde{\mu}_{\tilde{\xi}}(x)$ 为

$$\left(\frac{r_3-x}{r_3-r_2} - \theta_l \min\left\{ \frac{r_3-x}{r_3-r_2}, \frac{x-r_2}{r_3-r_2} \right\}, \frac{r_3-x}{r_3-r_2}, \frac{r_3-x}{r_3-r_2} + \theta_r \min\left\{ \frac{r_3-x}{r_3-r_2}, \frac{x-r_2}{r_3-r_2} \right\} \right),$$

其中 $\theta_l, \theta_r \in [0, 1]$ 是刻画 $\tilde{\xi}$ 取值为 x 的不确定程度的参数. 简单起见, 把满足上述分布的 2-型三角模糊变量 $\tilde{\xi}$ 记为 $(r_1, r_2, r_3; \theta_l, \theta_r)$.

定义 3.2.16 假设 $\tilde{\xi}_1, \tilde{\xi}_2, \cdots, \tilde{\xi}_m$ 是定义在期望模糊可能性空间 $(\Gamma, \mathcal{A}, \tilde{\mathrm{Pos}}_E)$ 上的 2-型模糊变量. 如果对任意的 $\mathcal{B}_i \subset \mathbf{R}, i = 1, 2, \cdots, m$, 有

$$\tilde{\mathrm{Pos}}_E\{\gamma \in \Gamma | \tilde{\xi}_i(\gamma) \in \mathcal{B}_i, 1 \leqslant i \leqslant m\} = \bigwedge_{1 \leqslant i \leqslant m}^{\tilde{}} \tilde{\mathrm{Pos}}_E\{\gamma \in \Gamma | \tilde{\xi}_i(\gamma) \in \mathcal{B}_i\}$$

成立, 则称 2-型模糊变量 $\tilde{\xi}_1, \tilde{\xi}_2, \cdots, \tilde{\xi}_m$ 之间是相互独立的.

定理 3.2.5 假设 $\xi = (r_1, r_2, r_3)$ 是三角模糊变量. 对于任意的置信水平 $\lambda_2 \in (0, 1]$, 则 $\mathrm{Pos}\{\xi \geqslant \lambda_1\} \geqslant \lambda_2$ 等价于 $\xi_{\lambda_2}^+ \geqslant \lambda_1$, 其中 $\xi_{\lambda_2}^+ = \sup\{x | \mu_{\xi}(x) \geqslant \lambda_2\}$.

证 如果 $\mathrm{Pos}\{\xi \geqslant \lambda_1\} \geqslant \lambda_2$, 由可能性测度定义可知 $\sup\{\mu_{\xi}(x) | x \in \mathbf{R}, x \geqslant \lambda_1\} \geqslant \lambda_2$. 因此, 存在 $x \in \mathbf{R}, x \geqslant \lambda_1$ 满足 $\mu_{\xi}(x) \geqslant \lambda_2$, 即 $\xi_{\lambda_2}^+ \geqslant \lambda_1$. 如果 $\xi_{\lambda_2}^+ \geqslant \lambda_1$, 那么存在 $x \in \mathbf{R}, \mu_{\xi}(x) \geqslant \lambda_2$ 满足 $x \geqslant \lambda_1$. 因此, $\sup\{\mu_{\xi}(x) | x \in \mathbf{R}, x \geqslant \lambda_1\} \geqslant \lambda_2$, 即 $\mathrm{Pos}\{\xi \geqslant \lambda_1\} \geqslant \lambda_2$.

定理 3.2.6 假设 $\xi_j = (r_j^1, r_j^2, r_j^3), j \in J$ 是 $[0, 1]$ 上的三角模糊变量, 有

$$\mathrm{Pos}\left\{ \bigwedge_{j \in J}^{\tilde{}} \xi_j \geqslant \lambda_1 \right\} \geqslant 0.5 \Leftrightarrow r_j^3 + r_j^2 \geqslant 2\lambda_1, \quad \forall j \in J.$$

证 由定理 3.2.5 和定义 3.2.12 可得.

定义 3.2.17 假设 $(\Gamma, \mathcal{A})$ 为一个可测空间, Cr 为一个可信性测度. 对于任意的 $t \in \mathbf{R}$,

$$\mu_{\xi}(t) = \mathrm{Cr}\{\gamma \in \Gamma | \xi(\gamma) = t\},$$

称函数 $\mu_\xi(t), t \in \mathbf{R}$ 为模糊变量 ξ 的可信性分布, 三元组 $(\Gamma, \mathcal{A}, \mathrm{Cr})$ 称为一个可信性空间.

定理 3.2.7　设 ξ 为一个模糊变量, μ_ξ 为其对应的可能性分布. 对于任意的 Borel 集 $\mathcal{B}$,

$$\mathrm{Cr}\{\xi \in \mathcal{B}\} = \frac{1}{2}\left(\sup_{x \in \mathcal{B}} \mu_\xi(x) + 1 - \sup_{x \in \mathcal{B}^c} \mu_\xi(x)\right).$$

定理 3.2.8　假设 $\xi = (\alpha, r_1, r_2, \beta)$ 为一个梯形模糊变量. 对于任意的 $0 < \lambda \leqslant 1$,

$$\mathrm{Cr}\{\xi \geqslant x\} \geqslant \lambda \Leftrightarrow \begin{cases} 2\lambda r_2 + (1 - 2\lambda)\beta \geqslant x, & 0 < \lambda \leqslant 0.5, \\ (2 - 2\lambda)r_1 + (2\lambda - 1)\alpha \geqslant x, & 0.5 < \lambda \leqslant 1. \end{cases} \tag{3.1}$$

证　利用定理 3.2.7, 有

$$\mathrm{Cr}\{\xi \geqslant x\} = \begin{cases} 1, & x < \alpha, \\ \dfrac{2r_1 - \alpha - x}{2(r_1 - \alpha)}, & \alpha \leqslant x < r_1, \\ \dfrac{1}{2}, & r_1 \leqslant x < r_2, \\ \dfrac{x - \beta}{2(r_2 - \beta)}, & r_2 \leqslant x < \beta, \\ 0, & x \leqslant \beta. \end{cases}$$

(1) $0 < \lambda \leqslant 0.5$.

当 $x < r_2$ 时, 显然成立; 当 $r_2 \leqslant x < \beta$ 时, 有 $x \leqslant 2\lambda r_2 + (1 - 2\lambda)\beta$, 即

$$\mathrm{Cr}\{\xi \geqslant x\} \geqslant \lambda \Leftrightarrow x \leqslant 2\lambda r_2 + (1 - 2\lambda)\beta.$$

(2) $0.5 < \lambda \leqslant 1$.

当 $x < \alpha$ 时, 显然成立; 当 $\alpha \leqslant x < r_1$ 时, 有 $x \leqslant (2 - 2\lambda)r_1 + (2\lambda - 1)\alpha$, 即

$$\mathrm{Cr}\{\xi \geqslant x\} \geqslant \lambda \Leftrightarrow x \leqslant (2 - 2\lambda)r_1 + (2\lambda - 1)\alpha.$$

定义 3.2.18　称模糊变量 $\xi_1, \xi_2, \cdots, \xi_m$ 在可信性空间 $(\Gamma, \mathcal{A}, \mathrm{Cr})$ 上是相互独立的当且仅当

$$\mathrm{Cr}\{\xi_i \in \mathcal{B}_i, i = 1, 2, \cdots, m\} = \min_{1 \leqslant i \leqslant m} \mathrm{Cr}\{\xi_i \in \mathcal{B}_i\},$$

其中 $\mathcal{B}_i$ 为 $\mathbf{R}$ 上的任意 Borel 集.

定义 3.2.19　称模糊变量 ξ, η 在 $(\Gamma, \mathcal{A}, \mathrm{Cr})$ 上是同分布的当且仅当对于任意的 Borel 集 $\mathcal{B} \subset \mathbf{R}$, 有

$$\mathrm{Cr}\{\xi \in \mathcal{B}\} = \mathrm{Cr}\{\eta \in \mathcal{B}\}.$$

定义 3.2.20 模糊变量 ξ 在可信性空间 $(\Gamma, \mathcal{A}, \mathrm{Cr})$ 上的期望定义为

$$E(\xi) = \int_0^{+\infty} \mathrm{Cr}\{\xi \geqslant r\}\mathrm{d}r - \int_{-\infty}^0 \mathrm{Cr}\{\xi \leqslant r\}\mathrm{d}r.$$

3.2.4 模糊随机变量

定义 3.2.21 设 $\tilde{A} \in \tilde{\mathcal{F}}(\mathbf{R})$, 称 $\tilde{A}$ 是一个模糊数, 若它满足下列条件:

(1) $\tilde{A}$ 是正规的, 即存在 $x_0 \in \mathbf{R}$, 使得 $\tilde{A}(x_0) = 1$;

(2) $\tilde{A}$ 是凸的, 即 $\forall x_1, x_2 \in \mathbf{R}$, $\forall \lambda \in [0,1]$ 有

$$\tilde{A}(\lambda x_1 + (1-\lambda)x_2) \geqslant \tilde{A}(x_1) \wedge \tilde{A}(x_2);$$

(3) $\forall \alpha \in (0,1]$, $\tilde{A}_\alpha = \{x | \tilde{A}(x) \geqslant \alpha\}$ 是一个闭区间;

(4) $\tilde{A}_0^- = \{x | \tilde{A}(x) > 0\}^- \subseteq \mathbf{R}$ 是紧的.

用 $\tilde{\mathbf{R}}$ 表示模糊数的全体.

对于一个模糊集 $\tilde{A}$, 若定义

$$\tilde{A}_\alpha = \begin{cases} \{x | \tilde{A}(x) \geqslant \alpha\}, & 0 < \alpha \leqslant 1, \\ \mathrm{Supp}\ \tilde{A}, & \alpha = 0, \end{cases}$$

则 $\tilde{A}_\alpha$ 是一个模糊数等价于 $\tilde{A}_1 \neq \varnothing$ 且 $\forall \alpha \in [0,1]$, $\tilde{A}_\alpha$ 是一个有界闭区间. 由模糊数的这一特征知道, 一个模糊数完全可以由区间 $\tilde{A}_\alpha = [A_\alpha^-, A_\alpha^+]$ 的左、右端点表示.

定理 3.2.9 对于 $\tilde{A} \in \tilde{\mathcal{F}}(\mathbf{R})$, $A^-(\alpha), A^+(\alpha)$ 可以看成 $\alpha \in [0,1]$ 的函数, 则

(1) $A^-(\alpha)$ 是 $[0,1]$ 上的有界增函数;

(2) $A^+(\alpha)$ 是 $[0,1]$ 上的有界减函数;

(3) $A^-(1) \leqslant A^+(1)$;

(4) $A^-(\alpha), A^+(\alpha)$ 在 $(0,1]$ 上左连续, 在 0 点右连续;

(5) 若 $B^-(\alpha), B^+(\alpha)$ 满足 (1)—(4), 则存在唯一的 $\tilde{B} \in \tilde{\mathcal{F}}_0(\mathbf{R})$, 使得

$$\tilde{B}_\alpha = [B_\alpha^-, B_\alpha^+].$$

定义 3.2.22 定义 $\tilde{\mathbf{R}}$ 上的度量 d,

$$d(\tilde{\mu}, \tilde{\nu}) = \sup_{0 \leqslant \alpha \leqslant 1} d_H(\tilde{\mu}_\alpha, \tilde{\nu}_\alpha), \quad \tilde{\mu}, \tilde{\nu} \in \tilde{\mathcal{F}}(\mathbf{R}),$$

其中 d_H 表示 Hausdorff 度量.

下面给出模糊随机变量 (模糊随机集) 的定义及其性质, 并给出几个和模糊随机变量有关的定理及其证明. 用 $(\Omega, \mathcal{F}, \mathrm{P})$ 表示完备的概率测度空间.

定义 3.2.23　$\tilde{X} : \Omega \to \tilde{\mathbf{R}}$ 是一个模糊数值函数, B 是 $\mathbf{R}$ 的子集, $\tilde{X}$ 的逆映射 $\tilde{X}^{-1}$ 记为

$$\tilde{X}^{-1}(B)(\omega) = \sup_{x \in B} \tilde{X}(\omega)(x), \quad \forall \omega \in \Omega,$$

它是 Ω 上的模糊子集, 函数 $\tilde{X} : \Omega \to \tilde{\mathbf{R}}$ 称为模糊随机变量, 若对任意 $\mathbf{R}$ 中的闭子集 B, $\tilde{X}^{-1}(B) : \Omega \to [0,1]$ 作为一个从 Ω 到 $[0,1]$ 的函数是 $\mathcal{F}$ 可测的, 即任意的 Borel 集 $\mathcal{B} \subset [0,1]$ 有 $\{\omega | \tilde{X}^{-1}(B)(\omega) \in \mathcal{B}\} \in \mathcal{F}$.

若表示 $\tilde{X}(\omega) = \{(X(\omega)_\alpha^-, X(\omega)_\alpha^+) | 0 \leqslant \alpha \leqslant 1\}$, 则可以知道 $\tilde{X}$ 是模糊随机变量等价于 $\forall \alpha \in [0,1]$, X_α^-, X_α^+ 是普通意义下的随机变量.

定义 3.2.24　设 $\tilde{X}_1, \tilde{X}_2$ 是两个模糊随机变量, 分别具有参数表示

$$\{((X_1)_\alpha^-, (X_1)_\alpha^+) | 0 \leqslant \alpha \leqslant 1\}, \quad \{((X_2)_\alpha^-, (X_2)_\alpha^+) | 0 \leqslant \alpha \leqslant 1\},$$

若 $(X_1)_\alpha^-, (X_2)_\alpha^-$ 和 $(X_1)_\alpha^+, (X_2)_\alpha^+$ 分别相互独立, 则 $\tilde{X}_1, \tilde{X}_2$ 称为相互独立的.

定义 3.2.25　设 $\tilde{X} : \Omega \to \tilde{\mathbf{R}}$ 是模糊随机变量, 具有参数表示

$$\tilde{X} = \{(X_\alpha^-, X_\alpha^+) | 0 \leqslant \alpha \leqslant 1\}.$$

令 $E(X_\alpha) = (E(X_\alpha^-), E(X_\alpha^+))$ 表示

$$E(\tilde{X}) = \sup_{0 \leqslant \alpha \leqslant 1} \alpha I_{E(X_\alpha)}(x),$$

则 $E(\tilde{X})$ 称为模糊随机变量 $\tilde{X}$ 的数学期望.

定理 3.2.10　$E(\tilde{X})$ 是模糊随机变量 $\tilde{X}$ 的数学期望, 假设 $E(X_\alpha^-), E(X_\alpha^+)$ 关于 α 是左连续的, 则 $E(\tilde{X})$ 是闭模糊数且 $(E(\tilde{X}))_\alpha = (E(X_\alpha^-), E(X_\alpha^+))$.

引理 3.2.7　若 $\tilde{A} \in \tilde{\mathcal{F}}(\mathbf{R})$, $g(x)$ 是 $\mathbf{R}$ 上单调函数, 则 $g(\tilde{A}) \in \tilde{\mathbf{R}}$.

引理 3.2.8　若 $\tilde{X}_1, \tilde{X}_2$ 是相互独立的模糊随机变量, $g(x)$ 是 $\mathbf{R}$ 上的单调函数, 则 $g(\tilde{X}_1), g(\tilde{X}_2)$ 也是相互独立的模糊随机变量.

引理 3.2.9　若 $\tilde{X} : \Omega \to \tilde{\mathcal{F}}_0(\mathbf{R})$ 是模糊随机变量, 则 $d(\tilde{X}, \tilde{0}) : \Omega \to \mathbf{R}$ 是普通的随机变量, 其中 $\tilde{0} = I_{\{0\}}$.

3.2.5　不确定变量

定义 3.2.26　设 ξ 是从不确定空间 $(\Gamma, \mathcal{L}, \mathcal{M})$ 到实数集 $\mathbf{R}$ 的可测函数. 若对任意的 Borel 集 $\mathcal{B}$ 有

$$\{\xi \in \mathcal{B}\} = \{\gamma \in \Gamma \,|\, \xi(\gamma) \in \mathcal{B}\} \in \mathcal{L},$$

则称 ξ 为不确定空间 $(\varGamma, \mathcal{L}, \mathcal{M})$ 上的一个不确定变量.

定义 3.2.27 假设 ξ 为不确定变量. 若函数 $\varPhi : \mathbf{R} \to [0,1]$ 满足

$$\varPhi(x) = \mathcal{M}\{\gamma \in \varGamma \,|\, \xi(\gamma) \leqslant x\},$$

则 $\varPhi$ 称为不确定变量 ξ 的不确定分布.

定义 3.2.28 对任意实数集上的 Borel 集 $\mathcal{B}$, 若不确定变量 ξ 和 η 满足

$$\mathcal{M}\{\xi \in \mathcal{B}\} = \mathcal{M}\{\eta \in \mathcal{B}\},$$

则称 ξ 和 η 是同分布的.

定义 3.2.29 假设 ξ 为不确定变量, 则称

$$E(\xi) = \int_0^{+\infty} \mathcal{M}\{\xi \geqslant r\}\mathrm{d}r - \int_{-\infty}^0 \mathcal{M}\{\xi \leqslant r\}\mathrm{d}r$$

为不确定变量 ξ 的期望值.

定义 3.2.30 设 $\xi_1, \xi_2, \cdots, \xi_n$ 为不确定空间 $(\varGamma, \mathcal{L}, \mathcal{M})$ 上的不确定变量, 称 $\xi_1, \xi_2, \cdots, \xi_n$ 是独立的, 若对于任意的 Borel 集 $\mathcal{B}_1, \mathcal{B}_2, \cdots, \mathcal{B}_n$, 有下式成立:

$$\mathcal{M}\left\{\bigcap_{i=1}^n (\xi_i \in \mathcal{B}_i)\right\} = \prod_{1 \leqslant i \leqslant n} \mathcal{M}\{\xi_i \in \mathcal{B}_i\}.$$

定义 3.2.31 假设 ξ 为不确定变量且其期望值 e 有限, 则称

$$V(\xi) = E\left((\xi - e)^2\right)$$

为不确定变量 ξ 的方差.

性质 3.2.4 设 ξ 是一个不确定变量且其期望值 e 有限, 则对任意的实数 a 和 b 有

$$V(a\xi + b) = a^2 V(\xi).$$

性质 3.2.5 设 ξ 是一个不确定变量, 其期望值有限, 则对任意的实数 a 和 b 有

$$E(a\xi + b) = aE(\xi) + b.$$

3.2.6 集值变量

随机集 (一种集值变量) 是由 Kendall 于 1973 年通过关联函数给出的. 本小节将给出随机集的一些基本概念和性质, 详细内容参见文献 [6—8].

定义 3.2.32 对于任意的 $\alpha \in \mathbf{R}$, $A, B \subseteq \mathbf{R}^m$, Minkowski 加法和 Scalar 乘法分别定义为

$$A + B = \{x + y | x \in A, y \in B\},$$

$$\alpha A = \{\alpha \times x | x \in A\}.$$

设 $M_1, M_2, \cdots, M_n$ 是 $\mathbf{R}^m$ 的子集, 定义其乘法如下:

$$M_1 \times M_2 \times \cdots \times M_n = \{x_1 \times x_2 \times \cdots \times x_n | x_i \in M_i, 1 \leqslant i \leqslant n\},$$

其中 $x_1 \times x_2 \times \cdots \times x_n$ 分别是相应元素的乘积.

定义 3.2.33　设 X 和 Y 是两个非空集合, 称映射 $F : X \to \mathcal{P}_0(Y)$ 是从 X 到 Y 的集值映射.

定义 3.2.34　若 $(\Omega, \mathcal{F})$ 是可测空间, $F(\omega)$ 是从 Ω 到 $\mathbf{R}^m$ 的集值映射, $\mathcal{A}$ 为 $\mathbf{R}^m$ 中所有闭集组成的集类, 称 $F(\omega)$ 为可测空间 $(\Omega, \mathcal{F})$ 上的集值随机变量 (或可测集值映射) 当且仅当

$$\{\omega | F(\omega) \bigcap A \neq \varnothing\} \in \mathcal{F},$$

其中 $A \in \mathcal{A}$. 为了简便起见, 记为 F.

定义 3.2.35　若 $(\Omega, \mathcal{F})$ 是可测空间, $\mathcal{A}_0$ 是 $\mathbf{R}^m$ 中所有非空闭集组成的集类, 映射 $F : \Omega \to \mathcal{A}_0$ 是闭集值映射. 闭集值映射 F 称为可测的, 若

$$\{\omega | F(\omega) \bigcap A \neq \varnothing\} \in \mathcal{F},$$

其中 $A \in \mathcal{A}$. 可测的闭集值映射也称为随机集.

显然, 若 F 是从 $(\Omega, \mathcal{F}, \mathrm{P})$ 到 $\mathbf{R}^m$ 的随机集, 那么它也是从 $(\Omega, \mathcal{F}, \mathrm{P})$ 到 $\mathbf{R}^m$ 的集值随机变量.

定义 3.2.36　若 $(\Omega, \mathcal{F}, \mathrm{P})$ 为概率测度空间, $F(\omega)$ 是从 Ω 到 $\mathbf{R}^m$ 的集值映射, $\mathcal{K}$ 是 $\mathbf{R}^m$ 中所有的紧集组成的集类, 称 $T_F(K)$ 是 F 关于 P 的分布函数当且仅当

$$T_F(K) = \mathrm{P}\{\omega | F(\omega) \bigcap K \neq \varnothing\}, \quad \forall K \in \mathcal{K}.$$

若 $\{F_n, n \geqslant 1\}$ 是从 Ω 到 $\mathbf{R}^m$ 的随机集序列, 称 $\{F_n, n \geqslant 1\}$ 是关于 P 同分布的当且仅当

$$\mathrm{P}\{\omega | F_l(\omega) \bigcap K \neq \varnothing\} = \mathrm{P}\{\omega | F_n(\omega) \bigcap K \neq \varnothing\},$$

其中 $\forall K \in \mathcal{K}, l, n \in \mathbf{N}$.

若 $\{F_n, n \geqslant 1\}$ 是从 Ω 到 $\mathbf{R}^m$ 的随机集序列, 称 $\{F_n, n \geqslant 1\}$ 关于 P 是相互独立的当且仅当

$$\mathrm{P}\{\omega | F_1(\omega) \bigcap K_1 \neq \varnothing, \cdots, F_n(\omega) \bigcap K_n \neq \varnothing\} = T_{F_1}(K_1) \times \cdots \times T_{F_n}(K_n),$$

其中 $K_1, K_2, \cdots, K_n \in \mathcal{K}$.

定义 3.2.37 如果 $\sigma = (\sigma^{(1)}, \sigma^{(2)}, \cdots, \sigma^{(m)})$, $\sigma^{(i)} : \Omega \to \mathbf{R}$, 称 σ 关于 μ 是可积的当且仅当 $\sigma^{(i)}(i \leqslant m)$ 关于 μ 是可积的, 这时有

$$\int_\Omega \sigma \mathrm{d}\mu = \left(\int_\Omega \sigma^{(1)} \mathrm{d}\mu, \cdots, \int_\Omega \sigma^{(m)} \mathrm{d}\mu \right).$$

设 $L_1(\Omega, \mathbf{R}^m)$ 为 Ω 到 $\mathbf{R}^m$ 关于 μ 可积的函数的总体, F 是 μ 的集值映射. 记

$$\widetilde{S}(F) = \{\sigma \in L_1(\Omega, \mathbf{R}^m) | \sigma(\omega) \in F(\omega) \text{ a.e. } \mu\}.$$

设 F 是 $(\Omega, \mathcal{F})$ 到 $\mathbf{R}^m$ 的集值映射, 称

$$\int_\Omega F \mathrm{d}\mu = \left\{ y \in \mathbf{R}^m \Big| y = \int_\Omega \sigma \mathrm{d}\mu, \sigma \in \widetilde{S}(F) \right\}$$

为 F 关于 μ 的积分. 若 $\displaystyle\int_\Omega F \mathrm{d}\mu \neq \varnothing$, 称 F 关于 μ 是可积的. 若 F 是 Ω 到 $\mathbf{R}^m$ 的随机集, 称 $\displaystyle\int_\Omega F \mathrm{d}\mu$ 为随机集积分.

定义 3.2.38 设 F 是 Ω 到度量空间 $\mathbf{R}^m$ 的集值映射. 若 $\sigma(\omega) \in F(\omega) \, (\omega \in \Omega)$ 且 σ 是可测的, 则 $\sigma : \Omega \to \mathbf{R}^m$ 是 F 的可测选择.

定理 3.2.11 设 F 是 Ω 到 $\mathbf{R}^m$ 的闭集值映射. F 是随机集当且仅当存在 F 的可测选择族 $\{\sigma_n | n \geqslant 1\}$, 使对任意 $\omega \in \Omega$ 有 $F(\omega) = \mathrm{cl}\{\sigma_n(\omega) | n \geqslant 1\}$.

定理 3.2.12 (基于 m 维集值随机变量的大数定律) 设 m 维集值随机变量 $X_1, X_2, \cdots, X_n$ 相互独立, 并且与 X 同分布, 则

$$\frac{1}{n} \sum_{i=1}^n X_i \xrightarrow[n \to \infty]{\mathrm{P}} \int X \mathrm{d}\mu.$$

3.2.7 泛随机变量

下面给出泛随机变量及其分布函数、期望和方差的定义和一些基本性质.

定义 3.2.39 设 ξ 是从 $(X, \mathcal{F}, \mu, \overline{\mathbf{R}}_+, \oplus, \odot)$ 到实直线 $\mathbf{R}$ 上的函数, 则称 ξ 是一个泛随机变量.

定义 3.2.40 设 ξ 是一个泛随机变量, 则其分布函数定义为

$$F_p(x) = \mu\{\xi \leqslant x\}, \quad \forall x \in \mathbf{R}.$$

性质 3.2.6 设 $F_p(x)$ 是泛随机变量 ξ 的分布函数, 则
(1) $F_p(x)$ 单调不减;
(2) $F_p(x)$ 是右连续的.

定义 3.2.41　设 $(X, \mathcal{F}, \mu, \overline{\mathbf{R}}_+, \oplus, \odot)$ 为泛空间且 $E \subset X$. 由下式定义的 X 上的函数:

$$\chi_E(x) = \begin{cases} I, & x \in E, \\ 0, & x \notin E \end{cases}$$

称为 E 的泛特征函数, 其中 I 为 $(\overline{\mathbf{R}}_+, \oplus, \odot)$ 的单位元.

定义 3.2.42　设 $(X, \mathcal{F}, \mu, \overline{\mathbf{R}}_+, \oplus, \odot)$ 为泛空间. 称 X 上的函数

$$s(x) = \bigoplus_{i=1}^{n} (a_i \odot \chi_{E_i}(x))$$

为泛–简单可测函数, 其中 $a_i \in \mathbf{R}_+ (i = 1, 2, \cdots, n)$ 且 $\{E_i \,|\, i = 1, 2, \cdots, n\}$ 为 X 上的可测划分.

所有泛–简单可测函数组成的集合记为 $\mathcal{S}$. 对任意的 $s(x) = \bigoplus_{i=1}^{n} (a_i \odot \chi_{E_i}(x)) \in \mathcal{S}$, 记

$$\mathrm{P}(s \,|\, A) = \bigoplus_{i=1}^{n} (a_i \odot \mu(A \bigcap E_i)),$$

其中 $A \in \mathcal{F}$.

定义 3.2.43　设 $f \in F$ 及 $A \in \mathcal{F}$. f 在 A 上关于 μ 的泛积分记作 $(p) \displaystyle\int_A f \mathrm{d}\mu$, 定义为

$$(p) \int_A f \mathrm{d}\mu = \sup_{0 \leqslant s \leqslant f, s \in \mathcal{S}} \mathrm{P}(s \,|\, A).$$

定义 3.2.44　对泛随机变量 ξ 的分布函数 $F_p(x)$, 若存在非负实函数 $f_p(x)$, 使得对任意实数 x 有

$$F_p(x) = (p) \int_{-\infty}^{x} f_p(t) \, \mathrm{d}t, \quad \forall x \in \mathbf{R},$$

则称 ξ 为连续型泛随机变量, 其中 $f_p(x)$ 称为 ξ 的泛密度函数.

泛空间上的二维随机变量及其联合分布函数、密度函数和边缘分布函数等定义可类似给出.

定义 3.2.45　设 $F_p(x, y)$ 及 $F_{p,\xi}(x), F_{p,\eta}(y)$ 分别是二维泛随机变量 (ξ, η) 的联合分布函数及边缘分布函数, 若对于所有的 x, y 有

$$\mu\{\xi \leqslant x, \eta \leqslant y\} = \mu\{\xi \leqslant x\} \odot \mu\{\eta \leqslant y\},$$

即 $F_p(x, y) = F_{p\xi}(x) \odot F_{p\eta}(y)$, 则称泛随机变量 ξ 和 η 是相互独立的.

定义 3.2.46　设泛随机变量 ξ 的分布函数是 $F_p(x)$. 若 $(p) \displaystyle\int_{-\infty}^{\infty} |x| \mathrm{d}F_p(x) < \infty$, 则称泛积分 $(p) \displaystyle\int_{-\infty}^{\infty} x \mathrm{d}F_p(x)$ 为 ξ 的泛期望, 记为 $E_p(\xi)$.

由上述定义不难推出泛随机变量的泛期望有如下基本性质.

性质 3.2.7 设 ξ, η 是两个泛随机变量, a, b 是常数, 则

$$E\left((a \odot \xi) \oplus (b \odot \eta)\right) = (a \odot E(\xi)) \oplus (b \odot E(\eta)).$$

定义 3.2.47 设 ξ 是一个泛随机变量. 若 $E((\xi - E(\xi))^2)$ 存在, 则称 $E((\xi - E(\xi))^2)$ 为 ξ 的泛方差, 记为 $V_p(\xi)$.

下面给出泛空间上的 Chebyshev 不等式和 Khinchin 大数定律.

定理 3.2.13 若 ξ 是非负泛随机变量且 $t > 0$, 则

$$\mu\{\xi \geqslant t\} \leqslant \frac{1}{t} \odot E(\xi).$$

定理 3.2.14 (Chebyshev 不等式) 设泛随机变量 ξ 的泛期望为 $E_p(\xi)$, 泛方差为 $V_p(\xi)$, 则对任意正数 ε, 不等式

$$\mu\{|\xi - E(\xi)| \geqslant \varepsilon\} \leqslant \frac{1}{\varepsilon^2} \odot V(\xi)$$

成立.

参 考 文 献

[1] Sugeno M. Theory of fuzzy integrals and its applications. Tokyo Institute of Technology Ph. D. Dissertation, 1974

[2] Wang Z Y, Klir G J. Generalized Measure Theory. New York: Springer-Verlag, 2008

[3] Shafer G. Belief functions and possibility measures. Analysis of Fuzzy Information, 1987, 1: 51-84

[4] Liu Y K, Liu B D. Expected value of fuzzy variable and fuzzy expected value models. IEEE Transactions on Fuzzy Systems, 2002, 10: 445-450

[5] Liu B D. Uncertainty Theory. 4th ed. Berlin, Heidelberg: Springer, 2015

[6] 张文修. 集值测度与随机集. 西安: 西安交通大学出版社, 1989

[7] 张从军. 集值分析与经济运用. 北京: 科学出版社, 2004

[8] 杨庆季. Fuzzy 测度空间上的泛积分. 模糊数学, 1985, 3: 107-114

[9] Ha M H, Li Y, Li J, et al. The key theorem and the bounds on the rate of uniform convergence of learning theory on Sugeno measure space. Science in China Series F: Information Sciences, 2006, 49(3): 372-385

[10] 哈明虎, 李颜, 李嘉, 等. Sugeno 测度空间上学习理论的关键定理和一致收敛速度的界. 中国科学 E 辑: 信息科学, 2006, 36(4): 398-410

[11] Ha M H, Bai Y C, Wang P, et al. The key theorem and the bounds on the rate of uniform convergence of statistical learning theory on a credibility space. Advances in Fuzzy Sets and Systems, 2006, 1(2): 143-172

[12] 哈明虎, 冯志芳, 宋士吉, 等. 拟概率空间上学习理论的关键定理和学习过程一致收敛速度的界. 计算机学报, 2008, 31(3): 476-485

[13] Wang P Z. Fuzzy contactibility and fuzzy variables. Fuzzy Sets and System, 1982, 8: 81-92

[14] Ha M H, Yang Y, Wang C. A new support vector machine based on type-2 fuzzy samples. Soft Computing, 2013, 17: 2065-2074

[15] Kwakernaak H. Fuzzy random variables: definition and theorems. Information Sciences, 1978, 15: 1-29

[16] Puri M L, Ralescu D A. Fuzzy random variables. Journal of Mathematical Analysis and Applications, 1986, 114: 409-422

[17] Klement E P, Puri L M, Ralescu D A. Limit theorems for fuzzy random variables. Proceedings of the Royal Society of London Series A, 1986, 407: 171-182

[18] Zhang X K, Ha M H, Wu J, et al. The bounds on the rate of uniform convergence of learning process on uncertainty space. Advances in Neural Networks, 2009, 5551: 110-117

[19] Yan S J, Ha M H, Zhang X K, et al. The key theorem of learning theory on uncertainty space. Advances in Neural Networks, 2009, 5551: 699-706

[20] 高林庆, 李鑫, 白云超, 等. 泛空间上学习理论的关键定理. 计算机工程与应用, 2010, 46(31): 32-35

第4章 不确定学习过程的一致性

学习过程一致性是经典统计学习理论的基本内容之一, 其主要目的是描述经验风险最小化归纳原则下学习过程一致性成立的充要条件[1]. 本章将讨论不确定学习过程的一致性, 主要介绍几种有代表性的广义不确定测度空间上基于广义不确定样本的学习过程的一致性.

4.1 不确定学习过程的非平凡一致性概念

4.1.1 经典学习过程的非平凡一致性概念

本小节介绍经典学习过程非平凡一致性 (概率测度空间上基于实随机样本的学习过程非平凡一致性). 首先回顾一下经典统计学习理论的相关知识[1-4].

在概率测度空间上, 需要考虑损失函数集 $\{Q(z,\alpha), \alpha \in \Lambda\}$(其中 Λ 是任意指标集) 上的最小化期望风险泛函问题

$$R(\alpha) = \int Q(z,\alpha)\mathrm{d}F(z), \quad \alpha \in \Lambda, \tag{4.1}$$

其中分布函数 $F(z)$ 是未知的, 但是给定了依据分布函数抽取的独立同分布的数据

$$z_1, z_2, \cdots, z_l. \tag{4.2}$$

为了寻找期望风险泛函 (4.1) 最小的损失函数, 提出了经验风险最小化原则. 根据这一原则, 用最小化经验风险泛函

$$R_{\mathrm{emp}}(\alpha) = \frac{1}{l}\sum_{i=1}^{l} Q(z_i,\alpha), \quad \alpha \in \Lambda \tag{4.3}$$

来代替最小化期望风险泛函 (4.1). 用使经验风险泛函 (4.3) 最小的损失函数 $Q(z,\alpha_l)$ 逼近使期望风险泛函 (4.1) 最小的损失函数 $Q(z,\alpha_0)$, 这一原则即为经验风险最小化归纳原则 (简称为 ERM 原则). 下面给出一致性的传统定义.

定义 4.1.1 对于函数集 $\{Q(z,\alpha), \alpha \in \Lambda\}$ 和概率分布函数 $F(z)$, 如果下面两个序列依概率收敛于同一极限:

$$R(\alpha_l) \xrightarrow[l \to \infty]{\mathrm{P}} \inf_{\alpha \in \Lambda} R(\alpha),$$

$$R_{\mathrm{emp}}(\alpha_l) \xrightarrow[l\to\infty]{\mathrm{P}} \inf_{\alpha\in\Lambda} R(\alpha),$$

则称经验风险最小化原则是一致的.

　　换句话说, 一个 ERM 方法, 如果它能提供一个函数序列 $Q(z,\alpha_l)(l=1,2,\cdots)$ 使期望风险和经验风险都收敛到最小可能的风险值, 则这个 ERM 方法是一致的.

　　然而不幸的是, 对于上面这种一致性的传统定义包括了平凡一致性的情况. 假设已经建立了某个函数集 $\{Q(z,\alpha),\alpha\in\Lambda\}$, 对这个函数集的 ERM 方法是不一致的. 考虑另一个扩展的函数集, 它包括了这个函数集和一个额外的函数 $\phi(z)$. 假设这个额外的函数对于任意的 z 满足不等式

$$\phi(z) < \inf_{\alpha\in\Lambda} Q(z,\alpha).$$

显然, 对这个扩展的函数集来说, ERM 方法就是一致的 (图 4.1).

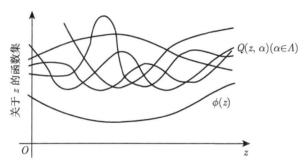

图 4.1　平凡一致性的例子

　　这个例子说明存在平凡一致性的情况. 在这种情况下, 一致性仅取决于函数集中是否包含一个最小化函数. 因此, 任何采用传统定义的一致性理论都必须能够确定其中是否可能有平凡一致性的情况. 为了建立经验风险最小化的、不依赖于函数集的性质, 而仅仅依赖于函数集的一般特性的一致性理论, 给出了非平凡一致性的定义.

　　定义 4.1.2　对函数集$\{Q(z,\alpha),\alpha\in\Lambda\}$ 和概率分布函数 $F(z)$, 如果对于函数集的任何非空子集 $\Lambda(c)=\left\{\alpha\left|\int Q(z,\alpha)\mathrm{d}F(z)\geqslant c,c\in(-\infty,+\infty)\right.\right\}$, 使得收敛性

$$\inf_{\alpha\in\Lambda(c)} R_{\mathrm{emp}}(\alpha) \xrightarrow[l\to\infty]{\mathrm{P}} \inf_{\alpha\in\Lambda(c)} R(\alpha)$$

成立, 则称经验风险最小化方法是非平凡一致的.

4.1.2　概率测度空间上基于非实随机样本学习过程的非平凡一致性概念

　　本小节给出概率测度空间上基于模糊、复随机、随机集、模糊复随机等样本学习过程的非平凡一致性概念, 详细参见文献 [5—11].

4.1.2.1 概率测度空间上基于模糊样本学习过程的非平凡一致性概念

定义 4.1.3 设定义在概率测度空间上模糊随机变量 $\hat{z}$ 的分布函数为 $F(d_H(\hat{z}, I_{\{0\}}))$. 考虑函数的集合 $\{d_H(Q(\hat{z}, \alpha), I_{\{0\}}), \alpha \in \Lambda\}$, 模糊期望风险泛函和经验风险泛函分别定义为

$$R_{\mathrm{F}}(\alpha) = d_H\left(E(Q(\hat{z}, \alpha)), I_{\{0\}}\right) = E\left(d_H\left(Q(\hat{z}, \alpha), I_{\{0\}}\right)\right)$$
$$= \int d_H\left(Q(\hat{z}, \alpha), I_{\{0\}}\right) \mathrm{d}F(d_H(\hat{z}, I_{\{0\}})),$$
$$R_{\mathrm{Femp}}(\alpha) = d_H\left(R_{\mathrm{Femp}}(\alpha), I_{\{0\}}\right),$$

其中 $R_{\mathrm{Femp}}(\alpha) = \dfrac{1}{l}\sum\limits_{i=1}^{l} Q(\hat{z}_i, \alpha)$.

定义 4.1.4 称经验风险最小化原则关于函数集 $\{d_H\left(Q(\hat{z}, \alpha), I_{\{0\}}\right), \alpha \in \Lambda\}$ 和概率分布 $F\left(d_H\left(\hat{z}, I_{\{0\}}\right)\right)$(其中 $\hat{z}$ 是模糊随机变量) 是非平凡一致的, 如果对于非空子集 $\Lambda(c)(c \in (-\infty, +\infty))$, 其中 $\Lambda(c) = \{\alpha | R_{\mathrm{F}}(\alpha) \geqslant c, c \in (-\infty, +\infty)\}$, 下面的式子成立:

$$\inf_{\alpha \in \Lambda(c)} R_{\mathrm{Femp}}(\alpha) \xrightarrow[l\to\infty]{\mathrm{P}} \inf_{\alpha \in \Lambda(c)} R_{\mathrm{F}}(\alpha).$$

4.1.2.2 概率测度空间上基于复随机样本学习过程的非平凡一致性概念

定义 4.1.5 在概率测度空间 $(\Omega, \mathcal{F}, \mathrm{P})$ 中, $\hat{z}_1, \hat{z}_2, \cdots, \hat{z}_l$ 是独立同分布的复随机样本. $\{Q(\hat{z}, \alpha), \alpha \in \Lambda\}$, Λ 是任意指标集. 复期望风险泛函和复经验风险泛函分别定义为

$$R(\alpha) = E(Q(\hat{z}, \alpha)),$$
$$R_{\mathrm{emp}}(\alpha) = \frac{1}{l}\sum_{i=1}^{l} Q(\hat{z}_i, \alpha).$$

如果存在 $\alpha_0 \in \Lambda$, 使得

$$\|R(\alpha_0)\| = \inf_{\alpha \in \Lambda} \|R(\alpha)\|$$

成立, 则称 $R(\alpha_0)$ 为 $R(\alpha)$ 的下确界, 记作 $R(\alpha_0) = \inf\limits_{\alpha \in \Lambda} R(\alpha)$. 类似地, 如果存在 $\alpha_l \in \Lambda$, 使得

$$\|R_{\mathrm{emp}}(\alpha_l)\| = \inf_{\alpha \in \Lambda} \|R_{\mathrm{emp}}(\alpha)\|$$

成立, 则称 $R_{\mathrm{emp}}(\alpha_l)$ 为 $R_{\mathrm{emp}}(\alpha)$ 的下确界, 记作 $R_{\mathrm{emp}}(\alpha_l) = \inf\limits_{\alpha \in \Lambda} R_{\mathrm{emp}}(\alpha)$.

定义 4.1.6 对于复可测函数集 $\{Q(\hat{z}, \alpha), \alpha \in \Lambda\}$ 和概率测度 P, 如果对于这一函数集的任何非空子集

$$\Lambda(c) = \{\alpha \mid \|R(\alpha)\| \geqslant c\}, \quad c \in (-\infty, \infty)$$

和任意 $\varepsilon > 0$, 收敛性

$$\left\| \inf_{\alpha \in \Lambda(c)} R_{\mathrm{emp}}(\alpha) \right\| \xrightarrow[l \to \infty]{\mathrm{P}} \left\| \inf_{\alpha \in \Lambda(c)} R(\alpha) \right\|$$

成立, 则称经验风险最小化原则对于复可测函数集 $\{Q(\hat{z}, \alpha), \alpha \in \Lambda\}$ 和概率测度 P 是非平凡一致的.

4.1.2.3　概率测度空间上基于随机集样本学习过程的非平凡一致性概念

定义 4.1.7　设 $F(\hat{z})$ 为概率分布函数, $\hat{z}_1, \hat{z}_2, \cdots, \hat{z}_l$ 是独立同分布的随机集样本. 期望风险泛函和经验风险泛函分别定义为

$$R(\alpha) = \int Q(\hat{z}, \alpha) \mathrm{d}F(\hat{z}), \quad \alpha \in \Lambda,$$

$$R_{\mathrm{emp}}(\alpha) = \frac{1}{l} \sum_{i=1}^{l} Q(\hat{z}_i, \alpha), \quad \alpha \in \Lambda.$$

定义 4.1.8　称 ERM 原则 (方法) 对于随机集组成的集类 $\{Q(\hat{z}, \alpha), \alpha \in \Lambda\}$ 和概率分布函数 $F(\hat{z})$ 是非平凡一致的, 若对任意 $\{Q(\hat{z}, \alpha), \alpha \in \Lambda\}$ 的任意非空子集

$$\Lambda(C) = \left\{ \alpha \, \middle| \, \int \sigma(\hat{z}, \alpha) \mathrm{d}F(\hat{z}) \geqslant C, \alpha \in \Lambda \right\}, \quad C \in \mathbf{R}^m,$$

对于随机集类 $\{Q(\hat{z}, \alpha), \alpha \in \Lambda\}$ 的任一可测选择 $\sigma(\hat{z}, \alpha)$, 下列收敛性成立:

$$\mathrm{P}\left\{ \left\| \inf_{\alpha \in \Lambda} \int \sigma(\hat{z}, \alpha) \mathrm{d}F(\hat{z}) - \inf_{\alpha \in \Lambda} \frac{1}{l} \sum_{i=1}^{l} \sigma(\hat{z}_i, \alpha) \right\|_m > \varepsilon \right\} \xrightarrow{l \to \infty} 0.$$

4.1.2.4　概率测度空间上基于模糊复随机样本学习过程的非平凡一致性概念

定义 4.1.9　对于给定的函数集 $\{Q(\hat{z}, \alpha), \alpha \in \Lambda\}$ 和概率分布函数 $F(\hat{z})$, $\hat{z}_1, \hat{z}_2, \cdots, \hat{z}_l$ 是独立同分布的模糊复随机样本. 基于模糊复随机样本的期望风险泛函和经验风险泛函分别为

$$R_{\mathrm{fc}}(\alpha) = E(Q(\hat{z}, \alpha)) = \int Q(\hat{z}, \alpha) \mathrm{d}F(\hat{z}),$$

$$R_{\mathrm{fcemp}}(\alpha) = \frac{1}{l} \sum_{j=1}^{l} Q(\hat{z}_j, \alpha), \quad \alpha \in \Lambda.$$

定义 4.1.10　对于给定的函数集 $\{Q(\hat{z}, \alpha), \alpha \in \Lambda\}$ 和概率分布函数 $F(\hat{z})$, 若对非空子集

$$\Lambda(\tilde{C}) = \left\{ \alpha \, \middle| \, \int Q(\hat{z}, \alpha) \mathrm{d}F(\hat{z}) \succeq \tilde{C} \right\},$$

其中 $\tilde{C}$ 为任意的模糊复数,

$$\inf_{\alpha \in \Lambda(\tilde{C})} R_{\text{fcemp}}(\alpha) \xrightarrow[l \to \infty]{\text{P}} \inf_{\alpha \in \Lambda(\tilde{C})} R_{\text{fc}}(\alpha)$$

成立, 则称经验风险最小化原则是非平凡一致的.

注 4.1.1   仅考虑具有偏序关系 "$\succeq$" 的模糊复随机变量.

4.1.3 非概率测度空间上基于非实随机样本学习过程的非平凡一致性概念

本小节给出 Sugeno 测度空间上基于 g_λ 样本、拟概率空间上基于 q 样本、可信性测度空间上基于模糊样本、不确定测度空间上基于不确定样本量、粗糙空间上基于粗糙样本、粗糙空间上基于双重粗糙样本、集值概率空间上基于随机集样本泛可加测度空间上基于泛随机样本学习过程的非平凡一致性概念, 详细内容参见文献 [12—26].

4.1.3.1 Sugeno 测度空间上基于 g_λ 样本学习过程的非平凡一致性概念

定义 4.1.11   设 $F_{g_\lambda}(\hat{z})$ 是给定的 g_λ 变量的分布函数. 考虑函数集 $\{Q(\hat{z}, \alpha), \alpha \in \Lambda\}$, $\hat{z}_1, \hat{z}_2, \cdots, \hat{z}_l$ 为独立同分布的 g_λ 样本, 分别定义 Sugeno 测度空间上的期望风险泛函和经验风险泛函为

$$R(\alpha) = \int Q(\hat{z}, \alpha) \mathrm{d}\theta_\lambda F_{g_\lambda}(\hat{z}),$$

$$R_{\text{emp}}(\alpha) = \frac{1}{l} \sum_{i=1}^{l} Q(\hat{z}_i, \alpha).$$

定义 4.1.12   对函数集 $\{Q(\hat{z}, \alpha), \alpha \in \Lambda\}$, 定义其子集 $\Lambda(c)$ 如下:

$$\Lambda(c) = \left\{ \alpha \,\middle|\, \int Q(\hat{z}, \alpha) \mathrm{d}\theta_\lambda F_{g_\lambda}(\hat{z}) > c, \alpha \in \Lambda \right\}.$$

如果对于函数集的任意非空子集 $\Lambda(c)(c \in (-\infty, \infty))$ 都有

$$\inf_{\alpha \in \Lambda(c)} R_{\text{emp}}(\alpha) \xrightarrow[l \to \infty]{g_\lambda} \inf_{\alpha \in \Lambda(c)} R(\alpha)$$

成立, 则称经验风险最小化原则对于函数集 $\{Q(\hat{z}, \alpha), \alpha \in \Lambda\}$ 和分布 $F_{g_\lambda}(\hat{z})$ 是非平凡一致的.

4.1.3.2 拟概率空间上基于 q 样本的学习过程的非平凡一致性概念

定义 4.1.13   设 $F_\mu(\hat{z})$ 是 q 变量 ξ 的分布函数, $\hat{z}_1, \hat{z}_2, \cdots, \hat{z}_l$ 是独立同分布的 q 样本. 引入函数集 $\{Q(\hat{z}, \alpha), \alpha \in \Lambda\}$, 期望风险泛函和经验风险泛函定义如下:

$$R(\alpha) = \int Q(\hat{z}, \alpha) \mathrm{d}F_\mu(\hat{z}),$$

$$R_{\mathrm{emp}}(\alpha) = \frac{1}{l} \sum_{i=1}^{l} Q(\hat{z}_i, \alpha).$$

定义 4.1.14   对于函数集 $\{Q(\hat{z}, \alpha), \alpha \in \Lambda\}$ 和拟概率分布函数 $F_\mu(\hat{z})$, 如果对于集合 Λ 的非空子集 $\Lambda(c) = \left\{ \alpha \middle| \int Q(\hat{z}, \alpha) \mathrm{d}F_\mu(\hat{z}) \geqslant c \right\} (c \in (-\infty, \infty))$ 和任意 $\varepsilon > 0$, 使得

$$\lim_{l \to \infty} \mu \left\{ \left| \inf_{\alpha \in \Lambda(c)} R(\alpha) - \inf_{\alpha \in \Lambda(c)} R_{\mathrm{emp}}(\alpha) \right| \geqslant \varepsilon \right\} = 0$$

成立, 则称经验风险最小化原则是非平凡一致的.

4.1.3.3   可信性测度空间上基于模糊样本的学习过程的非平凡一致性概念

定义 4.1.15   设 $\Phi(\hat{z})$ 为可信性分布函数, $\hat{z}_1, \hat{z}_2, \cdots, \hat{z}_l$ 是独立同分布模糊样本. 引入函数集 $\{Q(\hat{z}, \alpha), \alpha \in \Lambda\}$, 可信性测度空间上的期望风险泛函和经验风险泛函定义如下:

$$R(\alpha) = \int_0^{+\infty} \mathrm{Cr}\{Q(\hat{z}, \alpha) \geqslant r\}\mathrm{d}r - \int_{-\infty}^0 \mathrm{Cr}\{Q(\hat{z}, \alpha) \leqslant r\}\mathrm{d}r,$$

$$R_{\mathrm{emp}}(\alpha) = \frac{1}{l} \sum_{i=1}^{l} Q(\hat{z}_i, \alpha).$$

对函数集 $\{Q(\hat{z}, \alpha), \alpha \in \Lambda\}$ 定义其子集 $\Lambda(c) = \{\alpha | R(\alpha) \geqslant c\}, c \in (-\infty, +\infty)$, 如果对函数集的任意非空子集 $\Lambda(c)(c \in (-\infty, \infty))$ 都有

$$\lim_{l \to \infty} \mathrm{Cr} \left\{ \left| \inf_{\alpha \in \Lambda(c)} R_{\mathrm{emp}}(\alpha) - \inf_{\alpha \in \Lambda(c)} R(\alpha) \right| \geqslant \varepsilon \right\} = 0$$

成立, 则称经验风险最小化原则对函数集 $\{Q(\hat{z}, \alpha), \alpha \in \Lambda\}$ 是非平凡一致的.

4.1.3.4   不确定测度空间上基于不确定样本学习过程的非平凡一致性概念

定义 4.1.16   设 $\Phi(\hat{z})$ 是不确定测度空间 $(\Gamma, \mathcal{L}, \mathcal{M})$ 上的不确定分布函数, $\hat{z}_1, \hat{z}_2, \cdots, \hat{z}_l$ 是独立同分布不确定样本. 引入函数集 $\{Q(\hat{z}, \alpha), \alpha \in \Lambda\}$, 不确定测度空间上的期望风险泛函和经验风险泛函定义如下:

$$R(\alpha) = \int Q(\hat{z}, \alpha) \mathrm{d}\Phi(\hat{z}),$$

$$R_{\mathrm{emp}}(\alpha) = \frac{1}{l} \sum_{i=1}^{l} Q(\hat{z}_i, \alpha).$$

定义 4.1.17   对函数集 $\{Q(\hat{z}, \alpha), \alpha \in \Lambda\}$ 定义其子集 $\Lambda(c)$ 如下:

$$\Lambda(c) = \left\{ \alpha \middle| \int Q(\hat{z}, \alpha) \mathrm{d}\Phi(\hat{z}) \geqslant c, c \in (-\infty, +\infty) \right\}.$$

如果对函数集的任意非空子集 $\Lambda(c)(c \in (-\infty, \infty))$ 都有

$$\inf_{\alpha \in \Lambda(c)} R_{\mathrm{emp}}(\alpha) \xrightarrow[l \to \infty]{\mathcal{M}} \inf_{\alpha \in \Lambda(c)} R(\alpha)$$

成立, 则称经验风险最小化原则对函数集 $\{Q(\hat{z}, \alpha), \alpha \in \Lambda\}$ 是非平凡一致的.

4.1.3.5 粗糙空间上基于粗糙样本学习过程的非平凡一致性概念

定义 4.1.18 假设 $\Phi(\hat{z})$ 是粗糙空间上的信赖性分布函数, $\hat{z}_1, \hat{z}_2, \cdots, \hat{z}_l$ 为依据 $\Phi(\hat{z})$ 抽取的独立同分布的样本, 考虑函数集 $\{Q(\hat{z}, \alpha), \alpha \in \Lambda\}$, 分别定义粗糙期望风险泛函 $R_{\mathrm{r}}(\alpha)$ 和粗糙经验风险泛函 $R_{\mathrm{remp}}(\alpha)$ 为

$$R_{\mathrm{r}}(\alpha) = E\left(Q(\hat{z}, \alpha)\right) = \int_0^\infty \mathrm{Tr}\{Q(\hat{z}, \alpha) \geqslant r\}\mathrm{d}r - \int_{-\infty}^0 \mathrm{Tr}\{Q(\hat{z}, \alpha) \leqslant r\}\mathrm{d}r,$$

$$R_{\mathrm{remp}}(\alpha) = \frac{1}{l}\sum_{i=1}^l Q(\hat{z}_i, \alpha).$$

用使粗糙经验风险泛函最小的损失函数 $Q(\hat{z}, \alpha_l)$ 逼近使粗糙期望风险泛函最小的损失函数 $Q(\hat{z}, \alpha_0)$, 这一原则即为粗糙经验风险最小化归纳原则, 简称为 RERM 原则.

定义 4.1.19 对于函数集 $\{Q(\hat{z}, \alpha), \alpha \in \Lambda\}$ 和信赖性分布函数 $\Phi(\hat{z})$, 如果对于任何非空集 $\Lambda(c) = \{\alpha | R(\alpha) \geqslant c, \alpha \in \Lambda\}(c \in (-\infty, \infty))$, 收敛性

$$\inf_{\alpha \in \Lambda(c)} R_{\mathrm{remp}}(\alpha) \xrightarrow[l \to \infty]{\mathrm{Tr}} \inf_{\alpha \in \Lambda(c)} R_{\mathrm{r}}(\alpha)$$

成立, 则称粗糙经验风险最小化方法是非平凡一致的.

4.1.3.6 粗糙空间上基于双重粗糙样本学习过程的非平凡一致性概念

定义 4.1.20 在粗糙空间中, $\hat{z}_1, \hat{z}_2, \cdots, \hat{z}_l$ 为独立同分布双重粗糙样本, 考虑损失函数集 $\{Q(\hat{z}, \alpha), \alpha \in \Lambda\}$, 分别定义双重粗糙期望风险泛函 $R_{\mathrm{BR}}(\alpha)$ 和双重粗糙经验风险泛函 $R_{\mathrm{BRemp}}(\alpha)$ 为

$$R_{\mathrm{BR}}(\alpha) = \int_0^\infty \mathrm{Tr}\left\{Q(\hat{z}, \alpha)(\lambda) \geqslant r\right\}\mathrm{d}r - \int_{-\infty}^0 \mathrm{Tr}\left\{(Q(\hat{z}, \alpha)(\lambda)) \leqslant r\right\}\mathrm{d}r,$$

$$R_{\mathrm{BRemp}}(\alpha) = \frac{1}{l}\sum_{i=1}^l (Q(\hat{z}_i, \alpha)(\lambda)).$$

定义 4.1.21 对于函数集 $\{Q(\hat{z}, \alpha), \alpha \in \Lambda\}$ 和信赖性测度 Tr, 如果对于任何非空集 $\Lambda(c) = \{\alpha | R_{\mathrm{BR}}(\alpha) \geqslant c, \alpha \in \Lambda\}$, 收敛性

$$\inf_{\alpha \in \Lambda(c)} R_{\mathrm{BRemp}}(\alpha) \xrightarrow[l \to \infty]{\mathrm{Tr}} \inf_{\alpha \in \Lambda(c)} R_{\mathrm{BR}}(\alpha)$$

成立, 则称经验风险最小化方法是非平凡一致的.

4.1.3.7　集值概率空间上基于随机集样本学习过程的非平凡一致性概念

定义 4.1.22　设 $F_\pi(K)$ 为集值概率分布函数, $\hat{z}_1, \hat{z}_2, \cdots, \hat{z}_l$ 是独立同分布的随机集样本. 对于损失函数集 $\{Q(\hat{z}, \alpha), \alpha \in \Lambda\}$ 的期望风险泛函和经验风险泛函分别定义为

$$R(\alpha) = \int Q(\hat{z}, \alpha) \mathrm{d} F_\pi(\hat{z}), \quad \alpha \in \Lambda,$$

$$R_{\mathrm{emp}}(\alpha) = \frac{1}{l} \sum_{i=1}^{l} Q(\hat{z}_i, \alpha), \quad \alpha \in \Lambda.$$

称 ERM 原则是平凡一致的, 若对于 $\{Q(\hat{z}, \alpha), \alpha \in \Lambda\}$ 和集值概率分布函数 $F_\pi(K)$, $\inf\limits_{\alpha \in \Lambda} R_{\mathrm{emp}}(\alpha)$ 关于 Hausdorff 度量 δ 依集值概率收敛到 $\inf\limits_{\alpha \in \Lambda} R(\alpha)$, 即

$$\pi\left\{ \delta\left(\inf_{\alpha \in \Lambda} R_{\mathrm{emp}}(\alpha), \inf_{\alpha \in \Lambda} R(\alpha) \right) \geqslant \frac{\varepsilon}{2} \right\} \overset{l \to \infty}{\longrightarrow} \{0\}.$$

因此, 可以用如下方式来表述:

$$\inf_{\alpha \in \Lambda} R_{\mathrm{emp}}(\alpha) \xrightarrow{\pi, \delta, l \to \infty} \inf_{\alpha \in \Lambda} R(\alpha),$$

其中

$$\inf_{\alpha \in \Lambda} R(\alpha) = R(\alpha_0), \quad \|R(\alpha_0)\| = \inf_{\alpha \in \Lambda} \|R(\alpha)\|,$$

$$\inf_{\alpha \in \Lambda} R_{\mathrm{emp}}(\alpha) = R_{\mathrm{emp}}(\alpha_l), \quad \|R_{\mathrm{emp}}(\alpha_l)\| = \inf_{\alpha \in \Lambda} \|R_{\mathrm{emp}}(\alpha)\|, \quad \alpha_0, \alpha_l \in \Lambda.$$

定义 4.1.23　称 ERM 原则 (方法) 对于随机集组成的集类 $\{Q(\hat{z}, \alpha), \alpha \in \Lambda\}$ 和集值概率分布函数 $F_\pi(K)$ 是非平凡一致的, 若对 $\{Q(\hat{z}, \alpha), \alpha \in \Lambda\}$ 的任意非空子集 $\Lambda(C)$ $(C \in \mathcal{P}_0(\mathbf{R}^m))$, 其中

$$\Lambda(C) = \left\{ \alpha \left| \left\| \int Q(z, \alpha) \mathrm{d} F_\pi(z) \right\| \geqslant \|C\|, \alpha \in \Lambda \right. \right\},$$

收敛性

$$\pi\left\{ \delta\left(\inf_{\alpha \in \Lambda(C)} R_{\mathrm{emp}}(\alpha), \inf_{\alpha \in \Lambda(C)} R(\alpha) \right) \geqslant \varepsilon \right\} \overset{l \to \infty}{\longrightarrow} \{0\}$$

成立.

4.1.3.8　Sugeno 测度空间上基于模糊样本学习过程的非平凡一致性概念

定义 4.1.24　在 Sugeno 测度空间上, $\hat{z}_1, \hat{z}_2, \cdots, \hat{z}_l$ 是独立同分布的模糊样本. 期望风险泛函和经验风险泛函分别定义为

$$R_{\mathrm{F}}(\alpha) = \|E_{g_\lambda}(\mathrm{co}(Q(\hat{z}, \alpha)))\|,$$

$$R_{\text{Femp}}(\alpha) = \left\| \frac{1}{l} \sum_{i=1}^{l} Q(\hat{z}_i, \alpha) \right\|,$$

其中 co 表示凸包.

定义 4.1.25 称经验风险最小化原则是非平凡一致的, 如果对于函数集 $\{Q(\hat{z}, \alpha), \alpha \in \Lambda\}$ 的任意子集 $\Lambda(c) = \{\alpha | \|R_{\text{F}}(\alpha)\| \geqslant c\}$ $(c \in [0, \infty))$ 有下列收敛成立:

$$\inf_{\alpha \in \Lambda(c)} R_{\text{F}}(\alpha) \xrightarrow[l \to \infty]{g_\lambda} \inf_{\alpha \in \Lambda(c)} R_{\text{Femp}}(\alpha).$$

4.1.3.9 泛可加测度空间上基于泛随机样本学习过程的非平凡一致性概念

定义 4.1.26 设 $F_p(\hat{z})$ 是给定的泛随机变量的分布函数, $\hat{z}_1, \hat{z}_2, \cdots, \hat{z}_l$ 是独立同分布的样本. 考虑函数集 $\{Q(\hat{z}, \alpha), \alpha \in \Lambda\}$, 则泛可加测度空间上的期望风险泛函和经验风险泛函分别定义为

$$R(\alpha) = (p) \int Q(\hat{z}, \alpha) \, \mathrm{d}F_p(\hat{z}),$$

$$R_{\text{emp}}(\alpha) = \frac{1}{l} \sum_{i=1}^{l} Q(\hat{z}_i, \alpha).$$

定义 4.1.27 对函数集 $\{Q(\hat{z}, \alpha), \alpha \in \Lambda\}$ 定义其子集 $\Lambda(c)$ 如下:

$$\Lambda(c) = \left\{ \alpha \middle| (p) \int Q(\hat{z}, \alpha) \, \mathrm{d}F_p(\hat{z}) \geqslant c, \alpha \in \Lambda \right\}, \quad c \in (-\infty, \infty).$$

如果对函数集的任意非空子集 $\Lambda(c)$ 都有

$$\inf_{\alpha \in \Lambda(c)} R_{\text{emp}}(\alpha) \xrightarrow[l \to \infty]{\mu} \inf_{\alpha \in \Lambda(c)} R(\alpha)$$

成立, 则称经验风险最小化 (ERM) 原则对函数集 $\{Q(\hat{z}, \alpha), \alpha \in \Lambda\}$ 和分布函数 $F_p(\hat{z})$ 是非平凡一致的.

注 4.1.2 非概率测度空间上基于非实随机样本的经验风险最小化原则可参照定义 4.1.3 给出.

4.2 不确定学习理论的关键定理

4.2.1 经典学习理论的关键定理

下面的定理被称为学习理论的关键定理, 这一定理在统计学习理论中起着关键作用, 它将经验风险最小化的非平凡一致性问题转化为均值一致单边收敛于数学期望的问题. 详细内容参见文献 [1—4].

定理 4.2.1 假设存在常数 a 和 A, 使得对于函数集 $\{Q(z,\alpha), \alpha \in \Lambda\}$ 中的所有函数和给定的概率分布函数 $F(z)$ 有下列不等式成立:

$$a \leqslant \int Q(z,\alpha)\mathrm{d}F(z) \leqslant A, \quad \alpha \in \Lambda,$$

则下面两种表述方法等价:

(1) 对于给定的概率分布函数 $F(z)$, 经验风险最小化方法在函数集 $\{Q(z,\alpha), \alpha \in \Lambda\}$ 上是非平凡一致的;

(2) 对于给定的概率分布函数 $F(z)$, 在函数集 $\{Q(z,\alpha), \alpha \in \Lambda\}$ 上一致单边收敛性成立, 即

$$\lim_{l\to\infty} \mathrm{P}\left\{\sup_{\alpha\in\Lambda}(R(\alpha) - R_{\mathrm{emp}}(\alpha)) > \varepsilon\right\} = 0, \quad \forall \varepsilon > 0.$$

4.2.2 概率测度空间上基于非实随机样本学习理论的关键定理

本小节给出概率测度空间上基于模糊、复随机、随机集和模糊复随机等样本的学习理论的关键定理, 详细内容参见文献 [5—11].

定理 4.2.2 (概率测度空间上基于模糊样本的学习理论关键定理) 设 A, B 为给定常数, 函数集 $\{Q(\hat{z},\alpha), \alpha \in \Lambda\}$ 满足 $A \leqslant R_{\mathrm{F}}(\alpha) \leqslant B$, 则模糊经验风险最小化原则一致性的充要条件是

$$\lim_{l\to\infty} \mathrm{P}\left\{\sup_{\alpha\in\Lambda}(R_{\mathrm{F}}(\alpha) - R_{\mathrm{Femp}}(\alpha)) > \varepsilon\right\} = 0, \quad \forall \varepsilon > 0.$$

证 必要性. 由非平凡一致性的定义可得 $\forall c \in (-\infty, +\infty)$, 使得集合

$$\Lambda(c) = \{\alpha | R_{\mathrm{F}}(\alpha) \geqslant c, \alpha \in \Lambda\}$$

非空, 则下式依概率收敛:

$$\inf_{\alpha\in\Lambda(c)} R_{\mathrm{Femp}}(\alpha) \xrightarrow[l\to\infty]{\mathrm{P}} \inf_{\alpha\in\Lambda(c)} R_{\mathrm{F}}(\alpha).$$

考虑一个有限的序列 $a_1, a_2, \cdots, a_n$ 且满足

$$|a_{i+1} - a_i| < \frac{\varepsilon}{2}, \quad i = 1, 2, \cdots, n-1,$$

其中, $a_1 = A, a_n = B$. 用 T_k 表示事件

$$\inf_{\alpha\in\Lambda(a_k)} R_{\mathrm{Femp}}(\alpha) < \inf_{\alpha\in\Lambda(a_k)} R_{\mathrm{F}}(\alpha) - \frac{\varepsilon}{2},$$

则由上式可得 $\mathrm{P}(T_k) \xrightarrow{l\to\infty} 0.$

令 $T = \bigcup\limits_{k=1}^{n} T_k$. 因为 n 有限, 则 $P(T) \overset{l \to \infty}{\longrightarrow} 0$. 用 M 表示事件

$$\sup_{\alpha \in \Lambda}(R_{\mathrm{F}}(\alpha) - R_{\mathrm{Femp}}(\alpha)) > \varepsilon.$$

假设事件 M 发生, 则存在 $\alpha^* \in \Lambda$, 使得

$$R_{\mathrm{F}}(\alpha^*) - \varepsilon > R_{\mathrm{Femp}}(\alpha^*).$$

由 α^* 找到一个 k, 使得 $\alpha^* \in \Lambda(a_k)$ 且 $R_{\mathrm{F}}(\alpha^*) - a_k < \dfrac{\varepsilon}{2}$ 成立, 借助于

$$\inf_{\alpha \in \Lambda(a_k)} R_{\mathrm{F}}(\alpha) \geqslant a_k,$$

则对于被选的集合 $\Lambda(a_k)$, 不等式

$$R_{\mathrm{F}}(\alpha^*) - \inf_{\alpha \in \Lambda(a_k)} R_{\mathrm{F}}(\alpha) < \frac{\varepsilon}{2}$$

成立. 因此, 对于被选的 α^* 和 $\Lambda(a_k)$, 下面的不等式成立:

$$\inf_{\alpha \in \Lambda(a_k)} R_{\mathrm{F}}(\alpha) - \frac{\varepsilon}{2} > R_{\mathrm{Femp}}(\alpha^*) \geqslant \inf_{\alpha \in \Lambda(a_k)} R_{\mathrm{Femp}}(\alpha),$$

即当事件 M 发生时, 事件 T 也发生, 所以

$$P(M) \leqslant P(T) \overset{l \to \infty}{\longrightarrow} 0.$$

因此

$$P\left\{\sup_{\alpha \in \Lambda}(R_{\mathrm{F}}(\alpha) - R_{\mathrm{Femp}}(\alpha)) > \varepsilon\right\} \overset{l \to \infty}{\longrightarrow} 0.$$

必要性得证.

下面证充分性. 要证明

$$\lim_{l \to \infty} P\left\{\left|\inf_{\alpha \in \Lambda(\alpha)} R_{\mathrm{F}}(\alpha) - \inf_{\alpha \in \Lambda(\alpha)} R_{\mathrm{Femp}}(\alpha)\right| > \varepsilon\right\} = 0.$$

用 N 表示事件

$$\left|\inf_{\alpha \in \Lambda(\alpha)} R_{\mathrm{F}}(\alpha) - \inf_{\alpha \in \Lambda(\alpha)} R_{\mathrm{Femp}}(\alpha)\right| > \varepsilon,$$

则 N 是两个事件的并集

$$N = N_1 \bigcup N_2,$$

其中

$$N_1 = \left\{\inf_{\alpha \in \Lambda(c)} R_{\mathrm{F}}(\alpha) + \varepsilon < \inf_{\alpha \in \Lambda(c)} R_{\mathrm{Femp}}(\alpha)\right\},$$

$$N_2 = \left\{ \inf_{\alpha \in \Lambda(c)} R_{\mathrm{F}}(\alpha) - \varepsilon > \inf_{\alpha \in \Lambda(c)} R_{\mathrm{Femp}}(\alpha) \right\}.$$

假定 N_1 发生, 可找到一个函数 $Q(\hat{z}, \alpha^*) (\alpha^* \in \Lambda(c))$ 满足

$$R_{\mathrm{F}}(\alpha^*) < \inf_{\alpha \in \Lambda(c)} R_{\mathrm{F}}(\alpha) + \frac{\varepsilon}{2},$$

则不等式

$$R_{\mathrm{F}}(\alpha^*) + \frac{\varepsilon}{2} < \inf_{\alpha \in \Lambda(c)} R_{\mathrm{F}}(\alpha) + \varepsilon < \inf_{\alpha \in \Lambda(c)} R_{\mathrm{Femp}}(\alpha) < R_{\mathrm{Femp}}(\alpha^*)$$

成立, 即

$$R_{\mathrm{F}}(\alpha^*) + \frac{\varepsilon}{2} < R_{\mathrm{Femp}}(\alpha^*)$$

成立.

因此, 不等式的概率测度不小于事件 N_1 的概率测度. 根据 Khinchin 大数定律得到

$$\mathrm{P}(N_1) \leqslant \mathrm{P}\left\{ R_{\mathrm{Femp}}(\alpha^*) - R_{\mathrm{F}}(\alpha^*) > \frac{\varepsilon}{2} \right\} \overset{l \to \infty}{\longrightarrow} 0,$$

所以

$$\mathrm{P}(N_1) \overset{l \to \infty}{\longrightarrow} 0.$$

另一方面, 若 N_2 发生, 则存在函数 $Q(\hat{z}, \alpha^{**}) (\alpha^{**} \in \Lambda(c))$, 使得下列不等式成立:

$$R_{\mathrm{Femp}}(\alpha^{**}) + \frac{\varepsilon}{2} < \inf_{\alpha \in \Lambda(c)} R_{\mathrm{Femp}}(\alpha) + \varepsilon < \inf_{\alpha \in \Lambda(c)} R_{\mathrm{F}}(\alpha) < R_{\mathrm{F}}(\alpha^{**}).$$

因此

$$\mathrm{P}(N_2) \leqslant \mathrm{P}\left\{ R_{\mathrm{F}}(\alpha^{**}) - R_{\mathrm{Femp}}(\alpha^{**}) > \frac{\varepsilon}{2} \right\}$$

$$< \mathrm{P}\left\{ \sup_{\alpha \in \Lambda}(R_{\mathrm{F}}(\alpha) - R_{\mathrm{Femp}}(\alpha)) > \frac{\varepsilon}{2} \right\} \overset{l \to \infty}{\longrightarrow} 0.$$

由于

$$\mathrm{P}(N) \leqslant \mathrm{P}(N_1) + \mathrm{P}(N_2),$$

从而得到

$$\mathrm{P}(N) \overset{l \to \infty}{\longrightarrow} 0.$$

定理 4.2.3 (概率测度空间上基于复随机样本的关键定理)   假设存在常数 A 和 B, 使得对于所有复可测函数集 $\{Q(\hat{z}, \alpha), \alpha \in \Lambda\}$ 和概率测度 P, 下列不等式:

$$A \leqslant \|R(\alpha)\| \leqslant B$$

成立, 对于给定的概率测度 P, 复经验风险最小化方法在复可测函数集 $\{Q(\hat{z}, \alpha),$ $\alpha \in \Lambda\}$ 上非平凡一致成立的充要条件是

$$\mathrm{P}\left\{\sup_{\alpha \in \Lambda}(\|R(\alpha)\| - \|R_{\mathrm{emp}}(\alpha)\|) > \varepsilon\right\} \overset{l \to \infty}{\longrightarrow} 0.$$

证 首先, 复经验风险最小化方法在复可测函数集 $\{Q(\hat{z}, \alpha), \alpha \in \Lambda\}$ 上是非平凡一致成立的. 根据非平凡一致的定义, 对于任何非空子集 $\Lambda(c) = \{\alpha | \|R(\alpha)\| \geqslant c\}$, 收敛性

$$\left\|\inf_{\alpha \in \Lambda(c)} R_{\mathrm{emp}}(\alpha)\right\| \overset{\mathrm{P}}{\underset{l \to \infty}{\longrightarrow}} \left\|\inf_{\alpha \in \Lambda(c)} R(\alpha)\right\|$$

成立. 考虑有限数列 $a_1, a_2, \cdots, a_n$ 满足

$$|a_{i+1} - a_i| < \frac{\varepsilon}{2}, \quad a_1 = A, a_n = B.$$

用 T_k 表示事件

$$\left\|\inf_{\alpha \in \Lambda(a_k)} R_{\mathrm{emp}}(\alpha)\right\| < \left\|\inf_{\alpha \in \Lambda(a_k)} R(\alpha)\right\| - \frac{\varepsilon}{2},$$

则可得

$$\lim_{l \to \infty} \mathrm{P}(T_k) = 0.$$

令

$$T = \bigcup_{k=1}^{n} T_k,$$

因为 n 是有限的且对于任何 k 有

$$\mathrm{P}(T) \overset{l \to \infty}{\longrightarrow} 0,$$

用 M 表示事件

$$\sup_{\alpha \in \Lambda}(\|R(\alpha)\| - \|R_{\mathrm{emp}}(\alpha)\|) > \varepsilon.$$

如果事件 M 发生, 则存在一个 $\alpha^* \in \Lambda$, 使得

$$\|R(\alpha^*)\| - \varepsilon > \|R_{\mathrm{emp}}(\alpha^*)\|.$$

此外, 可以找到一个 k, 使得 $\alpha^* \in \Lambda(a_k)$ 且有

$$0 \leqslant \|R(\alpha^*)\| - a_k < \frac{\varepsilon}{2}.$$

对于被选定的集合 $\Lambda(a_k)$, 不等式

$$0 \leqslant \|R(\alpha^*)\| - \left\|\inf_{\alpha \in \Lambda(a_k)} R(\alpha)\right\| < \frac{\varepsilon}{2}$$

成立. 因此, 对于所选的 α^* 和 $\Lambda(a_k)$ 有

$$\left\|\inf_{\alpha\in\Lambda(a_k)}R(\alpha)\right\|-\frac{\varepsilon}{2}>\|R(\alpha^*)\|-\varepsilon>\|R_{\mathrm{emp}}(\alpha^*)\|\geqslant\left\|\inf_{\alpha\in\Lambda(a_k)}R_{\mathrm{emp}}(\alpha)\right\|,$$

即当事件 M 发生时, 事件 T 也发生, 所以有

$$\mathrm{P}(M)\leqslant\mathrm{P}(T)\stackrel{l\to\infty}{\longrightarrow}0,$$

$$\mathrm{P}\left\{\sup_{\alpha\in\Lambda}(\|R(\alpha)\|-\|R_{\mathrm{emp}}(\alpha)\|)>\varepsilon\right\}\stackrel{l\to\infty}{\longrightarrow}0.$$

下面假设一致收敛性成立. 用 N 表示事件

$$\left\|\left\|\inf_{\alpha\in\Lambda(c)}R_{\mathrm{emp}}(\alpha)\right\|-\left\|\inf_{\alpha\in\Lambda(c)}R(\alpha)\right\|\right\|>\varepsilon,$$

则可将 N 分解为两个事件的并, 即

$$N=N_1\bigcup N_2,$$

其中

$$N_1=\left\{\left\|\inf_{\alpha\in\Lambda(c)}R(\alpha)\right\|+\varepsilon<\left\|\inf_{\alpha\in\Lambda(c)}R_{\mathrm{emp}}(\alpha)\right\|\right\},$$

$$N_2=\left\{\left\|\inf_{\alpha\in\Lambda(c)}R(\alpha)\right\|-\varepsilon>\left\|\inf_{\alpha\in\Lambda(c)}R_{\mathrm{emp}}(\alpha)\right\|\right\}.$$

假设事件 N_1 发生, 则存在一个 $Q(\hat{z},\alpha^*)$, 使得

$$\|R(\alpha^*)\|<\left\|\inf_{\alpha\in\Lambda(c)}R(\alpha)\right\|+\frac{\varepsilon}{2}$$

成立, 则不等式

$$\|R(\alpha^*)\|+\frac{\varepsilon}{2}<\left\|\inf_{\alpha\in\Lambda(c)}R(\alpha)\right\|+\varepsilon<\left\|\inf_{\alpha\in\Lambda(c)}R_{\mathrm{emp}}(\alpha)\right\|<\|R_{\mathrm{emp}}(\alpha^*)\|$$

成立. 因此, 当事件 N_1 发生时有

$$\mathrm{P}(N_1)\leqslant\mathrm{P}\left\{\|R_{\mathrm{emp}}(\alpha^*)\|-\|R(\alpha^*)\|>\frac{\varepsilon}{2}\right\}.$$

此外

$$\mathrm{P}\left\{\|R_{\mathrm{emp}}(\alpha^*)\|-\|R(\alpha^*)\|>\frac{\varepsilon}{2}\right\}\stackrel{l\to\infty}{\longrightarrow}0,$$

进而得到

$$\mathrm{P}(N_1)\stackrel{l\to\infty}{\longrightarrow}0.$$

另一方面, 假设事件 N_2 发生, 则存在一个 $Q(\hat{z}, \alpha^{**})(\alpha^{**} \in \Lambda(c))$, 使得

$$\|R_{\text{emp}}(\alpha^{**})\| + \frac{\varepsilon}{2} < \left\|\inf_{\alpha \in \Lambda(c)} R_{\text{emp}}(\alpha)\right\| + \varepsilon < \left\|\inf_{\alpha \in \Lambda(c)} R(\alpha)\right\| < \|R(\alpha^{**})\|$$

成立. 因此有

$$P(N_2) < P\left\{\|R(\alpha^{**})\| - \|R_{\text{emp}}(\alpha^{**})\| > \frac{\varepsilon}{2}\right\}$$
$$< P\left\{\sup_{\alpha \in \Lambda}(\|R(\alpha)\| - \|R_{\text{emp}}(\alpha)\|) > \frac{\varepsilon}{2}\right\} \overset{l \to \infty}{\longrightarrow} 0.$$

由概率的性质得

$$P(N) \leqslant P(N_1) + P(N_2),$$

进而可以推出

$$P(N) \overset{l \to \infty}{\longrightarrow} 0.$$

定理得证.

定理 4.2.4 (概率测度空间上基于随机集样本的关键定理)　设 $\{Q(\hat{z}, \alpha), \alpha \in \Lambda\}$ 为随机集类, $\sigma(\hat{z}, \alpha)$ 为 $Q(\hat{z}, \alpha)$ 的任一可测选择. 若存在 m 维实向量 E 和 F, 使得对于随机集类 $\{Q(\hat{z}, \alpha), \alpha \in \Lambda\}$ 中所有的随机集, 以及某个给定的概率分布函数 $F(\hat{z})$, 不等式

$$E \leqslant \int \sigma(\hat{z}, \alpha) \mathrm{d}F(\hat{z}) \leqslant F, \quad \alpha \in \Lambda$$

成立, 则 ERM 原则非平凡一致性的充要条件是均值到数学期望的一致单边收敛性成立, 即

$$P\left\{\left\|\inf_{\alpha \in \Lambda(c)} \int \sigma(\hat{z}, \alpha) \mathrm{d}F(\hat{z}) - \inf_{\alpha \in \Lambda(c)} \frac{1}{l} \sum_{i=1}^{l} \sigma(\hat{z}, \alpha)\right\|_m > \varepsilon\right\} \overset{l \to \infty}{\longrightarrow} 0$$
$$\Leftrightarrow P\left\{\sup_{\alpha \in \Lambda}\left(\int \sigma(\hat{z}, \alpha) \mathrm{d}F(\hat{z}) - \frac{1}{l} \sum_{i=1}^{l} \sigma(\hat{z}_i, \alpha)\right) > \varepsilon\right\} \overset{l \to \infty}{\longrightarrow} 0$$

成立.

定理 4.2.5 (概率测度空间基于模糊复随机样本的关键定理)　对于给定的函数集 $\{Q(\hat{z}, \alpha), \alpha \in \Lambda\}$ 和分布函数 $F(\hat{z})$, 假设存在两个矩形模糊复数 $\tilde{W}_1$ 和 $\tilde{W}_2$, 使得 $\tilde{W}_1 \preceq \int Q(\hat{z}, \alpha) \mathrm{d}F(\hat{z}) \preceq \tilde{W}_2$ 成立, 那么 ERM 原则非平凡一致的充分且必要条件是

$$P\left\{\sup_{\alpha \in \Lambda} D\left((R_{\text{fc}}(\alpha), R_{\text{fcemp}}(\alpha))_+\right) > \varepsilon\right\} \overset{l \to \infty}{\longrightarrow} 0, \quad \forall \varepsilon > 0.$$

4.2.3 非概率测度空间上基于非实随机样本学习理论的关键定理

本小节给出 Sugeno 测度空间上基于 g_λ 随机样本、不确定测度空间上基于不确定样本、粗糙空间上基于双重粗糙样本、集值概率空间上基于随机集样本、拟概率空间上基于 q 随机样本、可信性测度空间上基于模糊样本、泛可加测度空间上基于泛随机样本、Sugeno 测度空间上基于模糊样本、粗糙空间上基于粗糙样本学习过程的关键定理. 详细内容可参见文献 [12—26].

定理 4.2.6 (Sugeno 测度空间上基于 g_λ 随机样本的关键定理) 假设存在常数 A 和 B, 使得对于函数集 $\{Q(\hat{z}, \alpha), \alpha \in \Lambda\}$ 中的所有函数和分布函数 $F_{g_\lambda}(\hat{z})$ 有下列不等式成立:

$$A \leqslant \int Q(\hat{z}, \alpha) \mathrm{d}\theta_\lambda F_{g_\lambda}(\hat{z}) \leqslant B, \quad \alpha \in \Lambda,$$

则 EMR 非平凡一致性的充要条件是经验风险泛函 $R_{\mathrm{emp}}(\alpha)$ 在函数集 $\{Q(\hat{z}, \alpha), \alpha \in \Lambda\}$ 上、在如下定义下一致单边收敛于实际风险 $R(\alpha)$:

$$\lim_{l \to \infty} g_\lambda \left\{ \sup_{\alpha \in \Lambda} (R(\alpha) - R_{\mathrm{emp}}(\alpha)) > \varepsilon \right\} = 0, \quad \forall \varepsilon > 0.$$

证 必要性. 设经验风险最小化方法在函数集 $\{Q(\hat{z}, \alpha), \alpha \in \Lambda\}$ 上是非平凡一致的. 根据非平凡一致性的定义, 对于使函数集

$$\Lambda(c) = \left\{ \alpha \,\middle|\, \int Q(\hat{z}, \alpha) \mathrm{d}\theta_\lambda F_{g_\lambda}(\hat{z}) \geqslant c \right\}, \quad c \in (-\infty, \infty)$$

非空的任意 c, 在如下意义下的收敛是成立的:

$$\inf_{\alpha \in \Lambda(c)} R_{\mathrm{emp}}(\alpha) \xrightarrow[l \to \infty]{g_\lambda} \inf_{\alpha \in \Lambda(c)} R(\alpha).$$

考虑有限序列 $a_1, a_2, \cdots, a_n$, 满足

$$|a_{i+1} - a_i| < \frac{\varepsilon}{2}, \quad a_1 = A, a_n = B.$$

用 T_k 表示事件

$$\inf_{\alpha \in \Lambda(a_k)} R_{\mathrm{emp}}(\alpha) < \inf_{\alpha \in \Lambda(a_k)} R(\alpha) - \frac{\varepsilon}{2}.$$

且

$$g_\lambda(T_k) \xrightarrow{l \to \infty} 0.$$

令 $T = \bigcup_{k=1}^{n} T_k$, 下面用归纳法来证明 $g_\lambda \left(\bigcup_{k=1}^{n} T_k \right) \xrightarrow{l \to \infty} 0$.

当 $i = 2$ 时,

$$g_\lambda(T_1 \bigcup T_2) = \frac{g_\lambda(T_1) + g_\lambda(T_2) - g_\lambda(T_1 \bigcap T_2) + \lambda \cdot g_\lambda(T_1) g_\lambda(T_2)}{1 + \lambda g_\lambda(T_1 \bigcap T_2)}$$

$$\leqslant \frac{g_\lambda\left(T_1\right) + g_\lambda\left(T_2\right) + \lambda \cdot g_\lambda\left(T_1\right) g_\lambda\left(T_2\right)}{1 + \lambda g_\lambda\left(T_1 \bigcap T_2\right)} \xrightarrow{l\to\infty} 0.$$

当 $i = n-1$ 时, $g_\lambda\left(\bigcup\limits_{k=1}^{n-1} T_k\right) \xrightarrow{l\to\infty} 0$ 成立, 则

$$g_\lambda\left(\bigcup_{k=1}^{n} T_k\right) = g_\lambda\left(\left(\bigcup_{k=1}^{n-1} T_k\right) \bigcup T_n\right) \xrightarrow{l\to\infty} 0$$

也成立, 即

$$g_\lambda(T) \xrightarrow{l\to\infty} 0.$$

用 M 来表示事件

$$\sup_{\alpha\in\Lambda} \left(R\left(\alpha\right) - R_{\mathrm{emp}}\left(\alpha\right)\right) > \varepsilon.$$

假设 M 出现, 则存在 $\alpha^* \in \Lambda$, 使得

$$R\left(\alpha^*\right) - \varepsilon > R_{\mathrm{emp}}\left(\alpha^*\right)$$

成立. 由 α^* 找到一个 k, 使得 $\alpha^* \in \Lambda\left(a_k\right)$ 且下面的不等式成立:

$$0 \leqslant R\left(\alpha^*\right) - a_k < \frac{\varepsilon}{2}.$$

在所选择的集合 $\Lambda\left(a_k\right)$ 中, 下面的不等式成立:

$$0 \leqslant R\left(\alpha^*\right) - \inf_{\alpha\in\Lambda(a_k)} R\left(\alpha\right) < \frac{\varepsilon}{2}.$$

事实上, 由 $\inf\limits_{\alpha\in\Lambda(a_k)} R\left(\alpha\right) \geqslant a_k$ 可得

$$0 \leqslant R\left(\alpha^*\right) - \inf_{\alpha\in\Lambda(a_k)} R\left(\alpha\right) < R\left(\alpha^*\right) - a_k < \frac{\varepsilon}{2},$$

所以对于选定的 α^* 和 $\Lambda\left(a_k\right)$, 下面的不等式成立:

$$\inf_{\alpha\in\Lambda(a_k)} R\left(\alpha\right) - \frac{\varepsilon}{2} > R\left(\alpha^*\right) - \varepsilon > R_{\mathrm{emp}}\left(\alpha^*\right) \geqslant \inf_{\alpha\in\Lambda(a_k)} R_{\mathrm{emp}}\left(\alpha\right).$$

也就是说, 如果事件 M 发生, 则事件 T_k 发生, 那么事件 T 也发生. 由 g_λ 的单调性可知 $g_\lambda(M) \leqslant g_\lambda(T)$ 成立, 从而 $\lim\limits_{l\to\infty} g_\lambda(M) = 0$, 所以

$$\lim_{l\to\infty} g_\lambda \left\{\sup_{\alpha\in\Lambda} \left(R\left(\alpha\right) - R_{\mathrm{emp}}\left(\alpha\right)\right) > \varepsilon\right\} = 0$$

成立. 定理的必要性得证.

充分性. 下面用 N 表示事件

$$\left| \inf_{\alpha \in \Lambda} R(\alpha) - \inf_{\alpha \in \Lambda} R_{\mathrm{emp}}(\alpha) \right| > \varepsilon,$$

则事件 N 表示两个事件的并集, 即 $N = N_1 \bigcup N_2$, 其中

$$N_1 = \left\{ \inf_{\alpha \in \Lambda} R(\alpha) + \varepsilon < \inf_{\alpha \in \Lambda} R_{\mathrm{emp}}(\alpha) \right\},$$

$$N_2 = \left\{ \inf_{\alpha \in \Lambda} R(\alpha) - \varepsilon > \inf_{\alpha \in \Lambda} R_{\mathrm{emp}}(\alpha) \right\}.$$

设事件 N_1 发生, 为了估计 $g_\lambda(N_1)$ 的上界, 可找到函数 $Q(z, \alpha^*)\,(\alpha^* \in \Lambda(c))$, 使得

$$R(\alpha^*) < \inf_{\alpha \in \Lambda(c)} R(\alpha) + \frac{\varepsilon}{2}$$

成立, 因而下面的不等式成立:

$$R(\alpha^*) + \frac{\varepsilon}{2} < \inf_{\alpha \in \Lambda(c)} R(\alpha) + \varepsilon < \inf_{\alpha \in \Lambda(c)} R_{\mathrm{emp}}(\alpha) \leqslant R_{\mathrm{emp}}(\alpha^*).$$

由上面的不等式得到

$$g_\lambda(N_1) \leqslant g_\lambda \left\{ R_{\mathrm{emp}}(\alpha^*) - R(\alpha^*) > \frac{\varepsilon}{2} \right\} \overset{l \to \infty}{\longrightarrow} 0. \tag{4.4}$$

另一方面, 假设 N_2 发生, 则存在 $Q(\hat{z}, \alpha^{**})\,(\alpha^{**} \in \Lambda(c))$, 使得下式:

$$R_{\mathrm{emp}}(\alpha^{**}) + \frac{\varepsilon}{2} < \inf_{\alpha \in \Lambda(c)} R_{\mathrm{emp}}(\alpha) + \varepsilon < \inf_{\alpha \in \Lambda(c)} R(\alpha) \leqslant R(\alpha^{**})$$

成立, 所以

$$\begin{aligned}
g_\lambda(N_2) &\leqslant g_\lambda \left\{ R(\alpha^{**}) - R_{\mathrm{emp}}(\alpha^{**}) > \frac{\varepsilon}{2} \right\} \\
&< g_\lambda \left\{ \sup_{\alpha \in \Lambda} (R(\alpha) - R_{\mathrm{emp}}(\alpha)) > \frac{\varepsilon}{2} \right\} \overset{l \to \infty}{\longrightarrow} 0.
\end{aligned} \tag{4.5}$$

由式 (4.4) 和 (4.5) 可知

$$g_\lambda(N) = g_\lambda(N_1 \bigcup N_2) \overset{l \to \infty}{\longrightarrow} 0.$$

定理的充分性也得证.

定理 4.2.7 (不确定测度空间上基于不确定样本的关键定理)　　假设存在常数 A 和 B, 使得对于函数集 $\{Q(\hat{z}, \alpha), \alpha \in \Lambda\}$ 中的所有函数和所有不确定分布函数 $\Phi(\hat{z})$ 有下列不等式成立:

$$A \leqslant \int Q(\hat{z}, \alpha) \mathrm{d}\Phi(\hat{z}) \leqslant B, \quad \alpha \in \Lambda,$$

则经验风险最小化方法是非平凡一致的充要条件是

$$\lim_{l\to\infty}\mathcal{M}\left\{\sup_{\alpha\in\Lambda}\left(R\left(\alpha\right)-R_{\mathrm{emp}}\left(\alpha\right)\right)>\varepsilon\right\}=0.$$

证 必要性. 经验风险最小化原则在函数集 $\{Q(\hat{z},\alpha),\alpha\in\Lambda\}$ 上是非平凡一致的. 根据非平凡一致的定义可得 $\forall c\in(-\infty,+\infty)$, 使得集合

$$\Lambda\left(c\right)=\left\{\alpha\left|\int Q\left(\hat{z},\alpha\right)\mathrm{d}\varPhi(\hat{z})\geqslant c\right.\right\}$$

非空, 则下列收敛:

$$\inf_{\alpha\in\Lambda(c)}R_{\mathrm{emp}}\left(\alpha\right)\xrightarrow[l\to\infty]{\mathcal{M}}\inf_{\alpha\in\Lambda(c)}R\left(\alpha\right)$$

成立.

考虑一个有限的序列 $a_1,a_2,\cdots,a_n$ 满足

$$|a_{i+1}-a_i|<\frac{\varepsilon}{2},\quad i=1,2,\cdots,n-1,$$

其中 $a_1=A,a_n=B$. 用 T_k 表示事件

$$\inf_{\alpha\in\Lambda(a_k)}R_{\mathrm{emp}}(\alpha)<\inf_{\alpha\in\Lambda(a_k)}R(\alpha)-\frac{\varepsilon}{2},$$

则 $\mathcal{M}(T_k)\xrightarrow{l\to\infty}0$. 令

$$T=\bigcup_{k=1}^{n}T_k,$$

因为 n 有限, 所以

$$\mathcal{M}(T)\xrightarrow{l\to\infty}0.$$

用 M 表示事件

$$\sup_{\alpha\in\Lambda}\left(R\left(\alpha\right)-R_{\mathrm{emp}}\left(\alpha\right)\right)>\varepsilon.$$

假设事件 M 发生, 则存在 $\alpha^*\in\Lambda$, 使得

$$R\left(\alpha^*\right)-\varepsilon>R_{\mathrm{emp}}\left(\alpha^*\right).$$

由 α^* 找到一个 k, 使得 $\alpha^*\in\Lambda(a_k)$ 且

$$R\left(\alpha^*\right)-a_k<\frac{\varepsilon}{2}$$

成立. 借助于 $\inf_{\alpha\in\Lambda(a_k)}R(\alpha)\geqslant a_k$, 则对于被选的集合 $\Lambda(a_k)$, 不等式

$$R\left(\alpha^*\right)-\inf_{\alpha\in\Lambda(a_k)}R(\alpha)<\frac{\varepsilon}{2}$$

成立. 因此, 对于被选的 α^* 和 $\Lambda(a_k)$, 下面的不等式成立:

$$\inf_{\alpha \in \Lambda(a_k)} R(\alpha) - \frac{\varepsilon}{2} > R_{\text{emp}}(\alpha^*) \geqslant \inf_{\alpha \in \Lambda(a_k)} R_{\text{emp}}(\alpha),$$

即当事件 M 发生时, 事件 T 也发生, 所以

$$\mathcal{M}(M) < \mathcal{M}(T) \overset{l \to \infty}{\longrightarrow} 0,$$

则

$$\mathcal{M}\left\{\sup_{\alpha \in \Lambda}(R(\alpha) - R_{\text{emp}}(\alpha)) > \varepsilon\right\} \overset{l \to \infty}{\longrightarrow} 0.$$

必要性得证.

　　充分性. 要证明

$$\lim_{l \to \infty} \mathcal{M}\left\{\left|\inf_{\alpha \in \Lambda(\alpha)} R(\alpha) - \inf_{\alpha \in \Lambda(\alpha)} R_{\text{emp}}(\alpha)\right| > \varepsilon\right\} = 0.$$

用 N 表示事件

$$\left|\inf_{\alpha \in \Lambda(\alpha)} R(\alpha) - \inf_{\alpha \in \Lambda(\alpha)} R_{\text{emp}}(\alpha)\right| > \varepsilon,$$

则 N 是两个事件的并集

$$N = N_1 \bigcup N_2,$$

其中

$$N_1 = \left\{\inf_{\alpha \in \Lambda(c)} R(\alpha) + \varepsilon < \inf_{\alpha \in \Lambda(c)} R_{\text{emp}}(\alpha)\right\},$$

$$N_2 = \left\{\inf_{\alpha \in \Lambda(c)} R(\alpha) - \varepsilon > \inf_{\alpha \in \Lambda(c)} R_{\text{emp}}(\alpha)\right\}.$$

　　假定 N_1 发生, 可找到一个函数 $Q(\hat{z}, \alpha^*)\,(\alpha^* \in \Lambda(c))$ 满足

$$R(\alpha^*) < \inf_{\alpha \in \Lambda(c)} R(\alpha) + \frac{\varepsilon}{2},$$

则不等式成立

$$R(\alpha^*) + \frac{\varepsilon}{2} < \inf_{\alpha \in \Lambda(c)} R(\alpha) + \varepsilon < \inf_{\alpha \in \Lambda(c)} R_{\text{emp}}(\alpha) < R_{\text{emp}}(\alpha^*),$$

即

$$R(\alpha^*) + \frac{\varepsilon}{2} < R_{\text{emp}}(\alpha^*)$$

成立. 因此, 不等式的不确定测度不小于事件 N_1 的不确定测度. 由 Khinchin 大数定律得到

$$\mathcal{M}(N_1) \leqslant \mathcal{M}\left\{(R_{\text{emp}}(\alpha^*) - R(\alpha^*)) > \frac{\varepsilon}{2}\right\} \overset{l \to \infty}{\longrightarrow} 0.$$

另一方面, 若 N_2 发生, 则存在函数 $Q(\hat{z}, \alpha^{**})(\alpha^{**} \in \Lambda(c))$, 使得

$$R_{\mathrm{emp}}(\alpha^{**}) + \frac{\varepsilon}{2} < \inf_{\alpha \in \Lambda(c)} R_{\mathrm{emp}}(\alpha) + \varepsilon < \inf_{\alpha \in \Lambda(c)} R(\alpha) < R(\alpha^{**}).$$

因此

$$\begin{aligned} \mathcal{M}(N_2) &\leqslant \mathcal{M}\left\{(R(\alpha^{**}) - R_{\mathrm{emp}}(\alpha^{**})) > \frac{\varepsilon}{2}\right\} \\ &< \mathcal{M}\left\{\sup_{\alpha \in \Lambda}(R(\alpha) - R_{\mathrm{emp}}(\alpha)) > \frac{\varepsilon}{2}\right\} \xrightarrow{l \to \infty} 0. \end{aligned}$$

由

$$\mathcal{M}(N) \leqslant \mathcal{M}(N_1) + \mathcal{M}(N_2)$$

得到

$$\mathcal{M}(N) \xrightarrow{l \to \infty} 0.$$

定理 4.2.8 (粗糙空间上基于双重粗糙样本的关键定理) 假设存在常数 a 和 b, 使得对于函数集 $\{Q(\hat{z}, \alpha), \alpha \in \Lambda\}$ 中的所有函数和给定的信赖性测度 Tr, 下列不等式成立:

$$a \leqslant R_{\mathrm{BR}}(\alpha) \leqslant b, \quad \alpha \in \Lambda,$$

则下面两种表达方式是等价的:

(1) 对于给定的信赖性测度 Tr, 双重粗糙经验风险最小化方法在函数集 $\{Q(\hat{z}, \alpha), \alpha \in \Lambda\}$ 上非平凡一致成立;

(2) 对于给定的信赖性测度 Tr, 双重粗糙经验风险泛函 $R_{\mathrm{BRemp}}(\alpha)$ 在函数集 $\{Q(\hat{z}, \alpha), \alpha \in \Lambda\}$ 上一致单边收敛于双重粗糙期望风险泛函 $R_{\mathrm{BR}}(\alpha)$, 即

$$\mathrm{Tr}\left\{\sup_{\alpha \in \Lambda}(R_{\mathrm{BR}}(\alpha) - R_{\mathrm{BRemp}}(\alpha)) > \varepsilon\right\} \xrightarrow{l \to \infty} 0.$$

证 设双重粗糙经验风险最小化方法在函数集 $\{Q(\hat{z}, \alpha), \alpha \in \Lambda\}$ 上是非平凡一致成立的. 根据非平凡一致性的定义, 对于使集合 $\Lambda(c) = \{\alpha | R_{\mathrm{BR}}(\alpha) \geqslant c\}$ 为非空的任何 c, 下式收敛性成立:

$$\inf_{\alpha \in \Lambda(c)} R_{\mathrm{BRemp}}(\alpha) \xrightarrow[l \to \infty]{\mathrm{Tr}} \inf_{\alpha \in \Lambda(c)} R_{\mathrm{BR}}(\alpha),$$

考虑有限序列 $a_1, a_2, \cdots, a_n$, 满足 $|a_{i+1} - a_i| < \frac{\varepsilon}{2}, a_1 = a, a_n = b$. 用 T_k 表示事件

$$\inf_{\alpha \in \Lambda(a_k)} R_{\mathrm{BRemp}}(\alpha) < \inf_{\alpha \in \Lambda(a_k)} R_{\mathrm{BR}}(\alpha) - \frac{\varepsilon}{2},$$

则利用非平凡一致性定义可知 $\lim\limits_{l\to\infty}\mathrm{Tr}\,(T_k)=0$. 令 $T=\bigcup\limits_{k=1}^{n}T_k$, 因为 n 有限, 所以

$$\lim_{l\to\infty}\mathrm{Tr}\,(T)\leqslant\lim_{l\to\infty}\sum_{k=1}^{n}\mathrm{Tr}\,(T_k)=0.$$

用 M 表示事件

$$\sup_{\alpha\in\Lambda}\left(R_{\mathrm{BR}}\left(\alpha\right)-R_{\mathrm{BRemp}}\left(\alpha\right)\right)>\varepsilon.$$

假设 M 事件发生, 则存在 $\alpha^*\in\Lambda$, 使得

$$R_{\mathrm{BR}}\left(\alpha^*\right)-\varepsilon>R_{\mathrm{BRemp}}\left(\alpha^*\right)$$

成立.

由 α^* 可以找到一个 k, 使得 $\alpha^*\in\Lambda\left(a_k\right)$ 且不等式

$$0\leqslant R_{\mathrm{BR}}\left(\alpha^*\right)-a_k<\frac{\varepsilon}{2}$$

成立. 在所选择的集合 $\Lambda\left(a_k\right)$ 中, 不等式

$$0\leqslant R_{\mathrm{BR}}\left(\alpha^*\right)-\inf_{\alpha\in\Lambda(a_k)}R_{\mathrm{BR}}\left(\alpha\right)<\frac{\varepsilon}{2}$$

成立. 因此, 对所选的 α^* 和 $\Lambda\left(a_k\right)$, 下列不等式成立:

$$\inf_{\alpha\in\Lambda(a_k)}R_{\mathrm{BR}}\left(\alpha\right)-\frac{\varepsilon}{2}>R_{\mathrm{BR}}\left(\alpha^*\right)-\varepsilon>R_{\mathrm{BRemp}}\left(\alpha^*\right)\geqslant\inf_{\alpha\in\Lambda(a_k)}R_{\mathrm{BRemp}}\left(\alpha\right),$$

即当事件 M 发生时, 事件 T 也发生. 由信赖性测度 Tr 的单调性可知

$$\mathrm{Tr}\left\{\sup_{\alpha\in\Lambda}\left(R_{\mathrm{BR}}\left(\alpha\right)-R_{\mathrm{BRemp}}\left(\alpha\right)\right)>\varepsilon\right\}\overset{l\to\infty}{\longrightarrow}0$$

成立. 定理 $(1)\Rightarrow(2)$ 得证.

下面证明 $(2)\Rightarrow(1)$. 用 N 表示事件

$$\left|\inf_{\alpha\in\Lambda(c)}R_{\mathrm{BRemp}}\left(\alpha\right)-\inf_{\alpha\in\Lambda(c)}R_{\mathrm{BR}}\left(\alpha\right)\right|>\varepsilon,$$

则事件 N 表示两个事件的并集, $N=N_1\bigcup N_2$, 其中

$$N_1=\left\{\inf_{\alpha\in\Lambda(c)}R_{\mathrm{BR}}\left(\alpha\right)+\varepsilon<\inf_{\alpha\in\Lambda(c)}R_{\mathrm{BRemp}}\left(\alpha\right)\right\},$$

$$N_2=\left\{\inf_{\alpha\in\Lambda(c)}R_{\mathrm{BR}}\left(\alpha\right)-\varepsilon>\inf_{\alpha\in\Lambda(c)}R_{\mathrm{BRemp}}\left(\alpha\right)\right\}.$$

由信赖性测度的次可加性可知

$$\mathrm{Tr}\,(N) \leqslant \mathrm{Tr}\,(N_1) + \mathrm{Tr}\,(N_2).$$

假设事件 N_1 发生, 为了估计 $\mathrm{Tr}\,(N_1)$ 的上界, 找到函数 $Q\,(\hat{z}, \alpha^*)\,(\alpha^* \in \Lambda\,(c))$, 使得

$$R_{\mathrm{BR}}\,(\alpha^*) < \inf_{\alpha \in \Lambda(c)} R_{\mathrm{BR}}\,(\alpha) + \frac{\varepsilon}{2}$$

成立, 则下面的不等式成立:

$$R_{\mathrm{BR}}\,(\alpha^*) + \frac{\varepsilon}{2} < \inf_{\alpha \in \Lambda(c)} R_{\mathrm{BR}}\,(\alpha) + \varepsilon < \inf_{\alpha \in \Lambda(c)} R_{\mathrm{BRemp}}\,(\alpha) < R_{\mathrm{BRemp}}\,(\alpha^*),$$

即 $R_{\mathrm{BRemp}}\,(\alpha^*) > R_{\mathrm{BR}}\,(\alpha^*) + \frac{\varepsilon}{2}$. 因此, 由双重粗糙变量的大数定律可得

$$\mathrm{Tr}\,(N_1) \leqslant \mathrm{Tr}\Big\{R_{\mathrm{BRemp}}\,(\alpha^*) - R_{\mathrm{BR}}\,(\alpha^*) > \frac{\varepsilon}{2}\Big\} \overset{l \to \infty}{\longrightarrow} 0.$$

另一方面, 如果事件 N_2 发生, 则存在函数 $Q\,(\hat{z}, \alpha^{**})\,(\alpha^{**} \in \Lambda\,(c))$, 使得下式:

$$R_{\mathrm{BRemp}}\,(\alpha^{**}) + \frac{\varepsilon}{2} < \inf_{\alpha \in \Lambda(c)} R_{\mathrm{BRemp}}\,(\alpha) + \varepsilon < \inf_{\alpha \in \Lambda(c)} R_{\mathrm{BR}}\,(\alpha) < R_{\mathrm{BR}}\,(\alpha^{**})$$

成立, 所以

$$\begin{aligned}\mathrm{Tr}\,(N_2) &< \mathrm{Tr}\Big\{R_{\mathrm{BR}}\,(\alpha^{**}) - R_{\mathrm{BRemp}}\,(\alpha^{**}) > \frac{\varepsilon}{2}\Big\} \\ &< \mathrm{Tr}\Big\{\sup_{\alpha \in \Lambda} (R_{\mathrm{BR}}\,(\alpha) - R_{\mathrm{BRemp}}\,(\alpha)) > \frac{\varepsilon}{2}\Big\} \overset{l \to \infty}{\longrightarrow} 0.\end{aligned}$$

根据信赖性测度的次可加性得出

$$\lim_{l \to \infty} \mathrm{Tr}\,(N) < \lim_{l \to \infty} \mathrm{Tr}\,(N_1) + \lim_{l \to \infty} \mathrm{Tr}\,(N_2) = 0,$$

即双重粗糙经验风险最小化方法在 $\{Q\,(\hat{z}, \alpha), \alpha \in \Lambda\}$ 上是非平凡一致的.

定理 4.2.9 (集值概率空间上基于随机集样本的关键定理) 设 $\hat{z}_1, \hat{z}_2, \cdots, \hat{z}_l$ 为相互独立的紧随机集样本, 令

$$A = \left\{\sup_{\alpha \in \Lambda} \delta(R(\alpha), R_{\mathrm{emp}}(\alpha)) \geqslant \varepsilon\right\}.$$

若 A 发生, 则存在 $\alpha^* \in \Lambda$, 使得如下二式成立:

$$\delta(R(\alpha^*), R_{\mathrm{emp}}(\alpha^*)) \geqslant \varepsilon, \quad \|R(\alpha^*)\| \geqslant \|R_{\mathrm{emp}}(\alpha^*)\|,$$

并且存在实数 E 和 F, 使得对于 $\{Q(\hat{z}, \alpha), \alpha \in \Lambda\}$ 中所有的随机集及某个给定的 π 分布函数 $F_\pi(\hat{z})$, 不等式

$$E \leqslant \|R(\alpha)\| = \left\| \int Q(\hat{z}, \alpha) \mathrm{d} F_\pi(\hat{z}) \right\| \leqslant F, \quad \alpha \in \Lambda$$

成立, 则 ERM 原则非平凡一致性的充要条件是收敛性

$$\lim_{l \to \infty} \pi \left\{ \sup_{\alpha \in \Lambda} \delta(R(\alpha), R_{\mathrm{emp}}(\alpha)) \geqslant \varepsilon \right\} = \{0\}$$

成立.

证　必要性. 若 ERM 原则是非平凡一致的, 则对于任意非空集合 $\Lambda(C)$, 收敛性

$$\pi \left\{ \delta \left(\inf_{\alpha \in \Lambda(C)} R_{\mathrm{emp}}(\alpha), \inf_{\alpha \in \Lambda(C)} R(\alpha) \right) \geqslant \frac{\varepsilon}{2} \right\} \xrightarrow{l \to \infty} \{0\}$$

成立. 令

$$A = \left\{ \sup_{\alpha \in \Lambda} \delta(R(\alpha), R_{\mathrm{emp}}(\alpha)) \geqslant \varepsilon \right\},$$

若 A 发生, 则 $\exists \alpha^* \in \Lambda$, 使得

$$\delta(R(\alpha^*), R_{\mathrm{emp}}(\alpha^*)) \geqslant \varepsilon$$

和不等式

$$\|R(\alpha^*)\| \geqslant \|R_{\mathrm{emp}}(\alpha^*)\|$$

成立.

对于 α^*, 可以找到 C_k, 使得

$$E \leqslant \|C_k\| \leqslant F,$$

$$\|R(\alpha^*)\| \geqslant \|C_k\|,$$

$$\delta(R(\alpha^*), C_k) \leqslant \frac{\varepsilon}{2},$$

即 $\alpha^* \in \Lambda(C_k)$. 对于集合 $\Lambda(C_k)$, 不等式

$$\delta \left(R(\alpha^*), \inf_{\alpha \in \Lambda(C_k)} R(\alpha) \right) \leqslant \frac{\varepsilon}{2}$$

成立. 由 $\|R_{\text{emp}}(\alpha^*)\| \geqslant \left\| \inf\limits_{\alpha \in \Lambda(C_k)} R_{\text{emp}}(\alpha) \right\|$、上式以及 δ 度量的定义可得

$$\delta \left(R(\alpha^*), \inf_{\alpha \in \Lambda(C_k)} R_{\text{emp}}(\alpha) \right) \geqslant \varepsilon,$$

$$\delta \left(\inf_{\alpha \in \Lambda(C_k)} R(\alpha), \inf_{\alpha \in \Lambda(C_k)} R_{\text{emp}}(\alpha) \right)$$

$$\geqslant \delta \left(R(\alpha^*), \inf_{\alpha \in \Lambda(C_k)} R_{\text{emp}}(\alpha) \right) - \delta \left(\inf_{\alpha \in \Lambda(C_k)} R(\alpha), R(\alpha^*) \right) \geqslant \frac{\varepsilon}{2}.$$

记

$$T_k = \left\{ \delta \left(\inf_{\alpha \in \Lambda(C_k)} R(\alpha), \inf_{\alpha \in \Lambda(C_k)} R_{\text{emp}}(\alpha) \right) \geqslant \frac{\varepsilon}{2} \right\},$$

则通过上式可得

$$\pi(T_k) \overset{l \to \infty}{\longrightarrow} \{0\}.$$

换句话说, 若 A 发生, 则 T_k 也发生. 因此, $A \subseteq T_k$. 由前面的式子可知收敛性

$$\lim_{l \to \infty} \pi \left\{ \sup_{\alpha \in \Lambda} \delta(R(\alpha), R_{\text{emp}}(\alpha)) \geqslant \varepsilon \right\} = \{0\}$$

成立.

充分性. 现在假设一致单边收敛性成立. 下面证明在这种情况下, 非平凡一致收敛性成立, 即对任意 $\varepsilon > 0$, 收敛性

$$\pi \left\{ \delta \left(\inf_{\alpha \in \Lambda(C)} R_{\text{emp}}(\alpha), \inf_{\alpha \in \Lambda(C)} R(\alpha) \right) \geqslant \varepsilon \right\} \overset{l \to \infty}{\longrightarrow} \{0\}$$

成立. 记

$$A = \left\{ \delta \left(\inf_{\alpha \in \Lambda(C)} R(\alpha), \inf_{\alpha \in \Lambda(C)} R_{\text{emp}}(\alpha) \right) \geqslant \varepsilon \right\},$$

$$A_1 = \left\{ \delta \left(\inf_{\alpha \in \Lambda(C)} R(\alpha), \inf_{\alpha \in \Lambda(C)} R_{\text{emp}}(\alpha) \right) \geqslant \varepsilon, \left\| \inf_{\alpha \in \Lambda(C)} R_{\text{emp}}(\alpha) \right\| \geqslant \left\| \inf_{\alpha \in \Lambda(C)} R(\alpha) \right\| \right\}.$$

假设 A_1 发生, 对于集合 $\Lambda(C)$, 能够找到 $\alpha^* \in \Lambda(C)$, 使得不等式

$$\delta \left(R(\alpha^*), \inf_{\alpha \in \Lambda(C)} R(\alpha) \right) \leqslant \frac{\varepsilon}{2},$$

$$\|R_{\text{emp}}(\alpha^*)\| \geqslant \left\| \inf_{\alpha \in \Lambda(C)} R_{\text{emp}}(\alpha) \right\| \geqslant \left\| \inf_{\alpha \in \Lambda(C)} R(\alpha) \right\|$$

成立. 利用 Hausdorff 度量 δ 的性质可以得到

$$\delta(R_{\text{emp}}(\alpha^*), R(\alpha^*)) + \delta\left(R(\alpha^*), \inf_{\alpha \in \varLambda(C)} R(\alpha)\right)$$

$$\geqslant \delta\left(R_{\text{emp}}(\alpha^*), \inf_{\alpha \in \varLambda(C)} R(\alpha)\right) \geqslant \delta\left(\inf_{\alpha \in \varLambda(C)} R_{\text{emp}}(\alpha), \inf_{\alpha \in \varLambda(C)} R(\alpha)\right).$$

因此

$$\delta(R_{\text{emp}}(\alpha^*), R(\alpha^*))$$

$$\geqslant \delta\left(\inf_{\alpha \in \varLambda(C)} R_{\text{emp}}(\alpha), \inf_{\alpha \in \varLambda(C)} R(\alpha)\right) - \delta\left(R(\alpha^*), \inf_{\alpha \in \varLambda(C)} R(\alpha)\right) \geqslant \frac{\varepsilon}{2},$$

进而得到

$$A_1 \subseteq \left\{\delta(R_{\text{emp}}(\alpha^*), R(\alpha^*)) \geqslant \frac{\varepsilon}{2}\right\}.$$

由于

$$\pi\left\{\delta(R_{\text{emp}}(\alpha^*), R(\alpha^*)) \geqslant \frac{\varepsilon}{2}\right\} \xrightarrow{l \to \infty} \{0\},$$

因此, $\pi(A_1) \xrightarrow{l \to \infty} \{0\}$. 记

$$A_2 = \left\{\delta\left(\inf_{\alpha \in \varLambda(C)} R(\alpha), \inf_{\alpha \in \varLambda(C)} R_{\text{emp}}(\alpha)\right) \geqslant \varepsilon, \left\|\inf_{\alpha \in \varLambda(C)} R_{\text{emp}}(\alpha)\right\| < \left\|\inf_{\alpha \in \varLambda(C)} R(\alpha)\right\|\right\}.$$

假设 A_2 发生, 对于集合 $\varLambda(C)$, 可以找到 $\alpha^{**} \in \varLambda(C)$, 使得不等式

$$\delta\left(R_{\text{emp}}(\alpha^{**}), \inf_{\alpha \in \varLambda(C)} R_{\text{emp}}(\alpha)\right) \leqslant \frac{\varepsilon}{2},$$

$$\|R(\alpha^{**})\| \geqslant \left\|\inf_{\alpha \in \varLambda(C)} R(\alpha)\right\| > \left\|\inf_{\alpha \in \varLambda(C)} R_{\text{emp}}(\alpha)\right\|$$

成立, 从而可以得到

$$\delta\left(\inf_{\alpha \in \varLambda(C)} R_{\text{emp}}(\alpha), \inf_{\alpha \in \varLambda(C)} R(\alpha)\right) \leqslant \delta\left(\inf_{\alpha \in \varLambda(C)} R_{\text{emp}}(\alpha), R(\alpha^{**})\right)$$

$$+ \delta\left(R(\alpha^{**}), \inf_{\alpha \in \varLambda(C)} R(\alpha)\right).$$

因此

$$\|R(\alpha^{**})\| \geqslant \left\|\inf_{\alpha \in \varLambda(C)} R(\alpha)\right\| \geqslant \|R_{\text{emp}}(\alpha^{**})\| \geqslant \left\|\inf_{\alpha \in \varLambda(C)} R_{\text{emp}}(\alpha)\right\|.$$

根据 Hausdorff 度量 δ 的性质可得

$$
\begin{aligned}
\delta(R(\alpha^{**}), R_{\mathrm{emp}}(\alpha^{**})) &\geqslant \delta\left(R_{\mathrm{emp}}(\alpha^{**}), \inf_{\alpha \in \Lambda(C)} R(\alpha)\right) \\
&\geqslant \delta\left(\inf_{\alpha \in \Lambda(C)} R_{\mathrm{emp}}(\alpha), \inf_{\alpha \in \Lambda(C)} R(\alpha)\right) \\
&\quad - \delta\left(R_{\mathrm{emp}}(\alpha^{**}), \inf_{\alpha \in \Lambda(C)} R_{\mathrm{emp}}(\alpha)\right) \\
&\geqslant \frac{\varepsilon}{2},
\end{aligned}
$$

则 $\sup\limits_{\alpha \in \Lambda} \delta(R(\alpha), R_{\mathrm{emp}}(\alpha)) \geqslant \dfrac{\varepsilon}{2}$. 因此

$$
A_2 \subseteq \left\{\sup_{\alpha \in \Lambda} \delta(R(\alpha), R_{\mathrm{emp}}(\alpha)) \geqslant \frac{\varepsilon}{2}\right\}.
$$

利用收敛性

$$
\pi\left\{\sup_{\alpha \in \Lambda} \delta(R(\alpha), R_{\mathrm{emp}}(\alpha)) \geqslant \frac{\varepsilon}{2}\right\} \overset{l \to \infty}{\longrightarrow} \{0\},
$$

有 $\pi(A_2) \overset{l \to \infty}{\longrightarrow} \{0\}$, 进而可知

$$
\pi(A) = \pi(A_1 \bigcup A_2) \overset{l \to \infty}{\longrightarrow} \{0\}.
$$

至此, 定理证明结束.

定理 4.2.10 (拟概率空间上基于 q 随机样本的关键定理)   假设存在常数 a 和 A, 使得对于函数集 $\{Q(\hat{z}, \alpha), \alpha \in \Lambda\}$ 中的所有函数和所有分布函数 $F_\mu(\hat{z})$ 有下列不等式成立:

$$
a \leqslant \int Q(\hat{z}, \alpha) \mathrm{d} F_\mu(\hat{z}) \leqslant A, \quad \alpha \in \Lambda,
$$

则经验风险最小化方法是非平凡一致的充要条件是经验风险依拟测度 μ 一致单边收敛于期望风险.

定理 4.2.11 (可信性测度空间上基于模糊样本的关键定理)   假设 $\hat{z}_1, \hat{z}_2, \cdots, \hat{z}_l$ 为独立同分布的模糊变量. 如果存在常数 a 和 A, 使得对于函数集 $\{Q(\hat{z}, \alpha), \alpha \in \Lambda\}$ 中的所有函数有

$$
a \leqslant \int Q(\hat{z}, \alpha) \mathrm{d} \Phi(\hat{z}) \leqslant A, \quad a \leqslant R(\alpha) \leqslant A,
$$

则经验风险最小化方法是非平凡一致的充要条件是下列收敛成立:

$$
\lim_{l \to \infty} \mathrm{Cr}\left\{\sup_{\alpha \in \Lambda}(R(\alpha) - R_{\mathrm{emp}}(\alpha)) > \varepsilon\right\} = 0, \quad \forall \varepsilon > 0.
$$

定理 4.2.12 (泛可加测度空间上基于泛随机样本的关键定理)　设对于给定的泛分布函数 $F_p(\hat{z})$ 和函数集 $\{Q(\hat{z}, \alpha), \alpha \in \Lambda\}$, 存在常数 A 和 B, 使得不等式

$$A \leqslant R(\alpha) = (p) \int Q(\hat{z}, \alpha) \, \mathrm{d}F_p(\hat{z}) \leqslant B$$

成立, 则 ERM 原则非平凡一致性的充分和必要条件是经验风险泛函 $R_{\mathrm{emp}}(\alpha)$ 在函数集 $\{Q(\hat{z}, \alpha), \alpha \in \Lambda\}$ 上一致收敛于实际风险 $R(\alpha)$:

$$\lim_{l \to \infty} \mu \left\{ \sup_{\alpha \in \Lambda} (R(\alpha) - R_{\mathrm{emp}}(\alpha)) > \varepsilon \right\} = 0, \quad \forall \varepsilon > 0.$$

定理 4.2.13 (Sugeno 测度空间上基于模糊样本的关键定理)　假设存在常数 a 和 b, 使得对于函数集 $\{Q(\hat{z}, \alpha), \alpha \in \Lambda\}$ 中的所有函数和给定的 Sugeno 测度 g_λ, 下列不等式成立:

$$a < R_{\mathrm{F}}(\alpha) < b, \quad \alpha \in \Lambda,$$

则对于给定的 Sugeno 测度 g_λ, 经验风险最小化方法在函数集 $\{Q(\hat{z}, \alpha), \alpha \in \Lambda\}$ 上非平凡一致成立的充要条件是

$$\lim_{l \to \infty} g_\lambda \left\{ \sup_{\alpha \in \Lambda} (R_{\mathrm{F}}(\alpha) - R_{\mathrm{Femp}}(\alpha)) > \varepsilon \right\} = 0.$$

定理 4.2.14 (粗糙空间上基于粗糙样本的学习理论关键定理)　如果对于函数集 $\{Q(\hat{z}, \alpha), \alpha \in \Lambda\}$(其中 $\hat{z}$ 是粗糙向量) 中的所有函数和给定的信赖性分布函数 $\Phi(\hat{z})$, 存在常数 a 和 A, 使得不等式

$$a \leqslant R(\alpha) \leqslant A, \quad \alpha \in \Lambda$$

成立, 则 RERM 原则非平凡一致的充要条件是粗糙经验风险泛函 $R_{\mathrm{remp}}(\alpha)$ 在函数集 $\{Q(\hat{z}, \alpha), \alpha \in \Lambda\}$ 上、在如下意义下一致收敛于实际风险泛函 $R_{\mathrm{r}}(\alpha)$:

$$\lim_{l \to \infty} \mathrm{Tr} \left\{ \sup_{\alpha \in \Lambda} (R_{\mathrm{r}}(\alpha) - R_{\mathrm{remp}}(\alpha)) > \varepsilon \right\} = 0, \quad \forall \varepsilon > 0.$$

4.3　不确定一致双边收敛的充要条件

4.3.1　经典学习理论一致双边收敛的充要条件

本小节介绍经典学习理论函数集熵的理论, 进而给出一致双边收敛的充要条件, 详细内容参见文献 [1—4].

学习理论的关键定理把 ERM 方法一致性问题转化为一致收敛的问题. 考虑下面的随机变量序列:

$$\xi^l = \sup_{\alpha \in \Lambda} |R(\alpha) - R_{\mathrm{emp}}(\alpha)|, \quad l = 1, 2, \cdots. \tag{4.6}$$

这一随机变量序列既依赖于分布 $F(z)$, 也依赖于函数集 $\{Q(z, \alpha), \alpha \in \Lambda\}$, 称为一致双边经验过程. 要研究的问题是在什么条件下, 这个经验过程依概率收敛于零, 即

$$\lim_{l \to \infty} \mathrm{P} \left\{ \sup_{\alpha \in \Lambda} |R(\alpha) - R_{\mathrm{emp}}(\alpha)| > \varepsilon \right\} = 0, \quad \forall \varepsilon > 0$$

成立. 与经验过程 ξ^l 一起, 也考虑单边经验过程, 它是如下所示的一个随机序列:

$$\xi_+^l = \sup_{\alpha \in \Lambda} (R(\alpha) - R_{\mathrm{emp}}(\alpha))_+, \quad l = 1, 2, \cdots,$$

其中 ( )$_+$ 记为

$$(u)_+ = \begin{cases} u, & u > 0, \\ 0, & \text{其他}. \end{cases}$$

要研究的问题是在什么条件下, 随机变量序列 ξ_+^l 依概率收敛于零, 即

$$\lim_{l \to \infty} \mathrm{P} \left\{ \sup_{\alpha \in \Lambda} (R(\alpha) - R_{\mathrm{emp}}(\alpha))_+ > \varepsilon \right\} = 0, \quad \forall \varepsilon > 0$$

成立. 根据定理 4.2.1, 上式的一致单边收敛是 ERM 方法非平凡一致的充要条件.

注意到, 如果函数集 $\{Q(z, \alpha), \alpha \in \Lambda\}$ 中只包含一个元素, 那么式 (4.6) 中定义的随机变量 ξ^l 总是依概率收敛于零 (随机变量的大数定律), 即随着训练样本 l 数量的增加, 随机变量序列 ξ^l 收敛于零.

对于函数集中包含有限个元素的情况, 可以容易地把大数定律推广如下: 函数集 $\{Q(z, \alpha), \alpha \in \Lambda\}$ 中包含有限数目 N 个元素, 那么随机变量序列 ξ^l 依概率收敛于零. 这种情况可以解释为在 N 维向量空间的大数定律.

当函数集 $\{Q(z, \alpha), \alpha \in \Lambda\}$ 中包含无限多个元素时问题就出现了. 与有限个元素下的情况不同, 对于包含无限多个元素的集合, 随机变量序列一定收敛于零. 需要解决的问题是在函数集 $\{Q(z, \alpha), \alpha \in \Lambda\}$ 和分布 $F(z)$ 具有什么特性下, 随机变量序列 ξ^l 依概率收敛于零.

在这种情况下, 需要建立泛函空间上的大数定律 (在函数 $Q(z, \alpha)(\alpha \in \Lambda)$ 的空间), 即在一个给定函数集上, 存在均值一致 (双边) 收敛于数学期望的问题.

注意到在传统的统计学中, 并没有考虑使用一致单边收敛的问题. 这个问题之所以变得重要, 是由学习理论的关键定理决定的.

一致单边收敛和一致双边收敛的充要条件都是在一个新概念的基础上得到的, 这个概念称为 l 个样本函数集 $\{Q(z, \alpha), \alpha \in \Lambda\}$ 的熵.

设 $\{Q(z, \alpha), \alpha \in \Lambda\}$ 是一个指示函数集, 考虑样本 $z_1, z_2, \cdots, z_l$. 定义一个量 $N^\Lambda(z_1, z_2, \cdots, z_l)$, 它代表用指示函数集中的函数能够把给定的样本分成多少种不同的类别. 用这个量来描述函数集 $\{Q(z, \alpha), \alpha \in \Lambda\}$ 在给定函数集上的多样性. 换句话说, 考虑 α 在 Λ 中取不同的值, 得到 l 维二值向量的集合

$$q(\alpha) = (Q(z_1, \alpha), \cdots, Q(z_l, \alpha)), \quad \alpha \in \Lambda.$$

在几何意义上, 样本 $z_1, z_2, \cdots, z_l$ 的所有可能的分类情况可以构成一个 l 维超立方体. $N^\Lambda(z_1, z_2, \cdots, z_l)$ 就是用函数集 $\{Q(z, \alpha), \alpha \in \Lambda\}$ 可以得到的这个立方体上不同的顶点数目.

把

$$H^\Lambda(z_1, z_2, \cdots, z_l) = \ln\left(N^\Lambda(z_1, z_2, \cdots, z_l)\right)$$

叫做随机熵, 它描述了函数集在给定样本上的多样性. $H^\Lambda(z_1, z_2, \cdots, z_l)$ 是一个随机数, 因为它是建立在独立同分布的样本之上的. 考虑随机熵在联合概率分布 $F(z_1, z_2, \cdots, z_l)$ 上的期望

$$H^\Lambda(l) = E\left(\ln\left(N^\Lambda(z_1, z_2, \cdots, z_l)\right)\right).$$

把这个量称为指示函数集 $\{Q(z, \alpha), \alpha \in \Lambda\}$ 在数量为 l 的样本上的熵, 它依赖于函数集 $\{Q(z, \alpha), \alpha \in \Lambda\}$, 概率分布 $F(z)$ 及观测数目为 l 的样本上期望的多样性.

在 $N^\Lambda(z_1, z_2, \cdots, z_l)$ 的基础上, 构造两个新的概念如下:

(1) 退火的 VC 熵

$$H_{\mathrm{ann}}^\Lambda(l) = \ln\left(E\left(N^\Lambda(z_1, z_2, \cdots, z_l)\right)\right);$$

(2) 生长函数

$$G^\Lambda(l) = \ln\left(\sup_{z_1, \cdots, z_l} N^\Lambda(z_1, z_2, \cdots, z_l)\right).$$

通过这些概念的定义方法, 对于任意的 l 得到下列不等式:

$$H^\Lambda(l) \leqslant H_{\mathrm{ann}}^\Lambda(l) \leqslant G^\Lambda(l).$$

把 l 个样本上指示函数集的熵的定义进行推广.

设 $\{A \leqslant Q(z, \alpha) \leqslant B, \alpha \in \Lambda\}$ 是一个有界损失函数的集合, 用这个函数集和训练样本集 $z_1, z_2, \cdots, z_l$ 可以构造下面 l 维的向量集合:

$$q(\alpha) = (Q(z_1, \alpha), \cdots, Q(z_l, \alpha)), \quad \alpha \in \Lambda.$$

这个向量集合处在 l 维立方体中, 并且在 C 度量 (或在 L_p 度量) 下有一个有限的最小 ε 网格. 令 $N = N^{\Lambda}(\varepsilon; z_1, z_2, \cdots, z_l)$ 是向量集 $\{q(\alpha), \alpha \in \Lambda\}$ 最小 ε 网格的元素数目.

需注意, $N^{\Lambda}(\varepsilon; z_1, z_2, \cdots, z_l)$ 也是一个随机变量, 其对数

$$H^{\Lambda}(\varepsilon; z_1, z_2, \cdots, z_l) = \ln\left(N^{\Lambda}(\varepsilon; z_1, z_2, \cdots, z_l)\right)$$

称为函数集 $\{A \leqslant Q(z, \alpha) \leqslant B, \alpha \in \Lambda\}$ 在样本 $z_1, z_2, \cdots, z_l$ 上的随机 VC 熵. 随机 VC 熵的数学期望 $H^{\Lambda}(\varepsilon; l) = E \ln N^{\Lambda}(\varepsilon; z_1, z_2, \cdots, z_l)$ 称为函数集 $\{A \leqslant Q(z, \alpha) \leqslant B, \alpha \in \Lambda\}$ 在样本 $z_1, z_2, \cdots, z_l$ 上的 VC 熵.

注意, 上面给出的实函数集熵的定义是对指示函数集熵定义的推广. 实际上, 对于指示函数集, $\varepsilon < 1$ 的最小 ε 网格不依赖于 ε, 并且是单位立方体的顶点的一个子集. 因此, 对于 $\varepsilon < 1$ 有

$$N^{\Lambda}(\varepsilon; z_1, z_2, \cdots, z_l) = N^{\Lambda}(z_1, z_2, \cdots, z_l),$$

$$H^{\Lambda}(\varepsilon; z_1, z_2, \cdots, z_l) = H^{\Lambda}(z_1, z_2, \cdots, z_l),$$

$$H^{\Lambda}(\varepsilon; l) = H^{\Lambda}(l).$$

下面讨论一种最简单也最有效的方法.

设 $\{Q(z, \alpha), \alpha \in \Lambda\}$ 是一个实函数集合且

$$A = \inf_{\alpha, z} Q(z, \alpha) \leqslant Q(z, \alpha) \leqslant \sup_{\alpha, z} Q(z, \alpha) = B$$

(其中 A 可以是 $-\infty$, B 可以是 $+\infty$). 用 $\mathcal{B}$ 来代表开区间 (A, B), 构造实函数集 $\{Q(\hat{z}, \alpha), \alpha \in \Lambda\}$ 的一个指示器集合

$$I(z, \alpha, \beta) = \theta(Q(z, \alpha) - \beta), \quad \alpha \in \Lambda, \beta \in \mathcal{B}.$$

对任何给定的函数 $Q(z, \alpha^*)$ 和一个给定的 β^*, 指示器 $I(z, \alpha^*, \beta^*)$ 用 1 来指示 $Q(z, \alpha^*) \geqslant \beta^*$ 的区域, 用 0 来指示 $Q(z, \alpha^*) < \beta^*$ 的区域. 在函数集 $\{Q(z, \alpha), \alpha \in \Lambda\}$ 是指示函数集的情况下, 指示器集合

$$I(z, \alpha, \beta) = \theta(Q(z, \alpha) - \beta), \quad \alpha \in \Lambda, \beta \in (0, 1)$$

与集合 $\{Q(z, \alpha), \alpha \in \Lambda\}$ 重合.

对任意给定的实函数集 $\{Q(z, \alpha), \alpha \in \Lambda\}$, 将通过考虑相应的指示器集合 $I(z, \alpha, \beta)(\alpha \in \Lambda, \beta \in \mathcal{B})$ 来推广实指示函数集的结果.

设 $H^{\Lambda, \mathcal{B}}(l)$ 是指示器集合的 VC 熵, $H_{\text{ann}}^{\Lambda, \mathcal{B}}(l)$ 是它的退火熵, $G^{\Lambda, \mathcal{B}}(l)$ 是其生长函数.

在关于函数集 $\{Q(z,\alpha),\alpha\in\Lambda\}$ 可测性的一定条件下, 下面的定理成立.

定理 4.3.1　一致双边收敛式的充要条件是等式

$$\lim_{l\to\infty}\frac{H^\Lambda(\varepsilon,l)}{l}=0,\quad\forall\varepsilon>0$$

成立.

也就是说, 随着观测数目的增加, VC 熵与观测数目的比值应该趋近于零.

4.3.2　概率测度空间上基于非实随机样本学习理论一致双边收敛的充要条件

本小节给出了概率测度空间上基于复随机和随机集样本的学习理论一致双边收敛的充要条件. 详细内容参见文献 [8—10].

4.3.2.1　概率测度空间上基于复随机样本的学习理论一致双边收敛的充要条件

设 $Q(\hat{z},\alpha^*)$ 为一个复可测函数, $f:\mathbf{R}^2\to\mathbf{R}$ 是一个非零实线性泛函. 称指示函数集 $\theta(f(\mathrm{Re}\{Q(\hat{z},\alpha^*)\},\mathrm{Im}\{Q(\hat{z},\alpha^*)\})-c)$ 为复可测函数 $Q(\hat{z},\alpha^*)$ 的指示器集合, 其中

$$\theta(u)=\begin{cases}1,&u\geqslant0,\\0,&u<0,\end{cases}\quad c\in(a,b),$$

$$a=\inf_{\hat{z}\in\mathbf{Z},f\in(\mathbf{R}^2)^*}f(\mathrm{Re}\{Q(\hat{z},\alpha^*)\},\mathrm{Im}\{Q(\hat{z},\alpha^*)\}),$$

$$b=\sup_{\hat{z}\in\mathbf{Z},f\in(\mathbf{R}^2)^*}f(\mathrm{Re}\{Q(\hat{z},\alpha^*)\},\mathrm{Im}\{Q(\hat{z},\alpha^*)\}).$$

设 $\{Q(\hat{z},\alpha),\alpha\in\Lambda\}$ 为一个复可测函数集, Λ 是任意指标集. 称指示函数集

$$\theta(f(\mathrm{Re}\{Q(\hat{z},\alpha^*)\},\mathrm{Im}\{Q(\hat{z},\alpha^*)\})-c),\quad\alpha\in\Lambda,c\in(a,b)$$

为复可测函数集 $\{Q(\hat{z},\alpha),\alpha\in\Lambda\}$ 的完全指示器集合.

设 $\{Q(\hat{z},\alpha),\hat{z}\in\mathbf{Z},\alpha\in\Lambda\}$ 为一个复可测函数集. 称 $N^{\Lambda,c}(\hat{z}_1,\hat{z}_2,\cdots,\hat{z}_l)$ 为利用完全指示器集合

$$\theta(f(\mathrm{Re}\{Q(\hat{z},\alpha^*)\},\mathrm{Im}\{Q(\hat{z},\alpha^*)\})-c),\quad\alpha\in\Lambda,c\in(a,b)$$

分类 l 个向量 $\hat{z}_1,\hat{z}_2,\cdots,\hat{z}_l$ 的不同分法的数目. 假定函数

$$H^{\Lambda,c}(\hat{z}_1,\hat{z}_2,\cdots,\hat{z}_l)=\ln\left(N^{\Lambda,c}(\hat{z}_1,\hat{z}_2,\cdots,\hat{z}_l)\right)$$

在 $\hat{z}_1,\hat{z}_2,\cdots,\hat{z}_l$ 上关于概率测度 P 是可测的, 则称

$$H_{\mathrm{ann}}^{\Lambda,c}(l)=\ln\left(E\left(N^{\Lambda,c}(\hat{z}_1,\hat{z}_2,\cdots,\hat{z}_l)\right)\right)$$

为复可测函数指示器集合的退火熵.

称

$$G^{\Lambda,c}(l) = \ln \left(\max_{\hat{z}_1,\hat{z}_2,\cdots,\hat{z}_l} N^{\Lambda,c}(\hat{z}_1,\hat{z}_2,\cdots,\hat{z}_l) \right)$$

为复可测函数集 $\{Q(\hat{z},\alpha), \hat{z} \in \mathbf{Z}, \alpha \in \Lambda\}$ 的生长函数.

对于复可测函数集, 有下列定理成立.

定理 4.3.2 一致双边收敛式的充要条件是等式

$$\lim_{l \to \infty} \frac{H^{\Lambda}(\varepsilon, l)}{l} = 0, \quad \forall \varepsilon > 0$$

成立.

4.3.2.2 概率测度空间上基于随机集样本的学习理论一致双边收敛的充要条件

设 $\{Q(\hat{z},\alpha), \alpha \in \Lambda\}$ 为一个随机集, 如果随机集 $Q(\hat{z},\alpha)$ 的任意一个可测选择 $\sigma(\hat{z},\alpha)$ 是一个指示函数, 称随机集 $Q(\hat{z},\alpha)$ 为一个指示随机集.

设指示随机集类 $\{Q(\hat{z},\alpha), \alpha \in \Lambda\}$ 定义在集合 Z 上, $\sigma(\hat{z},\alpha)$ 为 $Q(\hat{z},\alpha)$ 的一个可测选择. 利用数据 $\hat{z}_1, \hat{z}_2, \cdots, \hat{z}_l$ 和该指示随机集类, 确定二值矩阵集

$$q(\alpha) = (\sigma(\hat{z}_1,\alpha), \cdots, \sigma(\hat{z}_l,\alpha)), \quad \alpha \in \Lambda.$$

对任何固定的 $\alpha = \alpha^*$, 二值矩阵 $q(\alpha^*)$ 确定了单位立方体的某一顶点. 用 $N^{\Lambda}(\hat{z}_1, \hat{z}_2, \cdots, \hat{z}_l)$ 表示由样本 $\hat{z}_1, \hat{z}_2, \cdots, \hat{z}_l$ 和指示随机集类 $\{Q(\hat{z},\alpha), \alpha \in \Lambda\}$ 确定的不同顶点数. 称量

$$H^{\Lambda}(l) = \ln\left(N^{\Lambda}(\hat{z}_1, \hat{z}_2, \cdots, \hat{z}_l)\right)$$

为该指示随机集类在大小为 l 的样本集上的随机熵; 量

$$H^{\Lambda}(l) = E\left(\ln N^{\Lambda}(\hat{z}_1, \hat{z}_2, \cdots, \hat{z}_l)\right)$$

为该指示随机集类在大小为 l 的样本集上的熵; 量

$$H^{\Lambda}_{\text{ann}}(l) = E\left(\ln N^{\Lambda}(\hat{z}_1, \hat{z}_2, \cdots, \hat{z}_l)\right)$$

为该指示随机集类在大小为 l 的样本集上的退火熵; 量

$$G(l) = \ln \left(\max_{\hat{z}_1,\hat{z}_2,\cdots,\hat{z}_l} N^{\Lambda,c}(\hat{z}_1,\hat{z}_2,\cdots,\hat{z}_l) \right)$$

为该指示随机集类在大小为 l 的样本集上的生长函数.

从上述定义不难得出

$$H^{\Lambda}(l) \leqslant H^{\Lambda}_{\text{ann}}(l) \leqslant G^{\Lambda}(l).$$

接下来将指示随机集熵的定义推广到随机集上. 设 $Q(\hat{z}, \alpha^*)$ 为一随机集, $\sigma(\hat{z}, \alpha^*)$ 为 $Q(\hat{z}, \alpha^*)$ 的一个可测选择, 称指示函数集

$$\theta\left(\sigma(\hat{z}, \alpha^*) - \beta\right), \quad \beta \in \left(\inf_{\hat{z} \in \mathbf{Z}} Q(\hat{z}, \alpha^*), \sup_{\hat{z} \in \mathbf{Z}} Q(\hat{z}, \alpha^*)\right)$$

为随机集 $Q(\hat{z}, \alpha^*)$ 在可测选择 $\sigma(\hat{z}, \alpha^*)$ 下的指示器集合, 其中

$$\theta(u) = \begin{cases} 1, & u \geqslant 0, \\ 0, & u < 0. \end{cases}$$

设 $\{Q(\hat{z}, \alpha), \alpha \in \Lambda\}$ 为一随机集类, $\sigma(\hat{z}, \alpha)$ 为 $Q(\hat{z}, \alpha)$ 的一个可测选择. 称

$$\theta\left(\sigma(\hat{z}, \alpha) - \beta\right), \quad \beta \in \left(\inf_{\hat{z} \in \mathbf{Z}, \alpha \in \Lambda} Q(\hat{z}, \alpha), \sup_{\hat{z} \in \mathbf{Z}, \alpha \in \Lambda} Q(\hat{z}, \alpha)\right)$$

为随机集类 $\{Q(\hat{z}, \alpha), \alpha \in \Lambda\}$ 在可测选择 $\sigma(\hat{z}, \alpha)$ 下的完全指示器集合.

设 $\{Q(\hat{z}, \alpha), \alpha \in \Lambda\}$ 是随机集类, 记 $N^{\Lambda, \beta}(\hat{z}_1, \hat{z}_2, \cdots, \hat{z}_l)$ 为利用样本 $\hat{z}_1, \hat{z}_2, \cdots, \hat{z}_l$ 和完全指示器集合

$$\theta\left(\sigma(\hat{z}, \alpha) - \beta\right), \quad \beta \in B = \left(\inf_{\hat{z} \in \mathbf{Z}, \alpha \in \Lambda} Q(\hat{z}, \alpha), \sup_{\hat{z} \in \mathbf{Z}, \alpha \in \Lambda} Q(\hat{z}, \alpha)\right)$$

分类 l 个向量 $\hat{z}_1, \hat{z}_2, \cdots, \hat{z}_l$ 的不同分法的数目.

假定函数

$$H^{\Lambda, \beta}(l) = \ln\left(N^{\Lambda, \beta}(\hat{z}_1, \hat{z}_2, \cdots, \hat{z}_l)\right)$$

在 $\hat{z}_1, \hat{z}_2, \cdots, \hat{z}_l$ 上关于概率测度是可测的. 称

$$H_{\mathrm{ann}}^{\Lambda, \beta}(l) = \ln\left(E\left(N^{\Lambda, \beta}(\hat{z}_1, \hat{z}_2, \cdots, \hat{z}_l)\right)\right)$$

是随机集指示器集合的退火熵,

$$G^{\Lambda, \beta}(l) = \ln\left(\max_{\hat{z}_1, \hat{z}_2, \cdots, \hat{z}_l} N^{\Lambda, \beta}(\hat{z}_1, \hat{z}_2, \cdots, \hat{z}_l)\right)$$

是随机集指示器集合的生长函数.

对于随机集类, 有下列定理成立.

定理 4.3.3　一致双边收敛式的充要条件是等式

$$\lim_{l \to \infty} \frac{H^{\Lambda}(\varepsilon, l)}{l} = 0, \quad \forall \varepsilon > 0$$

成立.

注 4.3.1　其他具体的不确定一致双边收敛的充要条件的基本概念和结论可参照 4.3.1 小节 —4.3.3 小节得出.

4.4 不确定一致单边收敛的充要条件

本节主要给出经典统计学习理论的一致单边收敛的充要条件, 详细证明参见文献 [1—4].

一致双边收敛可以描述为

$$\lim_{l \to \infty} P \left\{ \left\{ (R(\alpha) - R_{\mathrm{emp}}(\alpha)) > \varepsilon \right\} \bigcup \left\{ \sup_{\alpha \in \Lambda} (R(\alpha) - R_{\mathrm{emp}}(\alpha)) > \varepsilon \right\} \right\} = 0. \quad (4.7)$$

条件 (4.7) 中包含了一致单边收敛, 因此形成了 ERM 方法一致性的一个充要条件. 然而, 在解决学习问题时, 需要注意面对一种非对称情况. 要求最小化经验风险时的一致性, 却不关心最大化经验风险时的一致性. 因此, 式 (4.7) 左边 ERM 方法一致性的第二项条件可以不满足.

下面的定理将给出一个条件, 在这个条件下的一致性在最小化经验风险时成立, 而在最大化经验风险时并不一定成立.

考虑有界实函数集 $\{Q(z, \alpha), \alpha \in \Lambda\}$ 和一个新的函数集 $\{Q^*(z, \alpha^*), \alpha^* \in \Lambda^*\}$, 这个新函数集满足一定的可测性条件和下面的条件:

对 $\{Q(z, \alpha), \alpha \in \Lambda\}$ 中的任意函数, 在 $\{Q^*(z, \alpha^*), \alpha^* \in \Lambda^*\}$ 中存在一个函数, 使得

$$\begin{aligned} & Q(z, \alpha) - Q^*(z, \alpha^*) \geqslant 0, \quad \forall z, \forall \alpha \in \Lambda, \\ & E\left(Q(z, \alpha) - Q^*(z, \alpha^*)\right) \leqslant \delta. \end{aligned} \quad (4.8)$$

定理 4.4.1 对完全有界函数集 $\{Q(z, \alpha), \alpha \in \Lambda\}$ 经验均值一致单边收敛于其期望的充要条件是对任意的正数 δ, η 和 ε, 存在一个满足式 (4.8) 的函数集 $\{Q^*(z, \alpha^*), \alpha^* \in \Lambda^*\}$, 在 l 个样本上的 ε 熵满足下面的不等式:

$$\lim_{l \to \infty} \frac{H^{\Lambda^*}(\varepsilon, l)}{l} < \eta.$$

注 4.4.1 其他具体的不确定一致单边收敛的充要条件可参照定理 4.4.1 得出.

参 考 文 献

[1] Vapnik V N. The Nature of Statistical Learning Theory. New York: A Wiley-Interscience Publication, 1995

[2] Vapnik V N. 统计学习理论的本质. 张学工, 译. 北京: 清华大学出版社, 2000

[3] Vapnik V N. Statistical Learning Theory. New York: A Wiley-Interscience Publication, 1998

[4] Vapnik V N. 统计学习理论. 许建华, 张学工, 译. 北京: 清华大学出版社, 2004

[5] Tian J, Ha M H, Li J H, et al. The fuzzy-number based key theorem of statistical learning theory. Proceedings of International Conference on Machine Learning and Cybernetics, 2006: 3475-3479

[6] Ha M H, Tian J. The theoretical foundations of statistical learning theory based on fuzzy number samples. Information Sciences, 2008, 178(16): 3240-3246

[7] Liu Y, Tian D Z, Wang Y X, et al. The key theorem of statistical learning theory with rough samples. Proceedings of Asian Fuzzy Systems Society International Conference, 2006: 270-274

[8] Ha M H, Pedrycz W, Zhang Z M, et al. The theoretical foundations of statistical learning theory of complex random samples. Far East Journal of Applied Mathematics, 2009, 34(3): 315-336

[9] 张植明, 田景峰, 哈明虎. 基于复拟随机样本的统计学习理论的理论基础. 计算机工程与应用, 2008, 44(9): 82-86

[10] 孙璐, 陈继强, 哈明虎. 基于随机集样本的学习过程一致收敛速率的界. 模糊系统与数学, 2008, 22: 270-272

[11] Ha M H, Pedrycz W, Zheng L F. The theoretical fundamentals of learning theory based on fuzzy complex random samples. Fuzzy Sets and Systems, 2009, 160(17): 2429-2441

[12] Ha M H, Li Y, Li J, et al. The key theorem and the bounds on the rate of uniform convergence of learning theory on Sugeno measure spaces. Science in China Series F: Information Sciences, 2006, 49(3): 372-385

[13] 哈明虎, 李颜, 李嘉, 等. Sugeno 测度空间上学习理论的关键定理和一致收敛速度的界. 中国科学 E 辑: 信息科学, 2006, 36(4): 398-410

[14] Bai Y C, Ha M H, Li J H. Structural risk minimization principle on credibility space. Proceedings of International Conference on Machine Learning and Cybernetics, 2006: 3643-3649

[15] Ha M H, Bai Y C, Wang P, et al. The key theorem and the bounds on the rate of uniform convergence of statistical learning theory on a credibility space. Advances in Fuzzy Sets and Systems, 2006, 1(2): 143-172

[16] Ha M H, Feng Z F, Du E L, et al. Further discussion on quasi-probability. Proceedings of International Conference on Machine Learning and Cybernetics, 2006: 3508-3513

[17] 哈明虎, 冯志芳, 宋士吉, 等. 拟概率空间上学习理论的关键定理和学习过程一致收敛速度的界. 计算机学报, 2008, 31(3): 476-485

[18] Bai Y C, Ha M H. The key theorem of statistical learning theory on possibility spaces. Proceedings of International Conference on Machine Learning and Cybernetics, 2005: 4374-4378

[19] 哈明虎, 王鹏. 可能性空间中学习过程一致收敛速度的界. 河北大学学报 (自然科学版), 2004, 24(1): 1-6

[20] Zhang X K, Ha M H, Wu J, et al. The bounds on the rate of uniform convergence of learning process on uncertainty space. Advances in Neural Networks, 2009, 5551: 110-117

[21] Yan S J, Ha M H, Zhang X K, et al. The key theorem of learning theory on uncertainty space. Advances in Neural Networks, 2009, 5551: 699-706

[22] Li J H, Ha M H, Bai Y C, et al. Some theoretical studies on learning theory with samples corrupted by noise. Proceedings of International Conference on Machine Learning and Cybernetics, 2006: 3480-3485

[23] Ha M H, Pedrycz W, Chen J Q, et al. Some theoretical results of learning theory based on random sets in set-valued probability space. Kybernetes, 2009, 38: 635-657

[24] 张植明, 田景峰. 基于双重粗糙样本的统计学习理论的理论基础. 应用数学学报, 2009, 32(4): 608-619

[25] 王超. 基于 Sugeno 测度和模糊样本的学习理论基础. 河北大学硕士学位论文, 2009

[26] 高林庆, 李鑫, 白运超, 等. 泛空间上学习理论关键定理. 计算机工程与应用, 2010, 46(31): 32-35

第 5 章 不确定学习过程收敛速度的界

学习过程收敛速度的界是经典统计学习理论的主要研究内容之一, 它是分析学习机器性能和发展学习算法的重要基础. 通过对这些界的讨论, 可以得到在经验风险最小化原则中经验风险与实际风险之间的关系, 进而可以研究学习机器的推广能力. 本章将讨论不确定学习过程收敛速度的界, 主要介绍几种有代表性的广义不确定测度空间上基于广义不确定样本的学习过程收敛速度的界.

5.1 基本不等式

5.1.1 经典学习理论的基本不等式

为了更好地了解不确定统计学习理论的基本不等式, 首先回顾一下经典学习理论的基本不等式[1-4].

设 $\{Q(z,\alpha),\alpha \in \Lambda\}$ 是一个实指示函数集. 在指示函数集的情况下, 如果 $\varepsilon < 1$, 向量 $q(\alpha) \, (\alpha \in \Lambda)$ 的最小 ε 网格不依赖于 ε 的大小. 在最小 ε 网格中的元素数等于用函数集 $\{Q(z,\alpha),\alpha \in \Lambda\}$ 对数据 $z_1, z_2, \cdots, z_l$ 不同的划分数.

这个函数集 $\{Q(z,\alpha),\alpha \in \Lambda\}$ 的 VC 熵也不依赖于 ε 的大小, 即

$$H^\Lambda(l) = E\left(\ln N^\Lambda(z_1, z_2, \cdots, z_l)\right),$$

其中的数学期望是对于分布 $F(z)$ 进行的.

考虑在 $N^\Lambda(z_1, z_2, \cdots, z_l)$ 值的基础上构造两个新的概念:

(1) 退火的 VC 熵

$$H_{\mathrm{ann}}^\Lambda(l) = \ln E\left(N^\Lambda(z_1, z_2, \cdots, z_l)\right);$$

(2) 生长函数

$$G^\Lambda(l) = \ln \sup_{z_1, z_2, \cdots, z_l} N^\Lambda(z_1, z_2, \cdots, z_l).$$

这些概念的定义方法使得对任何 l 都有下列不等式成立:

$$H^\Lambda(l) \leqslant H_{\mathrm{ann}}^\Lambda(l) \leqslant G^\Lambda(l).$$

下面给出两个关于一致收敛速度的界, 它们构成了界的理论中的基本不等式.

定理 5.1.1 下面的不等式成立:

$$P\left\{\sup_{\alpha\in\Lambda}|R(\alpha)-R_{\mathrm{emp}}(\alpha)|>\varepsilon\right\}\leqslant 4\exp\left(\left(\frac{H_{\mathrm{ann}}^{\Lambda}(2l)}{l}-\varepsilon^2\right)l\right).$$

定理 5.1.2 下面的不等式成立:

$$P\left\{\sup_{\alpha\in\Lambda}\frac{R(\alpha)-R_{\mathrm{emp}}(\alpha)}{\sqrt{R(\alpha)}}>\varepsilon\right\}\leqslant 4\exp\left(\left(\frac{H_{\mathrm{ann}}^{\Lambda}(2l)}{l}-\frac{\varepsilon^2}{4}\right)l\right).$$

如果 $\lim\limits_{l\to\infty}\dfrac{H_{\mathrm{ann}}^{\Lambda}(l)}{l}=0$, 则这些界是非平凡的 (即对任意 $\varepsilon>0$, 当观测数目 l 趋于无穷时, 不等式右边都趋于零).

为了讨论这两个界之间的区别, 先来回顾前面已经指出的一点, 即对任意指示函数 $Q(z,\alpha)$, 风险泛函 $R(\alpha)$ 描述了事件 $\{z|Q(z,\alpha)=1\}$ 的概率, 而经验风险泛函 $R_{\mathrm{emp}}(\alpha)$ 描述了这个事件的频率.

为了得到一个更小的置信范围, 可以尝试用另一种一致收敛来构造风险的界, 这种一致收敛就是一致相对收敛

$$P\left\{\sup_{\alpha\in\Lambda}\frac{R(\alpha)-R_{\mathrm{emp}}(\alpha)}{\sqrt{R(\alpha)(1-R(\alpha))}}>\varepsilon\right\}<\phi(\varepsilon,l),$$

其中, 用方差对真实风险与经验风险的偏差进行了归一化. 一致相对收敛的上确界可以在任何函数 $Q(z,\alpha)$ 上得到, 包括有较小风险的函数.

然而, 从技术上说, 很难对这个界的右边部分进行较好的估计. 可以对更简单的情况得到一个较好的界, 即不是对方差进行归一化, 而是考虑对函数 $\sqrt{R(\alpha)}$ 进行归一化. 当 $R(\alpha)$ 比较小时, 这个函数与方差接近 (而感兴趣的正是 $R(\alpha)$ 比较小的情况). 为了得到界中更好的系数, 在分子上直接采用差而不是差的绝对值. 这就是定理 5.1.2 所研究的相对一致收敛的情况.

定理 5.1.1 和定理 5.1.2 中得到的界是依赖于 $F(z)$ 分布的, 它们对于给定的观测分布 $F(z)$ 成立 (在构造退火熵函数 $H_{\mathrm{ann}}^{\Lambda}(l)$ 时用到了这个分布).

要构造与分布无关的界, 只要注意到下面的关系就足够了, 即对任何分布 $F(z)$, 生长函数不小于退火熵,

$$H_{\mathrm{ann}}^{\Lambda}(l)\leqslant G^{\Lambda}(l).$$

因此, 对任何分布 $F(z)$ 都有下面的两个不等式成立:

$$P\left\{\sup_{\alpha\in\Lambda}|R(\alpha)-R_{\mathrm{emp}}(\alpha)|>\varepsilon\right\}\leqslant 4\exp\left(\left(\frac{G^{\Lambda}(2l)}{l}-\varepsilon^2\right)l\right),\tag{5.1}$$

$$P\left\{\sup_{\alpha\in\Lambda}\frac{R(\alpha)-R_{\mathrm{emp}}(\alpha)}{\sqrt{R(\alpha)}}>\varepsilon\right\}\leqslant 4\exp\left(\left(\frac{G^{\Lambda}(2l)}{l}-\frac{\varepsilon^2}{4}\right)l\right).\tag{5.2}$$

如果 $\lim\limits_{l\to\infty}\dfrac{G^{\Lambda}(l)}{l}=0$, 则上述不等式是非平凡的. 把这一不等式称为学习理论的第三个里程碑.

现在, 设 $\{Q(z,\alpha),\alpha\in\Lambda\}$ 是一个实函数集且

$$A=\inf_{\alpha,z}Q(z,\alpha)\leqslant Q(z,\alpha)\leqslant\sup_{\alpha,z}Q(z,\alpha)=B$$

(其中 A 可以是 $-\infty$, B 可以是 $+\infty$). 用 $\mathfrak{B}$ 来代表开区间 (A,B), 构造实函数集 $\{Q(z,\alpha),\alpha\in\Lambda\}$ 的一个指示器集合,

$$I(z,\alpha,\beta)=\theta\left(Q(z,\alpha)-\beta\right),\quad\alpha\in\Lambda,\beta\in\mathfrak{B}.$$

对任何给定的函数 $Q(z,\alpha^*)$ 和一个给定的 β^*, 指示器 $I(z,\alpha^*,\beta^*)$ 用 1 来指示 $Q(z,\alpha^*)\geqslant\beta^*$ 的区域, 用 0 来指示 $Q(z,\alpha^*)<\beta^*$ 的区域. 在 $\{Q(z,\alpha),\alpha\in\Lambda\}$ 是指示函数集的情况下, 指示器集合 $I(z,\alpha,\beta)=\theta\left(Q(z,\alpha)-\beta\right)(\alpha\in\Lambda,\beta\in(0,1))$ 与集合 $\{Q(z,\alpha),\alpha\in\Lambda\}$ 重合. 对任意给定的实函数集 $\{Q(z,\alpha),\alpha\in\Lambda\}$, 将通过考虑相应的指示器集合 $I(z,\alpha,\beta)(\alpha\in\Lambda,\beta\in\mathfrak{B})$ 来推广上面的结果.

设 $H^{\Lambda,\mathfrak{B}}(l)$ 是指示器集合的 VC 熵, $H_{\text{ann}}^{\Lambda,\mathfrak{B}}(l)$ 是它的退火熵, $G^{\Lambda,\mathfrak{B}}(l)$ 是其生长函数.

利用这些概念得到对实函数集的基本不等式, 它们是不等式 (5.1) 和 (5.2) 的推广, 这些推广是分以下三种情况进行的:

(1) 完全有界函数;

(2) 完全有界的非负函数;

(3) 非负 (不一定有界) 函数.

下面就对这三种情况下的界进行介绍.

(1) 设 $A\leqslant Q(z,\alpha)\leqslant B,\alpha\in\Lambda$ 是完全有界函数, 那么下面的不等式成立:

$$\mathrm{P}\left\{\sup_{\alpha\in\Lambda}|R(\alpha)-R_{\text{emp}}(\alpha)|>\varepsilon\right\}\leqslant 4\exp\left(\left(\frac{H_{\text{ann}}^{\Lambda,\mathfrak{B}}(2l)}{l}-\frac{\varepsilon^2}{(B-A)^2}\right)l\right);$$

(2) $0\leqslant Q(z,\alpha)\leqslant B,\alpha\in\Lambda$ 是完全有界的非负函数, 那么下面的不等式成立:

$$\mathrm{P}\left\{\sup_{\alpha\in\Lambda}\frac{R(\alpha)-R_{\text{emp}}(\alpha)}{\sqrt{R(\alpha)}}>\varepsilon\right\}\leqslant 4\exp\left\{\left(\frac{H_{\text{ann}}^{\Lambda,\mathfrak{B}}(2l)}{l}-\frac{\varepsilon^2}{4B}\right)l\right\}.$$

这两个不等式是指示函数集得到的不等式的直接推广, 当 $Q(z,\alpha)\in\{0,1\}$ 时, 它们与指示函数集的不等式相同.

(3) 假设 $0 \leqslant Q(z, \alpha), \alpha \in \Lambda$ 是非负的函数, 随机变量 $\xi_\alpha = Q(z, \alpha)$ 的 p 阶归一化矩

$$m_p(\alpha) = \sqrt[p]{\int Q^p(z, \alpha) \mathrm{d}F(z)}$$

存在, 那么下面的不等式成立:

$$\mathrm{P}\left\{\frac{\sup\limits_{\alpha \in \Lambda} R(\alpha) - R_{\mathrm{emp}}(\alpha)}{m_p(\alpha)} > a(p)\varepsilon\right\} \leqslant 4\exp\left(\left(\frac{H_{\mathrm{ann}}^{\Lambda,\mathfrak{B}}(2l)}{l} - \frac{\varepsilon^2}{4}\right)l\right),$$

其中 $a(p) = \sqrt[p]{\dfrac{1}{2}\left(\dfrac{p-1}{p-2}\right)^{p-1}}$.

如果 $\lim\limits_{l\to\infty}\dfrac{H_{\mathrm{ann}}^{\Lambda,\mathfrak{B}}(l)}{l} = 0$, 则上式的界是非平凡的.

下面, 同样给出了复可测函数集和随机集的 VC 熵、退火熵及生长函数定义. 利用这些概念同样得到了一些基本不等式.

5.1.2 概率测度空间上基于非实随机样本的基本不等式

这部分主要介绍概率测度空间上基于复可测函数集的基本不等式, 具体内容参见文献 [5] 和 [6].

本小节将从 $\{Q(\hat{z}, \alpha), \alpha \in \Lambda\}$ 是一个复指示函数集的情况开始介绍关于界的理论结果, 然后再将它们推广到复可测函数集.

设 $\{Q(\hat{z}, \alpha), \alpha \in \Lambda\}$ 是一个复指示函数集, 对应的退火熵和生长函数分别为 $H_{\mathrm{ann}}^{\Lambda}(l)$ 和 $G^{\Lambda}(l)$.

下面给出两个关于一致收敛速度的界, 它们构成了界的理论中的基本不等式.

定理 5.1.3 下面的不等式成立:

$$\mathrm{P}\left\{\sup\limits_{\alpha \in \Lambda}(\|R(\alpha)\| - \|R_{\mathrm{emp}}(\alpha)\|) > \varepsilon\right\} \leqslant 8\exp\left(\left(\frac{H_{\mathrm{ann}}^{\Lambda}(2l)}{l} - \frac{\varepsilon^2}{4}\right)l\right).$$

定理 5.1.4 下面的不等式成立:

$$\mathrm{P}\left\{\sup\limits_{\alpha \in \Lambda}\frac{\|R(\alpha)\| - \|R_{\mathrm{emp}}(\alpha)\|}{\sqrt{\|R(\alpha)\|}} > \varepsilon\right\} \leqslant 16\exp\left(\left(\frac{H_{\mathrm{ann}}^{\Lambda}(2l)}{l} - \frac{\varepsilon^2}{16}\right)l\right).$$

如果 $\lim\limits_{l\to\infty}\dfrac{H_{\mathrm{ann}}^{\Lambda}(l)}{l} = 0$, 则这些界是非平凡的 (即对任意 $\varepsilon > 0$, 当观测数目 l 趋于无穷时, 不等式右边都趋于零).

定理 5.1.3 和定理 5.1.4 中得到的界是依赖于概率分布的, 它们对于给定的概率分布 $F(\hat{z})$ 成立.

要构造与分布无关的界, 只要注意到下面的关系就足够了, 即对任何分布 $F(\hat{z})$, 生长函数不小于退火熵 $H_{\text{ann}}^{\Lambda}(l) \leqslant G^{\Lambda}(l)$.

因此, 对任何概率分布 $F(\hat{z})$, 都有下面的两个不等式成立:

$$\mathrm{P}\left\{\sup_{\alpha \in \Lambda}\left(\|R(\alpha)\| - \|R_{\text{emp}}(\alpha)\|\right) > \varepsilon\right\} \leqslant 8\exp\left(\left(\frac{G^{\Lambda}(2l)}{l} - \frac{\varepsilon^2}{4}\right)l\right),$$

$$\mathrm{P}\left\{\sup_{\alpha \in \Lambda}\frac{\|R(\alpha)\| - \|R_{\text{emp}}(\alpha)\|}{\sqrt{\|R(\alpha)\|}} > \varepsilon\right\} \leqslant 16\exp\left(\left(\frac{G^{\Lambda}(2l)}{l} - \frac{\varepsilon^2}{16}\right)l\right).$$

如果 $\lim\limits_{l\to\infty}\dfrac{G^{\Lambda}(l)}{l} = 0$, 则上述不等式也是非平凡的. 这一不等式称为概率测度空间上基于复随机样本学习理论的第三个里程碑. 下面将给出复可测函数集的推广.

利用这些概念得到对复可测函数集的基本不等式, 它们是关于复指示函数集不等式的推广. 类似于实函数集, 这些推广也是分以下三种情况进行的:

(1) 复可测函数集的实部和虚部是完全有界的;

(2) 复可测函数集的实部和虚部是非负且完全有界的;

(3) 复可测函数集的实部和虚部是非负 (不一定有界) 的.

下面就对这三种情况下的界进行介绍.

定理 5.1.5　(1) 设 $\{Q(\hat{z},\alpha), \alpha \in \Lambda\}$ 是复可测函数集, 若它的实部和虚部为完全有界函数集, 即满足

$$A_1 \leqslant \mathrm{Re}(Q(\hat{z},\alpha)) \leqslant B_1, \quad \alpha \in \Lambda,$$

$$A_2 \leqslant \mathrm{Im}(Q(\hat{z},\alpha)) \leqslant B_2, \quad \alpha \in \Lambda,\ A_1,B_1,A_2,B_2 \in \mathbf{R},$$

令 $A = \min\{A_1,A_2\}$ 和 $B = \max\{B_1,B_2\}$, 则下列不等式成立:

$$\mathrm{P}\left\{\sup_{\alpha \in \Lambda}\left(\|R(\alpha)\| - \|R_{\text{emp}}(\alpha)\|\right) > \varepsilon\right\} \leqslant 8\exp\left(\left(\frac{H_{\text{ann}}^{\Lambda,\mathfrak{B}}(2l)}{l} - \frac{\varepsilon^2}{4(B-A)^2}\right)l\right).$$

(2) 设 $\{Q(\hat{z},\alpha), \alpha \in \Lambda\}$ 是复可测函数集, 若它的实部和虚部为完全有界非负函数集, 即满足

$$0 \leqslant \mathrm{Re}(Q(\hat{z},\alpha)) \leqslant B_1, \quad \alpha \in \Lambda,$$

$$0 \leqslant \mathrm{Im}(Q(\hat{z},\alpha)) \leqslant B_2, \quad \alpha \in \Lambda, B_1,B_2 \in \mathbf{R},$$

令 $B = \max\{B_1, B_2\}$, 则下列不等式成立:

$$\mathrm{P}\left\{\sup_{\alpha \in \Lambda} \frac{\|R(\alpha)\| - \|R_{\mathrm{emp}}(\alpha)\|}{\sqrt{\|R(\alpha)\|}} > \varepsilon\right\} \leqslant 16\exp\left(\left(\frac{H_{\mathrm{ann}}^{\Lambda, \mathfrak{B}}(2l)}{l} - \frac{\varepsilon^2}{16B}\right)l\right).$$

(3) 设 $\{Q(\hat{z}, \alpha), \alpha \in \Lambda\}$ 是复可测函数集, 若它的实部和虚部为无界非负函数集, 并且其实部 $\{Q_1(\hat{z}, \alpha), \alpha \in \Lambda\}$ 和虚部 $\{Q_2(\hat{z}, \alpha), \alpha \in \Lambda\}$ 同时具有细的尾部, 即存在一个数对 (p_1, τ_1), 其中 $p_1 > 2$, 使得

$$\sup_{\alpha \in \Lambda} \frac{\sqrt[p_1]{\int Q_1^{p_1}(\hat{z}, \alpha)\mathrm{dP}}}{\int Q_1(\hat{z}, \alpha)\mathrm{dP}} < \tau_1 < \infty$$

和另外一个数对 (p_2, τ_2), 其中 $p_2 > 2$, 使得

$$\sup_{\alpha \in \Lambda} \frac{\sqrt[p_2]{\int Q_2^{p_2}(\hat{z}, \alpha)\mathrm{dP}}}{\int Q_2(\hat{z}, \alpha)\mathrm{dP}} < \tau_2 < \infty,$$

则下面不等式成立:

$$\mathrm{P}\left\{\sup_{\alpha \in \Lambda} \frac{\|R(\alpha)\| - \|R_{\mathrm{emp}}(\alpha)\|}{\|R(\alpha)\|} > \tau a(p)\varepsilon\right\} \leqslant 16\exp\left(\left(\frac{H_{\mathrm{ann}}^{\Lambda, \mathfrak{B}}(2l)}{l} - \frac{\varepsilon^2}{16B}\right)l\right), \quad (5.3)$$

其中

$$\tau = \max\{\tau_1, \tau_2\}, \quad p = \min\{p_1, p_2\}, \quad a(p) = \sqrt[p]{\frac{1}{2}\left(\frac{p-1}{p-2}\right)^{p-1}}.$$

证 (1)

$$\mathrm{P}\left\{\sup_{\alpha \in \Lambda}(\|R(\alpha)\| - \|R_{\mathrm{emp}}(\alpha)\|) > \varepsilon\right\}$$

$$\leqslant \mathrm{P}\left\{\sup_{\alpha \in \Lambda}\|R(\alpha) - R_{\mathrm{emp}}(\alpha)\| > \varepsilon\right\}$$

$$= \mathrm{P}\left\{\sup_{\alpha \in \Lambda}\|(\mathrm{Re}(R(\alpha)) - \mathrm{Re}(R_{\mathrm{emp}}(\alpha))) + \mathrm{i}(\mathrm{Im}(R(\alpha)) - \mathrm{Im}(R_{\mathrm{emp}}(\alpha)))\| > \varepsilon\right\}$$

$$\leqslant \mathrm{P}\left\{\sup_{\alpha \in \Lambda}|\mathrm{Re}(R(\alpha)) - \mathrm{Re}(R_{\mathrm{emp}}(\alpha))| > \frac{\varepsilon}{2}\right\}$$

$$+ \mathrm{P}\left\{\sup_{\alpha \in \Lambda}|\mathrm{Im}(R(\alpha)) - \mathrm{Im}(R_{\mathrm{emp}}(\alpha))| > \frac{\varepsilon}{2}\right\}$$

$$\leqslant 4\exp\left(\left(\frac{H_{\mathrm{ann}}^{\varLambda,\mathfrak{B}_1}(2l)}{l}-\frac{\varepsilon^2}{4\left(B_1-A_1\right)^2}\right)l\right)+4\exp\left(\left(\frac{H_{\mathrm{ann}}^{\varLambda,\mathfrak{B}_2}(2l)}{l}-\frac{\varepsilon^2}{4\left(B_2-A_2\right)^2}\right)l\right)$$

$$\leqslant 8\exp\left(\left(\frac{H_{\mathrm{ann}}^{\varLambda,\mathfrak{B}}(2l)}{l}-\frac{\varepsilon^2}{4\left(B-A\right)^2}\right)l\right).$$

(2)

$$\mathrm{P}\left\{\sup_{\alpha\in\varLambda}\frac{\|R(\alpha)\|-\|R_{\mathrm{emp}}(\alpha)\|}{\sqrt{\|R(\alpha)\|}}>\varepsilon\right\}$$

$$\leqslant \mathrm{P}\left\{\sup_{\alpha\in\varLambda}\frac{\|R\left(\alpha\right)-R_{\mathrm{emp}}\left(\alpha\right)\|}{\sqrt{\|R(\alpha)\|}}>\varepsilon\right\}$$

$$\leqslant \mathrm{P}\left\{\sup_{\alpha\in\varLambda}\frac{|\mathrm{Re}\left(R(\alpha)\right)-\mathrm{Re}\left(R_{\mathrm{emp}}(\alpha)\right)|}{\sqrt{\|R(\alpha)\|}}>\frac{\varepsilon}{2}\right\}$$

$$+\mathrm{P}\left\{\sup_{\alpha\in\varLambda}\frac{|\mathrm{Im}\left(R(\alpha)\right)-\mathrm{Im}\left(R_{\mathrm{emp}}(\alpha)\right)|}{\sqrt{\|R(\alpha)\|}}>\frac{\varepsilon}{2}\right\}$$

$$\leqslant \mathrm{P}\left\{\sup_{\alpha\in\varLambda}\frac{|\mathrm{Re}\left(R(\alpha)\right)-\mathrm{Re}\left(R_{\mathrm{emp}}(\alpha)\right)|}{\sqrt{\mathrm{Re}\left(R(\alpha)\right)}}>\frac{\varepsilon}{2}\right\}$$

$$+\mathrm{P}\left\{\sup_{\alpha\in\varLambda}\frac{|\mathrm{Im}\left(R(\alpha)\right)-\mathrm{Im}\left(R_{\mathrm{emp}}(\alpha)\right)|}{\sqrt{\mathrm{Im}\left(R(\alpha)\right)}}>\frac{\varepsilon}{2}\right\}$$

$$<8\exp\left(\left(\frac{H_{\mathrm{ann}}^{\varLambda,\mathfrak{B}_1}(2l)}{l}-\frac{\varepsilon^2}{16B_1}\right)l\right)+8\exp\left(\left(\frac{H_{\mathrm{ann}}^{\varLambda,\mathfrak{B}_2}(2l)}{l}-\frac{\varepsilon^2}{16B_2}\right)l\right)$$

$$\leqslant 16\exp\left(\left(\frac{H_{\mathrm{ann}}^{\varLambda,\mathfrak{B}}(2l)}{l}-\frac{\varepsilon^2}{16B}\right)l\right).$$

(3)

$$\mathrm{P}\left\{\sup_{\alpha\in\varLambda}\frac{\|R(\alpha)\|-\|R_{\mathrm{emp}}(\alpha)\|}{\|R(\alpha)\|}>\tau a\left(p\right)\varepsilon\right\}$$

$$\leqslant \mathrm{P}\left\{\sup_{\alpha\in\varLambda}\frac{\|R\left(\alpha\right)-R_{\mathrm{emp}}\left(\alpha\right)\|}{\|R(\alpha)\|}>\tau a\left(p\right)\varepsilon\right\}$$

$$\leqslant \mathrm{P}\left\{\sup_{\alpha\in\varLambda}\frac{|\mathrm{Re}\left(R(\alpha)\right)-\mathrm{Re}\left(R_{\mathrm{emp}}(\alpha)\right)|}{\|R(\alpha)\|}>\frac{\tau a\left(p\right)\varepsilon}{2}\right\}$$

$$+\mathrm{P}\left\{\sup_{\alpha\in\varLambda}\frac{|\mathrm{Im}\left(R(\alpha)\right)-\mathrm{Im}\left(R_{\mathrm{emp}}(\alpha)\right)|}{\|R(\alpha)\|}>\frac{\tau a\left(p\right)\varepsilon}{2}\right\}$$

$$\leqslant \mathrm{P}\left\{\sup_{\alpha\in\varLambda}\frac{|\mathrm{Re}\left(R(\alpha)\right)-\mathrm{Re}\left(R_{\mathrm{emp}}(\alpha)\right)|}{\mathrm{Re}\left(R(\alpha)\right)}>\frac{\tau_1 a\left(p_1\right)\varepsilon}{2}\right\}$$

$$+\mathrm{P}\left\{\sup_{\alpha\in\varLambda}\frac{|\mathrm{Im}\left(R(\alpha)\right)-\mathrm{Im}\left(R_{\mathrm{emp}}(\alpha)\right)|}{\mathrm{Im}\left(R(\alpha)\right)}>\frac{\tau_2 a\left(p_2\right)\varepsilon}{2}\right\}$$

$$< 8 \exp\left(\left(\frac{H_{\text{ann}}^{\Lambda,\mathfrak{B}_1}(2l)}{l} - \frac{\varepsilon^2}{16}\right)l\right) + 8 \exp\left(\left(\frac{H_{\text{ann}}^{\Lambda,\mathfrak{B}_2}(2l)}{l} - \frac{\varepsilon^2}{16}\right)l\right)$$

$$\leqslant 16 \exp\left(\left(\frac{H_{\text{ann}}^{\Lambda,\mathfrak{B}}(2l)}{l} - \frac{\varepsilon^2}{16}\right)l\right).$$

5.1.3 非概率测度空间上基于非实随机样本的基本不等式

下面给出集值概率空间上基于随机集样本的基本不等式. 具体内容参见文献 [7—9].

定理 5.1.6 设

$$d = \inf \pi \left\{ \sup_{\alpha \in \Lambda} \left| \int Q^-(\hat{z}, \alpha) \mathrm{d}F_\pi(\hat{z}) - \frac{1}{l} \sum_{i=1}^l Q^-(\hat{z}_i, \alpha) \right| \geqslant \varepsilon \right\}$$

$$+ \inf \pi \left\{ \sup_{\alpha \in \Lambda} \left| \int Q^+(\hat{z}, \alpha) \mathrm{d}F_\pi(\hat{z}) - \frac{1}{l} \sum_{i=1}^l Q^+(\hat{z}_i, \alpha) \right| \geqslant \varepsilon \right\},$$

则下面的不等式成立:

$$\pi \left\{ \sup_{\alpha \in \Lambda} \delta\left(R(\alpha), R_{\text{emp}}(\alpha)\right) \geqslant \varepsilon \right\} \leqslant \left[d, 8 \exp\left\{ \left(\frac{H_{\text{ann}}^\Lambda(2l)}{l} - \left(\varepsilon - \frac{1}{l}\right)^2 \right) l \right\} \right].$$

证 对于紧凸随机集 $Q(\hat{z}, \alpha)\,(\alpha \in \Lambda)$ 有

$$Q(\hat{z}, \alpha) = \left[Q^-(\hat{z}, \alpha), Q^+(\hat{z}, \alpha) \right], \quad \alpha \in \Lambda.$$

利用集值概率的性质可证.

定理 5.1.7 设 $\{Q(\hat{z}, \alpha), \alpha \in \Lambda\}$ 是紧凸随机集类且

$$A_1 \leqslant Q^-(\hat{z}, \alpha) \leqslant B_1 \quad \text{和} \quad A_2 \leqslant Q^+(\hat{z}, \alpha) \leqslant B_2,$$

其中 $A_1, B_1, A_2, B_2 \in \mathbf{R}$. 如果引入符号

$$A = \min\{A_1, A_2\}, \quad B = \max\{B_1, B_2\},$$

$$a = \inf \pi \left\{ \sup_{\alpha \in \Lambda} \left| \int Q^-(\hat{z}, \alpha) \mathrm{d}F_\pi(\hat{z}) - \frac{1}{l} \sum_{i=1}^l Q^-(\hat{z}_i, \alpha) \right| \geqslant \varepsilon \right\}$$

$$+ \inf \pi \left\{ \sup_{\alpha \in \Lambda} \left| \int Q^+(\hat{z}, \alpha) \mathrm{d}F_\pi(\hat{z}) - \frac{1}{l} \sum_{i=1}^l Q^+(\hat{z}_i, \alpha) \right| \geqslant \varepsilon \right\},$$

则下列不等式成立:

$$\pi \left\{ \sup_{\alpha \in \Lambda} \delta\left(\int Q(\hat{z}, \alpha) \mathrm{d}F_\pi(\hat{z}), \frac{1}{l} \sum_{i=1}^l Q(\hat{z}_i, \alpha) \right) \geqslant \varepsilon \right\}$$

$$\leqslant \left[a, 8 \exp\left\{ \left(\frac{H_{\text{ann}}^{\Lambda,\mathfrak{B}}(2l)}{l} - \frac{\varepsilon^2}{(B-A)^2} \right) l \right\} \right].$$

证　由闭区间上集值概率的性质有

$$\pi\left\{\sup_{\alpha\in\Lambda}\delta\left(\int Q(\hat{z},\alpha)\mathrm{d}F_\pi(\hat{z}),\frac{1}{l}\sum_{i=1}^l Q(\hat{z}_i,\alpha)\right)\geqslant\varepsilon\right\}$$

$$=\pi\left\{\sup_{\alpha\in\Lambda}\max\left\{\left|\int Q^-(\hat{z},\alpha)\mathrm{d}F_\pi(\hat{z})-\frac{1}{l}\sum_{i=1}^l Q^-(z_i,\alpha)\right|,\right.\right.$$

$$\left.\left.\left|\int Q^+(\hat{z},\alpha)\mathrm{d}F_\pi(\hat{z})-\frac{1}{l}\sum_{i=1}^l Q^+(\hat{z}_i,\alpha)\right|\right\}\geqslant\varepsilon\right\}$$

$$\leqslant\pi\left\{\sup_{\alpha\in\Lambda}\left|\int Q^-(\hat{z},\alpha)\mathrm{d}F_\pi(\hat{z})-\frac{1}{l}\sum_{i=1}^l Q^-(z_i,\alpha)\right|\geqslant\varepsilon\right\}$$

$$+\pi\left\{\sup_{\alpha\in\Lambda}\left|\int Q^+(\hat{z},\alpha)\mathrm{d}F_\pi(\hat{z})-\frac{1}{l}\sum_{i=1}^l Q^+(\hat{z}_i,\alpha)\right|\geqslant\varepsilon\right\}$$

$$\leqslant\left[a,8\exp\left(\left(\frac{H_{\mathrm{ann}}^{\Lambda,\mathfrak{B}}(2l)}{l}-\frac{\varepsilon^2}{(B-A)^2}\right)l\right)\right].$$

注 5.1.1　其他具体的不确定统计学习理论的基本不等式可参照 5.1.1 小节 —5.1.3 小节得出.

5.2　非构造性的与分布无关的界

前一节所讨论的界是依赖于分布的, 不等式右边采用了退火熵 $H_{\mathrm{ann}}^{\Lambda,\mathfrak{B}}(l)$, 它是建立在分布函数基础上的. 由于 $H^\Lambda(l)\leqslant H_{\mathrm{ann}}^\Lambda(l)\leqslant G^\Lambda(l)$, 要得到与分布无关的界, 需用生长函数 $G^{\Lambda,\mathfrak{B}}(l)$ 代替退火熵. 因为对任何不确定分布, 生长函数 $G^{\Lambda,\mathfrak{B}}(l)$ 都不小于退火熵 $H_{\mathrm{ann}}^{\Lambda,\mathfrak{B}}(l)$, 所以新的界将不依赖于不确定分布.

因此, 可以由各种类型的基本不等式得到下面几种非构造性的与分布无关的界.

5.2.1　经典非构造性的与分布无关的界

(1) 设 $-\infty<A\leqslant Q(z,\alpha)\leqslant B<+\infty,\alpha\in\Lambda$ 是完全有界函数, 那么下面的不等式成立:

$$P\left\{\sup_{\alpha\in\Lambda}|R(\alpha)-R_{\mathrm{emp}}(\alpha)|>\varepsilon\right\}\leqslant 4\exp\left(\left(\frac{G^{\Lambda,\mathfrak{B}}(2l)}{l}-\frac{\varepsilon^2}{(B-A)^2}\right)l\right).$$

(2) $0 \leqslant Q(z, \alpha) \leqslant B, \alpha \in \Lambda$ 是完全有界的非负函数, 那么下面不等式成立:

$$\mathrm{P}\left\{\sup_{\alpha \in \Lambda} \frac{R(\alpha) - R_{\mathrm{emp}}(\alpha)}{\sqrt{R(\alpha)}} > \varepsilon\right\} \leqslant 4 \exp\left(\left(\frac{G^{\Lambda,\mathfrak{B}}(2l)}{l} - \frac{\varepsilon^2}{4B}\right)l\right).$$

(3) 对存在某个 $p > 2$ 阶的归一化矩 $m_p(\alpha)$ 的非负实函数集 $0 \leqslant Q(z, \alpha) \leqslant B, \alpha \in \Lambda$, 有

$$\mathrm{P}\left\{\sup_{\alpha \in \Lambda} \frac{R(\alpha) - R_{\mathrm{emp}}(\alpha)}{m_p(\alpha)} > a(p)\varepsilon\right\} \leqslant 4 \exp\left(\left(\frac{H_{\mathrm{ann}}^{\Lambda,\mathfrak{B}}(2l)}{l} - \frac{\varepsilon^2}{4}\right)l\right)$$

成立.

5.2.2 概率测度空间上基于非实随机样本的非构造性的与分布无关的界

该部分主要介绍概率测度空间上基于复随机样本的非构造性的与分布无关的界, 具体内容参见文献 [5,6].

(1) 设 $\{Q(\hat{z}, \alpha), \alpha \in \Lambda\}$ 是复可测函数集, 若它的实部和虚部为完全有界函数集, 即满足

$$A_1 \leqslant \mathrm{Re}(Q(\hat{z}, \alpha)) \leqslant B_1, \quad \alpha \in \Lambda,$$

$$A_2 \leqslant \mathrm{Im}(Q(\hat{z}, \alpha)) \leqslant B_2, \quad \alpha \in \Lambda, A_1, B_1, A_2, B_2 \in \mathbf{R},$$

令 $A = \min\{A_1, A_2\}$ 和 $B = \max\{B_1, B_2\}$, 则有

$$\mathrm{P}\left\{\sup_{\alpha \in \Lambda}(\|R(\alpha)\| - \|R_{\mathrm{emp}}(\alpha)\|) > \varepsilon\right\} \leqslant 8 \exp\left(\left(\frac{G^{\Lambda,\mathfrak{B}}(2l)}{l} - \frac{\varepsilon^2}{4(B-A)^2}\right)l\right).$$

(2) 设 $\{Q(\hat{z}, \alpha), \alpha \in \Lambda\}$ 是复可测函数集, 若它的实部和虚部为完全有界非负函数集, 那么下面的不等式成立:

$$0 \leqslant \mathrm{Re}(Q(\hat{z}, \alpha)) \leqslant B_1, \quad \alpha \in \Lambda,$$

$$0 \leqslant \mathrm{Im}(Q(\hat{z}, \alpha)) \leqslant B_2, \quad \alpha \in \Lambda, B_1, B_2 \in \mathbf{R}.$$

令 $B = \max\{B_1, B_2\}$, 则下列不等式成立:

$$\mathrm{P}\left\{\sup_{\alpha \in \Lambda} \frac{\|R(\alpha)\| - \|R_{\mathrm{emp}}(\alpha)\|}{\sqrt{\|R(\alpha)\|}} > \varepsilon\right\} \leqslant 16 \exp\left(\left(\frac{G^{\Lambda,\mathfrak{B}}(2l)}{l} - \frac{\varepsilon^2}{16B}\right)l\right).$$

(3) 设 $\{Q(\hat{z}, \alpha), \alpha \in \Lambda\}$ 是复可测函数集, 若它的实部和虚部为无界非负函数集, 并且其实部 $Q_1(\hat{z}, \alpha)(\alpha \in \Lambda)$ 和虚部 $Q_2(\hat{z}, \alpha)(\alpha \in \Lambda)$ 同时具有细的尾部, 即存

在一个数对 (p_1, τ_1), 其中 $p_1 > 2$, 使得

$$\sup_{\alpha \in \Lambda} \frac{\sqrt[p_1]{\int Q_1^{p_1}(\hat{z}, \alpha) \mathrm{d}\mathrm{P}}}{\int Q_1(\hat{z}, \alpha) \mathrm{d}\mathrm{P}} < \tau_1 < \infty$$

和另外一个数对 (p_2, τ_2), 其中 $p_2 > 2$, 使得

$$\sup_{\alpha \in \Lambda} \frac{\sqrt[p_2]{\int Q_2^{p_2}(\hat{z}, \alpha) \mathrm{d}\mathrm{P}}}{\int Q_2(\hat{z}, \alpha) \mathrm{d}\mathrm{P}} < \tau_2 < \infty,$$

则下面不等式成立:

$$\mathrm{P}\left\{\sup_{\alpha \in \Lambda} \frac{\|R(\alpha)\| - \|R_{\mathrm{emp}}(\alpha)\|}{\|R(\alpha)\|} > \tau a\,(p)\,\varepsilon\right\}$$
$$\leqslant 16 \exp\left(\left(\frac{H_{\mathrm{ann}}^{\Lambda, C}(2l)}{l} - \frac{\varepsilon^2}{16B}\right)l\right),$$

其中

$$\tau = \max\{\tau_1, \tau_2\}, \quad p = \min\{p_1, p_2\}, \quad a\,(p) = \sqrt[p]{\frac{1}{2}\left(\frac{p-1}{p-2}\right)^{p-1}}.$$

5.2.3　非概率测度空间上基于非实随机样本的非构造性的与分布无关的界

本小节主要介绍集值概率空间上基于随机集样本的非构造性的界与分布无关的界, 具体内容参见文献 [7, 8].

设 $\{Q(\hat{z}, \alpha), \alpha \in \Lambda\}$ 是紧凸随机集类且满足

$$A_1 \leqslant Q^-(\hat{z}, \alpha) \leqslant B_1,$$
$$A_2 \leqslant Q^+(\hat{z}, \alpha) \leqslant B_2,$$

其中 $A_1, B_1, A_2, B_2 \in \mathbf{R}$. 如果引入符号

$$A = \min\{A_1, A_2\}, \quad B = \max\{B_1, B_2\},$$
$$a = \inf \pi \left\{\sup_{\alpha \in \Lambda}\left|\int Q^-(\hat{z}, \alpha)\,\mathrm{d}F_\pi(\hat{z}) - \frac{1}{l}\sum_{i=1}^{l} Q^-(\hat{z}_i, \alpha)\right| \geqslant \varepsilon\right\}$$
$$+ \inf \pi \left\{\sup_{\alpha \in \Lambda}\left|\int Q^+(\hat{z}, \alpha)\,\mathrm{d}F_\pi(\hat{z}) - \frac{1}{l}\sum_{i=1}^{l} Q^+(\hat{z}_i, \alpha)\right| \geqslant \varepsilon\right\},$$

则下列不等式成立:

$$\pi\left\{\sup_{\alpha\in\Lambda}\delta\left(\int Q(\hat{z},\alpha)\mathrm{d}F_{\pi}(\hat{z}),\frac{1}{l}\sum_{i=1}^{l}Q(\hat{z}_i,\alpha)\right)\geqslant\varepsilon\right\}$$

$$\leqslant\left[a,8\exp\left\{\left(\frac{G^{\Lambda,\mathfrak{B}}(2l)}{l}-\frac{\varepsilon^2}{(B-A)^2}\right)l\right\}\right].$$

如果 $\lim\limits_{l\to\infty}\dfrac{G^{\Lambda,\mathfrak{B}}(l)}{l}=0$, 则这些界是非平凡的.

利用这些不等式, 可以建立不同的学习机器推广能力的界.

注 5.2.1 其他具体的不确定统计学习理论构造性的与分布无关的界可参照 5.2.1 小节 —5.2.3 小节得出.

5.3 不确定学习机器推广能力的界

5.3.1 经典学习机器推广能力的界

为了描述学习机器推广能力的界, 引入符号

$$\mathcal{E}=4\frac{G^{\Lambda,\mathfrak{B}}_{\mathrm{ann}}(2l)-\ln(\eta/4)}{l},$$

其中当 $\mathcal{E}<\infty$ 时, 这些界是非平凡的. 本小节详细内容参见文献 [2].

5.3.1.1 完全有界函数集

设 $\{A\leqslant Q(z,\alpha)\leqslant B,\alpha\in\Lambda\}$ 是完全有界的函数集, 则

(1) 下面的不等式依至少 $1-\eta$ 的概率成立, 同时对 $\{Q(z,\alpha),\alpha\in\Lambda\}$ 的所有函数 (包括使经验风险最小的函数) 成立:

$$R(\alpha)\leqslant R_{\mathrm{emp}}(\alpha)+\frac{(B-A)}{2}\sqrt{\mathcal{E}},$$

$$R_{\mathrm{emp}}(\alpha)-\frac{(B-A)}{2}\sqrt{\mathcal{E}}\leqslant R(\alpha).$$

(2) 下面的不等式依至少 $1-2\eta$ 的概率对经验风险最小的函数 $Q(z,\alpha_l)$ 成立:

$$R(\alpha_l)-\inf_{\alpha\in\Lambda}R(\alpha)\leqslant(B-A)\sqrt{\frac{-\ln\eta}{2l}}+\frac{(B-A)}{2}\sqrt{\mathcal{E}}.$$

5.3.1.2　完全有界非负函数集

设 $\{0 \leqslant Q(z, \alpha) \leqslant B, \alpha \in \Lambda\}$ 是有界非负函数的集合, 则

(1) 下面的不等式依至少 $1 - \eta$ 的概率同时对 $\{Q(z, \alpha) \leqslant B, \alpha \in \Lambda\}$ 的所有函数 (包括使经验风险最小的函数) 成立:

$$R(\alpha) \leqslant R_{\mathrm{emp}}(\alpha) + \frac{B\mathcal{E}}{2}\left(1 + \sqrt{1 + \frac{4R_{\mathrm{emp}}(\alpha)}{B\mathcal{E}}}\right).$$

(2) 下面的不等式依至少 $1 - 2\eta$ 的概率对使经验风险最小化的函数 $Q(z, \alpha_l)$ 成立:

$$R(\alpha_l) - \inf_{\alpha \in \Lambda} R(\alpha) \leqslant B\sqrt{\frac{-\ln \eta}{2l}} + \frac{B\mathcal{E}}{2}\left(1 + \sqrt{1 + \frac{4}{\mathcal{E}}}\right).$$

5.3.1.3　无界函数集

考虑无界非负函数集 $\{0 \leqslant Q(z, \alpha), \alpha \in \Lambda\}$. 容易看到, 如果不提供关于无界函数集和分布的额外信息, 不可能得到描述学习机器推广能力的不等式. 下面作出如下假设, 即有一个数对 (p, τ), 使得不等式

$$\sup_{\alpha \in \Lambda} \frac{(E(Q^p(z, \alpha)))^{1/p}}{R(\alpha)} \leqslant \tau < \infty \tag{5.4}$$

成立, 其中 $p > 1$. 学习理论关于无界函数集的主要结论如下 (为了简便起见, 这里只给出 $p > 2$ 的情况):

(1) 下面不等式依至少 $1 - \eta$ 的概率同时对满足式 (5.4) 的所有函数成立:

$$R(\alpha) \leqslant \frac{R_{\mathrm{emp}}(\alpha)}{\left(1 - a(p)\,\tau\sqrt{\mathcal{E}}\right)_+},$$

其中

$$(u)_+ = \max\{u, 0\}, \quad a(p) = \sqrt[p]{\frac{1}{2}\left(\frac{p-1}{p-2}\right)^{p-1}}.$$

(2) 不等式

$$\frac{R(\alpha_l) - \inf\limits_{\alpha \in \Lambda} R(\alpha)}{\inf\limits_{\alpha \in \Lambda} R(\alpha)} \leqslant \frac{\tau a(p)\sqrt{\mathcal{E}}}{(1 - \tau a(p)\sqrt{\mathcal{E}})_+} + o\left(\frac{1}{l}\right)$$

依至少 $1 - 2\eta$ 的概率成立.

5.3.2　概率测度空间上基于非实随机样本的学习机器推广能力的界

下面给出的是概率测度空间上基于复随机样本的学习过程推广能力的界, 详细内容参见文献 [5,6].

5.3.2.1　完全有界复函数集

设 $\{Q(\hat{z}, \alpha), \alpha \in \Lambda\}$ 是复可测函数集, 若它的实部和虚部为完全有界函数集, 即满足

$$A_1 \leqslant \mathrm{Re}\,(Q(\hat{z}, \alpha)) \leqslant B_1, \quad \alpha \in \Lambda,$$

$$A_2 \leqslant \mathrm{Im}\,(Q\,(\hat{z}, \alpha)) \leqslant B_2, \quad \alpha \in \Lambda, A_1, B_1, A_2, B_2 \in \mathbf{R},$$

令 $A = \min\{A_1, A_2\}$ 和 $B = \max\{B_1, B_2\}$, 则

(1) 对于满足上述条件的复可测函数集 $\{Q(\hat{z}, \alpha), \alpha \in \Lambda\}$ 中的所有函数, 不等式

$$\|R(\alpha)\| \leqslant \|R_{\mathrm{emp}}(\alpha)\| + 2\,(B - A)\,\sqrt{\varepsilon(l)}$$

依至少 $1 - \eta$ 的概率成立, 其中 $\varepsilon(l) = \dfrac{G^{\Lambda, \mathfrak{B}}(2l) - \ln\left(\dfrac{\eta}{8}\right)}{l}$;

(2) 不等式

$$\Delta(\alpha_l) = \|R(\alpha_l)\| - \|R(\alpha_0)\| \leqslant 2\,(B - A)\,\sqrt{\varepsilon(l)} + (B - A)\sqrt{-\dfrac{2\ln\left(\dfrac{\eta}{4}\right)}{l}}$$

依至少 $1 - 2\eta$ 的概率成立.

5.3.2.2　完全有界非负复函数集

设 $\{Q(\hat{z}, \alpha), \alpha \in \Lambda\}$ 是复可测函数集, 若它的实部和虚部为完全有界非负函数集, 即满足

$$0 \leqslant \mathrm{Re}\,(Q(\hat{z}, \alpha)) \leqslant B_1, \quad \alpha \in \Lambda,$$

$$0 \leqslant \mathrm{Im}\,(Q(\hat{z}, \alpha)) \leqslant B_2, \quad \alpha \in \Lambda, B_1, B_2 \in \mathbf{R},$$

令 $B = \max\{B_1, B_2\}$, 则

(1) 对于满足上述条件的复可测函数集 $\{Q(\hat{z}, \alpha), \alpha \in \Lambda\}$ 中的所有函数, 不等式

$$\|R(\alpha)\| \leqslant \|R_{\mathrm{emp}}(\alpha)\| + 8B\varepsilon(l)\left(1 + \sqrt{1 + \dfrac{\|R_{\mathrm{emp}}(\alpha)\|}{4B\varepsilon(l)}}\right)$$

依 $1 - \eta$ 的概率成立, 其中 $\varepsilon(l) = \dfrac{G^{\Lambda, \mathfrak{B}}(2l) - \ln\left(\dfrac{\eta}{16}\right)}{l}$;

(2) 不等式

$$\Delta(\alpha_l) = \|R(\alpha_l)\| - \|R(\alpha_0)\| \leqslant 8B\varepsilon(l)\left(1 + \sqrt{1 + \dfrac{\|R_{\mathrm{emp}}(\alpha)\|}{4B\varepsilon(l)}}\right) + B\sqrt{-\dfrac{2\ln\left(\dfrac{\eta}{4}\right)}{l}}$$

依至少 $1 - 2\eta$ 的概率成立.

5.3.2.3　无界非负复函数集

设 $\{Q(\hat{z},\alpha),\alpha\in\Lambda\}$ 是复可测函数集, 若它的实部和虚部为无界非负函数集, 并且其实部 $Q_1(\hat{z},\alpha),\alpha\in\Lambda$ 和虚部 $Q_2(\hat{z},\alpha),\alpha\in\Lambda$ 同时具有细的尾部, 即存在一个数对 (p_1,τ_1), 其中 $p_1>2$, 使得

$$\sup_{\alpha\in\Lambda}\frac{\sqrt[p_1]{\int\int Q_1^{p_1}(\hat{z},\alpha)\mathrm{d}P}}{\int Q_1(\hat{z},\alpha)\mathrm{d}P}<\tau_1<\infty,$$

以及另外一个数对 (p_2,τ_2), 其中 $p_2>2$, 使得

$$\sup_{\alpha\in\Lambda}\frac{\sqrt[p_2]{\int\int Q_2^{p_2}(\hat{z},\alpha)\mathrm{d}P}}{\int Q_2(\hat{z},\alpha)\mathrm{d}P}<\tau_2<\infty,$$

则

(1) 对于满足上述条件的复可测函数集 $\{Q(\hat{z},\alpha),\alpha\in\Lambda\}$ 中的所有函数, 不等式

$$\|R(\alpha)\|\leqslant\frac{\|R_{\mathrm{emp}}(\alpha)\|}{\left(1-\tau a(p)\sqrt{\varepsilon(l)}\right)_+}$$

依 $1-\eta$ 的概率成立, 其中

$$\varepsilon(l)=16\frac{G^{\Lambda,\mathfrak{B}}(2l)-\ln\left(\frac{\eta}{16}\right)}{l},\quad(u)_+=\max\{u,0\};$$

(2) 不等式

$$\Delta(\alpha_l)=\|R(\alpha_l)\|-\|R(\alpha_0)\|\leqslant 4\tau\|R(\alpha_0)\|\left(\frac{a(p)\sqrt{\varepsilon(l)}+(l\eta)^{-1/2}}{1-\tau a(p)\sqrt{\varepsilon(l)}}\right)_+$$

依至少 $1-2\eta$ 的概率成立, 其中

$$\tau=\max\{\tau_1,\tau_2\},\quad p=\min\{p_1,p_2\},\quad a(p)=\sqrt[p]{\frac{1}{2}\left(\frac{p-1}{p-2}\right)^{p-1}}.$$

5.3.3　非概率测度空间上基于非实随机样本的学习机器推广能力的界

下面给出集值概率空间上基于随机集样本的学习过程推广能力的界, 详细内容可参见文献 [8,9].

定理 5.3.1 设 $\{Q(\hat{z}, \alpha), \alpha \in \Lambda\}$ 是紧凸随机集类且

$$A_1 \leqslant Q^-(\hat{z}, \alpha) \leqslant B_1, \quad A_2 \leqslant Q^+(\hat{z}, \alpha) \leqslant B_2, \quad \alpha \in \Lambda,$$

其中 $A_1, B_1, A_2, B_2 \in \mathbf{R}$. 记

$$A = \min\{A_1, A_2\}, \quad B = \max\{B_1, B_2\},$$

$$a = \inf \pi \left\{ \sup_{\alpha \in \Lambda} \left| \int Q^-(\hat{z}, \alpha) \mathrm{d}F_\pi(\hat{z}) - \frac{1}{l} \sum_{i=1}^{l} Q^-(\hat{z}_i, \alpha) \right| \geqslant \varepsilon \right\}$$

$$+ \inf \pi \left\{ \sup_{\alpha \in \Lambda} \left| \int Q^+(\hat{z}, \alpha) \mathrm{d}F_\pi(\hat{z}) - \frac{1}{l} \sum_{i=1}^{l} Q^+(\hat{z}_i, \alpha) \right| \geqslant \varepsilon \right\},$$

则不等式

$$\pi \left\{ \sup_{\alpha \in \Lambda} \delta \left(\int Q(\hat{z}, \alpha) \mathrm{d}F_\pi(\hat{z}), \frac{1}{l} \sum_{i=1}^{l} Q(\hat{z}_i, \alpha) \right) \geqslant \varepsilon \right\}$$

$$\leqslant \left[a, 8 \exp \left\{ \left(\frac{H_{\mathrm{ann}}^{\Lambda, \mathfrak{B}}(2l)}{l} - \frac{\varepsilon^2}{(B-A)^2} \right) l \right\} \right]$$

成立.

证 利用紧凸随机集和集值概率的性质可证.

定理 5.3.2 设 $\{Q(\hat{z}, \alpha), \alpha \in \Lambda\}$ 是紧凸随机集类且满足

$$A_1 \leqslant Q^-(\hat{z}, \alpha) \leqslant B_1 \quad \text{和} \quad A_2 \leqslant Q^+(\hat{z}, \alpha) \leqslant B_2,$$

其中 $A_1, B_1, A_2, B_2 \in \mathbf{R}$. 如果引入符号 $A = \min\{A_1, A_2\}$, $B = \max\{B_1, B_2\}$, 则下列不等式:

$$\delta \left(\int Q(\hat{z}, \alpha_l) \mathrm{d}F_\pi(\hat{z}), \frac{1}{l} \sum_{i=1}^{l} Q(\hat{z}_i, \alpha_l) \right) \leqslant (B-A)\sqrt{\varepsilon(l)}$$

依至少 $\pi(\Omega) - [a, \eta]$ 的集值概率成立, 其中 $\varepsilon(l) = \dfrac{G^{\Lambda, \mathfrak{B}}(2l) - \ln\left(\dfrac{\eta}{8}\right)}{l}$.

证 根据定理 5.3.1, 首先引入一个非负变量 $0 < \eta \leqslant 1$ 且

$$\eta = 8 \exp \left\{ \left(\frac{H_{\mathrm{ann}}^{\Lambda, \mathfrak{B}}(2l)}{l} - \frac{\varepsilon^2}{(B-A)^2} \right) l \right\},$$

于是得到

$$\varepsilon = (B-A)\sqrt{\varepsilon(l)},$$

其中

$$\varepsilon (l) = \frac{H_{\mathrm{ann}}^{\Lambda,\mathfrak{B}} (2l) - \ln\left(\frac{\eta}{8}\right)}{l},$$

所以定理 5.3.1 可以等价地表示为如下关系:

对于任意随机集 $\{Q(\hat{z},\alpha),\alpha \in \Lambda\}$, 不等式

$$\delta\left(\int Q(\hat{z},\alpha)\mathrm{d}F_\pi(\hat{z}), \frac{1}{l}\sum_{i=1}^{l} Q(\hat{z}_i,\alpha)\right) \leqslant (B-A)\sqrt{\varepsilon(l)}$$

依至少 $\pi(\Omega) - [a,\eta]$ 的集值概率成立.

因此, 对于随机集 $Q(\hat{z},\alpha_l)$, 不等式

$$\delta\left(\int Q(\hat{z},\alpha_l)\mathrm{d}F_\pi(\hat{z}), \frac{1}{l}\sum_{i=1}^{l} Q(\hat{z}_i,\alpha_l)\right) \leqslant (B-A)\sqrt{\varepsilon(l)}$$

也依至少 $\pi(\Omega) - [a,\eta]$ 的集值概率成立.

定理 5.3.3   假设期望风险泛函 $R(\alpha)$ 的最小值在 $Q(\hat{z},\alpha_0)$ 取得, 经验风险泛函 $R_{\mathrm{emp}}(\alpha)$ 的最小值在 $Q(\hat{z},\alpha_l)$ 取得, 则下列不等式:

$$\delta\left(\int Q(\hat{z},\alpha_l)\mathrm{d}F_\pi(\hat{z}), \int Q(\hat{z},\alpha_0)\mathrm{d}F_\pi(\hat{z})\right) \leqslant 2(B-A)\sqrt{\varepsilon(l)}$$

依至少 $\pi(\Omega) - [2a,2\eta]$ 的集值概率成立.

证   利用定理 5.3.1 和定理 5.3.2 可证.

注 5.3.1   其他具体的不确定学习机器推广能力的界可参照 5.3.1 小节 —5.3.3 小节得出.

5.4   不确定函数集的 VC 维

前一节给出的学习机器推广能力的界主要是概念性的, 而不是构造性的, 不能直接用来构造算法. 为了使它们具有构造性, 必须找到给定函数集 $\{Q(z,\alpha),\alpha \in \Lambda\}$ 的退火熵 $H_{\mathrm{ann}}^{\Lambda,\mathfrak{B}}(l)$ 或生长函数 $G^\Lambda(l)$ 的计算途径.

将利用函数集 $\{Q(z,\alpha),\alpha \in \Lambda\}$ 的 VC 维的概念找到构造性的界. 1968 年, Vapnik 等研究了 VC 维的概念与生长函数之间的重要联系. 由于 VC 维只与函数集的性质有关, 下面将给出三类函数集的 VC 维的概念及相关性质, 需要注意的是, 函数集的 VC 维只与函数集的类型有关, 而与分布无关, 详细内容参见文献 [1—9].

5.4.1 实函数集的 VC 维

下面给出经典实函数集 VC 维的相关知识, 详细内容参见文献 [1—4].

定理 5.4.1 任何生长函数, 它或者满足等式

$$G^A(l) = l\ln 2,$$

或者受下面的不等式约束:

$$G^A(l) \begin{cases} = l\ln 2, & l \leqslant h, \\ \leqslant h\left(\ln\dfrac{l}{h} + 1\right), & l > h, \end{cases}$$

其中 h 是使 $G^A(h) = h\ln 2$ 成立的最大整数.

换句话说, 生长函数 $G^A(l)$ 或者是线性的, 或者以系数为 h 的对数函数为界.

定理 5.4.2 设 Z 为元素 z 的一个集合, $\mathcal{S}$ 为集合 Z 的子集 Z' 的某一集合, 用 $N^{\mathcal{S}}(z_1, z_2, \cdots, z_l)$ 表示集合 $z_1, z_2, \cdots, z_l$ 的不同子集

$$\{z_1, z_2, \cdots, z_l\} \bigcap Z', \quad Z' \in \mathcal{S}$$

的数目, 则有

$$\sup_{z_1, z_2, \cdots, z_l} N^{\mathcal{S}}(z_1, z_2, \cdots, z_l) \begin{cases} = 2^l, & l \leqslant h, \\ \leqslant \left(\displaystyle\sum_{i=0}^{h} C_l^i\right), & l > h, \end{cases}$$

其中, h 是使等式成立的最大整数.

注 5.4.1 定理 5.4.2 说明指示函数集可以分解成如下两种不同的类型:

(1) 具有线性生长函数的指示函数集;

(2) 具有对数生长函数的指示函数集.

定义 5.4.1 如果指示函数集 $\{Q(z, \alpha), \alpha \in \Lambda\}$ 的生长函数是线性的, 则说这个函数集的 VC 维是无穷大.

如果指示函数集 $\{Q(z, \alpha), \alpha \in \Lambda\}$ 的生长函数以参数为 h 的对数函数为界, 则说这个指示函数集的 VC 维是有限的且等于 h.

下面给出指示函数集的 VC 维的等价定义, 它强调了估计 VC 维的构造性方法.

定义 5.4.2 若一个指示函数集 $\{Q(z, \alpha), \alpha \in \Lambda\}$ 以所有可能的 2^h 种方式分成不同两类的向量 $z_1, z_2, \cdots, z_h$ 的最大数目为 h (即该函数集打散向量的最大数目), 则该函数集的 VC 维为 h.

设 $A \leqslant Q(z, \alpha) \leqslant B, \alpha \in \Lambda$, 考虑其指示器集合

$$I(z, \alpha, \beta) = \theta\{Q(z, \alpha) - \beta\}, \quad \alpha \in \Lambda, \beta \in (A, B),$$

其中 $\theta(z)$ 是阶跃函数, $\theta(z) = \begin{cases} 0, & z < 0, \\ 1, & z \geqslant 0. \end{cases}$

实函数集 $\{Q(z, \alpha), \alpha \in \Lambda\}$ 的 VC 维定义为相应的指示器集合的 VC 维.

如果函数集能够打散任意 n 个向量的集合 (即能够以 2^n 种方式将向量 z_1, $z_2, \cdots, z_n$ 分成不同的两类), 则 VC 维等于无穷大.

因此, 为了估计某函数集的 VC 维, 只需计算被该函数集打散向量的最大数目 h 就足够了. 下面给出几个估计不同函数集 VC 维的例子.

例 5.4.1　与参数呈线性关系的函数集.

(1) n 维坐标空间中的线性指示函数集

$$Q(z, \alpha) = \theta\left(\sum_{i=1}^{n} \alpha_i z_i + \alpha_0\right)$$

的 VC 维 $h = n + 1$, 因为这个函数集最多能打散 $n + 1$ 个向量 (图 5.1);

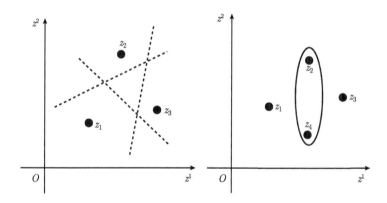

图 5.1　平面中直线的 VC 维等于 3, 因为它能打散三个向量而不能打散 4 个向量

(2) n 维坐标空间的线性函数集

$$Q(z, \alpha) = \sum_{i=1}^{n} \alpha_i z_i + \alpha_0, \quad \alpha_0, \alpha_1, \cdots, \alpha_n \in (-\infty, \infty)$$

的 VC 维是 $h = n + 1$, 因为它对应的指示器函数集的 VC 维等于 $n + 1$.

需要注意的是, 线性函数集的 VC 维等于自由参数 $\alpha_0, \alpha_1, \cdots, \alpha_n$ 的个数, 但是这一规律对于一般情况并不成立.

例 5.4.2　与参数呈非线性关系的指示函数集

$$Q(z, \alpha) = \theta(\sin(\alpha z)), \quad \alpha \in \mathbf{R}$$

的 VC 维是无穷大.

直线上任意的 l 个点

$$z_1 = 10^{-1}, \cdots, z_l = 10^{-l}$$

可以被这个集合中的函数打散. 事实上, 要把这些数据分为由序列

$$\delta_1, \delta_2, \cdots, \delta_l, \quad \delta_i \in \{0,1\}$$

确定的两类, 只要选择参数

$$\alpha = \pi \left(\sum_{i=1}^{l} (1 - \delta_i) \, 10^i + 1 \right)$$

即可.

这个例子也反映了这样一个问题, 即对于任意适当选择的数据点, 只要选取适当的参数 α 就能逼近以 $(-1, +1)$ 为界的任何函数.

因此, 一般而言, 参数的个数不能确定函数集的 VC 维. 但是, 正是函数集的 VC 维, 而不是函数集的参数个数定义了学习机器的推广能力. 这一事实将在随后的构造学习机器算法中起到极其重要的作用.

5.4.2 复可测函数集的 VC 维

下面给出复可测函数集的 VC 维, 详细内容可参见文献 [5] 和 [6].

定义 5.4.3 将能够被完全指示器集合

$$\theta(f(\text{Re}\{Q(\hat{z}, \alpha)\}, \text{Im}\{Q(\hat{z}, \alpha)\}) - c), \quad \alpha \in \Lambda, c \in (a, b)$$

打散的向量 $\hat{z}_1, \hat{z}_2, \cdots, \hat{z}_l$ 的最大数目称为复可测函数集 $\{Q(\hat{z}, \alpha), \alpha \in \Lambda\}$ 的 VC 维.

根据定义 5.4.3 易证以下两个引理.

引理 5.4.1 如果对于某个序列 $\hat{z}_1, \hat{z}_2, \cdots, \hat{z}_l$ 满足

$$N^{\Lambda, c}(\hat{z}_1, \hat{z}_2, \cdots, \hat{z}_l) > \sum_{i=0}^{n-1} C_l^i,$$

则存在一个长度为 n 的一个子序列 $\hat{z}_1^*, \hat{z}_2^*, \cdots, \hat{z}_n^*$, 使得

$$N^{\Lambda, c}(\hat{z}_1^*, \hat{z}_2^*, \cdots, \hat{z}_n^*) = 2^n$$

成立.

引理 5.4.2 如果

$$\sup_{\hat{z}_1, \hat{z}_2, \cdots, \hat{z}_{n+1}} N^{\Lambda, c}(\hat{z}_1, \hat{z}_2, \cdots, \hat{z}_{n+1}) \neq 2^{n+1},$$

则对于所有的 $l > n$, 不等式

$$\sup_{\hat{z}_1,\hat{z}_2,\cdots,\hat{z}_l} N^{\Lambda,c}(\hat{z}_1,\hat{z}_2,\cdots,\hat{z}_l) \leqslant \sum_{i=0}^{n} C_l^i$$

成立.

定理 5.4.3　复可测函数集 $\{Q(\hat{z},\alpha),\alpha \in \Lambda\}$ 的生长函数

$$G^{\Lambda,c}(l) \begin{cases} = l\ln 2, & l \leqslant h, \\ \leqslant \ln\left(\sum_{i=0}^{h} C_l^i\right) \leqslant \ln\left(\dfrac{\mathrm{e}l}{h}\right)^h = h\left(1+\ln\dfrac{l}{h}\right), & l > h, \end{cases}$$

其中 h 为复可测函数集 $\{Q(\hat{z},\alpha),\alpha \in \Lambda\}$ 的 VC 维, l 为样本量.

　　证　如果 $h = +\infty$, 则有

$$G^{\Lambda,c}(l) = \ln\max_{\hat{z}_1,\hat{z}_2,\cdots,\hat{z}_l} N^{\Lambda,c}(\hat{z}_1,\hat{z}_2,\cdots,\hat{z}_l) = \ln 2^l = l\ln 2.$$

如果 $h < \infty$, 则当 $l \leqslant h$ 时有

$$G^{\Lambda,c}(l) = \ln\max_{\hat{z}_1,\hat{z}_2,\cdots,\hat{z}_l} N^{\Lambda,c}(\hat{z}_1,\hat{z}_2,\cdots,\hat{z}_l) = \ln 2^l = l\ln 2;$$

当 $l > h$ 时, 由引理 5.4.2 可知, 对所有 $l > h$, 不等式

$$\begin{aligned} G^{\Lambda,c}(l) &= \ln\max_{\hat{z}_1,\hat{z}_2,\cdots,\hat{z}_l} N^{\Lambda,c}(\hat{z}_1,\hat{z}_2,\cdots,\hat{z}_l) \\ &\leqslant \ln\left(\sum_{i=0}^{h} C_l^i\right) \\ &= \ln\left(\sum_{i=0}^{h} \frac{l\cdot(l-1)\cdot\cdots\cdot(l-i+1)}{i!}\right) \\ &< \ln\left(\sum_{i=0}^{h} \frac{l^i}{i!}\right) = \ln\left(\sum_{i=0}^{h} \frac{(h)^i}{i!}\left(\frac{l}{h}\right)^i\right) \\ &< \ln\left(\left(\frac{l}{h}\right)^h \mathrm{e}^h\right) = h\left(1+\ln\frac{l}{h}\right) \end{aligned}$$

成立. 故定理成立.

5.4.3　随机集的 VC 维

　　下面给出随机集的 VC 维的相关理论, 详细内容参见文献 [7—9].

定义 5.4.4 设 $\hat{z}_1, \hat{z}_2, \cdots, \hat{z}_l \in Z, \{Q(\hat{z}, \alpha), \alpha \in \varLambda\}$ 为随机集类, $\sigma(\hat{z}, \alpha)$ 为 $Q(\hat{z}, \alpha)$ 的一个可测选择. 若 $N^{\varLambda, \beta}(\hat{z}_1, \hat{z}_2, \cdots, \hat{z}_l) = 2^{l \times m}$, 则称样本 $\hat{z}_1, \hat{z}_2, \cdots, \hat{z}_l$ 被随机集类打散.

定义 5.4.5 能够被完全指示器集合 $\theta(\sigma(\hat{z}, \alpha) - \beta)(\alpha \in \varLambda, \beta \in B)$ 打散的样本 $\hat{z}_1, \hat{z}_2, \cdots, \hat{z}_l$ 的最大数目 h 称为随机集类 $\{Q(\hat{z}, \alpha), \hat{z} \in Z, \alpha \in \varLambda\}$ 的 VC 维.

引理 5.4.3 如果对于随机集序列 $\hat{z}_1, \hat{z}_2, \cdots, \hat{z}_l$ 和 n 有下列不等式成立:

$$N^{\varLambda}(\hat{z}_1, \hat{z}_2, \cdots, \hat{z}_l) > \left(\sum_{i=0}^{n-1} \mathrm{C}_l^i \right)^m.$$

则存在一个长度为 n 的子序列 $\hat{z}_1^*, \hat{z}_2^*, \cdots, \hat{z}_n^*$ 有下列等式:

$$N^{\varLambda}(\hat{z}_1^*, \hat{z}_2^*, \cdots, \hat{z}_n^*) = 2^{n \times m}$$

成立, 其中 m 是随机集 $Q(\hat{z}, \alpha)$ 可测选择 $\sigma(\hat{z}, \alpha)$ 的维数.

证 记

$$\left(\sum_{i=0}^{n-1} \mathrm{C}_l^i \right)^m = \varPhi(n, l, m), \quad \mathrm{C}_l^i = 0, i > l.$$

利用上式得到以下关系:

$$\varPhi(1, l, m) = \mathrm{C}_l^0 = 1, \quad \varPhi(n, l, m) = 2^{l \times m}, \quad l \leqslant n - 1,$$

$$\varPhi(n, l, m) = \varPhi(n, l-1, m) + \varPhi(n-1, l-1, m), \quad n \geqslant 2.$$

利用归纳法证明.

(1) 对于 $n = 1$ 和任意 $l \geqslant 1$, 结论显然成立. 实际上, 对于这种情况有

$$N^{\varLambda}(\hat{z}_1, \hat{z}_2, \cdots, \hat{z}_l) > 1,$$

继而找到一个序列的元素 $\hat{z}^*$, 满足

$$\sigma_p(\hat{z}^*, \alpha_1) = 1, \quad p = 1, 2, \cdots, m,$$

其中 $\sigma_p(\hat{z}^*, \alpha_1)$ 是随机集 $Q(\hat{z}, \alpha_1)$ 可测选择 $\sigma(\hat{z}, \alpha_1)$ 的第 p 分量.

对于其他的随机集 $Q(\hat{z}, \alpha_2)$ 有

$$\sigma_p(\hat{z}^*, \alpha_2) = 0,$$

因此, $N^{\varLambda}(\hat{z}^*) = 2^m$.

(2) 对于 $l \leqslant n - 1$, 引理同样成立.

(3) 最后, 对任意 $n \leqslant n_0$ 和所有的 l, 引理成立. 考虑 $n = n_0 + 1$ 的情况. 在这种情况下, 将证明对于所有的 l, 引理也成立.

令 $n = n_0 + 1$, 关于 l 进行归纳推理. 对于 $l < n_0 + 1$, 引理成立. 假设对于 $l \leqslant l_0$, 引理成立, 然后证明对于 $l = l_0 + 1$, 引理成立. 实际上, 假设对于某一序列 $\hat{z}_1, \cdots, \hat{z}_{l_0}$, $\hat{z}_{l_0+1}$, 满足引理的条件

$$N^\Lambda(\hat{z}_1, \hat{z}_2, \cdots, \hat{z}_{l_0}, \hat{z}_{l_0+1}) > \Phi(n_0 + 1, l_0 + 1, m).$$

如果找到长度为 $n_0 + 1$ 的子序列, 如 $\hat{z}_1, \cdots, \hat{z}_{l_0}, \hat{z}_{l_0+1}$, 使得

$$N^\Lambda(\hat{z}_1, \cdots, \hat{z}_{l_0}, \hat{z}_{l_0+1}) = 2^{(n_0+1) \times m}.$$

考虑子序列 $\hat{z}_1, \hat{z}_2, \cdots, \hat{z}_{l_0}$, 有两种可能的情形.

情形 1. $N^\Lambda(\hat{z}_1, \hat{z}_2, \cdots, \hat{z}_{l_0}) > \Phi(n_0 + 1, l_0, m).$

根据归纳假设, 存在一个长度为 $n_0 + 1$, 使得

$$N^\Lambda(\hat{z}_1, \cdots, \hat{z}_{l_0}, \hat{z}_{n_0+1}) = 2^{(n_0+1) \times m}.$$

这一点的证明, 对于情形 1, 引理成立.

情形 2. $N^\Lambda(\hat{z}_1, \hat{z}_2, \cdots, \hat{z}_{l_0}) \leqslant \Phi(n_0 + 1, l_0, m).$

将序列 $\hat{z}_1, \hat{z}_2, \cdots, \hat{z}_{l_0}$ 的子序列分成两种类型. 如果在函数集 $\{Q(\hat{z}, \alpha), \alpha \in \Lambda\}$ 中存在一个随机集 $Q(\hat{z}, \alpha^*)$ 和它的一个可测选择 $\sigma(\hat{z}, \alpha^*)$, 满足条件

$$\sigma_p(\hat{z}_{i_0+1}, \alpha^*) = 1, \quad p = 1, 2, \cdots, m,$$

$$\sigma_p(\hat{z}_{i_k}, \alpha^*) = \sigma_p(\hat{z}_{l_0+1}, \alpha^*), \quad k = 1, 2, \cdots, r,$$

$$\sigma_p(\hat{z}_j, \alpha^*) \neq \sigma_p(\hat{z}_{l_0+1}, \alpha^*), \quad z_j \notin \{z_{i_k}, k = 1, 2, \cdots, r\},$$

又存在另一个随机集 $Q(\hat{z}, \alpha^{**})$ 和 $Q(\hat{z}, \alpha^{**})$ 的可测选择 $\sigma(\hat{z}, \alpha^{**})$, 满足条件

$$\sigma_p(\hat{z}_{l_0+1}, \alpha^{**}) = 0, \quad p = 1, 2, \cdots, m,$$

$$\sigma_p(\hat{z}_{i_k}, \alpha^{**}) \neq \sigma_p(\hat{z}_{l_0+1}, \alpha^{**}), \quad k = 1, 2, \cdots, r,$$

$$\sigma_p(\hat{z}_j, \alpha^{**}) = \sigma_p(\hat{z}_{l_0+1}, \alpha^{**}), \quad \hat{z}_j \notin \{\hat{z}_{i_k}, k = 1, 2, \cdots, r\},$$

则子序列 $\hat{z}_{i_1}, \hat{z}_{i_2}, \cdots, \hat{z}_{i_r}$ 指定为第一类型. 如果在函数集 $\{Q(\hat{z}, \alpha), \alpha \in \Lambda\}$ 中存在一个随机集 $Q(\hat{z}, \alpha^*)$, 满足条件

$$\sigma_p(\hat{z}_{i_0+1}, \alpha^*) = 1, \quad p = 1, 2, \cdots, m,$$

$$\sigma_p\left(\hat{z}_{i_k}, \alpha^*\right) = \sigma_p\left(\hat{z}_{l_0+1}, \alpha^*\right), \quad k = 1, 2, \cdots, r,$$

$$\sigma_p\left(\hat{z}_j, \alpha^*\right) \neq \sigma_p\left(\hat{z}_{l_0+1}, \alpha^*\right), \quad \hat{z}_j \notin \{\hat{z}_{i_k}, k = 1, 2, \cdots, r\},$$

或者存在一个随机集 $Q\left(\hat{z}, \alpha^{**}\right)$, 满足

$$\sigma_p\left(\hat{z}_{l_0+1}, \alpha^{**}\right) = 0, \quad p = 1, 2, \cdots, m,$$

$$\sigma_p\left(\hat{z}_{i_k}, \alpha^{**}\right) \neq \sigma_p\left(\hat{z}_{l_0+1}, \alpha^{**}\right), \quad k = 1, 2, \cdots, r, \hat{z}_j \notin \{\hat{z}_{i_k}, k = 1, 2, \cdots, r\}$$

(但是不同时满足), 则子序列 $\hat{z}_{i_1}, \hat{z}_{i_2}, \cdots, \hat{z}_{i_r}$ 指定为第二类型.

用 K_1 表示第一类子序列的数目, 用 K_2 表示第二类子序列的数目, 很容易得到

$$N^{\Lambda}(\hat{z}_1, \hat{z}_2, \cdots, \hat{z}_{l_0}) = K_1 + K_2,$$

$$N^{\Lambda}(\hat{z}_1, \cdots, \hat{z}_{l_0}, \hat{z}_{l_0+1}) = 2K_1 + K_2.$$

因此有

$$N^{\Lambda}(\hat{z}_1, \cdots, \hat{z}_{l_0}, \hat{z}_{l_0+1}) = N^{\Lambda}(\hat{z}_1, \hat{z}_2, \cdots, \hat{z}_{l_0}) + K_1. \tag{5.5}$$

用 $\{Q(\hat{z}, \alpha), \alpha \in \Lambda^*\}$ 表示函数集 $\{Q(\hat{z}, \alpha), \alpha \in \Lambda\}$ 的子集, 它在 $\hat{z}_1, \cdots, \hat{z}_l, \hat{z}_{l_0+1}$ 上诱导第一类子序列. 如果

$$K_1 = N^{\Lambda^*}(\hat{z}_1, \hat{z}_2, \cdots, \hat{z}_{l_0}) > \Phi(n_0, l_0, m), \tag{5.6}$$

则根据假设, 存在一个子序列 $\hat{z}_{i_1}, \hat{z}_{i_2}, \cdots, \hat{z}_{i_{n_0}}$, 使得 $N^{\Lambda^*}(\hat{z}_{i_1}, \hat{z}_{i_2}, \cdots, \hat{z}_{i_{n_0}}) = 2^{n_0 \times m}$. 然而在这种情况下, 由于这一序列属于第一类子序列, 因此, 对于序列 $\hat{z}_{i_1}, \cdots, \hat{z}_{i_{n_0}}$, $\hat{z}_{l_0+1}$ 有

$$N^{\Lambda^*}(\hat{z}_{i_1}, \cdots, \hat{z}_{i_{n_0}}, \hat{z}_{l_0+1}) = 2^{(n_0+1) \times m}.$$

然而, 如果 $K_1 = N^{\Lambda^*}(\hat{z}_1, \hat{z}_2, \cdots, \hat{z}_{l_0}) \leqslant \Phi(n_0, l_0, m)$, 则根据式 (5.5) 和式 (5.6) 得到

$$N^{\Lambda}(\hat{z}_1, \cdots, \hat{z}_{l_0}, \hat{z}_{l_0+1}) \leqslant \Phi(n_0 + 1, l_0, m) + \Phi(n_0, l_0, m),$$

利用函数 $\Phi(n, l, m)$ 的性质, 意味着

$$N^{\Lambda}(\hat{z}_1, \hat{z}_{l_0}, \cdots, \hat{z}_{l_0+1}) \leqslant \Phi(n_0 + 1, l_0 + 1, m),$$

这与引理的条件矛盾.

引理 5.4.4 如果

$$\sup_{\hat{z}_1, \hat{z}_2, \cdots, \hat{z}_{n+1}} N^{\Lambda}(\hat{z}_1, \hat{z}_2, \cdots, \hat{z}_{n+1}) \neq 2^{(n+1) \times m},$$

则对于所有 $l > n$, 下列不等式成立:

$$\sup_{\hat{z}_1, \hat{z}_2, \cdots, \hat{z}_l} N^\Lambda(\hat{z}_1, \hat{z}_2, \cdots, \hat{z}_l) \leqslant \Phi(n+1, l, m).$$

定理 5.4.4　对于随机集类 $\{Q(\hat{z}, \alpha), \alpha \in \Lambda\}$ 的生长函数, 或者满足

$$G^\Lambda(l) = (lm) \ln 2,$$

或者以下不等式为界:

$$G^\Lambda(l) \begin{cases} = (lm) \ln 2, & l \leqslant h, \\ \leqslant m \ln \left(\sum_{i=0}^{h} \mathrm{C}_l^i \right) \leqslant m \ln \left(\dfrac{\mathrm{e}l}{h} \right)^h = mh \left(1 + \ln \dfrac{l}{h} \right), & l > h, \end{cases}$$

其中 m 是可测选择 $\sigma(\hat{z}, \alpha)$ 的维数, h 是使 $G^\Lambda(h) = (hm) \ln 2$ 成立的最大整数.

证　利用引理 5.4.3 和引理 5.4.4 可证.

注 5.4.2　其他具体不确定函数集的 VC 维的概念和性质可参照 5.4.1 小节 —5.4.3 小节得出.

5.5　构造性的与分布无关的界

本节将主要讨论基于 VC 维的构造性且与分布无关的界, 从而用来构造学习机器的推广能力.

考虑一个有限 VC 维为 h 的函数集 (实函数集、复可测函数集和随机集类), 在这种情况下, 界

$$G^\Lambda(l) \leqslant h \left(\ln \frac{l}{h} + 1 \right), \quad l > h$$

成立. 对于一个有限 VC 维为 h 的随机集集合, 界

$$G^\Lambda(l) \leqslant mh \left(\ln \frac{l}{h} + 1 \right), \quad l > h$$

成立, 其中 m 为随机集可测选择的维数. 因此, 5.3 节中所有的不等式都可以使用下面的表达式:

$$\mathcal{E} = 4 \frac{h \left(\ln \dfrac{2l}{h} + 1 \right) - \ln \left(\dfrac{\eta}{4} \right)}{l}.$$

对于复可测函数集和随机集集界的表达方式也要针对其 VC 维的性质作相应变化, 详细内容参见文献 [5—9]. 现在只给出针对实函数集的构造性且与分布无关的界[1-4].

对于函数集 $\{Q(\hat{z},\alpha),\alpha\in\Lambda\}$ 中包含有限 N 个元素的情况, 使用表达式

$$\mathcal{E} = 2\frac{\ln N - \ln \eta}{l}.$$

这样, 对于一个有限 VC 维为 h 的函数集和函数数目有限的函数集, 要使用相应的表达式.

情形 1. 完全有界函数集.

设 $\{A \leqslant Q(z,\alpha) \leqslant B, \alpha \in \Lambda\}$ 是完全有界的函数集, 则

(1) 对于 $\{Q(z,\alpha),\alpha\in\Lambda\}$ 的所有函数 (包括使经验风险最小的函数), 下面的不等式依至少 $1 - \eta$ 的概率成立:

$$R(\alpha) \leqslant R_{\mathrm{emp}}(\alpha) + \frac{(B-A)}{2}\sqrt{\mathcal{E}},$$

$$R_{\mathrm{emp}}(\alpha) - \frac{(B-A)}{2}\sqrt{\mathcal{E}} \leqslant R(\alpha).$$

(2) 对于经验风险最小的函数 $Q(z,\alpha_l)$, 下面的不等式依至少 $1 - 2\eta$ 的概率成立:

$$R(\alpha_l) - \inf_{\alpha\in\Lambda} R(\alpha) \leqslant (B-A)\sqrt{\frac{-\ln\eta}{2l}} + \frac{(B-A)}{2}\sqrt{\mathcal{E}}.$$

情形 2. 完全有界非负函数集.

设 $\{0 \leqslant Q(z,\alpha) \leqslant B, \alpha \in \Lambda\}$ 是有界非负函数的集合, 则

(1) 下面的不等式依至少 $1 - \eta$ 的概率成立:

$$R(\alpha) \leqslant R_{\mathrm{emp}}(\alpha) + \frac{B\mathcal{E}}{2}\left(1 + \sqrt{1 + \frac{4R_{\mathrm{emp}}(\alpha)}{B\mathcal{E}}}\right).$$

(2) 下面的不等式依至少 $1 - 2\eta$ 的概率成立:

$$R(\alpha_l) - \inf_{\alpha\in\Lambda} R(\alpha) \leqslant B\sqrt{\frac{-\ln\eta}{2l}} + \frac{B\mathcal{E}}{2}\left(1 + \sqrt{1 + \frac{4}{\mathcal{E}}}\right).$$

情形 3. 无界非负函数集.

最后, 考虑无界非负函数集 $\{0 \leqslant Q(z,\alpha),\alpha\in\Lambda\}$.

(1) 下面的不等式依至少 $1 - \eta$ 的概率成立:

$$R(\alpha) \leqslant \frac{R_{\mathrm{emp}}(\alpha)}{\left(1 - a(p)\tau\sqrt{\mathcal{E}}\right)_+},$$

其中

$$(u)_+ = \max\{u, 0\}, \quad a(p) = \sqrt[p]{\frac{1}{2}\left(\frac{p-1}{p-2}\right)^{p-1}}.$$

(2) 不等式

$$\frac{R\left(\alpha_l\right) - \inf\limits_{\alpha \in \Lambda} R\left(\alpha\right)}{\inf\limits_{\alpha \in \Lambda} R\left(\alpha\right)} \leqslant \frac{\tau a\left(p\right)\sqrt{\mathcal{E}}}{\left(1 - \tau a(p)\sqrt{\mathcal{E}}\right)_+} + o\left(\frac{1}{l}\right)$$

依至少 $1 - 2\eta$ 的概率成立.

注 5.5.1　对于复可测函数集、集值随机集类等不确定函数集, 要想得到与分布无关的构造性的界, 只需将其中的退火熵换成 VC 维, 即用 $h\left(\ln\dfrac{2l}{h} + 1\right)$ 代替 5.3 节中的 $G_{\mathrm{ann}}^{\Lambda,\mathfrak{B}}\left(2l\right)$ 即可. 因此, 以上这三种情形的界没有被显著地改善.

5.6　构造严格的与分布有关的界

本节主要讨论经典统计学习理论构造严格地依赖于分布界的问题[1-4]. 根据本节, 读者可以考虑不确定统计学习理论构造严格地依赖于分布界的问题, 本书不再详细论述. 要构造风险的严格界, 必须考虑关于概率测度的信息. 设 $\mathcal{J}_0$ 是所有概率测度的集合, $\mathcal{J}$ 是集合 $\mathcal{J}_0$ 的一个子集. 如果知道一个包含分布 $F\left(z\right)$ 的子集 $\mathcal{J}$, 则说拥有关于未知概率测度的先验知识.

下面考虑对生长函数的推广:

$$\tilde{G}_{\mathcal{J}}^{\Lambda}\left(l\right) = \ln \sup_{F \in \mathcal{J}} E_F\left(N^{\Lambda}\left(z_1, z_2, \cdots, z_l\right)\right).$$

在 $\mathcal{J} = \mathcal{J}_0$ 的极端情况下, 广义生长函数 $\tilde{G}_{\mathcal{J}}^{\Lambda}\left(l\right)$ 就是生长函数 $G^{\Lambda}\left(l\right)$. 在另一种极端情况下, $\mathcal{J}$ 只包含一个函数 $F\left(z\right)$, 这时广义生长函数就是退火 VC 熵.

因此, 风险的严格界可以从广义生长函数的角度得到, 它们与分布无关的界具有相同的泛函形式, 只是 $\mathcal{E}$ 的表达式不同. $\mathcal{E}$ 的新表达式为

$$\mathcal{E} = 4\frac{\tilde{G}_{\mathcal{J}}^{\Lambda}\left(2l\right) - \ln\left(\eta/4\right)}{l}.$$

但是这些界是非构造性的, 因为尚没有找到计算广义生长函数的一般方法 (与此相对照, 对原来的生长函数, 在函数集 VC 维的基础上得到了构造性的界).

要找到严格的构造性的界, 必须找到对不同概率测度集合 $\mathcal{J}$ 计算其广义生长函数的方法. 这里主要的问题是找到一个与 $\mathcal{J}_0$ 不同的子集 $\mathcal{J}$, 使其广义生长函数可以在某种构造性概念的基础上进行估算 (就像生长函数是用函数集的 VC 维来估算一样).

注 5.6.1　其他具体的不确定统计学习理论严格与分布无关的界的相关讨论可以参照本节得出.

参 考 文 献

[1] Vapnik V N. The Nature of Statistical Learning Theory. New York: A Wiley-Interscience Publication, 1995

[2] Vapnik V N. 统计学习理论的本质. 张学工, 译. 北京: 清华大学出版社, 2000

[3] Vapnik V N. Statistical Learning Theory. New York: A Wiley-Interscience Publication, 1998

[4] Vapnik V N. 统计学习理论. 许建华, 张学工, 译. 北京: 清华大学出版社, 2004

[5] Ha M H, Pedrycz W, Zhang Z M, et al. The theoretical foundations of statistical learning theory of complex random samples. Far East Journal of Applied Mathematics, 2009, 34(3): 315-336

[6] Zhang Z M, Pedrycz W, Ha M H, et al. The bounds of the rate of uniform convergence of learning process based on complex random samples. Far East Journal of Experimental and Theoretical Artificial Intelligence, 2008, 2(1): 1-24

[7] 孙璐, 陈继强, 哈明虎. 基于随机集样本的学习过程一致收敛速率的界. 模糊系统与数学, 2008, 22: 270-272

[8] Ha M H, Pedrycz W, Chen J Q, et al. Some theoretical results of learning theory based on random sets in set-valued probability space. Kybernetes, 2009, 38: 635-657

[9] Ha M H, Chen J Q, Pedrycz W, et al. Bounds on the rate of convergence of learning processes based on random sets and set-valued probability. Kybernetes, 2011, 40 (9/10): 1459-1485

第6章 控制不确定学习过程的推广能力

控制不确定学习过程的推广能力是构建支持向量机的理论基础. 本章将重点讨论不确定结构风险最小化原则、不确定收敛速度的渐近界以及不确定回归估计问题的界.

6.1 经典结构风险最小化归纳原则

在概率测度空间上基于随机样本的学习问题中, 对于 VC 维为 h 完全有界函数集 $\{0 \leqslant Q(z, \alpha) \leqslant B, \alpha \in \Lambda\}$ 中的所有函数, 不等式

$$R(\alpha) \leqslant R_{\mathrm{emp}}(\alpha) + \frac{B\mathcal{E}}{2}\left(1 + \sqrt{1 + \frac{4R_{\mathrm{emp}}(\alpha)}{B\mathcal{E}}}\right) \tag{6.1}$$

依至少 $1 - \eta$ 的概率成立, 其中

$$\mathcal{E} = 4\frac{h\left(\ln\dfrac{2l}{h} + 1\right) - \ln\left(\dfrac{\eta}{4}\right)}{l}.$$

同样, 如果存在一对值 (p, τ), 使得对于 VC 维为 h (不一定有界的) 的函数集 $\{0 \leqslant Q(z, \alpha), \alpha \in \Lambda\}$ 中的所有函数, 不等式

$$\frac{\sqrt[p]{EQ^p(z, \alpha)}}{EQ(z, \alpha)} \leqslant \tau, \quad p > 2$$

成立, 则有

$$R(\alpha) \leqslant \frac{R_{\mathrm{emp}}(\alpha)}{\left(1 - a(p)\tau\sqrt{\mathcal{E}}\right)_+}, \tag{6.2}$$

$$a(p) = \sqrt[p]{\frac{1}{2}\left(\frac{p-1}{p-2}\right)^{p-1}},$$

$$a(p) = \sqrt[p]{\frac{1}{2}\left(\frac{p-1}{p-2}\right)^{p-1}}$$

依至少 $1 - \eta$ 的概率成立.

现在, 将利用上述不等式控制基于固定数量的经验数据最小化风险泛函的过程. 控制这一过程最简单的方法是最小化经验风险值. 依据不等式 (6.1), 风险的上界随着经验风险值的减小而减小. 因此, ERM 原则在处理大样本问题方面是合理的. 如果 l/h 较大, $\mathcal{E}$ 就较小. 因此, 不等式 (6.1) 右端第二项和不等式 (6.2) 分母的第二项就变得较小, 于是实际风险值由经验风险值来决定, 即最小化实际风险时, 只需经验风险.

然而, 如果 l/h 较小, 小的经验风险值并不能保证小的实际风险值. 在这种情况下, 为了最小化实际风险, 必须同时考虑不等式的两项. 但是需要注意, 不等式右端第一项取决于函数集的某一个特定函数, 而第二项取决于整个函数集的 VC 维. 因此, 要对右端两项同时最小化, 必须使得 VC 维成为一个可以控制的变量.

为此, 提出了一个一般性原则 —— 结构风险最小化 (SRM) 原则[1-4], 这一原则旨在针对经验风险和置信范围这两项最小化实际风险.

设函数集 $\{Q(z,\alpha),\alpha \in \Lambda\}$ 的集合 S 具有一定的结构, 这一结构是由一系列嵌套的函数子集 $S_k = \{Q(z,\alpha),\alpha \in \Lambda_k\}$ 组成的 (图 6.1), 它们满足

$$S_1 \subset S_2 \subset \cdots \subset S_n \subset \cdots,$$

其中结构元素满足下面三个性质:

(1) 每个函数集 S_k 的 VC 维 h 是有限的, 显然 $h_1 \leqslant h_2 \leqslant \cdots \leqslant h_n \leqslant \cdots$;

(2) 结构的任何元素 S_k 或者包含一个完全有界函数的集合

$$0 \leqslant Q(z,\alpha) \leqslant B_k, \quad \alpha \in \Lambda_k,$$

显然也有

$$B_1 \leqslant B_2 \leqslant \cdots \leqslant B_n \leqslant \cdots,$$

或者一个非负函数集 $\{Q(z,\alpha),\alpha \in \Lambda_k\}$, 并且满足不等式

$$\sup_{\alpha \in \Lambda_k} \frac{\sqrt[p]{E(Q^p(z,\alpha))}}{E(Q(z,\alpha))} \leqslant \tau_k < \infty, \tag{6.3}$$

所以

$$\tau_1 \leqslant \tau_2 \leqslant \cdots \leqslant \tau_n \leqslant \cdots;$$

(3) 集合 $S^* = \bigcup_k S_k$ 在集合 S 中按照度量 $L_1(F)$ 是处处稠密的, 即对于任意的 $\varepsilon > 0$ 和任何函数 $Q(z,\alpha) \in S$, 存在一个函数 $Q(z,\alpha^*) \in S^*$, 使得

$$\rho(Q(z,\alpha),Q(z,\alpha^*)) = E(|Q(z,\alpha) - Q(z,\alpha^*)|) < \varepsilon.$$

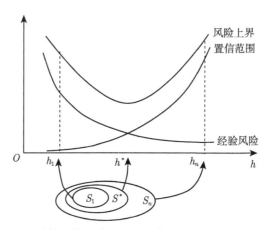

图 6.1　风险的界是经验风险和置信区间之和. 随着结构元素
序号的增加, 经验风险将减少, 而置信区间却变大. 最小的
风险上界是在结构的某个适当元素上取得的

对于给定的观测集 $z_1, z_2, \cdots, z_l$, 结构风险最小化原则在使保证风险最小的子集 S_k 中选择使经验风险最小的函数 $Q\left(z, \alpha_l^k\right)$. 因此, 结构风险最小化归纳原则的思想如下所述:

为给定函数集提供一个容许结构, 然后在给定结构的元素上找到最小化保证风险或函数 (图 6.1).

注 6.1.1　关于其他具体的不确定结构风险最小化原则的理论框架可以参照本节得出.

6.2　不确定收敛速度的渐近界

在本节中, 主要讨论以下两个问题:

(1) 结构风险最小化原则是否是一致的? 根据这一原则所选出的函数, 其风险是否随着观测数目的增加而收敛于集合 S 的最小可能风险?

(2) 收敛速度的渐近界是什么?

6.2.1　经典收敛速度的渐近界

首先回顾经典的收敛速度的渐近界[1-4].

设函数集 S 具有一定的结构, 这一结构是由一系列嵌套的函数

$$S_k = \{Q\left(z, \alpha\right), \alpha \in \Lambda_k\}$$

组成的. 现在考虑结构包含无限多个元素的情况, 由于 S^* 在 S 中是处处稠密的,

所以

$$S = \overline{\bigcup_{k=1}^{\infty} S_k}.$$

用 $Q\left(z, \alpha_l^k\right) (k = 1, 2, \cdots)$ 表示函数集 S_k 中的最小化经验风险函数, 用 $Q\left(z, \alpha_l^0\right)$ 表示函数集 S_k 中的最小化期望风险函数.

要对结构风险最小化原则进行渐近分析, 考虑这样一个规律, 它对任意给定的 l, 确定结构式中元素 S_n 的序号

$$n = n\left(l\right), \tag{6.4}$$

从而用于选取与观测数目 l 有关的合适的结构元素 S_n, 并对所选的决策规则提供最小可能风险收敛性.

定理 6.2.1 如果规律 $n = n\left(l\right)$ 使得

$$\lim_{l \to \infty} \frac{T_{n(l)}^2 h_{n(l)} \ln l}{l} = 0, \tag{6.5}$$

其中 T_n 满足以下性质:

(1) 若考虑结构子集 S_n 中完全有界的函数 $Q\left(z, \alpha\right) \leqslant B_n$, 则

$$T_n = B_n;$$

(2) 若考虑的是一个元素满足式 (6.3) 的结构, 则

$$T_n = \tau_n,$$

那么, 结构风险最小化原则将得到这样一系列逼近 $Q(z, \alpha_l^{n(l)})$, 对这些逼近, 风险序列 $R(\alpha_l^{n(l)})$ 将收敛于最小风险

$$R\left(\alpha_0\right) = \inf_{\alpha \in \Lambda} R\left(\alpha\right),$$

并且收敛的渐近速度为

$$V\left(l\right) = r_{n(l)} + T_{n(l)}\sqrt{\frac{h_{n(l)} \ln l}{l}}, \tag{6.6}$$

其中 $r_{n(l)}$ 为

$$r_{n(l)} = \inf_{\alpha \in \Lambda_n} R - \inf_{\alpha \in \Lambda} R.$$

定理 6.2.2 如果结构使得 $B_n^2 \leqslant n^{1-\delta}$, 则对于任何分布函数, 结构风险最小化方法具有依概率 P 收敛于最佳可能解的性质, 并且如果最佳解 $Q(z, \alpha_0)$ 属于结构 $(Q(z, \alpha_0) = Q(z, \alpha^*))$ 的某一个元素 S_* 且 $B_{n(l)}^2 \leqslant u(l) \leqslant l^{1-\delta}$, 则利用结构风险最小化原则得到下列渐近收敛速率:

$$V(l) = O\left(\sqrt{\frac{u(l) \ln l}{l}}\right).$$

6.2.2 概率测度空间上基于非实随机样本的收敛速度的渐近界

本小节主要给出概率测度空间上基于非实随机样本学习问题收敛速度的渐近界 (以概率测度空间上基于复随机样本学习问题收敛速度的渐近界为例), 详细内容参见文献 [5, 6].

定理 6.2.3 如果规律 $k = k(l)$ 使得 $\lim\limits_{l \to \infty} \dfrac{T_{k(l)}^2 h_{k(l)} \ln l}{l} = 0$, 其中 $T_{k(l)}$ 如下:

(1) 若所考虑的结构的子集 S_k 中复可测函数的实部和虚部为完全有界非负函数的情况, 即设 $\{Q(\hat{z}, \alpha), \alpha \in \Lambda_k\}$ 是复可测函数集且满足

$$0 \leqslant \operatorname{Re}(Q(\hat{z}, \alpha)) \leqslant B_{k1}, \quad 0 \leqslant \operatorname{Im}(Q(\hat{z}, \alpha)) \leqslant B_{k2}, \quad \alpha \in \Lambda_k,$$

其中, $B_{k1}, B_{k2} \in \mathbf{R}$, 令 $B_k = \max\{B_{k1}, B_{k2}\}$, 则 $T_{k(l)} = B_k$;

(2) 若所考虑的结构的子集 S_k 中复函数的实部和虚部为无界非负函数, 并且其实部 $Q_1(\hat{z}, \alpha)(\alpha \in \Lambda_k)$ 和虚部 $Q_2(\hat{z}, \alpha)(\alpha \in \Lambda_k)$ 同时具有细的尾部, 即存在一对数对 (p_i, τ_{ki}), 使得

$$\sup_{\alpha \in \Lambda_k} \frac{\sqrt[p_i]{\int Q_i^{p_i}(\hat{z}, \alpha) \mathrm{d}P}}{\int Q_i(\hat{z}, \alpha) \mathrm{d}P} < \tau_{ki} < \infty, \quad i = 1, 2, p_i > 2$$

成立, 则 $T_{k(l)} = \tau_k$.

因此, 基于复随机样本的结构风险最小化方法将得到这样一系列逼近 $Q(\hat{z}, \alpha_l^{k(l)})$. 对这些逼近, 风险序列 $\|R(\alpha_l^{k(l)})\|$ 将收敛于最小风险

$$\|R(\alpha_0)\| = \inf_{\alpha \in \Lambda} \int \|Q(\hat{z}, \alpha)\| \, \mathrm{d}F(\hat{z}),$$

并且渐近收敛速度为

$$V(l) = r_{k(l)} + T_{k(l)} \sqrt{\frac{h_{k(l)} \ln l}{l}},$$

其中

$$r_{k(l)} = \inf_{\alpha \in \Lambda_k} \int \|Q(\hat{z}, \alpha)\| \, \mathrm{d}F(\hat{z}) - \inf_{\alpha \in \Lambda} \int \|Q(\hat{z}, \alpha)\| \, \mathrm{d}F(\hat{z}).$$

证 仅对 $T_{k(l)} = B_k$ 的情形证明定理. 对于 $T_{k(l)} = \tau_k$ 的情形, 证明是类似的. 由推广性的界可知, 对于任何元素 S_k, 加性界

$$\Delta\left(\alpha_l^k\right) = \left\|R\left(\alpha_l^k\right)\right\| - \left\|R\left(\alpha_0^k\right)\right\|$$

$$\leqslant 2B_k \sqrt{\frac{h_k\left(\ln \frac{2l}{h_k} + 1\right) - \ln\left(\frac{1}{8l^2}\right)}{l}} + B_k \sqrt{-\frac{2\ln\left(\frac{1}{4l^2}\right)}{l}}$$

依至少 $1 - 2/l^2$ 的概率成立, 则不等式

$$\|R(\alpha_l^{k(l)})\| - \|R(\alpha_0)\|$$

$$\leqslant r_{k(l)} + B_{k(l)}\sqrt{-\frac{2\ln\left(\frac{1}{4l^2}\right)}{l}} + 2B_{k(l)}\sqrt{\frac{h_{k(l)}\left(\ln\frac{2l}{h_{k(l)}} + 1\right) - \ln\left(\frac{1}{8l^2}\right)}{l}} \quad (6.7)$$

依至少 $1 - \dfrac{2}{l^2}$ 的概率成立, 其中 $r_{k(l)} = \|R(\alpha_0^{k(l)})\| - \|R(\alpha_0)\|$.

因为 S^* 在 S 中处处稠密, 所以有 $\lim\limits_{l\to\infty} r_{k(l)} = 0$. 因此, 条件 $\lim\limits_{l\to\infty} \dfrac{T_{k(l)}^2 h_{k(l)} \ln l}{l} = 0$ 确定了收敛于 0 的性质. 令

$$V(l) = r_{k(l)} + 2B_{k(l)}\sqrt{\frac{h_{k(l)}\left(\ln\frac{2l}{h_{k(l)}} + 1\right) - \ln\frac{1}{8l^2}}{l}} + B_{k(l)}\sqrt{-\frac{2\ln\left(\frac{1}{4l^2}\right)}{l}},$$

将论断 (6.7) 改写成下列形式:

$$P\{V^{-1}(l)\left(\|R(\alpha_l^{k(l)})\| - \|R(\alpha_0)\|\right) > 1\} < \frac{2}{l^2}, \quad l > l_0.$$

因为

$$\sum_{l=1}^{\infty} P\{V^{-1}(l)\left(\|R(\alpha_l^{k(l)})\| - \|R(\alpha_0)\|\right) > 1\} < 4 - \frac{2}{l_0} + \sum_{l=l_0+1}^{\infty} \frac{2}{l^2} < \infty,$$

进而可以断定不等式

$$\overline{\lim_{l\to\infty}} V^{-1}(l)(\|R(\alpha_l^{k(l)})\| - \|R(\alpha_0)\|) \leqslant 1$$

依概率 1 成立. 故定理成立.

下面的定理给出了概率测度空间上基于复随机样本的结构风险最小化的渐近性质.

定理 6.2.4 如果结构使得 $B_k^2 \leqslant k^{1-\delta}$, 则对于任何分布函数, 结构风险最小化原则具有依概率 1 收敛于最佳可能解的性质 (即结构风险最小化原则是强普遍一致的), 而且如果最佳解 $Q(\hat{z}, \alpha_0)$ 属于结构的某一个元素 S_i 且 $B_{k(l)}^2 \leqslant \mu(l) \leqslant k^{1-\delta}$, 则利用结构风险最小化原则得到下列渐近收敛速率:

$$V(l) = O\left(\sqrt{\frac{\mu(l)\ln l}{l}}\right).$$

证 为了避免在结构的无穷多个元素上选择泛函 $R(\alpha)$ 的最小值, 对结构风险最小化原则引入另外一个约束条件: 从结构的前 l 个元素中选取最小值, 其中 l

等于观测数目. 因此, 用复可测函数 $Q(\hat{z}, \alpha_l^+)$ 来逼近欲求的解, 在 l 个复可测函数 $Q(\hat{z}, \alpha_l^k)(k = 1, 2, \cdots, l)$ 中, 这一函数在对应的结构元素 $S_k\,(k = 1, 2, \cdots, l)$ 上最小化经验风险, 并依 $1 - 1/l$ 的概率提供最小保证风险

$$\left\| R_{\mathrm{emp}}^+(\alpha_l^+) \right\| = \min_{1 \leqslant k \leqslant l} \left\{ \frac{1}{l} \sum_{i=1}^{l} Q\left(\hat{z}_i, \alpha_l^k\right) + 2B_k \sqrt{\frac{h_k\left(\ln\dfrac{2l}{h_k} + 1\right) - \ln\left(\dfrac{1}{8l}\right)}{l}} \right\},$$

其中 α_l^+ 表示用 l 个观测数据最小化保证风险 $R_{\mathrm{emp}}^+(\alpha)$ 的参数. 考虑分解

$$\left\| R\left(\alpha_l^+\right) \right\| - \left\| R(\alpha_0) \right\| = \left(\left\| R\left(\alpha_l^+\right) \right\| - \left\| R_{\mathrm{emp}}^+\left(\alpha_l^+\right) \right\| \right) + \left(\left\| R_{\mathrm{emp}}^+\left(\alpha_l^+\right) \right\| - \left\| R(\alpha_0) \right\| \right).$$

对于上述分解的第一项有

$$\mathrm{P}\left\{ \|R(\alpha_l^+)\| - \|R_{\mathrm{emp}}^+(\alpha_l^+)\| > \varepsilon \right\}$$

$$< \sum_{k=1}^{l} \mathrm{P}\left\{ \|R(\alpha_l^k)\| - \|R_{\mathrm{emp}}^+(\alpha_l^k)\| > \varepsilon \right\}$$

$$\leqslant \sum_{k=1}^{l} \mathrm{P}\left\{ \|R(\alpha_l^k)\| - \|R_{\mathrm{emp}}(\alpha_l^k)\| > \varepsilon + 2B_k \sqrt{\frac{h_k\left(\ln\dfrac{2l}{h_k} + 1\right) - \ln\left(\dfrac{1}{8l}\right)}{l}} \right\}$$

$$\leqslant \sum_{k=1}^{l} 8\left(\frac{2l\mathrm{e}}{h_k}\right)^{h_k} \exp\left(-\frac{l}{4}\left\{ \frac{\varepsilon}{B_k} + 2\sqrt{\frac{h_k\left(\ln\dfrac{2l}{h_k} + 1\right) - \ln\left(\dfrac{1}{8l}\right)}{l}} \right\}^2 \right)$$

$$\leqslant \sum_{k=1}^{l} \frac{1}{l} \exp\left(-\frac{\varepsilon^2 l}{4B_k^2} \right) \leqslant \exp\left(-\frac{\varepsilon^2 l}{4B_l^2} \right) < \exp\left(-\frac{1}{4}\varepsilon^2 l^\delta \right),$$

其中 $B_l^2 \leqslant l^{1-\delta}$. 利用定理 6.2.3 可以得出分解的第一被加项几乎必然收敛于一个非正的值.

现在考虑分解的第二项. 因为 S^* 在 S 中处处稠密, 对于每一个 $\varepsilon > 0$, 存在一个结构元素 S_i, 使得

$$\left\| R(\alpha_0^i) \right\| - \left\| R(\alpha_0) \right\| < \varepsilon$$

成立. 因此, 如果能够证明下列不等式依概率 1 成立:

$$\lim_{l \to \infty} \min_{1 \leqslant k \leqslant l} \left\| R_{\mathrm{emp}}^+\left(\alpha_l^k\right) \right\| - \left\| R\left(\alpha_0^i\right) \right\| \leqslant 0,$$

则证明了分解的第二项不会大于零. 需要注意的是, 对于任何 $\varepsilon > 0$, 存在 l_0, 使得 $l > l_0$ 时有

$$2B_i\sqrt{\dfrac{h_i\left(\ln\dfrac{2l}{h_i}+1\right)-\ln\left(\dfrac{1}{8l}\right)}{l}} \leqslant \dfrac{\varepsilon}{2}. \tag{6.8}$$

对于 $l > l_0$ 有

$$\mathrm{P}\left\{\min_{1\leqslant k\leqslant l}\|R_{\mathrm{emp}}^{+}(\alpha_l^k)\| - \|R(\alpha_0^i)\| > \varepsilon\right\}$$

$$\leqslant \mathrm{P}\{\|R_{\mathrm{emp}}^{+}(\alpha_l^i)\| - \|R(\alpha_0^i)\| > \varepsilon\}$$

$$= \mathrm{P}\left\{\|R_{\mathrm{emp}}(\alpha_l^i)\| - \|R(\alpha_0^i)\| > \varepsilon - 2B_i\sqrt{\dfrac{h_i\left(\ln\dfrac{2l}{h_i}+1\right)-\ln\left(\dfrac{1}{8l}\right)}{l}}\right\}$$

$$\leqslant \mathrm{P}\left\{\|R_{\mathrm{emp}}(\alpha_l^i)\| - \|R(\alpha_0^i)\| > \dfrac{\varepsilon}{2}\right\}$$

$$\leqslant \mathrm{P}\left\{\sup_{\alpha\in\Lambda_i}\left(\|R_{\mathrm{emp}}(\alpha_l^i)\| - \|R(\alpha_0^i)\|\right) > \dfrac{\varepsilon}{2}\right\}$$

$$< 8\left(\dfrac{2le}{h_i}\right)^{h_i}\exp\left(-\dfrac{\varepsilon^2 l}{16B_i^2}\right) \leqslant 8\left(\dfrac{2le}{h_i}\right)^{h_i}\exp\left(-\dfrac{\varepsilon^2 l^\delta}{16}\right).$$

可以得出分解的第二项几乎必然收敛于一个非正的数. 因为两项之和是非正的, 所以得出 $\|R(\alpha_l^+)\|$ 几乎必然收敛于 $\|R(\alpha_0)\|$. 这就证明了定理的第一部分.

为了证明第二部分, 注意到当最佳解属于一个结构元素 S_i 时, 等式 $\|R(\alpha_0^i)\| = \|R(\alpha_0)\|$ 成立. 结合这两项的界, 对于满足不等式 (6.8) 的 l, 下列不等式成立:

$$\mathrm{P}\left\{\|R\left(\alpha_l^+\right)\| - \|R(\alpha_0)\| > \varepsilon\right\}$$

$$\leqslant \mathrm{P}\left\{\|R\left(\alpha_l^+\right)\| - \|R_{\mathrm{emp}}\left(\alpha_l^+\right)\| > \dfrac{\varepsilon}{2}\right\} + \mathrm{P}\left\{\|R_{\mathrm{emp}}\left(\alpha_l^+\right)\| - \|R(\alpha_0)\| > \dfrac{\varepsilon}{2}\right\}$$

$$\leqslant \mathrm{P}\left\{\|R\left(\alpha_l^+\right)\| - \|R_{\mathrm{emp}}^{+}\left(\alpha_l^+\right)\| > \dfrac{\varepsilon}{2}\right\} + \mathrm{P}\left\{\|R_{\mathrm{emp}}\left(\alpha_l^+\right)\| - \|R(\alpha_0)\| > \dfrac{\varepsilon}{2}\right\}$$

$$\leqslant 2\exp\left(-\dfrac{\varepsilon^2 l}{16\mu\left(l\right)}\right) + 8\left(\dfrac{2le}{h_i}\right)^{h_i}\exp\left(-\dfrac{\varepsilon^2 l}{64\mu\left(l\right)}\right).$$

从上述不等式得到收敛速率

$$V\left(l\right) = O\left(\sqrt{\dfrac{\mu\left(l\right)\ln l}{l}}\right).$$

故定理成立.

6.2.3 非概率测度空间上基于非实随机样本的收敛速度的渐近界

本小节主要给出非概率测度空间上基于非实随机样本学习问题收敛速度的渐近界 (以集值概率空间上基于随机集样本学习问题收敛速度的渐近界为例), 详细内容参见文献 [7, 8].

定理 6.2.5 规则 $n = n(l)$ 提供了一系列逼近 $Q(\hat{z}, \alpha_l^{n(l)})$, 使得随着 l 趋于无穷, 风险序列 $R(\alpha_l^{n(l)})$ 依渐近收敛速率

$$V(l) = r_{n(l)} + \sqrt{\frac{D_{n(l)}^2 h_{n(l)} \ln l}{l}}$$

收敛于最小风险

$$R(\alpha_0) = \inf_{\alpha \in \Lambda} \int Q(\hat{z}, \alpha) \mathrm{d} F(\hat{z}),$$

其中

$$r_{n(l)} = \delta(R(\alpha_0^{n(l)}), R(\alpha_0)),$$

即不等式

$$\left\| \pi \left\{ \lim_{l \to \infty} \sup V^{-1}(l) \cdot \delta(R(\alpha_l^{n(l)}), R(\alpha_0)) < \infty \right\} \right\| = 1$$

成立要满足的条件为

$$\frac{D_{n(l)}^2 h_{n(l)} \ln l}{l} \overset{l \to \infty}{\longrightarrow} 0, \quad n(l) \overset{l \to \infty}{\longrightarrow} \infty,$$

其中, 若考虑一个包含 S_n 中的完全有界集合 $\|Q(\hat{z}, \alpha)\| \leqslant B_n$ 的结构, 则 $D_n = B_n$; 若考虑一个包含满足不等式 (6.3) 的元素的结构, 则 $D_n = \tau_n$.

量 $r_{n(l)} = \delta(R(\alpha_0^{n(l)}), R(\alpha_0))$ 描述了两个最小风险项之间的风险差, 第一项是利用结构 S 的元素 $S_{n(l)}$ 中的一个元素上取得的最小风险, 第二项是整个集合上所得到的最小风险.

证 对于 $D_n = B_n$ 的情形证明定理, 对于 $D_n = \tau_n$ 的情形类似.

考虑包含元素 S_k 的一个结构, 元素 S_k 由完全有界的元素组成且具有有限的 VC 维, 则对于任何元素 S_k, 界

$$\delta\left(R(\alpha_l^k), R(\alpha_0^k)\right) \leqslant B_k \left[\sqrt{\frac{-\ln \eta}{2l}} + \sqrt{\frac{h_k \left(\ln \dfrac{2l}{h_k} + 1 \right) + 2 \ln 2l}{l}} \right] + \frac{B_k}{l}$$

依至少 $1 - 2/l^2$ 的集值概率成立, 则不等式

$$\delta(R(\alpha_l^{n(l)}), R(\alpha_0))$$
$$\leqslant \delta(R(\alpha_l^{n(l)}), R(\alpha_0^{n(l)})) + \delta(R(\alpha_0^{n(l)}), R(\alpha_0))$$
$$\leqslant r_{n(l)} + B_{n(l)} \left[\sqrt{\frac{\ln l}{l}} + \sqrt{\frac{h_{n(l)}\left(\ln\frac{2l}{h_{n(l)}} + 1\right) + 2\ln 2l}{l}} \right] + \frac{B_{n(l)}}{l}$$

依至少 $1 - 2/l^2$ 的集值概率成立, 其中 $r_{n(l)} = \delta(R(\alpha_0^{n(l)}), R(\alpha_0))$.

因为 $S^* = \bigcup\limits_k S_k$ 在 S 中处处稠密, 则有

$$\lim_{l\to\infty} r_{n(l)} = 0.$$

因此, 条件

$$\lim_{l\to\infty} \frac{D_{n(l)}^2 h_{n(l)} \ln l}{l} = 0$$

确定了收敛于 0 的性质. 令

$$V(l) = r_{n(l)} + B_{n(l)} \left[\sqrt{\frac{\ln l}{l}} + \sqrt{\frac{h_{n(l)}\left(\ln\frac{2l}{h_{n(l)}} + 1\right) + 2\ln 2l}{l}} \right] + \frac{B_{n(l)}}{l},$$

将上述论断改写成下列形式: 当 $l > l_0$ 时,

$$\|\pi\{V^{-1}(l) \cdot \delta(R(\alpha_l^{n(l)}), R(\alpha_0)) > 1\}\|$$
$$= P\{V^{-1}(l) \cdot \delta(R(\alpha_l^{n(l)}), R(\alpha_0)) > 1\}$$
$$= 1 - P\{V^{-1}(l) \cdot \delta(R(\alpha_l^{n(l)}), R(\alpha_0)) \leqslant 1\}$$
$$= 1 - \|\pi\{V^{-1}(l) \cdot \delta(R(\alpha_l^{n(l)}), R(\alpha_0)) \leqslant 1\}\|$$
$$\leqslant 1 - \left(1 - \frac{2}{l^2}\right)$$
$$= \frac{2}{l^2}.$$

因为

$$\sum_{l=1}^{\infty} \left\|\pi\left\{V^{-1}(l) \cdot \delta(R(\alpha_l^{n(l)}), R(\alpha_0)) > 1\right\}\right\| < l_0 + \sum_{l=l_0+1}^{\infty} \frac{2}{l^2} < \infty,$$

可以断定下列不等式:

$$\varlimsup_{l\to\infty} V^{-1}(l) \cdot \delta(R(\alpha_l^{n(l)}), R(\alpha_0)) \leqslant 1$$

依集值概率 1 成立.

定理 6.2.5 说明, 如果结构风险最小化原则使用一个包含一个完全有界集合的元素结构, 则结构风险最小化原则是强普遍一致的 (即对于任意的分布函数, 它依集值概率 1 收敛于最佳可能解).

为了避免在元素结构的无穷多个元素上选择式 (6.1) 的最小值, 对结构风险最小化原则引入另外一个约束条件: 将从结构的前 l 个元素中选取最小值, 其中 l 等于观测数目. 因此, 用 $Q(\hat z, \alpha^+)$ 逼近欲求的解. 在 l 个元素 $Q(\hat z, \alpha_l^k)(k=1,2,\cdots,l)$ 中, 这一元素在对应的结构元素 $S_k(k=1,2,\cdots,l)$ 上最小化经验风险, 并依 $1-1/l$ 的集值概率提供最小保证风险

$$\delta\left(R_{\mathrm{emp}}^+(\alpha_l^+), R_{\mathrm{emp}}(\alpha_l^+)\right) = \min_{1\leqslant k\leqslant l}\left(B_k\sqrt{\frac{h_k\left(\ln\dfrac{2l}{h_k}+1\right)+\ln 4l}{l}}+\frac{B_k}{l}\right).$$

定理 6.2.6　如果结构使得 $B_n^2 \leqslant n^{1-\delta}$, 则对于任何分布函数, 结构风险最小化原则具有依集值概率 1 收敛于最佳可能解的性质 (即结构风险最小化原则是强普遍一致的), 而且如果最佳解 $Q(\hat z, \alpha_0)$ 属于结构 $(Q(\hat z, \alpha_0) = Q(\hat z, \alpha^*))$ 的某一个元素 S_* 且 $B_{n(l)}^2 \leqslant u(l) \leqslant l^{1-\delta}$, 则利用结构风险最小化原则得到下列渐近收敛速率:

$$V(l) = O\left(\sqrt{\frac{u(l)\ln l}{l}}\right).$$

证　用 α_l^+ 表示用 l 个观测数据最小化保证风险 $R_{\mathrm{emp}}^+(\alpha)$ 的参数, 考虑分解

$$\delta\left(R(\alpha_l^+), R(\alpha_0)\right) \leqslant \delta\left(R(\alpha_l^+), R_{\mathrm{emp}}^+(\alpha_l^+)\right) + \delta\left(R_{\mathrm{emp}}^+(\alpha_l^+), R(\alpha_0)\right).$$

对于上述分解的第一项有

$$\left\|\pi\{\delta\left(R(\alpha_l^+), R_{\mathrm{emp}}^+(\alpha_l^+)\right) > \varepsilon\}\right\|$$

$$< \sum_{k=1}^l \left\|\pi\{\delta\left(R(\alpha_l^k), R_{\mathrm{emp}}^+(\alpha_l^k)\right) > \varepsilon\}\right\|$$

$$= \sum_{k=1}^l \left\|\pi\left\{\delta(R(\alpha_l^k), R_{\mathrm{emp}}(\alpha_l^k)) > \varepsilon + B_k\sqrt{\frac{h_k\left(\ln\dfrac{2l}{h_k}+1\right)+\ln 4l}{l}}+\frac{B_k}{l}\right\}\right\|$$

$$\leqslant \sum_{k=1}^{l} 4\left(\frac{2le}{h_k}\right)^{h_k} \exp\left(-\left(\frac{\varepsilon}{B_k}+\sqrt{\frac{h_k\left(\ln\frac{2l}{h_k}+1\right)+\ln 4l}{l}}\right)^2 l\right)$$

$$\leqslant \sum_{k=1}^{l} \frac{1}{l}\exp\left(-\frac{\varepsilon^2 l}{B_k^2}\right) \leqslant \exp\left(-\frac{\varepsilon^2 l}{B_l^2}\right) \leqslant \exp\left(-\varepsilon^2 l^\delta\right),$$

其中, 考虑了 $B_l^2 \leqslant l^{1-\delta}$, 即分解的第一被加项几乎必然收敛于一个非正的值.

现在考虑分解的第二项. 因为 S^* 在 S 中处处稠密, 对于每一个 ε, 存在一个结构元素 S_s, 使得

$$\delta\left(R(\alpha_0^s), R(\alpha_0)\right) < \varepsilon.$$

因此, 如果能够证明下列不等式:

$$\lim_{l\to\infty} \min_{1\leqslant k\leqslant l}\left\{\delta\left(R_{\text{emp}}^+(\alpha_l^k), R(\alpha_0^s)\right)\right\} \leqslant 0$$

依集值概率 1 成立, 则证明了分解的第二项不会大于零. 应该注意的是, 对于任何 ε, 存在 l_0, 使得对于所有 $l > l_0$, 有

$$B_s\sqrt{\frac{h_s\left(\ln\frac{2l}{h_s}+1\right)+\ln 4l}{l}} \leqslant \frac{\varepsilon}{2},$$

对于 $l > l_0$ 有

$$\left\|\pi\left\{\min_{1\leqslant k\leqslant l}\delta\left(R(\alpha_0^s), R_{\text{emp}}^+(\alpha_l^k)\right) > \varepsilon\right\}\right\|$$

$$\leqslant \left\|\pi\left\{\delta\left(R(\alpha_0^s), R_{\text{emp}}^+(\alpha_l^s)\right) > \varepsilon\right\}\right\|$$

$$= \left\|\pi\left\{\delta\left(R(\alpha_0^s), R_{\text{emp}}(\alpha_l^s)\right) > \varepsilon - B_s\sqrt{\frac{h_s\left(\ln\frac{2l}{h_s}+1\right)+\ln 4l}{l}}\right\}\right\|$$

$$\leqslant \left\|\pi\left\{\delta\left(R_{\text{emp}}(\alpha_0^s), R(\alpha_l^s)\right) > \frac{\varepsilon}{2}\right\}\right\|$$

$$\leqslant \left\|\pi\left\{\sup_{\alpha\in\Lambda_s}\delta\left(R(\alpha), R_{\text{emp}}(\alpha_0)\right) > \frac{\varepsilon}{2}\right\}\right\|$$

$$< \left(\frac{2el}{h_s}\right)^{h_s}\exp\left(-\frac{\varepsilon^2 l}{4B_s^2}\right) < \left(\frac{2el}{h_s}\right)^{h_s}\exp\left(-\frac{\varepsilon^2 l^\delta}{4}\right).$$

因此, 分解的第二项几乎必然收敛于一个非正的数, 因为两项之和是非负的, 从而得出 $R(\alpha^+)$ 几乎必然收敛于 $R(\alpha_0)$.

接下来证明第二部分. 应该注意的是, 当最佳解属于某一个结构元素 S_s 时, 等式

$$R(\alpha_0^s) = R(\alpha_0)$$

成立. 结合这两项的界, 下列不等式成立:

$$
\begin{aligned}
&\left\| \pi \left\{ \delta \left(R(\alpha_l^+), R(\alpha_0) \right) > \varepsilon \right\} \right\| \\
&\leqslant \left\| \pi \left\{ \delta \left(R(\alpha_l^+), R_{\mathrm{emp}}^+(\alpha_l^+) \right) > \frac{\varepsilon}{2} \right\} \right\| + \left\| \pi \left\{ \delta \left(R_{\mathrm{emp}}^+(\alpha_l^+), R(\alpha_0) \right) > \frac{\varepsilon}{2} \right\} \right\| \\
&\leqslant \exp \left(-\frac{\varepsilon^2 l}{4u(l)} \right) + \left(\frac{2el}{h_s} \right)^{h_s} \exp \left(-\frac{\varepsilon^2 l}{16u(l)} \right),
\end{aligned}
$$

由此不等式得出收敛速率为

$$V(l) = O \left(\sqrt{\frac{u(l) \ln l}{l}} \right).$$

注 6.2.1 其他具体的不确定收敛速度的渐近界可参考 6.2.1 小节 —6.2.3 小节得出.

6.3 不确定回归估计问题的界

6.3.1 经典回归估计问题的界

首先回顾一下经典回归估计问题[1-4]. 考虑这样一个特例, 利用带加性噪声的观测数据考虑一个由级数展开表达的回归估计模型.

考虑估计回归函数 $f(x, \alpha_0) \in L_2(F)\,(x \in \mathbf{R}^d)$ 的问题, 其中对于任何随机向量 x_i, 有回归函数 $f(x, \alpha_0)$ 与加性噪声 ξ 之和的观测值

$$y_i = f(x_i, \alpha_0) + \xi_i,$$

$$E(\xi) = 0, \quad E(\xi^2) = \sigma^2, \quad E(\xi_i \xi_j) = 0, \quad i \neq j.$$

现在的问题是利用独立同分布的观测数据

$$(x_1, y_1), \cdots, (x_l, y_l)$$

估计回归函数 (其中 x_i 是根据概率分布函数 $F(x)$ 抽取的随机向量).

利用 (关于概率测度 $F(x)$) 完全正交函数集 $\{\psi_k(x), k = 1, 2, \cdots\}$ 来定义结构 S, 这一结构的元素 S_k 包含下列形式的函数:

$$f_k(x, \alpha) = \sum_{r=1}^{k} \alpha_r \psi_r(x).$$

设回归函数可以用包含无限多项的级数展开来描述:

$$f(x, \alpha_0) = \sum_{k=1}^{\infty} \alpha_k^0 \psi_k(x).$$

假设回归函数在这一结构上没有奇异性, 这意味着对于所有的 P, 不等式

$$\sup_x \left| \sum_{i=p+1}^{\infty} a_i^0 \psi_i(x) \right| \leqslant c \tag{6.9}$$

成立.

$$D_k = \left(\sup_x \sup_{|\alpha|=1} \sum_{i=1}^{\infty} \alpha_i \psi_i(x) \right)^2, \tag{6.10}$$

利用泛函

$$R(\alpha) = \int (y - f(x, \alpha))^2 \mathrm{d}F(x, y)$$

来确定逼近的品质. 设 $f(x, \alpha_l^n)$ 为函数集 S_n 上的最小化经验风险

$$R_{\mathrm{emp}}(\alpha) = \frac{1}{l} \sum_{i=1}^{l} (y_i - f(x_i, \alpha))^2$$

的函数, 又设

$$n = n(l).$$

为了找到用于选取与样本数有关的结构元素 S_n 规则, 估计 $R(\alpha_l^n) - R(\alpha_0)$ 收敛于零的速率.

定理 6.3.1 设带加性噪声的回归估计模型满足条件 (6.9) 和条件 (6.10), 则对于任何 l 和任何规则 $n(l)$, 结构风险最小化原则具有下列界:

$$\mathrm{P}\{V^{-1}(l)(R(\alpha_l^n) - R(\alpha_0)) \leqslant 1\} \geqslant 1 - \frac{5}{\ln l},$$

其中

$$V(l) = r_n + \frac{n \ln l}{l(1 - \sqrt{D_n \varepsilon_n(l)})_+^2} (\sigma^2 + c^2),$$

$$\varepsilon_n(l) = 4 \frac{n \left(\ln \frac{2l}{n} + 1 \right)}{l},$$

$$r_n = R(\alpha_0^n) - R(\alpha_0) = \int (f(x, \alpha_0^n) - f(x, \alpha_0))^2 \mathrm{d}F(x).$$

推论 6.3.1 如果规则 $n = n(l)$ 满足条件

$$\frac{D_{n(l)}n(l)\ln l}{l} \overset{l\to\infty}{\Longrightarrow} C < 1,$$

则渐近收敛速度具有数量级

$$V(l) = O\left(r_{n(l)} + \frac{n(l)\ln l}{l}\right).$$

例 6.3.1 估计回归函数, 它是定义在区间上的周期函数, 包含函数

$$V(l) = \left(\frac{\ln l}{l}\right)^{2p/(2p+1)}.$$

因为对于一个具有 $p > 2$ 阶有界导数的函数, 不等式

$$\sup_x \sum_{k=1}^{\infty} \alpha_k^0 \cos kx \leqslant \sum_{k=1}^{\infty} \left|\alpha_k^0\right| < \infty$$

成立, 所以结构满足非奇异性条件.

对于一个给定的结构, 很容易找到界

$$D_n = \left(\sup_x \sup_{|\alpha|=1} \sum_{k=1}^{n} \alpha_k \cos kx\right)^2.$$

因此, 根据定理 6.3.1, 如果选择结构元素的规则 $n(l)$ 满足条件

$$\frac{n(l)^2 \ln l}{l} \overset{l\to\infty}{\Longrightarrow} 0,$$

则下面渐近收敛速率成立:

$$V(l) = r_{n(l)} + \frac{n(l)\ln l}{l}.$$

利用具有 p 阶导数的风险函数的三角级数所得到的逼近速率有一风险值

$$r_n = n^{-2p}(l),$$

因此

$$V(l) = n^{-2p}(l) + \frac{n(l)\ln l}{l}.$$

很容易验证规则 $n = \left(\dfrac{l}{\ln l}\right)^{1/(2p+1)}$ 提供最好的收敛速度. 利用这一规则, 可以得到渐近速度

$$V(l) = \left(\frac{\ln l}{l}\right)^{2p/(2p+1)},$$

即

$$\left(\frac{\ln l}{l}\right)^{2p/(2p+1)} \int \left(f(x,\alpha_l^n(l)) - f(x,\alpha_0)\right)^2 \mathrm{d}x.$$

在回归函数属于结构的第一个元素的情况下, 利用缓慢增加函数 $n = n(l)$ 得到一个收敛速度, 它在数量级上接近于 $V(l) = \frac{\ln l}{l}$.

6.3.2 非概率测度空间上基于非实随机样本的回归估计问题的界

下面介绍 Sugeno 测度空间上一类回归估计问题的界, 详细内容参见文献 [9].

定义 6.3.1 设 $F_{g_\lambda}(y|x)$ 为 g_λ 变量的条件分布函数, 若

$$r(x) = \int y \mathrm{d}F_{g_\lambda}(y|x)$$

存在, 则称 $r(x)$ 为 g_λ 变量的条件期望或回归.

定理 6.3.2 设 $0 \leqslant Q(\hat{z},\alpha) < B(\alpha \in \Lambda_k)$, 若 $\lim\limits_{l\to\infty} \frac{H_{\mathrm{ann}}^{\Lambda,\mathfrak{B}}(l)}{l} = 0$, 则有

$$g_\lambda\left\{\frac{\int Q(\hat{z},\alpha)\mathrm{d}F_{g_\lambda}(\hat{z}) - \sum\limits_{i=1}^l Q(\hat{z}_i,\alpha)}{\sqrt{\int Q(\hat{z},\alpha)\mathrm{d}F_{g_\lambda}(\hat{z})}} > \varepsilon\right\} < \theta_\lambda^{-1}\left(4\exp\left(\left(\frac{H_{\mathrm{ann}}^{\Lambda,\mathfrak{B}}(l)}{l} - \frac{\varepsilon^2}{4B}\right)l\right)\right)$$

成立, 其中 $\theta_\lambda^{-1}(x) = \begin{cases} x, & \lambda = 0, \\ \dfrac{(1+\lambda)^x - 1}{\lambda}, & \lambda \neq 0, \end{cases}$ $x \in [0,1]$, $H_{\mathrm{ann}}^{\Lambda,\mathfrak{B}}(l)$ 为退火熵.

证 利用一个 T 函数 $\theta_\lambda^{-1}(x) = \begin{cases} x, & \lambda = 0, \\ \dfrac{(1+\lambda)^x - 1}{\lambda}, & \lambda \neq 0 \end{cases}$ $(x \in [0,1])$ 易证上述定理成立.

令

$$\eta = \theta_\lambda^{-1}\left(4\exp\left(\left(\frac{H_{\mathrm{ann}}^{\Lambda,\mathfrak{B}}(l)}{l} - \frac{\varepsilon^2}{4B}\right)l\right)\right),$$

则上述不等式可以改写成下列等价的形式:

对于 $0 \leqslant Q(\hat{z},\alpha) < B(\alpha \in \Lambda_k)$, 当 $\lambda \leqslant 0$ 时, 下列不等式依至少 $1-\eta$ 的 Sugeno 测度成立:

$$R(\alpha) \leqslant R_{\mathrm{emp}}(\alpha) + \frac{B\varepsilon(l)}{2}\left(1 + \sqrt{1 + \frac{4R_{\mathrm{emp}}(\alpha)}{B\varepsilon(l)}}\right),$$

其中 $\varepsilon(l) = 4\dfrac{H_{\mathrm{ann}}^{\Lambda,\mathfrak{B}} - \ln\dfrac{\eta}{4}}{l}$.

当 $\lambda > 0$ 时, 下列不等式依至少 $\dfrac{1-\eta}{1+\lambda\eta}$ 的 Sugeno 测度成立:

$$R\left(\alpha\right) \leqslant R_{\text{emp}}\left(\alpha\right) + \frac{B\varepsilon\left(l\right)}{2}\left(1 + \sqrt{1 + \frac{4R_{\text{emp}}\left(\alpha\right)}{B\varepsilon\left(l\right)}}\right),$$

其中 $\varepsilon\left(l\right) = 4\dfrac{H_{\text{ann}}^{\Lambda,\mathfrak{B}} - \ln\dfrac{\eta}{4}}{l}$.

在此, 利用带加性噪声的观测数据考虑一个由级数展开表达的 Sugeno 测度空间上的回归估计模型.

首先指定一个模型, 考虑利用独立同分布的观测数据 $(x_1,y_1),\cdots,(x_l,y_l)$ 这里的 x_i 是根据分布函数 $F_{g_\lambda}\left(x\right)$ 抽取的随机向量) 估计回归函数 $f(x,\alpha_0) \in L_2(F)(x \in \mathbf{R}^d)$ 的问题. 回归函数 $f(x,\alpha_0)$ 可以用包含无限多项的级数展开来描述, 即 $f(x,\alpha_0) = \sum\limits_{k=1}^{\infty} \alpha_k^0 \varphi_k\left(x\right)$, 并且对于所有 p, 有不等式

$$\sup_x \left| \sum_{i=p+1}^{\infty} \alpha_i^0 \varphi_i\left(x\right) \right| \leqslant C$$

成立, 而且对于任何 g_λ 随机向量 x_i 有回归函数 $f(x,\alpha_0)$ 与加性噪声 ξ 之和的观测值

$$y_i = f\left(x_i,\alpha_0\right) + \xi_i, \quad E_{g_\lambda}(\xi) = 0, \quad E_{g_\lambda}(\xi^2) = \sigma^2, \quad E_{g_\lambda}(\xi_i\xi_j) = 0, \quad i \neq j.$$

利用关于 $F_{g_\lambda}\left(x\right)$ 的完全正交函数集 $\{\varphi_k\left(x\right), k = 1,2,\cdots\}$ 来定义结构 S. 这一结构的元素 S_k 包含下列形式的函数:

$$f_k(x,\alpha) = \sum_{r=1}^{k} \alpha_r \varphi_r\left(x\right).$$

不妨令

$$B_k = \left(\sup_x \sup_{|\alpha|=1} \alpha_i\varphi_i(x)\right)^2.$$

在此, 利用泛函 $R(\alpha) = \displaystyle\int (y - f(x,\alpha))^2 \mathrm{d}F_{g_\lambda}(x,y)$ 来确定逼近的品质. 设 $f\left(x,\alpha_l^n\right)$ 为在函数集 S_n 上最小化经验风险 $R_{\text{emp}}(\alpha) = \dfrac{1}{l}\sum\limits_{i=1}^{l}(y_i - f\left(x_i,\alpha\right))^2$ 的函数, 又设 $n = n(l)$ 为一条用于选取与样本数有关的结构元素 S_n 的规则, 则有下述定理成立.

定理 6.3.3　对于上面给出的带加性噪声的回归估计模型, 对于任何 l 和任何规则 $n = n(l)$, 结构风险最小化原则具有下列界:

$$g_\lambda \left\{ V^{-1}(l)\left(R(\alpha_l^n) - R(\alpha_0)\right) \leqslant 1 \right\} \geqslant k,$$

其中

$$V(l) = r_{n(l)} + \frac{n(A\sigma^2 + c^2)\ln l}{l(1 - \sqrt{B_n\varepsilon(l)})_+^2},$$

$$r_{n(l)} = R\left(\alpha_0^n\right) - R(\alpha_0) = \int \left(f(x, \alpha_0^n) - f(x, \alpha_0)\right)^2 \mathrm{d}F_{g_\lambda}(x),$$

$$\varepsilon_n(l) = 4\frac{n\left(\ln\dfrac{2l}{n} + 1\right) + \ln l}{l},$$

并且当 $\lambda < 0$ 时,

$$k = \lambda\left(1 - \frac{1}{\ln l}\right)^2 + 1 - \frac{2}{\ln l}, \quad A = \frac{\lambda}{\ln(1+\lambda)} \cdot \frac{1}{(1+\lambda)^2};$$

当 $\lambda > 0$ 时,

$$k = \frac{\left(1 - \dfrac{1}{\ln l}\right)\left(2 + \lambda + \dfrac{4\lambda}{l}\right)}{(1+\lambda)\left(1 + \dfrac{4\lambda}{l}\right)\left(1 + \dfrac{\lambda}{\ln l}\right)} - \frac{1}{1+\lambda}, \quad A = (\ln(1+\lambda) + 1)\frac{\lambda}{\ln(1+\lambda)}(1+\lambda);$$

当 $\lambda = 0$ 时,

$$k = 1 - \frac{2}{\ln l}, \quad A = 1.$$

证　用 $f(x, \alpha_l^n) = \sum\limits_{p=1}^{n(l)} \alpha_p^n \varphi_p(x)$ 表示选自函数集 S_n 且最小化经验风险泛函

$$R_{\mathrm{emp}}(\alpha) = \frac{1}{l}\sum_{i=1}^{l}\left(y_i - \sum_{p=1}^{n(l)}\alpha_p^n\varphi_p(x)\right)^2.$$

设 $f(x, \alpha_0) = \sum\limits_{k=1}^{\infty}\alpha_k^0\varphi_k(x)$ 为回归函数, 而

$$R\left(\alpha_0^n\right) - R(\alpha_0) = \int \left(f(x, \alpha_0^n) - f(x, \alpha_0)\right)^2 \mathrm{d}F_{g_\lambda}(x),$$

$$R(\alpha_l^n) - R(\alpha_0) = \int \left(f(x, \alpha_l^n) - f(x, \alpha_0)\right)^2 \mathrm{d}F_{g_\lambda}(x),$$

所以

$$R\left(\alpha_0^n\right) - R(\alpha_0) = \int \left(\sum_{p=1}^{n(l)}\alpha_p^n\varphi_p(x) - \sum_{k=1}^{\infty}\alpha_k^0\varphi_k(x)\right)^2 \mathrm{d}F_{g_\lambda}(x)$$

$$= \int \left(\sum_{k=1}^{n(l)}(\alpha_p^0\varphi_p(x) - \alpha_p^n\varphi_p(x)) + \sum_{p=n(l)+1}^{\infty}\alpha_p^0\varphi_p(x)\right)^2 \mathrm{d}F_{g_\lambda}(x).$$

由 $\varphi_p(x)\,(p=1,2,\cdots)$ 关于分布 $F_{g_\lambda}(x)$ 是正交的, 易将上式化简为

$$R(\alpha_0^n) - R(\alpha_0) = \sum_{p=1}^{n(l)} \left(\alpha_p^n - \alpha_p^0\right)^2 + \sum_{p=n(l)+1}^{\infty} \left(\alpha_p^0\right)^2.$$

令 $\beta_p = \alpha_p^n - \alpha_p^0,\ r_{n(l)} = \displaystyle\sum_{p=n(l)+1}^{\infty} \left(\alpha_p^0\right)^2$, 即

$$R(\alpha_0^n) - R(\alpha_0) = \sum_{p=1}^{n(l)} \beta_p^2 + r_{n(l)}.$$

为了确定上述求和式的界, 首先确定第一项 $T_1(l) = \displaystyle\sum_{p=1}^{n(l)} \beta_p^2$ 的界. 为此, 定义一个对应于 α_p 的向量 $\beta = (\beta_1, \beta_2, \cdots, \beta_{n(l)})$, 并且该向量最小化风险泛函

$$R_{\text{emp}}(\beta) = \frac{1}{l} \sum_{i=1}^{l} \left(y_i - \sum_{p=1}^{n(l)} \alpha_p^n \varphi_p(x_i) \right)^2.$$

由条件不难推出

$$R_{\text{emp}}(\beta) = \frac{1}{l} \sum_{i=1}^{l} \bar{y}_i^2 - 2\sum_{p=1}^{n(l)} \beta_p G_p + \sum_{p=1}^{n(l)} \sum_{q=1}^{n(l)} \varphi_p(x_i)\varphi_q(x_i),$$

其中 $G_p = \dfrac{1}{l} \displaystyle\sum_{i=1}^{l} \bar{y}_i \varphi_p(x_i)$, $\bar{y}_i = \xi_i + \displaystyle\sum_{p=n(l)+1}^{\infty} \alpha_p^0 \varphi_p(x_i)$. 由 $\dfrac{\partial R_{\text{emp}}(\beta)}{\partial \beta_i} = 0$ $(i = 1,2,\cdots,n)$ 有 $K\beta = G$, 其中

$$K = \begin{pmatrix} \dfrac{1}{l}\displaystyle\sum_{i=1}^{l}\varphi_1(x_i)\varphi_1(x_i) & \dfrac{1}{l}\displaystyle\sum_{i=1}^{l}\varphi_1(x_i)\varphi_2(x_i) & \cdots & \dfrac{1}{l}\displaystyle\sum_{i=1}^{l}\varphi_1(x_i)\varphi_n(x_i) \\[2mm] \dfrac{1}{l}\displaystyle\sum_{i=1}^{l}\varphi_2(x_i)\varphi_1(x_i) & \dfrac{1}{l}\displaystyle\sum_{i=1}^{l}\varphi_2(x_i)\varphi_2(x_i) & \cdots & \dfrac{1}{l}\displaystyle\sum_{i=1}^{l}\varphi_2(x_i)\varphi_n(x_i) \\[2mm] \vdots & \vdots & & \vdots \\[2mm] \dfrac{1}{l}\displaystyle\sum_{i=1}^{l}\varphi_n(x_i)\varphi_1(x_i) & \dfrac{1}{l}\displaystyle\sum_{i=1}^{l}\varphi_n(x_i)\varphi_2(x_i) & \cdots & \dfrac{1}{l}\displaystyle\sum_{i=1}^{l}\varphi_n(x_i)\varphi_n(x_i) \end{pmatrix},$$

$$\beta = \begin{pmatrix} \beta_1 \\ \beta_2 \\ \vdots \\ \beta_{n(l)} \end{pmatrix}, \quad G = \begin{pmatrix} G_1 \\ G_2 \\ \vdots \\ G_{n(l)} \end{pmatrix},$$

则最小化经验风险的向量 $\beta_{n(l)} = K^{-1}G$. 因此, 界

$$T_1(l) = \left\|\beta_{n(l)}\right\|_2^2 = \|K^{-1}G\|_2^2 \leqslant \|K^{-1}\|^2 \|G\|_2^2$$

成立.

下面确定矩阵 K^{-1} 的范数和向量 G 的范数的上界. 矩阵 K 的范数等于 K 的最大特征值 $\mu_{\max}$, 故矩阵 K^{-1} 的范数为 K 的最小特征值的倒数, 即 $\|K^{-1}\| = \dfrac{1}{\mu_{\min}}$. 因此, 为了确定 K^{-1} 的界, 只需确定 $\mu_{\min}$ 的下界. 考虑函数 $\Phi_n(x, \alpha) = \left(\sum\limits_{p=1}^{n} \alpha_p \varphi_p(x)\right)^2$, 其中 $\sum\limits_{p=1}^{n} \alpha_p^2 = 1$, 而 $\sup\limits_{x} \Phi_n(x, \alpha) \leqslant B_n$. 接下来, 考虑表达式

$$\frac{1}{l} \sum_{i=1}^{l} \Phi_n(x_i, \alpha) = \frac{1}{l} \sum_{i=1}^{l} \left(\sum_{p=1}^{n} \alpha_p \varphi_p(x_i)\right)^2,$$

而

$$E_{g_\lambda}(\Phi_n(x, \alpha)) = \sum_{p=1}^{n} \alpha_p^2, \quad \frac{1}{l} \sum_{i=1}^{l} \Phi_n(x_i, \alpha) = \sum_{p=1}^{n} \sum_{q=1}^{n} \alpha_p \alpha_q K_{p \cdot q},$$

其中 $K_{p \cdot q}(p, q = 1, 2, \cdots, n)$ 为上面介绍的协方差阵 K 的元素. 利用一个旋转变换可以得到一个新的函数正交系 $\varphi_1^*(x), \cdots, \varphi_n^*(x)$, 使得

$$E_{g_\lambda}(\Phi_n(x, \alpha^*)) = \sum_{p=1}^{n} (\alpha_p^*)^2, \quad \frac{1}{l} \sum_{i=1}^{l} \Phi_n(x_i, \alpha^*) = \sum_{p \cdot q}^{n} \mu_p (\alpha_p^*)^2,$$

其中 $\mu_1, \mu_2, \cdots, \mu_n$ 为矩阵 K 的特征值. 在 $\sum\limits_{p=1}^{n} \alpha_p^2 = 1$ 的情况下, 不等式

$$E_{g_\lambda}(\Phi_n(x, \alpha^*)) \leqslant \frac{1}{l} \sum_{i=1}^{l} \Phi_n(x_i, \alpha^*) + \frac{B_n \varepsilon_n(l)}{2} \left(1 + \sqrt{1 + \frac{4 \sum\limits_{i=1}^{l} \Phi_n(x_i, \alpha^*)}{l B_n \varepsilon_n(l)}}\right)$$

成立. 当 $\lambda \leqslant 0$ 时, 依至少 $1 - \dfrac{4}{l}$ 的 Sugeno 测度成立; 当 $\lambda > 0$ 时, 依至少 $\dfrac{1 - \dfrac{4}{l}}{1 + \dfrac{4\lambda}{l}}$ 的 Sugeno 测度成立, 其中对于现在 $h_n = n$ 的结构有

$$\varepsilon_n(l) = 4 \frac{n\left(\ln \dfrac{2l}{n} + 1\right) + \ln l}{l}.$$

因此, 上述不等式可改写为

$$\sum_{p=1}^{n} (1-\mu_p)(\alpha_p^*)^2 \leqslant \frac{B_n \varepsilon_n(l)}{2} \left(1 + \sqrt{1 + \frac{4 \sum\limits_{p=1}^{n} (\alpha_p^*)^2 \mu_p}{B_n \varepsilon_n(l)}} \right).$$

因此, 对于特定的向量 $\alpha = (0, 0, \cdots, 1, 0, \cdots, 0)^{\mathrm{T}}$, 其中 1 对应于最小的特征值, 有如下不等式:

$$\mu_{\min} \geqslant 1 - \frac{B_n \varepsilon_n(l)}{2} \left(1 + \sqrt{1 + \frac{4\mu_{\min}}{B_n \varepsilon_n(l)}} \right),$$

其中 $\mu_{\min} = \min\limits_{1 \leqslant p \leqslant n} \mu_p$. 求解上述不等式关于 $\mu_{\min}$ 的解可得

$$\mu_{\min} > \left(1 - \sqrt{B_n \varepsilon_n(l)} \right)_+,$$

其中 $(u)_+ = \max\{u, 0\}$. 当 $\lambda \leqslant 0$ 时, 依至少 $1 - \dfrac{4}{l}$ 的 Sugeno 测度成立; 当 $\lambda > 0$ 时, 依至少 $\dfrac{1 - \dfrac{4}{l}}{1 + \dfrac{4\lambda}{l}}$ 的 Sugeno 测度成立. 因此, 界

$$\|K^{-1}\|^2 \leqslant \frac{1}{\left(1 - \sqrt{B_n \varepsilon_n(l)} \right)_+^2}$$

当 $\lambda \leqslant 0$ 时, 依至少 $1 - \dfrac{4}{l}$ 的 Sugeno 测度成立; 当 $\lambda > 0$ 时, 依至少 $\dfrac{1 - \dfrac{4}{l}}{1 + \dfrac{4\lambda}{l}}$ 的 Sugeno 测度成立.

为了确定 $\|G\|_2^2$ 的界, 注意到

$$\|G\|_2^2 = \sum_{p=1}^{n} G_p^2 = \sum_{p=1}^{n} \frac{1}{l^2} \left(\sum_{i=1}^{l} \bar{y}_i \varphi_p(x_i) \right)^2,$$

$$E_{g_\lambda}(\|G\|_2^2) = \sum_{p=1}^{n} \frac{1}{l^2} E \left(\sum_{i=1}^{l} \varphi_p(x_i) \left(\xi_i + \sum_{j=p+1}^{\infty} \alpha_j^0 \varphi_j(x_i) \right) \right)^2,$$

$$\sup_x \left| \sum_{i=p+1}^{\infty} \alpha_i^0 \varphi_i(x) \right| \leqslant c,$$

故

$$E_{g_\lambda}(\|G\|_2^2) \leqslant \sum_{p=1}^n \frac{1}{l^2} E\left(\sum_{i=1}^l \varphi_p(x_i)(\xi_i + c)\right)^2$$

$$= \sum_{p=1}^n \frac{1}{l^2} E\left(\sum_{i=1}^l \varphi_p(x_i)\xi_i + c\sum_{i=1}^l \varphi_p(x_i)\right)^2.$$

由集合 S_k 中元素的正交性可得

$$E_{g_\lambda}(\|G\|_2^2) \leqslant n\frac{A\sigma^2 + c^2}{l},$$

其中, 当 $\lambda > 0$ 时, $A = [\ln(1+\lambda)+1]\dfrac{\lambda}{\ln(1+\lambda)}(1+\lambda)$; 当 $\lambda < 0$ 时, $A = \dfrac{\lambda}{\ln(1+\lambda)} \cdot$ $\dfrac{1}{(1+\lambda)^2}$; 当 $\lambda = 0$ 时, $A = 1$.

因此

$$g_\lambda\left\{\|G\|_2^2 > \frac{n(A\sigma^2+c^2)\ln l}{l}\right\} < \frac{B}{\ln l},$$

其中 $\varepsilon = \dfrac{n(A\sigma^2+c^2)\ln l}{l}$. 当 $\lambda > 0$ 时, $B = 1, A = [\ln(1+\lambda)+1]\dfrac{\lambda}{\ln(1+\lambda)}(1+\lambda)$; 当 $\lambda < 0$ 时, $B = \dfrac{1}{1+\lambda}, A = \dfrac{\lambda}{\ln(1+\lambda)} \cdot \dfrac{1}{(1+\lambda)^2}$; 当 $\lambda = 0$ 时, $B = 1, A = 1$. 即对

于不等式 $\|G\|_2^2 \leqslant \dfrac{n(A\sigma^2+c^2)\ln l}{l}$, 当 $\lambda > 0$ 时, 依至少 $\dfrac{1 - \dfrac{1}{\ln l}}{1 + \dfrac{\lambda}{\ln l}}$ 的 Sugeno 测度成

立; 当 $\lambda \leqslant 0$ 时, 依至少 $1 - \dfrac{1}{\ln l}$ 的 Sugeno 测度成立.

由当 $\lambda \leqslant 0$ 时, Sugeno 测度的性质易得不等式

$$T_1(l) \leqslant \frac{n(A\sigma^2+c^2)\ln l}{l\left(1 - \sqrt{B_n\varepsilon_n(l)}\right)_+^2}$$

依至少

$$\lambda\left(1 - \frac{1}{\ln l}\right)^2 + 1 - \frac{2}{\ln l}$$

的 Sugeno 测度成立; 当 $\lambda > 0$ 时, 依至少

$$\frac{\left(1 - \dfrac{1}{\ln l}\right)\left(2 + \lambda + \dfrac{4\lambda}{l}\right)}{(1+\lambda)\left(1 + \dfrac{4\lambda}{l}\right)\left(1 + \dfrac{\lambda}{\ln l}\right)} - \frac{1}{1+\lambda}$$

的 Sugeno 测度成立.

因此

$$g_\lambda\{V^{-1}(l)(R(\alpha_l^n)-R(\alpha_0))\leqslant 1\} \geqslant k$$

成立, 其中 $V(l)=r_{n(l)}+\dfrac{n(A\sigma^2+c^2)\ln l}{l\left(1-\sqrt{B_n\varepsilon_n(l)}\right)_+^2}$, 当 $\lambda<0$ 时,

$$k=\lambda\left(1-\frac{1}{\ln l}\right)^2+1-\frac{2}{\ln l}, \quad A=\frac{\lambda}{\ln(1+\lambda)}\cdot\frac{1}{(1+\lambda)^2};$$

当 $\lambda>0$ 时,

$$k=\frac{\left(1-\dfrac{1}{\ln l}\right)\left(2+\lambda+\dfrac{4\lambda}{l}\right)}{(1+\lambda)\left(1+\dfrac{4\lambda}{l}\right)\left(1+\dfrac{\lambda}{\ln l}\right)}-\frac{1}{1+\lambda}, \quad A=[\ln(1+\lambda)+1]\frac{\lambda}{\ln(1+\lambda)}(1+\lambda);$$

当 $\lambda=0$ 时,

$$k=1-\frac{2}{\ln l}, \quad A=1.$$

注 6.3.1　其他具体的不确定回归估计问题的界可参考 6.3.1 小节和 6.3.2 小节.

参 考 文 献

[1]　Vapnik V N. 统计学习理论的本质. 张学工, 译. 北京: 清华大学出版社, 2000

[2]　Vapnik V N. An overview of statistical learning theory. IEEE Transactions on Neural Networks, 1999, 10(5): 988-999

[3]　Vapnik V N. Statistical Learning Theory. New York: A Wiley-Interscience Publication, 1998

[4]　Vapnik V N. The Nature of Statistical Learning Theory. New York: A Wiley-Interscience Publication, 1995

[5]　哈明虎, 田景峰, 张植明. 基于复随机样本的结构风险最小化原则. 计算机研究与发展, 2009, 46(11): 1907-1916

[6]　Ha M H, Pedrycz W, Zhang Z M, et al. The theoretical foundations of statistical learning theory of complex random samples. Far East Journal of Applied Mathematics, 2009, 34(3): 315-336

[7]　Ha M H, Pedrycz W, Chen J Q, et al. Some theoretical results of learning theory based on random sets in set-valued probability space. Kybernetes, 2009, 38: 635-657

[8] Ha M H, Chen J Q, Pedrycz W, et al. Bounds on the rate of convergence of learning processes based on random sets and set-valued probability. Kybernetes, 2011, 40(9/10): 1459-1485

[9] 田景峰, 张植明, 哈明虎. Sugeno 测度空间上一类回归估计问题的界. 模糊系统与数学, 2009, 23(4): 84-91

第7章 概率测度空间上基于实随机样本的支持向量机

经典支持向量机是建立在概率测度空间上基于实随机样本的一种新的通用机器学习方法, 在处理小样本和高维非线性等问题时具有独特的优势, 现已成为机器学习和数据挖掘等领域的标准工具[1]. 本章将重点介绍经典支持向量机以及经典支持向量机拓展与应用方面的研究成果, 本书将这些支持向量机统称为概率测度空间上基于实随机样本的支持向量机, 详细内容参见各节列出的参考文献.

7.1 支持向量机

本节将从硬间隔、软间隔和一般算法三方面介绍支持向量机的相关内容, 详见参考文献 [2—6].

7.1.1 硬间隔支持向量机

支持向量机的核心思想就是最大化分类间隔, 它主要考虑的是特征空间中线性可分的数据. 考虑二维平面中的两类线性可分的情况, 如图 7.1 所示. H 为把两类样本无错误地分开的超平面, H_1, H_2 分别为平行于超平面 H 的两个超平面, 且距离超平面最近的两类样本点分别位于这两个超平面上. 因而, 称 H_1 与 H_2 之间的距离为这两类样本的分类间隔. 最优分类超平面既要要求超平面 H 将两类样本准

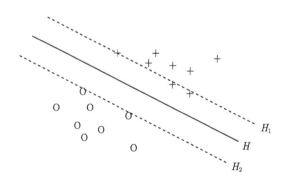

图 7.1 最大间隔分类超平面

确地分开, 又要保证分类间隔最大化. 超平面保证了经验风险的最小化, 而分类间隔最大化保证了超平面的推广能力, 使其推广性的界的置信范围最小, 进而保证了最小的实际风险.

下面给出 $\mathbf{R}^n$ 空间中, 线性可分样本的最优分类超平面的约束条件: 假定训练样本为

$$(x_1, y_1), \cdots, (x_l, y_l), \quad x_i \in \mathbf{R}^n, y_i \in \{-1, 1\}.$$

如果存在分类超平面 $(w \cdot x) + b = 0$ 使得

$$y_i((w \cdot x_i) + b) \geqslant 1, \quad i = 1, 2, \cdots, l, \tag{7.1}$$

则称训练集为线性可分的.

超平面平行的平面 $H_1 : (w \cdot x) + b = +1$ 和 $H_2 : (w \cdot x) + b = -1$ 的分类间隔为 $\gamma = \dfrac{2}{\|w\|}$. 在线性可分的条件下, 最优分类超平面既要满足约束条件式 (7.1), 还要保证最大的分类间隔 γ.

在 $\mathbf{R}^n$ 空间中, 由超平面构成的指示函数集

$$\{f(x) = \operatorname{sgn}((w \cdot x) + b), \|w\| \leqslant A\}$$

的 VC 维 h 满足下面不等式

$$h \leqslant \min\left\{\left[R^2 A^2\right], n\right\} + 1.$$

因此, 分类间隔的最大化就意味着较小的 $\|w\|$, 较小的 $\|w\|$ 保证了较小的 VC 维的上界, 从而实现了结构风险最小化原则中对函数复杂性的选择.

基于上述理论, 求解最优分类超平面可以转化为如下二次规划问题:

$$\begin{cases} \min \dfrac{1}{2}\|w\|^2, \\ \text{s.t. } y_i((w \cdot x_i) + b) - 1 \geqslant 0, \quad i = 1, 2, \cdots, l. \end{cases} \tag{7.2}$$

其原问题的对偶规划问题为

$$\begin{cases} \max W(\alpha) = \displaystyle\sum_{i=1}^{l} \alpha_i - \dfrac{1}{2} \sum_{i,j} \alpha_i \alpha_j y_i y_j (x_i \cdot x_j), \\ \text{s.t. } \displaystyle\sum_{i=1}^{l} \alpha_i y_i = 0, \quad \alpha_i \geqslant 0, i = 1, 2, \cdots, l. \end{cases} \tag{7.3}$$

求其最优解为 $\alpha^* = (\alpha_1^*, \alpha_2^* \cdots, \alpha_l^*)$, 则

$$w^* = \sum_{i=1}^{l} \alpha_i^* y_i x_i. \tag{7.4}$$

又根据 KKT 条件, 其最优解满足

$$\alpha_i \left(y_i \left((w \cdot x_i) + b \right) - 1 \right) = 0, \quad i = 1, 2, \cdots, l.$$

若 $\alpha_i \neq 0$, 则其对应的 x_i 称为支持向量, 且满足条件

$$y_i \left((w \cdot x_i) + b \right) - 1 = 0, \quad i = 1, 2, \cdots, l. \tag{7.5}$$

选择不等于零的 α_i 代入式 (7.5) 中, 进而可以解出 b^*.

最后得到的决策函数为

$$f(x) = \mathrm{sgn} \left((w^* \cdot x) + b^* \right) = \mathrm{sgn} \left(\sum_{i=1}^{n} \alpha_i^* y_i \left(x_i \cdot x \right) + b^* \right). \tag{7.6}$$

7.1.2　软间隔支持向量机

支持向量机的硬间隔分类器在某些实际问题中存在一定的局限性: 如图 7.2 所示, 数据中含有噪声点, 即某些训练样本不满足约束条件式 (7.1).

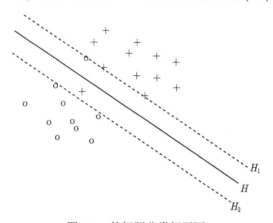

图 7.2　软间隔分类超平面

为此, 引入了松弛变量, 它允许在一定程度上违反间隔约束, 这时约束变为

$$y_i \left((w \cdot x_i) + b \right) \geqslant 1 - \xi_i, \quad i = 1, 2, \cdots, l.$$

显然, 当 ξ_i 充分大时, 训练点总会满足上述约束条件. 但是, 算法中要尽量避免较大的 ξ_i. 为此, 需要对目标函数进行惩罚, 原始优化问题转化为

$$\begin{cases} \min \ \dfrac{1}{2} \|w\|^2 + C \displaystyle\sum_{i=1}^{l} \xi_i, \\ \mathrm{s.t.} \ \ y_i \left((w \cdot x_i) + b \right) - 1 + \xi_i \geqslant 0, \quad \xi_i \geqslant 0, \quad i = 1, 2, \cdots, l. \end{cases} \tag{7.7}$$

$\sum\limits_{i=1}^{l} \xi_i$ 是分类误差的上界, 一定程度上反映了训练样本被错分的程度. 引入惩罚参数 C, 即目标函数要求既要最小化 $\frac{1}{2}\|w\|^2$, 同时又要最小化 $\sum\limits_{i=1}^{l} \xi_i$. 求解优化问题 (7.7) 的对偶问题, 得到

$$\begin{cases} \max W\left(\alpha\right) = \sum\limits_{i=1}^{l} \alpha_i - \dfrac{1}{2}\sum\limits_{i,j} \alpha_i\alpha_j y_i y_j \left(x_i \cdot x_j\right), \\ \text{s.t.} \quad \sum\limits_{i=1}^{l} \alpha_i y_i = 0, \quad 0 \leqslant \alpha_i \leqslant C, i = 1, 2, \cdots, l. \end{cases} \tag{7.8}$$

根据 KKT 条件, 有

$$\alpha_i\left(y_i\left((w \cdot x_i) + b\right) - 1 + \xi_i\right) = 0, \quad \beta_i\xi_i = (C - \alpha_i)\xi_i = 0.$$

如果 $\alpha_i = 0$, 则 $\xi_i = 0$, 这时 x_i 被正确分类. 如果 $0 < \alpha_i < C$, 则有

$$y_i\left((w \cdot x_i) + b\right) - 1 + \xi_i = 0, \quad \xi_i = 0.$$

这时 ξ_i 处在分类间隔超平面上, 被称为边界上的支持向量. 如果 $\alpha_i = C$, 则有

$$y_i\left((w \cdot x_i) + b\right) - 1 + \xi_i = 0, \quad \xi_i \geqslant 0.$$

这时如果 $0 \leqslant \xi_i \leqslant 1$, x_i 处在分类超平面和间隔超平面之间, 并被正确分类; 如果 $\xi_i > 1$, x_i 被分到分类超平面的另一侧; 当 $\xi_i > 0$ 时, x_i 称为边界支持向量.

7.1.3 支持向量机一般算法

在一些实际问题中, 一些训练集不能采用线性函数来构造最优分类超平面, 如图 7.3 所示. 这时可以考虑通过一个非线性映射 ϕ, 将训练样本 x 映射到一个高维线性特征空间.

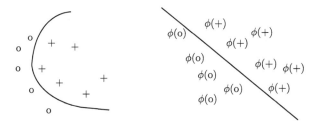

图 7.3 非线性映射

在高维特征空间中, 构造训练集

$$\{(\phi(x_1), y_1), \cdots, (\phi(x_l), y_l)\}.$$

在高维特征空间中求解优化问题:

$$
\begin{cases}
\min \dfrac{1}{2}\|w\|^2 + C\sum_{i=1}^{l}\xi_i, \\[2mm]
\text{s.t.} \quad y_i\left((w\cdot\phi(x_i))+b\right)-1+\xi_i\geqslant 0, \quad \xi_i\geqslant 0, \ i=1,2,\cdots,l.
\end{cases}
$$

其对偶问题为

$$
\begin{cases}
\max\ W(\alpha)=\sum_{i=1}^{l}\alpha_i-\dfrac{1}{2}\sum_{i=1}^{l}\sum_{j=1}^{l}y_iy_j\alpha_i\alpha_j\left(\phi(x_i)\cdot\phi(x_j)\right), \\[2mm]
\text{s.t.} \quad \sum_{i=1}^{l}\alpha_iy_i=0, \quad 0\leqslant\alpha_i\leqslant C, i=1,2,\cdots,l.
\end{cases}
$$

最后得到决策函数

$$
f(x)=\operatorname{sgn}\left(\sum_{i=1}^{n}\alpha_i^*y_i\left(\phi(x_i)\cdot\phi(x)\right)+b^*\right).
$$

上述求解过程中, 映射 ϕ 在算法中所起的作用只与内积 $(\phi(x_i)\cdot\phi(x_j))$ 有关. 根据泛函的有关理论, 只要一种函数 $K(x,x')$ 满足 Mercer 条件, 它就对应一变换空间的内积.

定理 7.1.1(Mercer 条件) 对于任意的对称函数 $K(x,x')$, 它是某个特征空间中的内积运算的充要条件是: 对于任意的非零函数 $\int f^2(x)\mathrm{d}x<\infty$, 有

$$
\iint K(x,x')f(x)f(x')\mathrm{d}x\mathrm{d}x'>0.
$$

为此, 引入满足 Mercer 条件的对称函数 $K(x,x')$ 来替换相应的内积 $(\phi(x_i)\cdot\phi(x_j))$, 这样的函数 $K(x,x')$ 称为核函数. 支持向量机核函数一般有以下几种形式[5,6]:

(1) 线性核函数 $K(x,x')=(x\cdot x')$;

(2) 多项式核函数 $K(x,x')=((x\cdot x')+1)^d$;

(3) 高斯径向基核函数 $K(x,x')=\exp\left(\dfrac{-\|x-x'\|^2}{2\sigma^2}\right)$.

7.1.3.1 两类问题

下面给出经典支持向量机的一般算法 (两类), 详细内容参见文献 [2—6].

(1) 给定训练集 $T=\{(x_1,y_1),\cdots,(x_l,y_l)\}(x_i\in\mathbf{R}^n),y_i\in\{-1,1\}$ 为 x_i 的类标;

(2) 选取适当的核函数 $K(x,x')$ 以及惩罚参数 $C>0$;

(3) 构造并求解凸二次规划问题

$$
\begin{cases}
\min & L(\alpha) = \dfrac{1}{2} \sum_{i=1}^{l} \sum_{j=1}^{l} y_i y_j \alpha_i \alpha_j K(x_i, x_j) - \sum_{i=1}^{l} \alpha_i, \\[2ex]
\text{s.t.} & \sum_{i=1}^{l} \alpha_i y_i = 0, \quad 0 \leqslant \alpha_i \leqslant C, i = 1, 2, \cdots, l,
\end{cases}
$$

求解有 $\alpha^* = (\alpha_1^*, \alpha_2^*, \cdots, \alpha_l^*)^{\mathrm{T}}$;

(4) 计算 b^*, 选取位于开区间 $(0, C)$ 中的 α^* 的分量 α_j^*, 据此计算

$$
b^* = y_j - \sum_{i=1}^{l} y_i \alpha_i^* K(x_i, x_j);
$$

(5) 构造决策函数

$$
f(x) = \mathrm{sgn}\left(\sum_{i=1}^{l} y_i \alpha_i^* K(x_i, x) + b^* \right).
$$

7.1.3.2 多类问题

支持向量机主要是针对两类问题提出的, 而在一些实际应用中往往是多类问题. 用数学语言描述多类问题为: 给定训练集

$$
T = \{(x_1, y_1), \cdots, (x_l, y_l)\}, \quad x_i \in \mathbf{R}^n, y_i \in Y = \{1, 2, \cdots, M\}.
$$

据此寻找一个决策函数 $f(x)$, 对于任意的输入向量 x, 给出准确的输出类别. 下面介绍几种求解多类问题的算法[6].

(1) 一对一方法 (1-v-1).

一对一方法对 M 类分类问题, 转化为两两分类问题, 即需要构造 $M(M-1)/2$ 个分类超平面. 对于所有的 $(i,j) \in \{(i,j) \,|\, i < j, i \in Y, j \in Y\}$, 可以得到一个新的训练集 T_{ij}, 其中将训练集中 $y = i$ 和 $y = j$ 的样本分别作为正类样本点和负类样本点. 利用两类支持向量机对上述训练集分类, 求得判别函数为 g_{ij}. 对于一个判别函数判定 x 属于第 i 类意味着第 i 类获得一票. 考虑上述所有判别函数对于输入 x 的判别, 得票最多的类别就为输入 x 的类别. 在这种模式下, 两两构造分类超平面, 构造的多类分类器的准确率较高. 但随着类别数的增加, 所需构造的超平面个数也在迅速增加, 算法的复杂度随之增加 (图 7.4 中给出了二维平面上的一对一分类器).

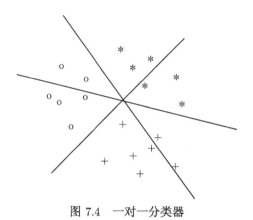

图 7.4　一对一分类器

(2) 一对多方法 (1-v-r).

对于 M 类问题, 每一类别和其他所有 $M-1$ 类之间构造分类器. 对于第 i 个分类器, 训练数据的类别标签要重新修改, 第 i 类的数据类别记为 $+1$, 剩余的数据全部标记为 -1. 求解该分类器的二次规划为

$$
\begin{cases}
\min & \dfrac{1}{2}\left\|w^i\right\|^2 + C\displaystyle\sum_{j=1}^{l}\xi_j^i, \\
\text{s.t.} & \left(w^i \cdot \phi(x_j)\right) + b^i \geqslant 1 - \xi_j^i, \quad i = j, \\
& \left(w^i \cdot \phi(x_j)\right) + b^i \leqslant 1 + \xi_j^i, \quad \xi_j^i \geqslant 0, i \neq j, \\
& i = 1, 2, \cdots, M, j = 1, 2, \cdots, l.
\end{cases}
$$

在构造多类分类器过程中, 取分类函数输出值最大的类别为预测类别:

$$
f(x) = \mathop{\arg\max}_{i=1,2,\cdots,M} \operatorname{sgn}\left((w^i \cdot \phi(x)) + b^i\right).
$$

这种方法与一对一方法相比, 算法复杂度较低. 然而, 所考虑的两类问题常常是不对称的, 正负类数据不均衡, 分类性能较差. 此外还存在大量的不可分的点, 泛化能力较差 (图 7.5 中给出了二维平面上的一对多分类器).

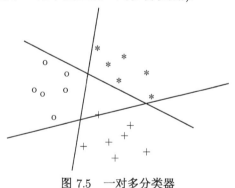

图 7.5　一对多分类器

(3) DAGSVM (基于有向无环图的多类 SVM 分类器).

DAGSVM 用有向无环图构造了一种学习结构, 并依此结构对一对一方法中的两类分类器进行选择、组合. 与一对一训练方法相似, 同样需要求解 $M(M-1)/2$ 个分类器. 而在测试阶段, 该算法用含有根节点的有向无环图选择每个 SVM 分类器. 该有向无环图中含有 $M(M-1)/2$ 个内部节点和 M 个叶节点, 每一个节点对应一个分类器. 对于一个测试样本 x, 从根节点出发 (用决策函数求其值), 它移向左边或右边取决于其输出值 (图 7.6 给出了 4 类问题的有向无环图).

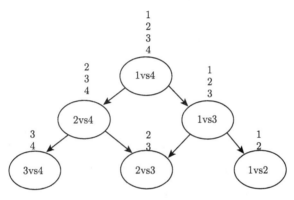

图 7.6 有向无环图

(4) Crammer-Singer (直接构造分类器).

Crammer-Singer 多类支持向量机给出了解决多类问题的一种直接方法, 它是两类 SVM 二次规划模型的一种自然扩展形式:

$$
\begin{cases}
\min \phi(w, \xi) = \dfrac{1}{2} \sum_{m=1}^{M} \|w_m\|^2 + C \sum_{i=1}^{l} \sum_{m \neq y_i} \xi_i^m, \\
\text{s.t. } (w_{y_i} \cdot x_i) + b_{y_i} \geqslant (w_m \cdot x_i) + b_m + 2 - \xi_i^m, \\
\xi_i^m \geqslant 0, i = 1, 2, \cdots, l, \\
m, y_i \in \{1, 2, \cdots, M\}, m \neq y_i.
\end{cases}
$$

由此, 得到下面 SVM 分类器:

$$
f(x) = \underset{i=1,2,\cdots,M}{\arg\max} \operatorname{sgn}\left((w_i \cdot x) + b_i\right).
$$

图 7.7 中在二维平面上给出 Crammer-Singer 的 SVM 分类器.

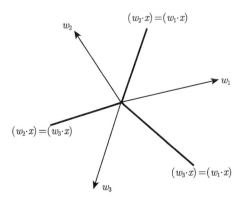

图 7.7　Crammer-Singer 的 SVM 分类器

7.2　加权支持向量机

针对不平衡数据, 杨志民和刘广利[7]介绍了加权支持向量机 (weighted support vector machine, WSVM). SVM 不适合处理不平衡数据的原因在于, 当数据不平衡, 如正类的数量远少于负类的数量时, 就会导致正类的误差之和小于负类的误差之和, 这就相当于对负类施加了比较大的错误惩罚, 从而导致分割平面向正类的方向移动. 下面讨论数据不平衡情形的标准 SVM 分类问题. 假设 $N_{\mathrm{BSV}-}$ 和 $N_{\mathrm{BSV}+}$ 分别代表负类和正类中边界支持向量的个数, $N_{\mathrm{SV}+}$ 和 $N_{\mathrm{SV}-}$ 分别代表正类和负类支持向量个数, m_+ 和 m_- 分别代表正类和负类中的样本数, 于是可得

$$\sum_{i=1}^{N} \alpha_i = \sum_{y_i=+1} \alpha_i + \sum_{y_i=-1} \alpha_i, \quad \sum_{y_i=+1} \alpha_i = \sum_{y_i=-1} \alpha_i.$$

因为所有 α_i 的最大值是 C, 所以有

$$N_{\mathrm{BSV}+} \cdot C \leqslant \sum_{y_i=+1} \alpha_i, \quad N_{\mathrm{SV}+} \cdot C \geqslant \sum_{y_i=+1} \alpha_i.$$

结合上面的两个式子有

$$N_{\mathrm{BSV}+} \cdot C \leqslant \sum_{y_i=+1} \alpha_i \leqslant N_{\mathrm{SV}+} \cdot C, \quad N_{\mathrm{BSV}-} \cdot C \leqslant \sum_{y_i=-1} \alpha_i \leqslant N_{\mathrm{SV}-} \cdot C.$$

经过变形计算可得

$$\frac{N_{\mathrm{BSV}+}}{m_+} \leqslant \frac{A}{C \cdot m_+} \leqslant \frac{N_{\mathrm{SV}+}}{m_+}, \quad \frac{N_{\mathrm{BSV}-}}{m_-} \leqslant \frac{A}{C \cdot m_-} \leqslant \frac{N_{\mathrm{SV}-}}{m_-},$$

其中 $\displaystyle\sum_{y_i=+1} \alpha_i = \sum_{y_i=-1} \alpha_i = A.$

由上面的式子可知, 如果 $m_+ \neq m_-$, 则正类和负类中边界支持向量比例的上界和支持向量比例的下界不相等. 样本数少的类的边界支持向量比例的上界比样本数多的类的边界支持向量比例的上界大. 这意味着样本数少的类中的样本被错分的比例比样本数大的类中的样本被错分的比例大, 这种偏差行为表明 SVM 不太适合训练样本类中样本数不平衡的分类问题. 而在某些实际问题中, 类的样本数是不平衡的, 如银行信用卡的恶意透支问题、正常数据要比攻击数据多等.

另外, SVM 没有考虑不同样本之间重要性的差异. 在某些实际问题中, 样本的重要性是不同的, 忽略样本的重要性可能导致重要的样本被错误分类, 继而导致判别函数将新的数据错误分类.

为了解决样本不平衡情形下的分类问题, 下面给出加权支持向量机的原始问题:

$$
\begin{cases}
\min & \Phi(w, \xi) = \dfrac{1}{2}\|w\|^2 + C\lambda \sum_{i=1}^{l} s_i \xi_i, \\
\text{s.t.} & y_i((w \cdot x_i) + b) + \xi_i \geqslant 1, \\
& \xi_i \geqslant 0, i = 1, 2, \cdots, l,
\end{cases}
$$

其中 $\lambda \geqslant 1$ 是类 y_i 的权重, $s_i > 0$ 是样本 x_i 的权重. 如果 $0 < s_i < 1$, 则表示 x_i 不重要; 如果 $s_i = 1$, 则表示 x_i 重要. 其他符号的含义同其在标准 SVM 中的含义一样. 可以证明, 这里的加权支持向量机是标准 SVM 的扩展.

使用标准 SVM 中求解问题的方法, 得到加权支持向量机的对偶 Lagrange 表达式

$$
\begin{cases}
\max & L(\alpha) = \sum_{j=1}^{l} \alpha_i - \dfrac{1}{2} \sum_{i=1}^{l} \sum_{j=1}^{l} \alpha_i \alpha_j y_i y_j K(x_i, x_j), \\
\text{s.t.} & 0 \leqslant \alpha_i \leqslant C\lambda, \quad \sum_{j=1}^{l} \alpha_i y_i = 0, \quad i = 1, 2, \cdots, m,
\end{cases}
$$

判别函数

$$
f(x) = \text{sgn}\left(\sum_{i=1}^{m} \alpha_i y_i K(x_i, x) + b \right).
$$

使用分析 SVM 的方法得到

$$
\frac{N_{\text{BSV}+}}{m_+} \leqslant \frac{A}{C \cdot \lambda_+ \cdot \bar{s}_i^+ \cdot m_+} \leqslant \frac{N_{\text{SV}+}}{m_+},
$$

$$
\frac{N_{\text{BSV}-}}{m_-} \leqslant \frac{A}{C \cdot \lambda_- \cdot \bar{s}_i^- \cdot m_-} \leqslant \frac{N_{\text{SV}-}}{m_-},
$$

其中 λ_+ 和 λ_- 分别表示正类和负类的权重, $\bar{s}_i^+$, $\bar{s}_i^-$ 分别表示正类和负类中样本的平均权重. 由于样本中重要样本和不重要样本的比例很小, 因此, $\bar{s}_i^+$, $\bar{s}_i^-$ 的值近似

等于 1. 由上式可知, 可以通过设置 λ_+ 和 λ_- 的值来影响加权支持向量机对分类的准确度.

7.3　特征加权支持向量机

传统的支持向量机及其改进模型在构造最优分类超平面时均假定所给训练集中样本的所有特征均具有相同的贡献. 然而, 对于一些实际数据集, 一些特征含有更多的分类信息, 而其他的特征具有较少的分类信息. 因此, 具有较多分类信息的特征在训练最优支持向量机时比含有较少分类信息的特征更为重要. 然而, 现有的针对加权特征的支持向量机均是直接将权重乘到所给样本的相应特征之上. 下面介绍一种新型的特征加权支持向量机 (feature-weighted support vector machine, FWSVM)[8]. 这里值得一提的是, 特征加权支持向量机与加权支持向量机截然不同. 一方面, 加权支持向量机是为训练集中每个样本赋予权重, 而不是为样本的每一维赋予一个权重; 另一方面, 加权支持向量机的最大贡献是处理不平衡数据分类.

在以往的文献中, 为给定数据集的每个特征确定权重的方法有很多, 主要分为以下两类:

(1) 特征加权. 给定一个数据集, 特征加权方法为数据集中的每一个特征赋予一个实数值. 数值越大, 说明相应的特征具有越高的重要性. 在特征加权策略中, Relief 被公认为最有效的方法. Relief 的主要思想是根据特征值在区分相互靠近的样本的能力上为特征赋予权重.

(2) 特征权学习. 特征权学习的目的与特征加权相同, 即为每一个特征赋予一个实数值以展示其重要性. 特征权学习的学习策略主要是梯度下降法. 实验结果表明特征权学习方法可以提高传统的模糊聚类方法的性能. 然而特征权学习策略最初是为无监督学习提出的, 在用于有监督学习时不能利用类别信息, 即这种方法仅仅使用样本的输入向量, 这会损失重要的分类信息.

对于给定的数据集, 为了确定每一个特征的权重, 可以考虑使用特征与给定的类标之间的相关性. 众所周知, 互信息 (mutual information, MI) 可以用于度量两个随机变量之间的相关性, 但是这里需要指出的是基于互信息的特征选择和特征排序方法已取得了理想的结果. 因此, 使用基于互信息的方法确定各个特征的权重, 从而构造特征加权支持向量机.

7.3.1　特征加权支持向量机的构建

给定 l 个训练样本 $\left\{(x^{(p)}, y^{(p)})\right\}_{p=1}^{l}$, 输入向量 $\left\{x^{(p)}\right\}_{p=1}^{l}$ 的特征权重向量为 $\beta \in \mathbf{R}^d$. 确定权重向量 $\beta = (\beta_1, \beta_2, \cdots, \beta_d)^{\mathrm{T}}$ 需要使用基于互信息的方法, 值得一

提的是该特征权重向量的元素需要满足以下两个条件:

$$0 \leqslant \beta_k \leqslant 1, \quad k = 1, 2, \cdots, d$$
$$\sum_{k=1}^{d} \beta_k = 1, \tag{7.9}$$

可知

$$\beta_k \geqslant 0, \quad k = 1, 2, \cdots, d.$$

下面对使用互信息确定特征权重的方法加以详述. 根据香农的信息论, 一个离散随机变量 Y 的不确定性可以通过定义在概率之上的熵加以度量, 其表达形式如下:

$$H(Y) = -\sum_{y} p(y) \log(p(y)), \tag{7.10}$$

其中对数的基底取为 2.

在给定一个连续随机变量 X 后, 在已知 X 的情况下, Y 的剩余不确定性可以表示为条件熵, 形式如下:

$$H(Y|X) = -\int p(y, x) \left(\sum_{y} p(y|x) \log(p(y|x)) \right) \mathrm{d}x.$$

根据定义, 不确定性的减少量可以通过两个随机变量 Y 和 X 之间的互信息表示如下:

$$I(Y; X) = \sum_{y} \int p(y, x) \log \frac{p(y, x)}{p(y)p(x)} \mathrm{d}x. \tag{7.11}$$

方程 (7.11) 可以表示成熵和条件熵的函数

$$I(Y; X) = H(Y) - H(Y|X). \tag{7.12}$$

为了估计方程 (7.12) 中的互信息, 采用 Kwak 和 Choi 提出的基于 Parzen 窗的估计方法.

给定 N 个输入向量 $\left\{ x^{(p)} \right\}_{p=1}^{N}$, 其中 $x^{(p)} \in \mathbf{R}^d$ 且这 N 个输入向量属于 N_Y 个类, 第 $y \in \{1, 2, \cdots, N_Y\}$ 类的条件概率密度函数 $p(x|y)$ 可以通过 Parzen 窗估计表示为

$$\hat{p}(x|y) = \frac{1}{J_y} \sum_{i \in I_y} \kappa(x - x^{(i)}, \Sigma_{x_y}),$$

其中 J_y 是 y 的出现次数, I_y 是属于第 y 类的输入向量的集合, $\kappa(\cdot,\cdot)$ 是窗函数, 将之取为高斯窗函数, Σ_{x_y} 是第 y 类中输入向量的协方差阵. 此外, 高斯窗函数定义如下:

$$\kappa(x - x^{(i)}, \Sigma_{x_y}) = G(x - x^{(i)}, \Sigma_{x_y})$$

$$= \frac{1}{(2\pi)^{\frac{1}{2}} h^d |\Sigma_{x_y}|^{\frac{1}{2}}} \exp\left\{ -\frac{(x - x^{(i)})^{\mathrm{T}} \Sigma_{x_y}^{-1} (x - x^{(i)})}{2h^2} \right\},$$

其中 h 为窗函数参数, 取为

$$h = \left(\frac{4}{d+2} \right)^{\frac{1}{d+4}} N^{-\frac{1}{d+4}}.$$

Y 取值为 y 的概率可以直接通过下式估计得到

$$\hat{P}(y) = \mathrm{P}\{Y = y\} = \frac{J_y}{N}. \tag{7.13}$$

因此, 等式 (7.12) 的右边第一项可以通过 (7.10) 式和 (7.13) 式得到.

假定每一个输入向量均具有相同的概率, 即 $\hat{p}(x^{(j)}) = \frac{1}{N}$, 其中 $j = 1, 2, \cdots, N$, 等式 (7.12) 的右边第二项可以通过下式进行估计:

$$\hat{H}(Y|X) = -\sum_{j=1}^{N} \frac{1}{N} \sum_{y=1}^{N_Y} \hat{p}(y|x^{(j)}) \log \hat{p}(y|x^{(j)}), \tag{7.14}$$

其中

$$\hat{p}(y|x^{(j)}) = \frac{\displaystyle\sum_{i \in I_y} G(x^{(j)} - x^{(i)}, \Sigma_{x_y})}{\displaystyle\sum_{l=1}^{N_Y} \sum_{k \in I_l} G(x^{(j)} - x^{(k)}, \Sigma_{x_l})}.$$

在上述互信息及其估计方法的基础之上, 提出了下述确定特征权重的方法. 对于一个给定的数据集 D, 假设其具有 d 个特征变量 F_1, F_2, $\cdots$, F_d, 则特征 F_k 与输出类别变量 Y 可以由下式估计得到

$$I(Y; F_k) = H(Y) - H(Y|F_k), \quad k = 1, 2, \cdots, d.$$

等式右边的第一项可以由 (7.10) 和式 (7.13) 得到, 第二项通过 (7.14) 估计得到.

最终特征权重向量 β 可以由下式确定:

$$\beta_k = \frac{I(Y; F_k)}{\displaystyle\sum_{s=1}^{d} I(Y; F_s)}, \quad k = 1, 2, \cdots, d.$$

对于线性特征加权支持向量机, 需要解决下面的优化问题:

$$\begin{cases} \min \quad \dfrac{1}{2}w^{\mathrm{T}}w, \\[2mm] \text{s.t.} \quad y^{(i)}\left(w^{\mathrm{T}}\mathrm{diag}(\beta)x^{(i)} + b\right) \geqslant 1 - \xi_i, \quad i = 1, 2, \cdots, l, \\[2mm] \qquad \xi_i \geqslant 0, \quad i = 1, 2, \cdots, l, \\[2mm] \qquad \beta_k \geqslant 0, \quad \displaystyle\sum_{k=1}^{d} \beta_k = 1, k = 1, 2, \cdots, d, \end{cases} \tag{7.15}$$

其中

$$\mathrm{diag}(\beta) = \begin{pmatrix} \beta_1 & 0 & \cdots & 0 \\ 0 & \beta_2 & \cdots & 0 \\ \vdots & \vdots & & \vdots \\ 0 & 0 & \cdots & \beta_d \end{pmatrix}.$$

为了求解问题 (7.15), 构造 Lagrange 函数

$$\begin{aligned} L(w, b, \xi, \beta) = {} & \frac{1}{2}w^{\mathrm{T}}w + C\sum_{i=1}^{l}\xi_i - \sum_{i=1}^{l}\alpha_i(y^{(i)}(w^{\mathrm{T}}\mathrm{diag}(\beta)x^{(i)} + b) - 1 + \xi_i) \\ & - \sum_{i=1}^{l} v_i\xi_i + \gamma\left(\sum_{k=1}^{d}\beta_k - 1\right) - \sum_{k=1}^{d}\lambda_k\beta_k. \end{aligned} \tag{7.16}$$

于是问题 (7.15) 可以通过寻找 Lagrange 函数的鞍点得到, 对 $L(w, b, \xi, \beta)$ 分别关于 w, b, ξ, β 求偏导数, 则有

$$\frac{\partial L}{\partial w} = w - \sum_{i=1}^{l}\alpha_i y^{(i)}\mathrm{diag}(\beta)x^{(i)} = 0, \tag{7.17}$$

$$\frac{\partial L}{\partial b} = -\sum_{i=1}^{l}\alpha_i y^{(i)} = 0, \tag{7.18}$$

$$\frac{\partial L}{\partial \xi_i} = C - \alpha_i - v_i = 0, \tag{7.19}$$

$$\frac{\partial L}{\partial \beta_k} = -\sum_{i=1}^{l} \alpha_i y^{(i)} w_k x_k^{(i)} + \gamma - \lambda_k = 0. \tag{7.20}$$

此外, 由 KKT 条件可知

$$\lambda_k \beta_k = 0.$$

对于提出的特征加权支持向量机, 通过实验观察到特征权重的值总是非零的, 即 $\beta_k \neq 0 \ (k=1,2,\cdots,d)$. 于是 $\lambda_k = 0 (k=1,2,\cdots,d)$, 则根据方程 (7.20) 可知

$$\gamma = \sum_{i=1}^{l} \alpha_i y^{(i)} w_k x_k^{(i)} = \sum_{i=1}^{l} \alpha_i y^{(i)} \sum_{k=1}^{d} w_k x_k^{(i)},$$

所以有

$$\gamma = \frac{1}{d} \sum_{i=1}^{d} \alpha_i y^{(i)} w^{\mathrm{T}} x^{(i)}. \tag{7.21}$$

将式 (7.17)—(7.20) 和式 (7.21) 代入 (7.16) 可以得到下面的对偶优化问题:

$$\begin{cases} \min \ \dfrac{1}{2} \sum_{i=1}^{l} \sum_{j=1}^{l} \alpha_i \alpha_j y^{(i)} y^{(j)} (x^{(i)})^{\mathrm{T}} \left(\dfrac{2\mathrm{diag}(\beta)}{d} - \mathrm{diag}^2(\beta) \right) x^{(j)} - \sum_{i=1}^{l} \alpha_i, \\ \mathrm{s.t.} \ \ \sum_{i=1}^{l} \alpha_i y^{(i)} = 0, \quad 0 \leqslant \alpha_i \leqslant C. \end{cases} \tag{7.22}$$

对于测试输入向量 x, 其类标可以通过下面的决策函数得到

$$f(x) = \mathrm{sgn}\left(\sum_{i=1}^{l} \alpha_i y^{(i)} (x^{(i)})^{\mathrm{T}} \mathrm{diag}^2(\beta) x + b \right).$$

设 $B = \left(\dfrac{2\,\mathrm{diag}(\beta)}{d} - \mathrm{diag}^2(\beta) \right)^{\frac{1}{2}}$, 则对于非线性特征加权支持向量机, 通过引入核函数, 优化问题 (7.22) 变为

$$\begin{cases} \min \ \dfrac{1}{2} \sum_{i=1}^{l} \sum_{j=1}^{l} \alpha_i \alpha_j y^{(i)} y^{(j)} K(Bx^{(i)}, Bx^{(i)}) - \sum_{i=1}^{l} \alpha_i, \\ \mathrm{s.t.} \ \ \sum_{i=1}^{l} \alpha_i y^{(i)} = 0, \quad 0 \leqslant \alpha_i \leqslant C. \end{cases}$$

相应的决策函数表示为

$$f(x) = \mathrm{sgn}\left(\sum_{i=1}^{l} \alpha_i y^{(i)} K(Bx^{(i)}, Bx) + b \right).$$

7.3.2 数值实验

下面对三种支持向量机模型: 线性支持向量机、高斯支持向量机 (即使用高斯核函数的支持向量机) 及线性特征加权支持向量机加以比较. 高斯核函数 $K(x, x') = \exp\{-\delta||x - x'||^2\}$ 的最优参数 δ 通过在训练集上的 5 折交叉验证从 $\{2^{-10}, 2^{-9}, \cdots, 2^0, 2^1\}$ 中选取. 两种传统支持向量机及线性特征加权支持向量机当中的折中参数 C 均取为 100. 此外, 对于多类分类问题, 均使用一对一策略构造多分类器. 除了 Ripley 人工数据集之外, 所有的实验均重复 100 次, 并使用 100 次训练准确率的平均值和测试准确率的平均值分别作为最终的训练和测试准确率.

Ripley 数据集产生自两个高斯分布的混合模型, 共有 250 个二维训练数据和 1000 个测试数据. 图 7.8 是使用基于互信息的方法为两个特征确定的权重. 图 7.9(a), (b) 展示了使用传统的线性支持向量机和高斯支持向量机得到的分类结果, 其中高斯支持向量机的参数 δ 按照上述搜索策略取为 2^{-10}. 线性特征加权支持向量机的结果如图 7.9(c) 所示. 对于 Ripley 数据集的两个特征, 在图 7.8 中可以看出它们分别为 0.264 和 0.736. 从图 7.8 中很显然可以发现第二个特征确实比第一个特征包含更多的分类信息. 因此, 可以认为基于互信息的方法确实能够为两个特征提供合适的权重.

三个模型在 Ripley 数据集上的训练准确率和测试准确率概括在表 7.1 中, 由表中的数据可以发现, 线性特征加权支持向量机的测试准确率仅比高斯支持向量机低 0.5%, 但是它却能大大地提高线性支持向量机的泛化性能. 另外, 从图 7.9(a), (c) 中可以发现线性特征加权支持向量机的分类间隔比线性支持向量机大得多. 因此, 可以认为线性特征加权支持向量机确实能够改善线性支持向量机的泛化性能.

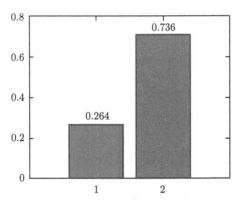

图 7.8 Ripley 数据集的特征权重值

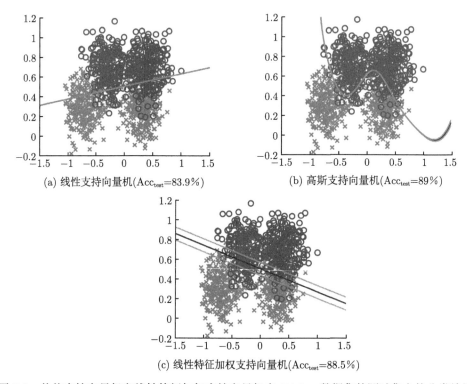

(a) 线性支持向量机(Acc$_{\text{test}}$=83.9%)　　　　　　(b) 高斯支持向量机(Acc$_{\text{test}}$=89%)

(c) 线性特征加权支持向量机(Acc$_{\text{test}}$=88.5%)

图 7.9　传统支持向量机和线性特征加权支持向量机在 Ripley 数据集的测试集上的分类结果
和测试准确率, 其中 Acc$_{\text{test}}$ 为测试准确率

表 7.1　三种不同的支持向量机模型在 Ripley 数据集上的
训练准确率和测试准确率

(单位: %)

模型	Acc$_{\text{train}}$ (训练准确率)	Acc$_{\text{test}}$ (测试准确率)
线性支持向量机	79.2	83.9
高斯支持向量机	88.4	89.0
线性特征加权支持向量机	86.8	88.5

下面在 UCI 数据集上比较上述三种模型, 使用其中的 6 个数据集 (样本数、类
别个数、特征数), 即 Iris (150, 3, 4), Wine (178, 3, 13), Glass (214, 6, 9), Vowel (990,
11, 10), New-thyroid (215, 3, 5) 和 Sonar (208, 2, 60). 此外, 还是用了一个高维数
据集, 即 Prostate 数据集, 该数据集共有 102 个样本, 每个样本含有 12625 个特征.
在每个数据集上, 使用 75% 和 25% 个数据作为训练和测试集, 并且每个实验均重
复 100 次.

图 7.10(a) 展示了使用互信息方法在 Iris 数据集上取得的权重, 在其他 4 个数

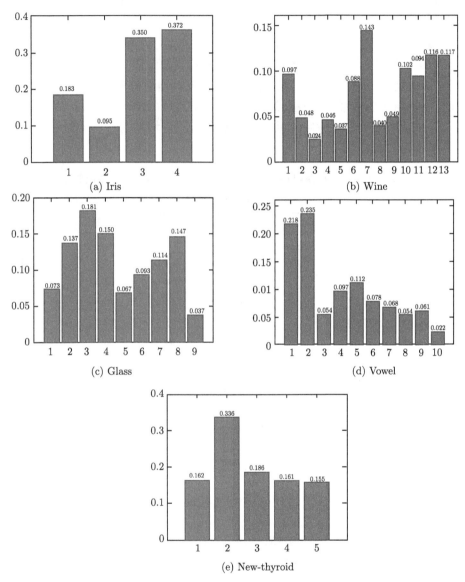

图 7.10 在 5 个标准数据集上的特征权重的值

据集, 即 Wine, Glass, Vowel 和 New-thyroid 数据集上的权重分别如图 7.10(b)—(e) 所示. 在图 7.10 中没有展示在 Prostate 数据集上取得的权重, 原因是该数据集的维数太高, 没有办法清楚地以柱状图的形式展示各个权重.

表 7.2 展示了三种模型, 即线性支持向量机和高斯支持向量机及线性特征加权支持向量机在 7 个标准数据集上的训练准确率和测试准确率. 除了 Wine 和

Prostate 数据集, 高斯支持向量机在其余 5 个数据集上的测试准确率均高于线性支持向量机. 与高斯支持向量机比较, 线性特征加权支持向量机在 4 个数据集上取得了较差的结果, 这 4 个数据集分别是 Iris, Glass, Vowel 和 Sonar. 然而在 Wine, New-thyroid 和 Prostate 数据集上, 线性特征加权支持向量机的测试准确率均高于高斯支持向量机. 另外, 表 7.2 还展示了在线性支持向量机中引入权重后, 线性特征加权支持向量机能够取得较高的泛化性能. 尤其是在 Wine, Glass 和 Sonar 数据集上, 线性特征加权支持向量机的测试准确率分别比线性支持向量机高 4.69%, 3.65% 和 4.32%.

表 7.2　传统支持向量机和线性特征加权支持向量机在 7 个数据集上的训练准确率和测试准确率　　　　　　　　　　(单位: %)

数据集	线性支持向量机		高斯支持向量机		线性特征加权支持向量机	
	$\text{Acc}_{\text{train}}$	Acc_{test}	$\text{Acc}_{\text{train}}$	Acc_{test}	$\text{Acc}_{\text{train}}$	Acc_{test}
Iris	98.89	95.92	98.74 (2^{-8})	97.72	98.30	97.13
Wine	81.88	80.73	100 (2^{-10})	78.16	88.38	85.42
Glass	72.87	61.33	82.45 (2^{-3})	68.07	70.50	64.98
Vowel	70.92	67.17	100 (2^{-2})	98.85	73.91	69.49
New-thyroid	96.01	93.84	100 (2^{-5})	94.05	98.24	95.07
Sonar	82.70	72.74	100 (2^{-3})	85.66	78.96	77.06
Prostate	100	91.15	100 (2^{-10})	86.85	92.97	92.39

参 考 文 献

[1] Cristianini N, Shawe-Taylor J. 支持向量机导论. 李国正, 王猛, 曾华军, 译. 北京: 电子工业出版社, 2004

[2] Vapnik V N. The Nature of Statistical Learning Theory. New York: A Wiley-Interscience Publication, 1995

[3] Vapnik V N. 统计学习理论的本质. 张学工, 译. 北京: 清华大学出版社, 2000

[4] Vapnik V N. Statistical Learning Theory. New York: A Wiley-Interscience Publication, 1998

[5] Vapnik V N. 统计学习理论. 许建华, 张学工, 译. 北京: 清华大学出版社, 2004

[6] 邓乃扬, 田英杰. 支持向量机——理论、算法与拓展. 北京: 科学出版社, 2009

[7] 杨志民, 刘广利. 不确定性支持向量机——算法及应用. 北京: 科学出版社, 2012

[8] Xing H J, Ha M H, Hu B G, et al. Linear feature-weighted support vector machine. Fuzzy Information and Engineering, 2009, 1(3): 289-305

第 8 章　概率测度空间上基于非实随机样本的
支持向量机

模糊集[1]和直觉模糊集[2]作为两类不确定性数学工具, 在支持向量机中得到了成功的应用, 如模糊支持向量机[3-6]、直觉模糊支持向量机等[8-11]. 这些支持向量机在概率空间上将传统实随机样本模糊化或直觉模糊化为非实随机样本, 利用不确定性数学工具和支持向量机有效解决实际问题中广泛存在的噪声、模糊等不确定信息. 本章将这些支持向量机统称为概率测度空间上基于非实随机样本的支持向量机.

8.1　基于类中心隶属度的模糊支持向量机

在支持向量机训练过程中, 每个训练样本点对支持向量机所起的作用往往是不同的. 边缘样本点是最容易错分的, 并且成为支持向量的机会就多一些, 而中间的样本点成为支持向量的可能性要小, 甚至根本不可能成为支持向量. 因此, 在分类问题中, 有些训练样本点要比其他训练样本点重要得多, 即只需要关心那些能够被正确分类的训练样本点, 而不关心那些不能正确分类的噪声样本点.

Takuya 和 Shigeo[3] 首次提出了模糊支持向量机的概念. 随后, Lin 和 Wang[4] 提出了基于类中心隶属度的模糊支持向量机 (FSVM), 根据训练样本点距离类中心的距离赋予其不同的隶属度, 在一定程度上消除了噪声点、孤立点对支持向量机的影响.

模糊支持向量机的训练集一般为

$$S = \{(x_1, y_1, s_1), \cdots, (x_l, y_l, s_l)\},$$

其中 $x_i \in \mathbf{R}^n, y_i \in \{-1, 1\}, \sigma \leqslant s_i \leqslant 1, \sigma$ 为大于 0 的实数, $i = 1, 2, \cdots, l$. s_i 为训练点 x_i 属于 $y_i = 1$ 或 -1 的隶属度. 隶属度 s_i 是训练点 x_i 属于某一类的程度, 由训练点与类中心的距离确定, 参数 ξ_i 是测量错分程度的度量. 因此, $s_i \xi_i$ 就成了衡量重要性不同的样本错分程度的度量.

求最优超平面转化为以下的优化问题:

$$
\begin{cases}
\min & \dfrac{1}{2}\|w\|^2 + C\sum_{i=1}^{l} s_i\xi_i, \\[2mm]
\text{s.t.} & y_i\left((w\cdot x_i)+b\right)+\xi_i \geqslant 1, \quad \xi_i \geqslant 0,\ i=1,2,\cdots,l,
\end{cases}
\tag{8.1}
$$

其中 $C>0$ 为惩罚参数. 优化问题 (8.1) 的最优解为下面 Lagrange 函数的鞍点:

$$
L\left(w,b,\xi,\alpha,\beta\right) = \frac{1}{2}\left(w\cdot w\right) + C\sum_{i=1}^{l} s_i\xi_i - \sum_{i=1}^{l}\alpha_i\left(y_i\left((w\cdot x_i)+b\right)-1+\xi_i\right) - \sum_{i=1}^{l}\beta_i\xi_i,
$$

其中 $\alpha=(\alpha_1,\alpha_2,\cdots,\alpha_l)^{\mathrm{T}}, \beta=(\beta_1,\beta_2,\cdots,\beta_l)^{\mathrm{T}}, \alpha_j\geqslant 0, \beta_j\geqslant 0, j=1,2,\cdots,l.$

根据 Wolfe 对偶定义, 对 Lagrange 函数关于 w,b,ξ 求极小,

$$
\begin{aligned}
\frac{\partial L}{\partial w} &= w - \sum_{i=1}^{l}\alpha_i y_i x_i = 0, \\
\frac{\partial L}{\partial b} &= \sum_{i=1}^{l}\alpha_i y_i = 0, \\
\frac{\partial L}{\partial \xi_i} &= s_i C - \alpha_i - \beta_i = 0.
\end{aligned}
\tag{8.2}
$$

将等式 (8.2) 代入优化问题 (8.1) 得到对偶规划

$$
\begin{cases}
\max & W(\alpha) = \sum_{i=1}^{l}\alpha_i - \dfrac{1}{2}\sum_{i=1}^{l}\sum_{j=1}^{l}\alpha_i\alpha_j y_i y_j (x_i\cdot x_j), \\[2mm]
\text{s.t.} & \sum_{i=1}^{l}\alpha_i y_i = 0, \quad 0\leqslant\alpha_i\leqslant s_i C, i=1,2,\cdots,l.
\end{cases}
$$

解其最优解, 得到最优分类函数

$$
f(x) = \mathrm{sgn}\left(\sum_{i=1}^{n}\alpha_i^* y_i (x_i\cdot x)+b\right).
$$

对于非线性问题, 引入核函数, 则分类问题可由如下二次规划表示:

$$
\begin{cases}
\max & L(\alpha) = \sum_{i=1}^{l}\alpha_i - \dfrac{1}{2}\sum_{i=1}^{l}\sum_{j=1}^{l} y_i y_j \alpha_i \alpha_j K(x_i,x_j), \\[2mm]
\text{s.t.} & \sum_{i=1}^{l}\alpha_i y_i = 0, \quad 0\leqslant\alpha_i\leqslant s_i C, i=1,2,\cdots,l,
\end{cases}
$$

最优分类函数为

$$f(x) = \text{sgn} \left(\sum_{i=1}^{l} \alpha_i^* y_i K(x, x_i) + b \right).$$

$s_i C$ 表示样本点 x_i 在训练支持向量机时的重要程度, $s_i C$ 越大, 表示样本点 x_i 被错分的可能性越小, 分类超平面与各样本点间的距离越小; 反之, x_i 被错分的可能性越大, 分类超平面与各样本间的距离越大. 对于孤立点和噪声点, 如果能够使其对应的 s_i 很小, 从而使 $s_i C$ 很小, 则此样本点对支持向量机的训练作用就大为减少, 其结果便是大大降低了它们对训练支持向量机的影响. 可见, 模糊因子 s_i 的确定成为决定这种模糊支持向量机性能好坏的关键问题.

相对某一特定的问题, 隶属函数的选取是容易的. 首先需要定义隶属函数的下界, 其次根据数据集的主要性质来定义隶属函数.

8.2   基于一种新隶属度的模糊支持向量机

8.2.1   一种新隶属度设计方法

为了减小噪声或孤立点对分类超平面的影响, 上一节介绍了一种基于类中心的隶属函数设计方法, 使样本点对分类所起的作用随着样本点远离类别的几何中心而逐渐减小, 以弱化噪声或孤立点的影响. 但是最优分类超平面主要是由与最优分类超平面距离最近的点即支持向量来确定的, 而支持向量往往都离类别中心较远. 按照上述方法设计隶属函数, 在减小噪声或孤立点对分类超平面作用的同时, 也大大弱化了支持向量对分类超平面的作用, 其最终结果将会使所获得的分类超平面偏离最优分类超平面. 如图 8.1 所示, 从圆心到圆周, 训练样本点的隶属度依次减小, 这样支持向量的隶属度很小, 从而容易导致分类超平面偏离最优分类超平面.

基于此, 哈明虎等[5]给出了一种新的隶属函数设计方法, 使样本点对分类所起的作用随着样本点远离类别的几何中心而逐渐增大, 即将样本点到类别几何中心的距离与该类中心远离类别几何中心最远的样本到类别几何中心的距离的比值定义为隶属度. 但是当样本点与类别几何中心的距离大于阈值时, 就给样本点赋一个很小的隶属度. 阈值是根据两类样本点几何中心之间的距离和样本点的稠密情况决定的. 这样通过调整阈值就可以使支持向量的隶属度较大, 而噪声或孤立点的隶属度很小. 如图 8.2 所示, 从圆心到虚线圆周, 训练样本的隶属度依次增大, 而虚线圆周与实线圆周之间的训练样本点则赋予很小的隶属度, 这样, 在给噪声或孤立点很小隶属度的同时, 保证了支持向量 (在虚直线上) 有较大的隶属度, 从而使分类精度较高.

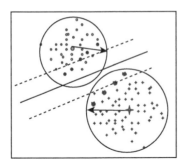 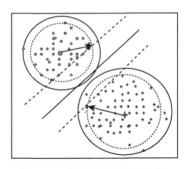

图 8.1　基于类中心的隶属度设计方法　　　图 8.2　新的隶属度设计方法

使用正类样本的均值作为正类的中心, 记为 x^+; 负类样本的均值作为负类的中心, 记为 x^-, 即

$$x^+ = \frac{1}{l^+} \sum_{i=1}^{l^+} x_i; \quad x^- = \frac{1}{l^-} \sum_{i=1}^{l^-} x_i.$$

正负类样本的半径分别为

$$r^+ = \max_{i=1,2,\cdots,l^+} ||x_i - x^+||; \quad r^- = \max_{i=1,2,\cdots,l^-} ||x_i - x^-||.$$

每个正负类样本点到其类中心的距离分别为

$$d_i^+ = ||x_i - x^+||; \quad d_i^- = ||x_i - x^-||.$$

两类中心的距离为 $t = |x^+ - x^-|$, θ 为一个事先给定的很小的正数, 作为噪声和孤立点的隶属度, $\lambda > 0$ 为控制因子, 使

$$t \cdot \lambda \cdot \frac{m^+}{m^+ + m^-} < r^+, \quad t \cdot \lambda \cdot \frac{m^-}{m^+ + m^-} < r^-$$

成立.

隶属函数定义为

$$s_i^+ = \begin{cases} \dfrac{\delta + d_i^+}{r^+}, & d_i^+ \leqslant t \cdot \lambda \cdot \dfrac{m^+}{m^+ + m^-}, \\[3mm] \theta, & d_i^+ > t \cdot \lambda \cdot \dfrac{m^+}{m^+ + m^-}, \end{cases}$$

$$s_i^- = \begin{cases} \dfrac{\delta + d_i^-}{r^-}, & d_i^- \leqslant t \cdot \lambda \cdot \dfrac{m^-}{m^+ + m^-}, \\[3mm] \theta, & d_i^- > t \cdot \lambda \cdot \dfrac{m^-}{m^+ + m^-}, \end{cases}$$

其中 δ 是足够小的正数, 保证了 $s_i > 0$.

设数据集合 $X \subset \mathbf{R}^{s \times l}$ 的模糊 C 划分 $U = [u_{ik}]_{c \times l}(1 \leqslant i \leqslant c, 1 \leqslant k \leqslant l)$ 及 $\lambda \in [0,1]$, 令

$$U_{pk} = \max\{U_{ik}, 1 \leqslant i \leqslant c\},$$

$$w_{ik} = \begin{cases} 1, & U_{pk} \geqslant \lambda \text{ 且 } i = p, \\ 0, & U_{pk} \geqslant \lambda \text{ 且 } i \neq p, \\ u_{ik}, & U_{pk} < \lambda, 1 \leqslant i \leqslant c, \end{cases} \tag{8.3}$$

则 $W = [w_{ik}]_{c \times l}$ 为数据集合 $X \subset \mathbf{R}^{s \times l}$ 的 λ-截集模糊 C 划分.

依据 Bezdek 的 ISODATA 算法来构建截集模糊 C 均值聚类算法 (S2FCM), 具体步骤如下:

初始化指数因子 m, 停止误差 ε, 分类数 c, 截集因子 $\lambda = 0.5 + 1/(2c)$.

步骤 1　在数据集合 $X = \{x_1, x_2, \cdots, x_l\}$ 中随机选择 c 个数据作为初始聚类中心:

$$V = \{v_1, v_2, \cdots, v_c\}.$$

步骤 2　计算 $x_k(1 \leqslant k \leqslant l)$ 到聚类中心 $v_i(1 \leqslant i \leqslant c)$ 的内积范数:

$$d_{ik} = \|x_k - v_i\|_A^2.$$

步骤 3　令 $d_{(c+1)k} = \min\{d_{ik}\}(1 \leqslant i \leqslant c, 1 \leqslant k \leqslant l)$, 返回 $d_{(c+1)k}$ 对应的 i, 记作 s, 并计算:

$$p_k = \left(\frac{1}{d_{(c+1)k}}\right)^{\frac{1}{m-1}} \bigg/ \sum_{i=1}^{c} \left(\frac{1}{d_{ik}}\right)^{\frac{1}{m-1}}.$$

对每一个 $x_k(1 \leqslant k \leqslant l)$ 进行如下处理计算 $W = [w_{ik}]_{c \times l}$:

如果 $d_{(c+1)k} = 0$, 或者 $d_{(c+1)k} \neq 0$ 且 $p_k \geqslant \lambda$, 那么

$$w_{ik} = \begin{cases} 1, & i = s, \\ 0, & i \neq s; \end{cases}$$

如果 $d_{(c+1)k} \neq 0$ 且 $p_k < \lambda$, 那么

$$w_{ik} = \left(\frac{1}{d_{ik}}\right)^{\frac{1}{m-1}} \bigg/ \sum_{i=1}^{c} \left(\frac{1}{d_{ik}}\right)^{\frac{1}{m-1}}.$$

步骤 4　用非零的 w_{ik} 计算:

$$v_i = \sum_{k=1}^{l} (w_{ik})^m x_k \bigg/ \sum_{k=1}^{l} (w_{ik})^m,$$

得到新的聚类中心 V^{m+1}.

步骤 5　如果 $\|V^{m+1} - V^m\|^2 \leqslant \varepsilon$, 迭代终止, 并且输出聚类中心 V^{m+1}; 否则, 令 $m = m+1$, 返回步骤 2.

当计算隶属度时, 只要出现满足 (8.3) 的非零 w_{ik}, 就可以得到该样本点的隶属度, 在计算过程中, W 均为稀疏矩阵, 所以具有很快的收敛速度, 与上一节模糊支持向量机的核函数计算量相比具有一定的优势.

下面主要讨论两类分类的情况. 假设训练样本表示为

$$(x_1', y_1'), (x_2', y_2'), \cdots, (x_{l'}', y_{l'}'),$$

其中 $x_i' \in \mathbf{R}^n$, $y_i' = \{-1, 1\}$ $(i = 1, 2, \cdots, l')$.

使用截集模糊 C 均值聚类算法对样本进行聚类, 得到新的训练样本

$$(x_1, y_1), (x_2, y_2), \cdots, (x_l, y_l).$$

用本节提出的隶属函数设计方法计算出各个样本的隶属度 $s_i (0 < s_i \leqslant 1, i = 1, 2, \cdots, l)$, 从而得到模糊训练样本

$$(x_1, y_1, s_1), (x_2, y_2, s_2), \cdots, (x_l, y_l, s_l),$$

其中 $x_i \in \mathbf{R}^n$, 类标为 $y_i = \{-1, 1\}$, 隶属度为 s_i $(i = 1, 2, \cdots, l)$. 假设 $z = \phi(x)$ 为训练样本从输入空间 $\mathbf{R}^n$ 到高维特征空间 Z 的映射关系.

8.2.2　数值实验

对真实数据集 Splice 和 Ijcnn1 进行实验, 分别采用 SVM 算法、FSVM 算法以及本节的 NFSVM 算法. 在相同的参数条件下, 分别运行 10 次, 取平均值, 比较结果如表 8.1 所示.

表 8.1　三种算法的运行时间和准确率比较

数据集 (特征个数) (训练/测试)	算法	训练数据个数	运行时间/s	分类精度/%
Splice(60) (1000/2175)	SVM	1000	2.92	79.8621
	FSVM	1000	4.06	83.5247
	NFSVM	225	2.16	84.2673
Ijcnn1(22) (49990/91701)	SVM	49990	118.97	86.5310
	FSVM	49990	152.56	86.9726
	NFSVM	12000	76.17	87.0637

通过实验对比分析可知, NFSVM 算法在训练速度和精度上都有了一定的提升.

8.3 模糊多类支持向量机

当前, 在支持向量机的研究中有两类问题亟待解决.

其一, 如何将两类问题的解决办法有效地推广至多类问题. 关于这一问题, 目前已经有一些卓有成效的方法, 如一对一 (1-v-1), 一对多 (1-v-r) 以及基于有向无环图的多类 SVM 分类器等方法. 上述方法都是基于解决多个两类分类问题的. 换言之, 构造 SVM 多类分类器大多是从两类分类器出发设计的.

其二, 如何克服 SVM 对孤立点和噪声数据的敏感性.

本节介绍了一种模糊多类支持向量机, 简记为 FMSVM, 详细内容参见文献 [6]. 与传统的多类 SVM 不同, FMSVM 首先在 Weston 和 Watkins[7] 所提出的多类 SVM 分类器直接构造方法的惩罚项中引入隶属函数. 然后, 在处理训练数据时, 根据它们在训练过程中重要程度的不同区别对待. 也就是说, 将目标函数中的惩罚项模糊化, 重构优化问题及其约束条件, 然后重构 Lagrange 公式, 使得原公式 (模型) 所对应的最优分类超平面的解即为其对偶形式的解. 在本节中, 对所提出的方法给出了理论推导, 并利用数值实验进一步验证了算法的有效性.

8.3.1 模糊多类支持向量机的构建

在 SVM 理论中, 训练过程对于那些远离它们所属类的训练点是十分敏感的. 如果存在两个线性可分的类, 那么无论这两类的距离多么小, SVM 总能找到一个最优分类面, 使得在这两类之间的间隔内没有训练点存在, 即 SVM 所求出的最优分类面可以将这两类完全分开. 然而, 对于非线性可分的两类, 如何设置自由参数的值是非常重要的. 较大的 C 意味着为错误项指定了较大的惩罚值, 从而减少了错误分类的数据点. 另一方面, 较小的 C 值意味着忽略了一些 "微不足道" 的错误分类点, 因而可以得到较大的分类间隔. 无论 C 的值是大还是小, 在 SVM 的训练过程中, 这个参数的值始终是固定的. 也就是说, 在 SVM 的训练过程中, 所有训练点都是被同等对待的. 这样就导致了 SVM 对某些特殊情形的过分敏感, 如孤立点与噪声. 这种情形即是所谓的 "过学习" 现象.

在很多实际应用问题中, 不同的训练点对分类结果的影响是不同的. 一般来说, 训练集中存在某些点对分类结果的影响很大, 同时也存在一些点对分类结果的影响小一些, 甚至微不足道. 因此, 在处理分类问题时, 必须将那些 "重要的点" 正确分类, 并且可以忽略那些 "微不足道" 的点 (带有 "噪声" 的点或距离类中心很远的孤立点).

在这样的意义下, 训练样本点不再严格属于两类中的某一类, 而有可能存在下列情况: 某一个训练样本点以 90% 的可能性属于某一类, 10% 的可能性不属于这一类; 另外一个训练样本点也可能 80% 的可能性属于某一类, 20% 的可能性不属于这一类. 换言之, 对于每个训练样本点 x_i, 存在一个与之对应的隶属度 $s_i \, (0 < s_i \leqslant 1)$. 在这里, 隶属函数 s_i 可以认为是训练样本点 x_i 的隶属度. 这样便利用隶属函数把 SVM 的概念进行了扩展.

如上所述, 平等地对待每个数据有可能导致 SVM 中不相称的过学习现象. 因此, FMSVM 的核心思想是为每个训练点指定一个值——隶属度, 以区别不同的点对分类结果的影响. 由于需要为每一个点 x_i 指定一个隶属度 s_i, 这时训练集便转化为一个模糊训练集.

假设给出一个带有类别标记以及隶属函数的训练样本集:

$$S = \{(x_1, y_1, s_1), \cdots, (x_l, y_l, s_l)\}.$$

每一个训练样本 $x_i \in \mathbf{R}^n$ 都给出了与其对应的类别标记 $y_i \in \{1, 2, \cdots, k\}$ 以及隶属函数 $s_i \, (\sigma \leqslant s_i \leqslant 1)$, 其中 $i = 1, 2, \cdots, l$, σ 是一个充分小的正数. 令 $z = \varphi(x)$ 表示特征空间中的向量, φ 是由输入空间 $\mathbf{R}^n$ 到特征空间 Z 的映射.

隶属函数 s_i 是样本 x_i 属于某一类的隶属度, 参数 ξ_i 表示 SVM 解的错误度量, 而 $s_i \xi_i$ 是具有不同权值的错误率. 因此, 可以认为最优分类超平面由下面的二次规划的解给出:

$$
\begin{cases}
\min \quad \dfrac{1}{2} \sum_{m=1}^{k} (w_m \cdot w_m) + C \sum_{i=1}^{l} \sum_{m \neq y_i} s_i^m \xi_i^m, \\[2mm]
\text{s.t.} \quad (w_{y_i} \cdot x_i) + b_{y_i} \geqslant (w_m \cdot x_i) + b_m + 2 - \xi_i^m, \\[2mm]
\qquad \xi_i^m \geqslant 0, \quad i = 1, 2, \cdots, l, \quad m, y_i \in \{1, 2, \cdots, k\}, m \neq y_i,
\end{cases}
$$

其中 C 是一个常数 (通常称为惩罚常数), ξ 是松弛变量, s 是所引入的隶属函数. 应当注意, 当 s_i 的值较小时可以降低样本点 x_i 对分类结果的影响.

所对应的 Lagrange 公式为

$$
\begin{aligned}
L(w, b, \xi, \alpha, \beta) = {} & \frac{1}{2} \sum_{m=1}^{k} (w_m \cdot w_m) + C \sum_{i=1}^{l} \sum_{m=1}^{k} s_i^m \xi_i^m - \sum_{i=1}^{l} \sum_{m=1}^{k} \beta_i^m \xi_i^m \\
& - \sum_{i=1}^{l} \sum_{m=1}^{k} \alpha_i^m \left(((w_{y_i} - w_m) \cdot x_i) + b_{y_i} - b_m - 2 + \xi_i^m \right), \quad (8.4)
\end{aligned}
$$

其中 α, β 均为 Lagrange 因子, 它们满足

$$\alpha_i^{y_i} = 0, \quad \beta_i^{y_i} = 0, \quad \xi_i^{y_i} = 2, \quad s_i^{y_i} = 1, \quad i = 1, 2, \cdots, l,$$

以及约束条件

$$\alpha_i^m \geqslant 0, \quad \beta_i^m \geqslant 0, \quad \xi_i^m \geqslant 0, \quad \sigma \leqslant s_i^m \leqslant 1.$$

对于 (8.4) 分别求关于 w_n, b_n 以及 ξ_j^n 的偏导数,

$$\frac{\partial L}{\partial w_n} = w_n + \sum_{i=1}^{l} \alpha_i^n x_i - \sum_{i=1}^{l} A_i c_i^n x_i,$$

$$\frac{\partial L}{\partial b_n} = -\sum_{i=1}^{l} A_i c_i^n + \sum_{i=1}^{l} \alpha_i^n,$$

$$\frac{\partial L}{\partial \xi_j^n} = -\alpha_j^n + C s_j^n - \beta_j^n.$$

在鞍点处应满足的条件为

$$\frac{\partial L}{\partial w_n} = 0 \Rightarrow w_n = \sum_{i=1}^{l} (A_i c_i^n - \alpha_i^n) x_i,$$

$$\frac{\partial L}{\partial b_n} = 0 \Rightarrow \sum_{i=1}^{l} A_i c_i^n = \sum_{i=1}^{l} \alpha_i^n,$$

$$\frac{\partial L}{\partial \xi_i^n} = 0 \Rightarrow C s_j^n = \alpha_j^n + \beta_j^n \text{ 和 } 0 \leqslant \alpha_j^n \leqslant C s_j^n,$$

其中符号 c_i^n 和 A_i 的意义如下:

$$c_i^n = \begin{cases} 1, & y_i = n, \\ 0, & y_i \neq n, \end{cases} \qquad A_i = \sum_{m=1}^{k} \alpha_i^m.$$

将上述结果代入 (8.4) 可以得到

$$W = \frac{1}{2} \sum_{m=1}^{k} \sum_{i=1}^{l} \sum_{j=1}^{l} (c_i^m A_i - \alpha_i^m)(c_j^m A_j - \alpha_j^m)(x_i \cdot x_j)$$

$$- \sum_{m=1}^{k} \sum_{i=1}^{l} \alpha_i^m \left(\sum_{j=1}^{l} (c_j^{y_i} A_j - \alpha_j^{y_i})(x_i \cdot x_j) \right.$$

$$- \sum_{j=1}^{l} (c_j^m A_j - \alpha_j^m)(x_i \cdot x_j) + b_{y_i} + b_m - 2 \bigg)$$

$$- \sum_{m=1}^{k} \sum_{i=1}^{l} \alpha_i^m \xi_i^m + C \sum_{m=1}^{k} \sum_{i=1}^{l} s_i^m \xi_i^m - \sum_{m=1}^{k} \sum_{i=1}^{l} \beta_i^m \xi_i^m.$$

将其进一步化简为

$$\min W = 2 \sum_{i,m} \alpha_i^m - \frac{1}{2} \sum_{i,j,m} \left(c_j^{y_i} A_i A_j - 2\alpha_i^m \alpha_j^{y_i} + \alpha_i^m \alpha_j^m \right)(x_i \cdot x_j),$$

约束条件为

$$\sum_{i=1}^{l} \alpha_i^n = \sum_{i=1}^{l} c_i^n A_i, \quad n = 1, 2, \cdots, k,$$

$$0 \leqslant \alpha_i^m \leqslant C s_i^m, \quad \alpha_i^{y_i} = 0, \quad i = 1, 2, \cdots, l, \quad m, y_i \in \{1, 2, \cdots, k\}.$$

因而, 可以得到下面的决策函数:

$$f(x, \alpha) = \arg\max_{n} \left\{ \sum_{i=1}^{l} (c_i^n A_i - \alpha_i^n)(x_i \cdot x) + b_n \right\}.$$

若给定了一个模糊训练集, 根据上述方法构造的模糊多类支持向量机, 即 FMSVM 仍采用分类间隔的最大化以及分类错误的最小化, 使得分类器具有较好的泛化能力. 与传统 SVM 所不同的是, 在 FMSVM 中将惩罚项模糊化, 以降低不太重要的数据对分类结果的影响. 在此, 惩罚项是一个隶属函数, 因而称之为模糊多类支持向量机, 即 FMSVM.

很显然, SVM 与 FMSVM 的 Lagrange 乘子 α_i 的上界不同. 在 SVM 中, α_i 的上界为一个常量 C, 而在 FMSVM 中, 它的上界是一个动态的模糊函数值. 当数据点 x_i 属于某类时, 所对应的隶属函数的值越小, α_i 所对应的轴心区域就越窄.

8.3.2　数值实验

在 UCI 机器学习数据库中选择了 7 个数据集, 分别是 Iris, Wine, Glass, Soy, Vowel 以及 Blood-cell 和 Thyroid. 为了验证 FMSVM 对噪声数据的适用性, 利用 NDC 数据生成器生成了一个含有噪声的数据集 FTRAIN. 在 FTRAIN 中, 含有 1200 个数据, 每个数据的维数为 8, 样本集的类别数为 3, 数据集服从正态分布, 在此基础上加入了 80 个噪声数据 (均值为 0, 谱密度为一个正常数的白噪声). 在实验中, 将这些数据分为两组. 表 8.2 简单描述了所使用数据集的基本属性. 把 FMSVM 算法与一对多, 一对一以及 Weston 等提出的多类 SVM 算法进行了比较. 在表 8.2 中, "#pts" 表示数据点的个数, "#att" 表示属性的个数. 在实验中, 取 $s_i = y_i/k$, 其中 k 为类别数, $y_i = 1, 2, \cdots, k$ 为类别标号.

表 8.2　实验中所使用的数据集的基本属性

数据集	#pts	#att	类别数
Iris	150	3	4
Wine	178	13	3
Glass	214	9	7
Soy	289	208	17
Vowel	528	10	11
Blood-cell	3097	13	12
Thyroid	3772	21	3

为了使实验更具有说服力, 分别使用了两个核函数: 多项式核函数 (Poly) 与高斯径向基核函数 (RBF). 每个算法在实现过程中, 核函数中的参数, 如多项式核函数中的次数 d 以及高斯径向基核函数中的跨度系数 σ, 使用了几个不同的值进行比较. 采用 10 折交叉验证法估计分类器的正确率, 表 8.3 和表 8.4 中给出的是分类平均准确率.

表 8.3　在第一组数据上的实验准确率　　　　　　　　　(单位: %)

数据集	核函数	核参数	一对多	一对一	J&C	FMSVM
Iris	Poly	4	96.00	96.29	96.24	96.34
		5	96.89	96.94	96.86	96.86
		6	96.87	96.89	96.32	96.33
	RBF	0.1	97.02	97.02	97.02	97.08
		1	96.81	96.89	96.56	96.65
Wine	Poly	3	97.46	97.56	97.34	97.78
		4	97.57	97.53	97.57	97.65
	RBF	3	97.76	97.77	97.76	97.68
		0.2	97.56	97.64	97.70	97.68
Glass	Poly	3	82.12	82.25	81.25	83.30
		5	82.12	82.45	82.33	85.30
	RBF	0.3	81.56	83.35	82.46	85.50
		1	82.56	83.75	82.56	84.50
Soy	Poly	0.5	96.66	97.35	97.56	97.00
		2	97.66	97.35	97.26	97.50
	RBF	4	95.66	96.35	97.22	97.50
		5	95.68	96.33	97.22	97.40
Vowel	Poly	0.2	96.66	97.35	97.46	97.50
		2	96.66	97.35	97.46	97.50
	RBF	5	96.65	97.33	97.45	97.55
		6	96.65	97.36	97.45	97.55

表 8.4　在第二组数据上的实验准确率　　　　　　　　　(单位: %)

数据集	核函数	核参数	一对多	一对一	J&C	FMSVM
Blood-cell	Poly	4	90.25	92.10	90.35	91.33
		5	91.03	91.90	90.20	92.10
		6	91.25	91.58	91.24	92.12
	RBF	10	91.52	91.58	91.24	92.12
Thyroid	Poly	4	92.27	96.56	96.62	93.54
	RBF	10	92.30	95.75	95.16	95.46
FTRAIN	RBF	8	75.05	76.36	73.23	80.27
		10	76.30	76.35	75.00	81.02

对实验结果的分析可以看出, FMSVM 算法在所选定的数据集上的性能是较好的. 在 Glass, Soy 和 Vowel 上的分类结果优于其他算法, 但在 Iris 和 Wine 上分类结果比一对一差. 在 Blood-cell 上, 分类正确率高于其他算法; 但在 Thyroid 上, 分类正确率低于一对一算法, 高于其他算法. 在表 8.3 与表 8.4 中, J&C 表示 [7] 中所提出的多类 SVM 算法.

由实验结果可以看出, FMSVM 与其他几种分类器相比, 对由数据生成器所生成的带有噪声的 FTRAIN 来说, 分类精度大大提高了. 由此可见, 该算法对处理噪声数据是非常有效的, 分类正确率明显高于一对多算法和 J&C 算法.

8.4   直觉模糊支持向量机

将直觉模糊集理论应用到支持向量机中, 设计了一种直觉模糊数的隶属函数和直觉指数计算方法, 建立了直觉模糊支持向量机[8,9].

8.4.1   直觉模糊隶属函数与直觉指数确定方法

利用聚类中心确定了一种直觉模糊数的隶属函数和直觉指数的计算方法, 目的是削弱噪声点或孤立点对分类的影响, 同时分类超平面不会因为类边缘的支持向量影响分类精度. 其核心思想如下. 首先, 确定类中心, 并据此确定训练样本点的隶属度. 其次, 根据样本点间密度的不同, 确定样本点的直觉指数, 如接近于聚类中心的样本点附近同类样本点的密度大, 直觉指数高; 随着样本点到类中心的距离增加, 样本点附近的密度也在减小, 但样本点的直觉指数降低得很少; 但当样本点附近存在异类样本点时, 样本点的直觉指数下降得很快. 样本点的直觉指数的下降是随着异类样本点与同类样本点的比例增加而增快. 最后, 隶属函数与直觉指数联合作用训练样本点确定最优超平面.

隶属函数的确定是模糊支持向量机的一个关键问题. 基于类中心的隶属函数确定方法使训练样本点的隶属度随着样本点与类别几何中心距离的增加而减小. 这样, 处于类别边缘的噪声或孤立点的隶属度就会很小, 从而减小其对最优超平面的影响. 按这种隶属函数确定方法来给样本点赋隶属度, 能使处于类别边缘的噪声或孤立点的隶属度很小. 但是, 也会使支持向量的隶属度较小, 从而降低了支持向量在确定最优超平面时的作用, 导致求得的分类超平面不是最优超平面.

首先, 确定聚类中心, 令 R^+, R^- 分别表示正负类样本集. O^+, O^- 表示正负类样本的中心, 令

$$O^+ = \frac{1}{l^+} \sum_{i=1}^{l^+} x_i, \quad x_i \in R^+; \quad O^- = \frac{1}{l^-} \sum_{i=1}^{l^-} x_i', \quad x_i' \in R^-.$$

$D(x_i, O^+)$ 表示正类的样本到 O^+ 的距离, $D(x_i', O^-)$ 表示负类的样本到 O^- 的距离, 分别为

$$D(x_i, O^+) = ||x_i - O^+||, \quad x_i \in R^+; \quad D(x_i', O^-) = ||x_i' - O^-||, \quad x_i' \in R^-.$$

$D(x_i', O^+)$ 表示负类的样本到 O^+ 的距离, $D(x_i, O^-)$ 表示正类的样本到 O^- 的距离, 分别为

$$D(x_i', O^+) = ||x_i' - O^+||, \quad x_i' \in R^-; \quad D(x_i, O^-) = ||x_i - O^-||, \quad x_i \in R^+.$$

隶属函数的定义如下:

$$\mu_i^+ = \begin{cases} 1, & D(x_i, O^+) \leqslant \min\limits_j D(x_j', O^+), \\ 1 - \dfrac{D(x_i, O^+)}{\max\limits_i D(x_i, O^+) + \sigma}, & \text{其他}, \end{cases}$$

$$\mu_i^- = \begin{cases} 1, & D(x_i', O^-) \leqslant \min\limits_j D(x_j, O^-), \\ 1 - \dfrac{D(x_i, O^-)}{\max\limits_i D(x_i, O^-) + \sigma}, & \text{其他}, \end{cases}$$

其中 σ 是足够小的正数, $\max\limits_i D(x_i, O^+)$ 表示正类样本点到正类中心的最大距离, $\min\limits_j D(x_j', O^+)$ 表示负类样本点到正类中心的最小距离. 如图 8.3 所示, 这样定义是考虑虚线区域内的训练样本点没有错分的可能, 而虚线与实线之间的样本存在噪声干扰, 有可能错分, 给虚线内的样本点的隶属度直接设为 1, 而虚线外的样本点既要有隶属度还要有直觉指数.

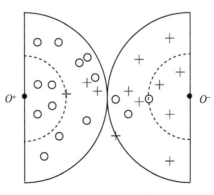

图 8.3 训练样本情形

其次, 考虑样本点的直觉指数, $D(x_i, x_j)$ 表示为样本点之间的距离, $\rho^+(x_i, R)$

表示同类样本点密度, $\rho^-(x_i, R)$ 表示异类样本点密度, 其中

$$D(x_i, x_j) = \|x_i - x_j\|,$$
$$\rho^+(x_i, R) = |\{x_j | D(x_j, x_i) \leqslant R, y_j = y_i\}|,$$
$$\rho^-(x_i, R) = |\{x_j | D(x_j, x_i) \leqslant R, y_j \neq y_i\}|.$$

R 表示样本 x_i 的邻域半径, $|E|$ 表示集合 E 的势, 即集合 E 中元素的个数. 直觉指数的定义如下:

$$\pi_i^+ = \begin{cases} 0, & D(x_i, O^+) \leqslant \min\limits_j D(x_j', O^+), \\ \dfrac{\rho^{++}(x_i, R) - \rho^{+-}(x_i, R)}{\rho^{++}(x_i, R) + \rho^{+-}(x_i, R)} \cdot (1 - \mu_i^+), & \text{其他}, \end{cases}$$

$$\pi_i^- = \begin{cases} 0, & D(x_i, O^-) \leqslant \min\limits_j D(x_j', O^-), \\ \dfrac{\rho^{-+}(x_i, R) - \rho^{--}(x_i, R)}{\rho^{-+}(x_i, R) + \rho^{--}(x_i, R)} \cdot (1 - \mu_i^-), & \text{其他}, \end{cases}$$

其中 ρ^{++} 为正类中同类密度, ρ^{+-} 为正类中异类密度, ρ^{-+} 为负类中同类密度, ρ^{--} 为负类中异类密度.

最后修正, 若 $\pi_i^+ < -\mu_i^+$, 则 $\pi_i^+ = -\mu_i^+ + \sigma$; 若 $\pi_i^- < -\mu_i^-$, 则 $\pi_i^- = -\mu_i^- + \sigma$.

当样本点附近同类样本点数目较多时, 直觉指数比较大, 样本点分错的概率较小 (如图 8.4 所示, 实心样本点属于该类的可能性很大); 当直觉指数接近 0 时, 表示样本点附近同类、异类样本点数目相当, 此时不能确定 (如图 8.5 所示, 实心样本点不能很好区分); 当直觉指数为负时, 表示样本点附近异类样本点比同类样本点多, 样本点错分的概率较大 (如图 8.6 所示, 实心样本点基本可以肯定为错分的噪声点).

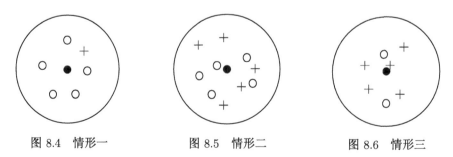

图 8.4　情形一　　　　　　　图 8.5　情形二　　　　　　　图 8.6　情形三

8.4.2 直觉模糊支持向量机的构建

8.4.2.1 两类问题

步骤 1 首先给出训练样本集:

$$S = \{(x_1, y_1), (x_2, y_2), \cdots, (x_l, y_l)\},$$

其中 $x_i \in \mathbf{R}^n$, $y_i \in \{-1, +1\}$, $i = 1, 2, \cdots, l$.

步骤 2 聚类并确定所有训练样本点的隶属度和直觉指数, 得到直觉模糊化后的训练样本:

$$S' = \{(x_1, y_1, \mu_1, \pi_1), (x_2, y_2, \mu_2, \pi_2), \cdots, (x_l, y_l, \mu_l, \pi_l)\},$$

其中 $x_i \in \mathbf{R}^n$, $y_i \in \{-1, +1\}$, $u_i(0 < \mu_i \leqslant 1, i = 1, 2, \cdots, l)$ 为隶属度, $\pi_i(0 < \pi_i \leqslant 1, i = 1, 2, \cdots, l)$ 为直觉指数.

步骤 3 选择合适的核函数并初始化惩罚参数 $C > 0$.

步骤 4 构造最优超平面对应的规划问题

$$\begin{cases} \min\limits_{w, \alpha, \varepsilon_k, \eta_k} \xi(w, \alpha, \varepsilon_i, \eta_i) = \dfrac{1}{2} \|w\|^2 + C \sum\limits_{i=1}^{l} ((\mu_i + \pi_i)\varepsilon_i), \\ \text{s.t.} \quad y_i((w \cdot x_i) + b) + \varepsilon_i \geqslant 1, \quad \varepsilon_i \geqslant 0, i = 1, 2, \cdots, l. \end{cases}$$

引入 Lagrange 乘子:

$$L(w, b, \varepsilon_i) = \frac{1}{2} \|w\|^2 + C \sum_{i=1}^{l} (\mu_i + t\pi_i)\varepsilon_i - \sum_{i=1}^{l} \alpha_i(y_i((w \cdot x_i) + b) + \varepsilon_i - 1) - \sum_{i=1}^{l} \beta_i \varepsilon_i.$$

由此求解问题变为下面的一个二次优化问题:

$$\begin{cases} \max \sum\limits_{i=1}^{l} \alpha_i - \dfrac{1}{2} \sum\limits_{i=1}^{l} \sum\limits_{j=1}^{l} \alpha_i \alpha_j y_i y_j K(x_i, x_j), \\ \text{s.t.} \quad 0 \leqslant \alpha_i \leqslant (\mu_i + \pi_i)C, \quad \sum\limits_{i=1}^{l} \alpha_i y_i = 0, i = 1, 2, \cdots, l, \end{cases}$$

其中 $C > 0$ 为惩罚参数, 表示对错分样本惩罚的程度; μ_i 为样本点的隶属度; $\varepsilon_i \geqslant 0$ 为松弛变量; $K(x_i, x_j) = \phi(x_i) \cdot \phi(x_j)$ 为核函数.

这样得到其对应的最优分类面的决策函数为

$$f(x) = \text{sgn}\left(\sum_{i=1}^{l} \alpha_i y_i K(x, x_i) + b\right).$$

8.4.2.2 多类问题

对于一个 k 类问题, 有如下的训练样本集:

$$(x_1, y_1), (x_2, y_2), \cdots, (x_l, y_l),$$

其中 $x_i \in \mathbf{R}^n$, $y_i \in \{1, 2, \cdots, k\}$, $i = 1, 2, \cdots, l$.

本小节主要借助于一对多组合构建多类分类器, 即训练 k 个两类分类器, 且每次训练过程都要引入模糊性, 即事先为每个样本 x_i 生成一个隶属度 μ_i. 比如现在要把第 i_0 类和剩余样本点分开, 第 i_0 类的中心点, 记为 x_{i_0+}, 类半径记为 r_{i_0+}; 剩余样本看作一类, 记中心点为 x_{i_0-}, 类半径为 r_{i_0-}. 给定一个充分小的 $\sigma > 0$, 隶属度 μ_i 可定义为

$$
\mu_i = \begin{cases}
1 - \dfrac{\| x_{i_0+} - x_i \|}{r_{i_0+} + \sigma}, & y_i = i_0, \\[3mm]
1 - \dfrac{\| x_{i_0-} - x_i \|}{r_{i_0-} + \sigma}, & y_i \neq i_0.
\end{cases}
$$

8.4.3 数值实验

8.4.3.1 两类问题

在 UCI 数据集 (表 8.5) 上, 将直觉模糊支持向量机 (IFSVM) 与支持向量机 (SVM)、模糊支持向量机 (FSVM) 在训练精度 (表 8.6) 和训练时间 (表 8.7) 方面做了对比.

表 8.5　UCI 训练数据集 (两类)

数据集	训练数据/个	测试数据/个
Diabetes	400	368
Breast	400	283
German	600	400
Splice	200	80

表 8.6　SVM, FSVM 和 IFSVM 在 UCI 数据集上的分类错误率　(单位: %)

数据集	SVM	FSVM	IFSVM
Diabetes	18.75	19.84	13.50
Breast	2.47	2.47	1.77
German	22.25	21.25	19.87
Splice	25.00	23.5	20.25

表 8.7 SVM, FSVM 和 IFSVM 在 UCI 数据集上的训练时间 (单位: s)

数据集	SVM	FSVM		IFSVM	
		数据预处理	分类	数据预处理	分类
Diabetes	449.4701	0.0312	290.6611	0.6708	320.2077
Breast	161.1334	0.0156	16.9261	0.6552	1.4664
German	1400.3	0.0624	310.7696	1.4352	294.0307
Splice	76.2533	0.0312	22.1989	0.2184	16.4581

从实验结果可以看出, 直觉模糊支持向量机虽然在初始化的数据处理上占用时间比模糊支持向量机略高. 但从总体的时间占用上来看, 比支持向量机和模糊支持向量机都有一定的下降 (Diabetes 除外), 并且在分类精度上比二者有显著的提升. 产生这种情况的原因是直觉模糊支持向量机能更准确地区分出支持向量和噪声点.

8.4.3.2 多类问题

此外, 针对多类问题, 在 UCI 数据集 (表 8.8) 上, 将直觉模糊支持向量机与支持向量机、模糊支持向量机在训练精度与训练时间方面做了对比 (表 8.9). 分别采用支持向量机、模糊支持向量机和直觉模糊支持向量机对 UCI 数据集进行分类对比, 并就结果进行总结讨论.

表 8.8 UCI 训练数据集 (多类)

数据集	训练数据/个	测试数据/个	数据类别/个
Wine	178	30	3
Vowel	528	462	10
Svmguide 4	300	52	6

表 8.9 SVM, FSVM 和 IFSVM 的错误率与训练时间对比

数据集	SVM		FSVM		IFSVM	
	错误率/%	训练时间/s	错误率/%	训练时间/s	错误率/%	训练时间/s
Wine	4.15	1.9500	4.15	1.7425	4.15	1.8621
Vowel	11.34	145.23	10.34	124.34	9.87	134.49
Svmguide 4	9.41	111.32	10.25	100.56	9.41	94.75

实验采用多项式核函数 $(d = 2), C = 50$. 从实验来看, IFSVM 在三类数据集上的分类效果较好. 此外, 还可以看出在 FSVM 出现错误率升高的情况下 IFSVM 能够很好地纠正.

8.5　基于直觉模糊数和核函数的支持向量机

在模糊支持向量机中, 隶属度的设计方法主要考虑的是样本点到其所在类中心的距离. 这可能会出现两个训练样本属于正类 (负类) 隶属度相同的, 但二者对于正类 (负类) 的分类贡献是不相同的 (如图 8.7 中的训练点 A, B). 在这种情况下, 模糊支持向量机难区分噪声、野点和支持向量. 为此, 本节在训练支持向量机的过程中引入了直觉模糊数概念. 利用直觉模糊数中的两个参数 (μ, ν) 来描述每个训练样本对分类的贡献, 其中 μ 表示训练样本属于正类 (负类) 的隶属度, ν 表示训练样本不属于正类 (负类) 的隶属度. 显然, 尽管图 8.7 中训练点 A 和 B 的隶属度是相同的, 但是二者的非隶属度有可能是不同的. 由于在训练支持向量机过程中, 训练样本大多数是线性不可分的, 一般通过非线性映射 ϕ, 把样本空间映射到一个高维特征空间, 并在高维特征空间中构造最优分类面. 因此, 不难发现训练样本对分类的贡献与这个高维特征有关, 即隶属函数可以在这个高维特征空间中生成. 为此, 将核函数和直觉模糊数引入支持向量机中, 提出基于直觉模糊数和核函数的支持向量机, 详见参考文献 [10, 11].

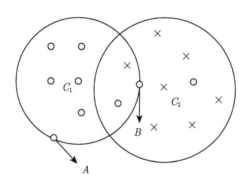

图 8.7　隶属度与非隶属度

8.5.1　训练样本的直觉模糊数确定方法

8.5.1.1　直觉模糊数的隶属度

(1) 样本之间距离的计算方法:

$$D(\phi(x_i), \phi(x_j)) = \|\phi(x_i) - \phi(x_j)\|,$$

其中 $\|\cdot\|$ 表示向量的范数.

(2) 确定正负类样本的类中心:

$$C^+ = \frac{1}{l_+} \sum_{y_i=+1} \phi(x_i); \quad C^- = \frac{1}{l_-} \sum_{y_j=-1} \phi(x_j),$$

其中 $l_+(l_-)$ 表示正类 (负类) 样本的个数.

(3) 确定正负类样本的半径:

$$r^+ = \max_{y_i=+1} \|\phi(x_i) - C^+\|; \quad r^- = \max_{y_j=-1} \|\phi(x_j) - C^-\|.$$

(4) 给出样本属于正类或负类的隶属度 ($\delta > 0$, 保证 $\mu \neq 0$):

$$\mu(x_i) = \begin{cases} 1 - \dfrac{\|\phi(x_i) - C^+\|}{r^+ + \delta}, & y_i = +1, \\[3mm] 1 - \dfrac{\|\phi(x_i) - C^-\|}{r^- + \delta}, & y_i = -1. \end{cases} \tag{8.5}$$

8.5.1.2 确定直觉模糊数的非隶属度

样本点的直觉模糊数中非隶属度越大, 说明该样本点不属于该类的程度越大. 一般用该样本在某个小邻域内, 含有异类样本点的比例来描述非隶属度的大小, 定义如下:

$$\rho(x_i) = \frac{|\{x_j \| \|\phi(x_i) - \phi(x_j)\| \leqslant \alpha, y_j \neq y_i\}|}{|\{x_j \| \|\phi(x_i) - \phi(x_j)\| \leqslant \alpha\}|},$$

其中 $\alpha > 0$ 为可调邻域半径参数, $|\cdot|$ 表示集合的势. $\rho(x_i)$ 越大则说明非隶属度越大, 进而得到直觉模糊数的非隶属度的确定方法:

$$\nu(x_i) = (1 - \mu(x_i))\rho(x_i). \tag{8.6}$$

显然, $0 \leqslant \mu(x_i) + \nu(x_i) \leqslant 1$.

特征空间中非线性映射的点积是核函数, 它可以直接在原始空间中解决, 而不必知道非线性变换的显式形式. 由于上述直觉模糊数构造过程中, 一般主要是涉及特征空间内积距离的运算. 因此, 可以把核函数直接应用于特征空间直觉模糊数的运算.

定理 8.5.1 设 $K(x, x') = (\phi(x) \cdot \phi(x'))$ 为一个核函数, 则特征空间中的距离表述为

$$\|\phi(x) - \phi(x')\| = \sqrt{K(x, x) + K(x', x') - 2K(x, x')}.$$

证

$$\|\phi(x) - \phi(x')\| = \sqrt{(\phi(x) - \phi(x')) \cdot (\phi(x) - \phi(x'))}$$
$$= \sqrt{(\phi(x) \cdot \phi(x)) + (\phi(x') \cdot \phi(x')) - 2(\phi(x) \cdot \phi(x'))}$$
$$= \sqrt{K(x,x) + K(x',x') - 2K(x,x')}.$$

推论 8.5.1 设 $K(x,x')$ 为一个核函数, 则

(1) $\|\phi(x_i) - C^+\| = \sqrt{K(x_i,x_i) + \dfrac{1}{l_+^2}\displaystyle\sum_{y_m=+1}\sum_{y_n=+1} K(x_m,x_n) - \dfrac{2}{l_+}\sum_{y_j=+1} K(x_i,x_j)};$

(2) $r^+ = \max_{y_i=+1} \sqrt{K(x_i,x_i) + \dfrac{1}{l_+^2}\displaystyle\sum_{y_m=+1}\sum_{y_n=+1} K(x_m,x_n) - \dfrac{2}{l_+}\sum_{y_j=+1} K(x_i,x_j)};$

(3) $r^- = \max_{y_i=-1} \sqrt{K(x_i,x_i) + \dfrac{1}{l_-^2}\displaystyle\sum_{y_m=-1}\sum_{y_n=-1} K(x_m,x_n) - \dfrac{2}{l_-}\sum_{y_j=-1} K(x_i,x_j)}.$

将上述参数代入到直觉模糊数中, 即利用核函数来表示直觉模糊数中隶属度和非隶属度, 其中所选取的核函数种类与训练支持向量过程中选取的要一致.

8.5.1.3 确定训练样本的直觉模糊得分值 (分类贡献)

通过上述方法对训练样本直觉模糊化:

$$T = \{(x_1, y_1, \mu_1, \nu_1), (x_2, y_2, \mu_2, \nu_2), \cdots, (x_l, y_l, \mu_l, \nu_l)\},$$

其中 $y_i \in \{-1, 1\}$, μ_i 为样本 x_i 的隶属度, ν_i 为样本 x_i 的非隶属度.

对于上述任意直觉模糊数 (μ_i, ν_i), 可通过得分函数 $s_i = s(\mu_i, \nu_i)$ 对其进行评估, 即评估其分类的贡献. 针对上述分类问题, 基于得分函数和精确函数, 给出一种新的评判标准:

$$s_i = \begin{cases} \mu_i, & \nu_i = 0, \\ 0, & \mu_i \leqslant \nu_i, \\ \dfrac{1 - \nu_i}{2 - \mu_i - \nu_i}, & \text{其他}. \end{cases} \tag{8.7}$$

上述评判标准能够在特征空间中较好地区分噪声点、野点和支持向量. 当核函数为线性核函数时, 直觉模糊数能够很好地反映训练样本在原始空间中的特点. 当 $\nu_i = 0$ 时 (如图 8.8 中正类边缘样本点 A), 说明该样本某个邻域内没有负类样本点, 因此只需考虑其对应的隶属度. 显然, 该样本类中心的距离较大, 即隶属度较小, 对

分类贡献较小. 当 $\mu_i \leqslant \nu_i$ 时 (如图 8.8 中的噪声点 B), 属于负类的隶属度小于属于负类的非隶属度, 这时 B 的分类贡献为 0, 即为噪声点. 当 $\mu_i > \nu_i$ 且 $\nu_i \neq 0$ 时 (如图 8.8 中的正类样本点 C), 距离类中心较远, 且小邻域范围内存在异类样本点, 此时就不能与样本点 A 等同, 样本点 C 很可能为一个支持向量. 因此利用上述定义可得到比边缘样本较大的分类贡献 ($s_i > \mu_i$).

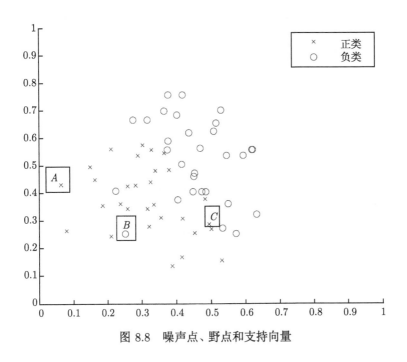

图 8.8　噪声点、野点和支持向量

8.5.2　基于直觉模糊数和核函数的支持向量机的构建

利用直觉模糊数的得分函数式 (8.7), 计算每个训练样本点 x_i 的直觉模糊得分值 s_i, 它表示训练样本点 x_i 对分类的贡献. s_i 的值越大, 训练样本点 x_i 的分类贡献越大, $s_i \xi_i$ 就成了衡量对于重要性不同的样本点错分程度的度量. 当 $s_i = 0$ 时, 训练样本点的分类贡献为 0, 这样的训练样本点可以舍去, 减少训练样本的大小.

因此, 求解基于直觉模糊数和核函数的支持向量机的最优分类超平面转化为以下问题:

$$\begin{cases} \min & \dfrac{1}{2}\|w\|^2 + C\sum_{i=1}^{l} s_i\xi_i, \\ \text{s.t.} & y_i((w \cdot x_i) + b) + \xi_i \geqslant 1, \quad \xi_i \geqslant 0, i = 1, 2, \cdots, l, \end{cases} \tag{8.8}$$

其中直觉模糊得分值 s_i 是训练样本点 $\{x_i, y_i, \mu_i, \nu_i\}$ 的分类贡献, 参数 ξ_i 是测量其错分程度的度量, C 为惩罚参数. 因此上述优化问题的对偶问题为

$$\begin{cases} \min \quad L(\alpha) = \dfrac{1}{2} \sum_{i=1}^{l} \sum_{j=1}^{l} y_i y_j K(x_i, x_j) \alpha_i \alpha_j - \sum_{i=1}^{l} \alpha_i, \\[2mm] \text{s.t.} \quad \sum_{i=1}^{l} \alpha_i y_i = 0, \quad 0 \leqslant \alpha_i \leqslant \xi_i C, \ i = 1, 2, \cdots, l. \end{cases} \tag{8.9}$$

下面给出基于直觉模糊数和核函数的支持向量机的一般算法.

(1) 给定训练集

$$T = \{(x_1, y_1, \mu_1, \nu_1), (x_2, y_2, \mu_2, \nu_2), \cdots, (x_l, y_l, \mu_l, \nu_l)\},$$

其中 $y_i \in \{-1, 1\}$, μ_i 为 x_i 的隶属度, ν_i 为 x_i 的非隶属度.

(2) 针对训练数据集的特点, 选取合适的核函数 $K(x, x')$, 利用式 (8.5) 和式 (8.6) 给训练集中的每个训练样本点 x_i 赋予一个直觉模糊数 (μ_i, ν_i), 并利用式 (8.7) 计算直觉模糊数的得分函数 s_i.

(3) 构造并求解凸二次规划问题 (8.9), 求得解 $\alpha^* = (\alpha_1^*, \alpha_2^*, \cdots, \alpha_l^*)^{\mathrm{T}}$.

(4) 计算 b^*: 选取位于开区间 $(0, C)$ 中的 α^* 的分量 α_j^*, 据此计算

$$b^* = y_j - \sum_{i=1}^{l} y_i \alpha_i^* K(x_i, x_j).$$

(5) 构造决策函数

$$f(x) = \mathrm{sgn}\left(\sum_{i=1}^{l} y_i \alpha_i^* K(x_i, x) + b^* \right). \tag{8.10}$$

8.5.3　数值实验

下面对四种支持向量机: 传统支持向量机 (SVM)、模糊支持向量机 (FSVM)、直觉模糊支持向量机 (IFSVM) 以及基于直觉模糊数和核函数的支持向量机 (K-IFSVM), 给出二维人工数据集上的分类效果.

8.5.3.1　两类问题

图 8.9 给出了 SVM, FSVM, K-IFSVM 在人工数据集上的分类效果, 其中核函数选取的线性核函数, 惩罚参数为 100. 从图 8.9 中不难发现, 三者都有一定的训练误差. 由于训练数据的中噪声、野点对分类超平面有影响, SVM 和 FSVM 分类效果不及 K-IFSVM; FSVM 利用了隶属度在一定程度上消除了噪声的影响, 但也

把某些边缘支持向量赋予了较小的隶属度, 忽略了其对分类的贡献, 分类结果也比 K-IFSVM 较差; 图 8.9 中 K-IFSVM 分类超平面介于 SVM 和 FSVM 之间, 它集合了二者的优点, 既能够消除了某些噪声点、野点的影响, 也能够区别对待噪声和支持向量, 表现出了较好的分类效果.

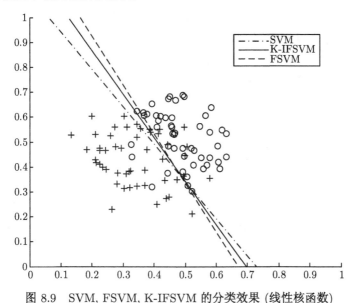

图 8.9　SVM, FSVM, K-IFSVM 的分类效果 (线性核函数)

图 8.10 中给出了 IFSVM 和 K-IFSVM 的分类效果, 其中核函数选取多项式核

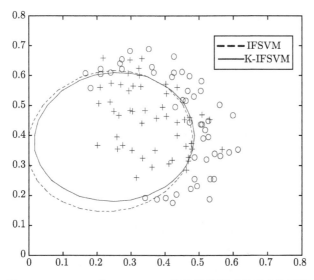

图 8.10　IFSVM 和 K-IFSVM 的分类效果 (多项式核函数)

函数, 惩罚参数为 100. 由于 K-IFSVM 在特征的空间中给出训练样本的直觉模糊数, 因此较前者更能够体现训练样本的分类贡献, 具有更好的分类效果.

基于三类数据集 Heart (Statlog/来源, 150/训练, 120/测试, 13/特征, 2/类别), Diabetes (UCI, 400, 368, 8, 2), Splice (Delve, 1000, 2175, 60, 2), 比较了 SVM, FSVM, IFSVM 和 K-IFSVM 等四类支持向量机的训练精度和复杂度.

从表 8.10 中不难发现, IFSVM 和 K-IFSVM 较 SVM 和 FSVM 在这三类数据集上相对取得了较好的分类效果. 此外, 在核函数为线性 (Linear) 条件下, IFSVM 分类效果与 K-IFSVM 相差不多, 而在多项式 (Poly) 和高斯径向基核函数 (RBF) 条件下, 前者比后者较差.

表 8.10　四种支持向量机的错误率

数据集	核函数	SVM/%	FSVM/%	IFSVM/%	K-IFSVM/%
Heart	Linear	16.45	15.63	15.42	15.64
	Poly	17.78	18.44	17.56	16.45
	RBF	15.56	16.41	15.50	15.42
Diabetes	Linear	19.28	18.56	17.38	17.45
	Poly	18.58	19.51	17.52	16.54
	RBF	17.54	16.57	15.27	13.86
Splice	Linear	17.54	16.69	15.32	16.01
	Poly	15.32	17.64	15.44	15.12
	RBF	15.49	15.68	16.08	15.86

在表 8.11 中, 还分析了 FSVM, IFSVM 和 K-IFSVM 的预处理时间 (前) 和训练时间 (后). FSVM 预处理时间和训练时间要比 IFSVM 和 K-IFSVM 要低 (错误率相对较高); K-IFSVM 预处理时间高于 IFSVM, 然而后者训练所需参数相对较多, 所需训练时间却高于 K-IFSVM.

表 8.11　四种支持向量机的训练时间

数据集	核函数	SVM/s	FSVM/s	IFSVM/s	K-IFSVM/s
Heart	Linear	6.30	0.11/1.51	0.58/0.54	1.60/0.40
	Poly	9.28	0.11/0.89	0.58/0.84	2.07/0.64
	RBF	4.14	0.11/0.94	0.58/0.71	2.12/0.32
Diabetes	Linear	46.18	0.25/28.30	12.14/31.45	13.17/28.50
	Poly	38.56	0.25/34.94	12.14/27.52	14.76/24.54
	RBF	53.56	0.25/31.63	12.14/22.98	14.87/20.41
Splice	Linear	1278.55	0.84/618.84	45.01/651.45	89.34/603.56
	Poly	1565.56	0.84/533.95	45.01/702.54	127.59/584.25
	RBF	1664.35	0.84/684.38	45.01/784.61	138.55/642.38

8.5.3.2　多类问题

一般求解多类分类问题的一个主要途径是将其转化为两类问题. 目前, 基于两类建立多类分类器主要有一对一和一对多类的两种模式. 一对一模式下的基于直觉模糊数的多类支持向量机构造方法与传统支持向量机相同. 下面重点讨论一对多模式下的分类问题: 对于一个 M 类问题, 仅需要构造 M 个两类分类器, 其算法复杂度较一对一较小. 然而, 这种模式下的分类问题考虑的样本往往是不均衡的, 进而得到的分类结果往往不太理想. 为此, 在构建一对多模式下的多类支持向量机时, 借用加权支持向量机的思想, 分别对正类和负类样本施加不同的权重.

基于一对一多类分类器构造方法, 在图 8.11—图 8.13 中给出了二维平面上三类人工数据集上支持向量机 (SVM)、模糊支持向量 (FSVM) 和基于直觉模糊数和核函数的支持向量机 (K-IFSVM) 的分类性能, 其中核函数为线性核函数, 惩罚参数 C 取值为 10. 在这种模式下, 三个类别两两之间需要构造 3 个超平面 (图中为直线), 分类精度一般要比一对多类模式都要高. 然而, 这三个超平面之间会存在着中心区域. 落在中心区域内的样本点无法给出准确的分类, 也就是所谓的过学习现象. 不难发现, 图 8.11 中的 SVM 和图 8.12 中的 FSVM 中均存在一个中心区域无法分类, 而图 8.13 中 K-IFSVM 的分类性能总体上较前者较好, 中心区域很小 (图中表现为一个点).

此外, 还采用如下数据集 (表 8.12) 来比较 SVM, FSVM 和 K-IFSVM 的分类精度.

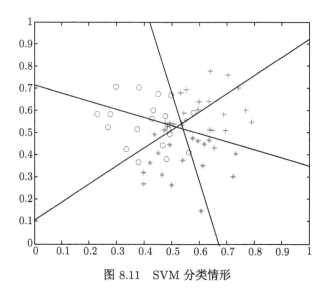

图 8.11　SVM 分类情形

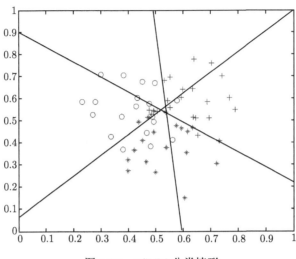

图 8.12　FSVM 分类情形

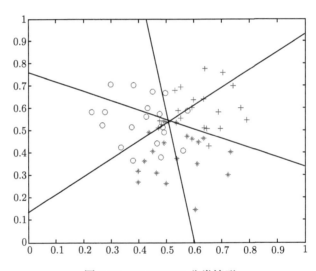

图 8.13　K-IFSVM 分类情形

表 8.12　数据集 (多类)

数据集	来源	训练/测试	维数	类别
Wine	UCI	100/78	13	3
Glass	UCI	120/94	9	6
Segment	Statlog	1386/924	19	7

采用一对一模式, 分别比较 SVM, FSVM 和 K-IFSVM 的分类性能. 实验中的

惩罚参数 C 均为 100, 核函数为高斯核函数. 表 8.13 中给出了上述三类支持向量机的训练错误率和测试错误率. 对于 Wine 数据集, 噪声点较少, 对分类精度影响不大, SVM 测试准确率要比后两者较高. 对于 Glass 和 Wine 数据集, FSVM 和 K-IFSVM 能够消除某些噪声的影响, 训练的错误率和测试错误率较小, 其泛化能力相对较高.

表 8.13 SVM, FSVM 和 K-IFSVM 的分类错误率 (单位: %)

数据集	核参数	SVM 训练/测试	FSVM 训练/测试	K-IFSVM 训练/测试
Wine	0.5	0.03/0.0128	0/0.0385	0.01/0.0256
Glass	2^{-5}	0.21/0.3298	0.21/0.3298	0.21/0.3085
Segment	2^{-3}	0.1667/0.1613	0.1652/0.1721	0.1558/0.1710

下面分别针对 Wine, Glass 和 Segment 数据集, 比较 K-IFSVM 在一对一和一对多模式下的分类性能 (表 8.14).

表 8.14 一对一和一对多模式下的分类性能

数据集	一对一 错误率/%	一对一 时间/s	一对多 错误率/%	一对多 时间/s
Wine	2.56	8.6	5.13	7.6
Glass	32.98	126.44	32.98	26.3486
Segment	17.1	1752.3	16.34	956.1938

从表 8.14 中可以发现: 在 Wine 数据集下, K-IFSVM 在一对多模式下的时间要比一对一模式下的时间要少, 主要是二者构造的分类器个数相同, 且在一对多模式下 K-IFSVM 去噪能力更强. 此外, 由于考虑到了样本类之间的数目差异, 一对多与一对一两种模式下的错误率相差不大, 有时要比一对一模式下的错误率还低 (如 Segment 数据集).

参 考 文 献

[1] Zadeh L A. Fuzzy sets. Information and Control, 1965, 8: 338-353

[2] Atanassov K. Intuitionistic fuzzy sets. Fuzzy Sets and Systems, 1986, 20: 87-96

[3] Takuya I, Shigeo A. Fuzzy support machines for pattern classification. Proceedings of International Joint Conference on Neural Networks, 2001: 1449-1454

[4] Lin C F, Wang S D. Fuzzy support vector machines. IEEE Transactions on Neural Networks, 2002, 13(2): 464-471

[5] 哈明虎, 彭桂兵, 赵秋焕, 等. 一种新的模糊支持向量机. 计算机工程与应用, 2009,

45(25): 151-153, 194

[6] 李昆仑, 黄厚宽, 田盛丰, 等. 模糊多类支持向量机及其在入侵检测中的应用. 计算机学报, 2005, 28(2): 274-280

[7] Weston J, Watkins C. Multi-class support vector machines. Department of Computer Science, Royal Holloway University of London Technical Report, SD-TR-98-04, 1998

[8] 哈明虎, 黄澍, 王超, 等. 直觉模糊支持向量机. 河北大学学报 (自然科学版), 2011, 31(3): 225-229

[9] 黄澍. 直觉模糊支持向量机. 河北大学硕士学位论文, 2011

[10] Ha M H, Wang C, Chen J Q. The support vector machine based on intuitionistic fuzzy number and kernel function. Soft Computing, 2013, 17(4): 635-641

[11] 王超. 三类不确定支持向量机及其应用. 河北大学博士学位论文, 2013

第9章 非概率测度空间上基于非实随机样本的支持向量机

本章将介绍课题组在非概率测度空间上基于非实随机样本的支持向量机方面的研究工作, 主要包括: 可能性测度空间上基于三角模糊样本的支持向量机[1](三角模糊支持向量机)、期望模糊可能性测度空间上基于 2-型模糊样本的支持向量机[2](2-型模糊支持向量机)、Banach 空间上基于集合型数据的支持向量机[3](支持函数机) 以及可信性测度空间上基于模糊输出样本的支持向量机[4](可信性支持向量机).

9.1 三角模糊支持向量机

9.1.1 模糊线性可分支持向量机

考虑模糊训练样本集

$$S = \{(\tilde{X}_1, y_1), (\tilde{X}_2, y_2), \cdots, (\tilde{X}_l, y_l)\},$$

其中 $\tilde{X}_i \in T^n(\mathbf{R})$, $y_i \in \{-1, 1\}$ $(i = 1, 2, \cdots, l)$. 基于模糊训练样本集 S 的分类就是寻找一个决策函数 $g(\tilde{X})$, 使得正类和负类能以最低的分类错误被分开, 并且具有较好的推广能力.

定义 9.1.1 对模糊训练样本集

$$S = \{(\tilde{X}_1, y_1), (\tilde{X}_2, y_2), \cdots, (\tilde{X}_l, y_l)\}.$$

如果对给定的置信水平 $\lambda(0 < \lambda \leqslant 1)$, 存在 $w \in \mathbf{R}^n$, $b \in \mathbf{R}$, 使得

$$\text{Pos}\{y_i((w \cdot \tilde{X}_i) + b) \geqslant 1\} \geqslant \lambda, \quad i = 1, 2, \cdots, l, \tag{9.1}$$

则称模糊训练样本集 S 是关于置信水平 λ 是模糊线性可分的.

定理 9.1.1 如果模糊训练样本集

$$S = \{(\tilde{X}_1, y_1), (\tilde{X}_2, y_2), \cdots, (\tilde{X}_l, y_l)\}$$

在置信水平 λ 下是模糊线性可分的, 其中 $\tilde{X}_i = (\tilde{x}_{i1}, \tilde{x}_{i2}, \cdots, \tilde{x}_{in})$, $\tilde{x}_{ij} = (l_{ij}, m_{ij}, r_{ij})$ 为三角模糊数, 则式 (9.1) 等价于存在 $T_i = (t_{i1}, t_{i2}, \cdots, t_{in}) \in \mathbf{R}^n$, 使得

$$\begin{cases} l_{ij}(1-\lambda) + \lambda m_{ij} \leqslant t_{ij} \leqslant \lambda m_{ij} + r_{ij}(1-\lambda), \\ y_i(w_1 t_{i1} + w_2 t_{i2} + \cdots + w_n t_{in} + b) \geqslant 1, \quad i = 1, 2, \cdots, l, \quad j = 1, 2, \cdots, n. \end{cases}$$

证　因为

$$\mathrm{Pos}\{y_i((w \cdot \tilde{X}_i) + b) \geqslant 1\}$$

$$= \mathrm{Pos}\left\{y_i(w_1 \tilde{x}_{i1} + w_2 \tilde{x}_{i2} + \cdots + w_n \tilde{x}_{in} + b) \geqslant 1\right\}$$

$$= \sup_{t_{i1}, t_{i2}, \cdots, t_{in} \in \mathbf{R}} \left\{ \min_{1 \leqslant j \leqslant n} \mu_{\tilde{x}_{ij}}(t_{ij}) \,\middle|\, y_i((w_1 t_{i1} + w_2 t_{i2} + \cdots + w_n t_{in} + b) \geqslant 1) \right\}$$

$$\geqslant \lambda,$$

所以存在 $T_i = (t_{i1}, t_{i2}, \cdots, t_{in}) \in \mathbf{R}^n$, 使得对 $1 \leqslant j \leqslant n$ 有 $\mu_{\tilde{x}_{ij}}(t_{ij}) \geqslant \lambda$ 且

$$y_i((w \cdot T_i) + b) = y_i(w_1 t_{i1} + w_2 t_{i2} + \cdots + w_n t_{in} + b) \geqslant 1, \quad i = 1, 2, \cdots, l.$$

由于 $\mu_{\tilde{x}_{ij}}(t_{ij}) \geqslant \lambda$, 则得

$$l_{ij}(1-\lambda) + \lambda m_{ij} \leqslant t_{ij} \leqslant \lambda m_{ij} + r_{ij}(1-\lambda),$$

因而

$$\begin{cases} l_{ij}(1-\lambda) + \lambda m_{ij} \leqslant t_{ij} \leqslant \lambda m_{ij} + r_{ij}(1-\lambda), \\ y_i(w_1 t_{i1} + w_2 t_{i2} + \cdots + w_n t_{in} + b) \geqslant 1, \quad i = 1, 2, \cdots, l, \quad j = 1, 2, \cdots, n. \end{cases}$$

基于模糊线性可分训练样本集的支持向量机就是求解以下模糊机会约束规划:

$$\begin{cases} \min \quad \dfrac{1}{2}\|w\|^2, \\ \mathrm{s.t.} \quad \mathrm{Pos}\{y_i((w \cdot \tilde{X}_i) + b) \geqslant 1\} \geqslant \lambda, \quad i = 1, 2, \cdots, l. \end{cases} \tag{9.2}$$

可以利用混合智能算法求解模糊机会约束规划 (9.2), 将其转化为以下经典的凸二次规划问题:

$$\begin{cases} \min \quad \dfrac{1}{2}\|w\|^2, \\ \mathrm{s.t.} \quad l_{ij}(1-\lambda) + \lambda m_{ij} \leqslant t_{ij} \leqslant \lambda m_{ij} + r_{ij}(1-\lambda), \\ \qquad y_i((w \cdot T_i) + b) \geqslant 1, \quad j = 1, 2, \cdots, n, i = 1, 2, \cdots, l. \end{cases} \tag{9.3}$$

(9.3) 的对偶问题为

$$
\begin{cases}
\max \quad L(\alpha) = \sum_{i=1}^{l} \alpha_i - \dfrac{1}{2} \sum_{i=1}^{l} \sum_{j=1}^{l} \alpha_i \alpha_j y_i y_j T_i^{\mathrm{T}} T_j, \\
\text{s.t.} \quad \sum_{i=1}^{l} \alpha_i y_i = 0, \quad \alpha_i \geqslant 0, i = 1, 2, \cdots, l, \\
\qquad l_{ij}(1 - \lambda) + \lambda m_{ij} \leqslant t_{ij} \leqslant \lambda m_{ij} + r_{ij}(1 - \lambda), \quad j = 1, 2, \cdots, n,
\end{cases}
\tag{9.4}
$$

其中 $w = \sum\limits_{i=1}^{l} \alpha_i y_i T_i$, α_i, T_i 为规划 (9.4) 的解.

9.1.2 近似模糊线性可分支持向量机

考虑到可能有一些样本被错分 (按置信水平 λ, 不满足式 (9.1)), 引进松弛变量 $\xi = (\xi_1, \xi_2, \cdots, \xi_l)^{\mathrm{T}}$, 其中 $\xi_i \geqslant 0 (i = 1, 2, \cdots, l)$.

定义 9.1.2 对模糊训练样本集

$$
S = \{(\tilde{X}_1, y_1), (\tilde{X}_2, y_2), \cdots, (\tilde{X}_l, y_l)\},
$$

如果对给定的置信水平 $\lambda (0 < \lambda \leqslant 1)$, 存在 $w \in \mathbf{R}^n, b \in \mathbf{R}, \xi_i \geqslant 0, i = 1, 2, \cdots, l$, 使得

$$
\mathrm{Pos}\{y_i((w \cdot \tilde{X}_i) + b) + \xi_i \geqslant 1\} \geqslant \lambda,
$$

则称模糊训练样本集 S 关于置信水平 λ 为近似模糊线性可分的.

为了求 w, b, 可以用混合智能算法求解下面模糊机会约束规划:

$$
\begin{cases}
\min \quad \dfrac{1}{2}\|w\|^2 + C \sum_{i=1}^{l} \xi_i, \\
\text{s.t.} \quad \mathrm{Pos}\{y_i((w \cdot \tilde{X}_i) + b) + \xi_i \geqslant 1\} \geqslant \lambda, \quad i = 1, 2, \cdots, l, \\
\qquad \xi_i \geqslant 0.
\end{cases}
$$

以上模糊机会约束规划可转化为下面的经典凸二次规划问题:

$$
\begin{cases}
\min \quad \dfrac{1}{2}\|w\|^2 + C \sum_{i=1}^{l} \xi, \\
\text{s.t.} \quad l_{ij}(1 - \lambda) + \lambda m_{ij} \leqslant t_{ij} \leqslant \lambda m_{ij} + r_{ij}(1 - \lambda), \\
\qquad y_i((w \cdot T_i) + b) + \xi_i \geqslant 1, \quad \xi_i \geqslant 0, \\
\qquad j = 1, 2, \cdots, n; i = 1, 2, \cdots, l,
\end{cases}
\tag{9.5}
$$

其中 C 为惩罚参数. 其对偶问题为

$$
\begin{cases}
\max\quad W(\alpha) = \sum_{i=1}^{l} \alpha_i - \frac{1}{2}\sum_{i=1}^{l}\sum_{j=1}^{l}\alpha_i\alpha_j y_i y_j T_i^{\mathrm{T}} T_j, \\
\text{s.t.}\quad \sum_{i=1}^{l}\alpha_i y_i = 0,\quad 0 \leqslant \alpha_i \leqslant C, i = 1, 2, \cdots, l, \\
\qquad l_{ij}(1-\lambda) + \lambda m_{ij} \leqslant t_{ij} \leqslant \lambda m_{ij} + r_{ij}(1-\lambda),\quad j = 1, 2, \cdots, n.
\end{cases}
\tag{9.6}
$$

利用优化软件求解规划问题 (9.5), (9.6), 得到 w, b, 则对于未知类别的样本 $\tilde{X} = (\tilde{x}_1, \tilde{x}_2, \cdots, \tilde{x}_n)$, 其决策规则为: 若对给定的置信水平 $\lambda(0 < \lambda \leqslant 1)$, 如果 $\mathrm{Pos}\{((w_0 \cdot \tilde{X}) + b) \geqslant 0\} \geqslant \lambda$, 则 $\tilde{X} = (\tilde{x}_1, \tilde{x}_2, \cdots, \tilde{x}_n)$ 为正类; 如果 $\mathrm{Pos}\{((w_0 \cdot \tilde{X}) + b) \leqslant 0\} \geqslant \lambda$, 则 $\tilde{X} = (\tilde{x}_1, \tilde{x}_2, \cdots, \tilde{x}_n)$ 为负类.

9.1.3　数值实验

下面将以上三角模糊支持向量机应用于冠心病的鉴别诊断中. 收集了 34 名患者资料, 以 24 名患者资料作为训练样本, 其中一半为正常人, 表示为 $y_i = 1$, 另一半为冠心病患者, 表示为 $y_i = -1$, $\tilde{x}_{i1}$ 表示舒张期血压, $\tilde{x}_{i2}$ 表示血浆胆固醇含量, 并且 $\tilde{x}_{i1}$ 和 $\tilde{x}_{i2}$ 为三角模糊数 (数据如表 9.1 所示).

表 9.1　冠心病人和正常人舒张期血压和血浆胆固醇含量数

i	$\tilde{x}_{i1}$/kPa	$\tilde{x}_{i2}$/(mmol/L)	y_i	i	$\tilde{x}_{i1}$/kPa	$\tilde{x}_{i2}$/(mmol/L)	y_i
1	(9.84, 9.86, 9.88)	(5.17, 5.18, 5.19)	1	13	(10.62, 10.66, 10.70)	(2.06, 2.07, 2.08)	−1
2	(13.31, 13.33, 13.35)	(3.72, 3.73, 3.74)	1	14	(12.51, 12.53, 12.55)	(4.44, 4.45, 4.46)	−1
3	(14.63, 14.66, 14.69)	(3.87, 3.89, 3.91)	1	15	(13.30, 13.33, 13.36)	(3.04, 3.06, 3.08)	−1
4	(9.32, 9.33, 9.34)	(7.08, 7.10, 7.12)	1	16	(9.32, 9.33, 9.34)	(3.90, 3.94, 3.98)	−1
5	(12.87, 12.80, 12.83)	(5.47, 5.49, 5.51)	1	17	(10.64, 10.66, 10.68)	(4.43, 4.45, 4.47)	−1
6	(10.64, 10.66, 10.68)	(4.06, 4.09, 4.12)	1	18	(10.64, 10.66, 10.68)	(4.89, 4.92, 4.95)	−1
7	(10.65, 10.66, 10.67)	(4.43, 4.45, 4.47)	1	19	(9.31, 9.33, 9.35)	(3.66, 3.68, 3.70)	−1
8	(13.31, 13.33, 13.35)	(3.60, 3.63, 3.66)	1	20	(10.64, 10.66, 10.68)	(3.20, 3.21, 3.22)	−1
9	(13.32, 13.33, 13.34)	(5.68, 5.70, 5.72)	1	21	(10.37, 10.40, 10.43)	(3.92, 3.94, 3.96)	−1
10	(11.97, 12.00, 12.03)	(6.17, 6.19, 6.21)	1	22	(9.31, 9.33, 9.35)	(4.90, 4.92, 4.94)	−1
11	(14.64, 14.66, 14.68)	(4.00, 4.01, 4.02)	1	23	(11.19, 11.20, 11.21)	(3.40, 3.42, 3.44)	−1
12	(13.31, 13.33, 13.35)	(3.99, 4.01, 4.03)	1	24	(9.31, 9.33, 9.35)	(3.62, 3.63, 3.64)	−1

取参数 $C = 0.1, \lambda = 0.65$, 利用以上数据求解规划 (9.5) 或 (9.6), 可得解 $w_0 = (0.415444, 0.4792959), b = -6.962587$, 则可以得到冠心病的鉴别诊断规则如下: 对给定的置信水平 $\lambda = 0.65$, 如果 $\mathrm{Pos}\{(w_0 \cdot \tilde{X} + b) \geqslant 0\} \geqslant 0.65$, 则 $\tilde{X} = (\tilde{x}_1, \tilde{x}_2)$ 为冠

心病患者; 如果 $\mathrm{Pos}\{(w_0 \cdot \tilde{X} + b) \leqslant 0\} \geqslant 0.65$, 则 $\tilde{X} = (\tilde{x}_1, \tilde{x}_2)$ 为正常人.

利用此鉴别诊断规则来拟合表 9.1 中的数据, 只有三例被错分, 诊断正确率为 87.5%. 用另外 10 例患者的资料作为测试样本, 经测试正确率为 90%. 由此充分说明三角模糊支持向量机具有较好的拟合效果和预测精度.

9.2 2-型模糊支持向量机

9.2.1 2-型模糊强线性可分支持向量机

考虑 2-型模糊训练样本集

$$S = \{(\bar{\tilde{X}}_1, y_1), (\bar{\tilde{X}}_2, y_2), \cdots, (\bar{\tilde{X}}_m, y_m)\},$$

其中 $\bar{\tilde{X}}_i = (\bar{\tilde{X}}_{i1}, \bar{\tilde{X}}_{i2}, \cdots, \bar{\tilde{X}}_{in})$, $\bar{\tilde{X}}_{ij} = (r_1^{ij}, r_2^{ij}, r_3^{ij}; \theta_{r,j}^i, \theta_{l,j}^i)$, $i = 1, 2, \cdots, m$, $j = 1, 2, \cdots, n$, $y_i = +1$ 或 -1. 2-型模糊支持向量机就是找到一个决策函数使得正类样本和负类样本以最小误差区分.

定义 9.2.1 对于 2-型模糊样本集 S, 如果在给定的置信水平 $\lambda \in (0, 1]$ 下, 存在 $w \in \mathbf{R}^n, b \in \mathbf{R}$, 使得 $\mathrm{Pos}\{\tilde{\mathrm{Pos}}_E\{y_i((w \cdot \bar{\tilde{X}}_i) + b) \geqslant 1\} \geqslant \lambda\} \geqslant 0.5, i = 1, 2, \cdots, m$, 其中 $\tilde{\mathrm{Pos}}_E$ 为期望模糊可能性测度, 那么称 2-型模糊样本集 S 是 2-型模糊强线性可分的.

对于 2-型模糊强线性可分样本的分类问题, 支持向量机求最优分类超平面的问题转化为求解如下规划问题:

$$\begin{cases} \min\limits_{w,b} & \dfrac{1}{2}\|w\|^2, \\ \text{s.t.} & \mathrm{Pos}\{\tilde{\mathrm{Pos}}_E\{y_i((w \cdot \bar{\tilde{X}}_i) + b) \geqslant 1\} \geqslant \lambda\} \geqslant 0.5, \\ & i = 1, 2, \cdots, m. \end{cases} \tag{9.7}$$

定理 9.2.1 基于 2-型模糊样本的规划问题 (9.7) 等价于如下的清晰形式:

$$\begin{cases} \min\limits_{w,b,t_{ij}} & \dfrac{1}{2}\|w\|^2, \\ \text{s.t.} & 2(t_{ij} - r_1^{ij}) + \theta_r^{ij}\min\{t_{ij} - r_1^{ij}, r_2^{ij} - t_{ij}\} \geqslant 2(r_2^{ij} - r_1^{ij})\lambda, \quad t_{ij} \in [r_1^{ij}, r_2^{ij}], \\ & 2(r_3^{ij} - t_{ij}) + \theta_r^{ij}\min\{r_3^{ij} - t_{ij}, t_{ij} - r_2^{ij}\} \geqslant 2(r_3^{ij} - r_2^{ij})\lambda, \quad t_{ij} \in [r_2^{ij}, r_3^{ij}], \\ & y_i((w_1 t_{i1} + w_2 t_{i2} + \cdots + w_n t_{in}) + b) \geqslant 1, \\ & i = 1, 2, \cdots, m; j = 1, 2, \cdots, n. \end{cases}$$

$$\tag{9.8}$$

证　对于任意满足条件 $y_i \left(\sum\limits_{j=1}^{n} w_j t_{ij} + b \right) \geqslant 1$ 的 $T_i = (t_{i1}, t_{i2}, \cdots, t_{in})^{\mathrm{T}}$ 有

$$\tilde{\mathrm{Pos}}_E \{ y_i (w_1 \bar{\bar{X}}_{i1} + w_2 \bar{\bar{X}}_{i2} + \cdots + w_n \bar{\bar{X}}_{in} + b) \geqslant 1 \}$$
$$= \tilde{\mathrm{Pos}}_E \{ \gamma \in \Gamma | \bar{\bar{X}}_{i1}(\gamma) = t_{i1}, \cdots, \bar{\bar{X}}_{in}(\gamma) = t_{in} \}.$$

由于 $\bar{\bar{X}}_{i1}, \bar{\bar{X}}_{i2}, \cdots, \bar{\bar{X}}_{in}$ 相互独立, 可以得到

$$\tilde{\mathrm{Pos}}_E \{ \gamma \in \Gamma | \bar{\bar{X}}_{i1}(\gamma) = t_{i1}, \cdots, \bar{\bar{X}}_{in}(\gamma) = t_{in} \}$$
$$= \bigwedge_{1 \leqslant j \leqslant n} \tilde{\mathrm{Pos}}_E \{ \gamma \in \Gamma | \bar{\bar{X}}_{ij}(\gamma) = t_{ij} \}.$$

因此

$$\mathrm{Pos} \{ \tilde{\mathrm{Pos}}_E \{ y_i ((w \cdot \bar{X}_i) + b) \geqslant 1 \} \geqslant \lambda \}$$

$$= \mathrm{Pos} \left\{ \bigwedge_{1 \leqslant j \leqslant n} \tilde{\mathrm{Pos}}_E \{ \gamma \in \Gamma | \bar{\bar{X}}_{ij}(\gamma) = t_{ij} \} \geqslant \lambda \right\}.$$

根据期望模糊可能性空间上 2-型三角模糊变量的定义和定理 9.2.1 可知

$$\mathrm{Pos} \{ \tilde{\mathrm{Pos}}_E \{ y_i ((w \cdot \bar{X}_i) + b) \geqslant 1 \} \geqslant \lambda \} \geqslant 0.5$$

等价于对于满足条件 $y_i ((w \cdot T_i) + b) \geqslant 1$ 的 $T_i = \{ t_{i1}, t_{i2}, \cdots, t_{in} \}$ 有

$$\begin{cases} 2(t_{ij} - r_1^{ij}) + \theta_r^{ij} \min\{ t_{ij} - r_1^{ij}, r_2^{ij} - t_{ij} \} \geqslant 2(r_2^{ij} - r_1^{ij})\lambda, & t_{ij} \in [r_1^{ij}, r_2^{ij}], \\ 2(r_3^{ij} - t_{ij}) + \theta_r^{ij} \min\{ r_3^{ij} - t_{ij}, t_{ij} - r_2^{ij} \} \geqslant 2(r_3^{ij} - r_2^{ij})\lambda, & t_{ij} \in [r_2^{ij}, r_3^{ij}], \end{cases} \tag{9.9}$$

　　与经典的 SVM 相比, 期望模糊可能性空间中的 2-型模糊支持向量机引入了参数 λ, θ.

定理 9.2.2　当 $4\lambda \geqslant 2 + \theta$ 时, 式 (9.9) 可以简化为

$$\frac{(2\lambda - \theta_r^{ij}) r_2^{ij} + (2 - 2\lambda) r_1^{ij}}{(2 - \theta_r^{ij})} \leqslant t_{ij} \leqslant \frac{(2 - 2\lambda) r_3^{ij} + (2\lambda - \theta_r^{ij}) r_2^{ij}}{(2 - \theta_r^{ij})},$$

当 $4\lambda \leqslant 2 + \theta$ 时, 式 (9.9) 可以简化为

$$r_1^{ij} + \frac{2(r_2^{ij} - r_1^{ij})\lambda}{(2 + \theta_r^{ij})} \leqslant t_{ij} \leqslant r_3^{ij} - \frac{2(r_3^{ij} - r_2^{ij})\lambda}{(2 + \theta_r^{ij})}.$$

证　当 $4\lambda \leqslant 2 + \theta$ 时, 如果 $r_1^{ij} \leqslant t_{ij} \leqslant \dfrac{(r_1^{ij} + r_2^{ij})}{2}$, 有

$$t_{ij} \geqslant r_1^{ij} + \frac{2(r_2^{ij} - r_1^{ij})\lambda}{(2 + \theta_r^{ij})}.$$

因此

$$r_1^{ij} + \frac{2(r_2^{ij} - r_1^{ij})\lambda}{(2 + \theta_r^{ij})} \leqslant t_{ij} \leqslant 0.5(r_1^{ij} + r_2^{ij}).$$

如果 $\dfrac{(r_2^{ij} + r_3^{ij})}{2} \leqslant t_{ij} \leqslant r_3^{ij}$,有

$$\frac{(r_2^{ij} + r_3^{ij})}{2} \leqslant t_{ij} \leqslant r_3^{ij} - \frac{2(r_3^{ij} - r_2^{ij})\lambda}{(2 + \theta_r^{ij})}.$$

类似地,当 $4\lambda \geqslant 2 + \theta$ 时,如果 $\dfrac{(r_1^{ij} + r_2^{ij})}{2} \leqslant t_{ij} \leqslant r_2^{ij}$,有

$$\frac{2(r_2^{ij} - r_1^{ij})\lambda + 2r_1^{ij} - \theta_r^{ij} r_2^{ij}}{(2 - \theta_r^{ij})} \leqslant t_{ij} \leqslant r_2^{ij},$$

如果 $r_2^{ij} \leqslant t_{ij} \leqslant \dfrac{(r_2^{ij} + r_3^{ij})}{2}$,有

$$r_2^{ij} \leqslant t_{ij} \leqslant \frac{2r_3^{ij} - \theta_r^{ij} r_2^{ij} - 2(r_3^{ij} - r_2^{ij})\lambda}{(2 - \theta_r^{ij})}.$$

定理 9.2.3 当 $\lambda = 1$ 时,基于 2-型模糊样本 $\{(\bar{\bar{X}}_i, y_i), i = 1, 2, \cdots, m\}$ 的 2-型模糊支持向量机的解 (w, b) 与基于实数样本 $\{(X_i, y_i), i = 1, 2, \cdots, m\}$ 的经典支持向量机的解 (w, b) 相同,其中

$$\bar{\bar{X}}_i = (\bar{\bar{X}}_{i1}, \bar{\bar{X}}_{i2}, \cdots, \bar{\bar{X}}_{in}), \quad \bar{\bar{X}}_{ij} = (r_1^{ij}, r_2^{ij}, r_3^{ij}; \theta_l^{ij}, \theta_r^{ij}),$$
$$X_i = (x_{i1}, x_{i2}, \cdots, x_{in}), \qquad x_{ij} = r_2^{ij}, j = 1, 2, \cdots, n.$$

证 当 $\lambda = 1$ 时,有 $4\lambda \geqslant 2 + \theta$. 由定理 9.2.2,可以得到

$$\frac{2(r_2^{ij} - r_1^{ij})\lambda + 2r_1^{ij} - \theta_r^{ij} r_2^{ij}}{(2 - \theta_r^{ij})} \leqslant t_{ij} \leqslant \frac{2r_3^{ij} - \theta_r^{ij} r_2^{ij} - 2(r_3^{ij} - r_2^{ij})\lambda}{(2 - \theta_r^{ij})}.$$

将 $\lambda = 1$ 代入上述不等式,可以得到 $r_2^{ij} \leqslant t_{ij} \leqslant r_2^{ij}$. 因此,$t_{ij} = r_2^{ij}$. 基于 2-型模糊样本 $\bar{\bar{X}}_i = (\bar{\bar{X}}_{i1}, \bar{\bar{X}}_{i2}, \cdots, \bar{\bar{X}}_{in})$ 的 2-型模糊支持向量机转化为如下的凸二次规划问题:

$$\begin{cases} \min\limits_{w,b,\xi_i} & \dfrac{1}{2} \|w\|^2, \\ \text{s.t.} & y_i \left((w_1 r_2^{i1} + w_2 r_2^{i2} + \cdots + w_n r_2^{in}) + b \right) \geqslant 1, \\ & \xi_i \geqslant 0, i = 1, 2, \cdots, m. \end{cases} \tag{9.10}$$

而上述凸二次规划 (9.10) 正是基于实数样本 $X_i = (x_{i1}, x_{i2}, \cdots, x_{in})$ 的经典支持向量机所对应的原始问题,二者的解完全相同.

9.2.2　2-型模糊近似线性可分支持向量机

接下来讨论 2-型模糊近似线性可分样本的分类问题. 类似于经典的支持向量机, 当训练样本是 2-型模糊近似线性可分时, 分类问题转化为如下的规划问题:

$$\begin{cases} \min\limits_{w,b,\xi_i} & \dfrac{1}{2}\|w\|^2 + C\sum\limits_{i=1}^{m}\xi_i, \\ \text{s.t.} & \mathrm{Pos}\{\tilde{\mathrm{P}}\mathrm{os}_E\{y_i((w\cdot\bar{\bar{X}}_i)+b)\geqslant 1-\xi_i\}\geqslant\lambda\}\geqslant 0.5, \\ & \xi_i\geqslant 0, i=1,2,\cdots,m. \end{cases} \tag{9.11}$$

上述规划 (9.11) 可以转化为如下的清晰等价形式:

$$\begin{cases} \min\limits_{w,b,\xi_i,t_{ij}} & \dfrac{1}{2}\|w\|^2 + C\sum\limits_{i=1}^{m}\xi_i, \\ \text{s.t.} & 2(t_{ij}-r_1^{ij})+\theta_r^{ij}\min\{t_{ij}-r_1^{ij}, r_2^{ij}-t_{ij}\} \\ & \quad\geqslant 2(r_2^{ij}-r_1^{ij})\lambda, \quad t_{ij}\in[r_1^{ij}, r_2^{ij}], \\ & 2(r_3^{ij}-t_{ij})+\theta_r^{ij}\min\{r_3^{ij}-t_{ij}, t_{ij}-r_2^{ij}\} \\ & \quad\geqslant 2(r_3^{ij}-r_2^{ij})\lambda, \quad t_{ij}\in[r_2^{ij}, r_3^{ij}], \\ & y_i((w_1t_{i1}+\cdots+w_nt_{in})+b)\geqslant 1-\xi_i, \\ & \xi_i\geqslant 0, i=1,2,\cdots,m; j=1,2,\cdots,n. \end{cases} \tag{9.12}$$

对于一个 2-型模糊样本 $\bar{\bar{X}}=(\bar{\bar{X}}_1,\bar{\bar{X}}_2,\cdots,\bar{\bar{X}}_n)$, $\bar{\bar{X}}_j=(r_1^j,r_2^j,r_3^j;\theta_r^j,\theta_l^j)$, 如果

$$\mathrm{Pos}\{\tilde{\mathrm{P}}\mathrm{os}_E\{(w\cdot\bar{\bar{X}})+b\geqslant 0\}\geqslant\lambda^*\}\geqslant 0.5,$$

那么 $\bar{\bar{X}}$ 以置信水平 λ^* 归属正类; 如果

$$\mathrm{Pos}\{\tilde{\mathrm{P}}\mathrm{os}_E\{(w\cdot\bar{\bar{X}})+b\leqslant 0\}\geqslant\lambda^*\}\geqslant 0.5,$$

那么 $\bar{\bar{X}}$ 以置信水平 λ^* 归属负类.

由定理 9.2.1 的推导和结论可知, 对于一个 2-型模糊样本 $\bar{\bar{X}}=(\bar{\bar{X}}_1,\bar{\bar{X}}_2,\cdots,\bar{\bar{X}}_n)$, $\bar{\bar{X}}_j=(r_1^j,r_2^j,r_3^j;\theta_r^j,\theta_l^j)$. 当 $4\lambda^*\leqslant 2+\theta_r^j$ 时, 上述分类准则可以简化为如下形式. 如果

$$\sum_{w_j\geqslant 0}w_j\cdot\left(r_3^j-\frac{2(r_3^j-r_2^j)\lambda^*}{(2+\theta_r^j)}\right)+\sum_{w_j\leqslant 0}w_j\cdot\left(r_1^j+\frac{2(r_2^j-r_1^j)\lambda^*}{(2+\theta_r^j)}\right)+b\geqslant 0, \tag{9.13}$$

那么 $\bar{\bar{X}}$ 以置信水平 λ^* 归属正类; 如果

$$\sum_{w_j\geqslant 0}w_j\cdot\left(r_1^j+\frac{2(r_2^j-r_1^j)\lambda^*}{(2+\theta_r^j)}\right)+\sum_{w_j\leqslant 0}w_j\cdot\left(r_3^j-\frac{2(r_3^j-r_2^j)\lambda^*}{(2+\theta_r^j)}\right)+b\leqslant 0, \tag{9.14}$$

那么 $\bar{X}$ 以置信水平 λ^* 归属负类. 如果 (9.13) 和 (9.14) 同时成立, 称 $\bar{X}$ 在置信水平 λ^* 下是敏感的. 当 $4\lambda^* \geqslant 2 + \theta_r^j$ 时, 上述分类准则可以简化为如下形式. 如果

$$
\sum_{w_j \geqslant 0} w_j \cdot \left(\frac{2r_3^j - \theta_r^j r_2^j - 2(r_3^j - r_2^j)\lambda^*}{(2 - \theta_r^j)} \right)
$$
$$
+ \sum_{w_j \leqslant 0} w_j \cdot \left(\frac{2(r_2^j - r_1^j)\lambda^* + 2r_1^j - \theta_r^j r_2^j}{(2 - \theta_r^j)} \right) + b \geqslant 0, \tag{9.15}
$$

那么 $\bar{X}$ 以置信水平 λ^* 归属正类; 如果

$$
\sum_{w_j \geqslant 0} w_j \cdot \left(\frac{2(r_2^j - r_1^j)\lambda^* + 2r_1^j - \theta_r^j r_2^j}{(2 - \theta_r^j)} \right)
$$
$$
+ \sum_{w_j \leqslant 0} w_j \cdot \left(\frac{2r_3^j - \theta_r^j r_2^j - 2(r_3^j - r_2^j)\lambda^*}{(2 - \theta_r^j)} \right) + b \leqslant 0, \tag{9.16}
$$

那么 $\bar{X}$ 以置信水平 λ^* 归属负类. 如果 (9.15) 和 (9.16) 同时成立, 称 $\bar{X}$ 在置信水平 λ^* 下是敏感的.

简单起见, (9.13) 或 (9.15) 的左端简记为 $((w \cdot T) + b)_u$, (9.14) 或 (9.16) 的左端简记为 $((w \cdot T) + b)_l$. 显然, $((w \cdot T) + b)_l$ 随 λ^* 的减小而减小, $((w \cdot T) + b)_u$ 随 λ^* 的减小而增加.

注意到, 当 $\lambda^* = 1$ 时, 对于 2-型模糊样本 $\bar{X}$ 有 $4\lambda^* \geqslant 2 + \theta_r^j$. 因此, 分类准则可以简化为如下形式: 当 $(w \cdot r_2) + b \geqslant 0$ 时, 样本归属正类, 否则样本归属负类, 其中 $r_2 = (r_2^1, r_2^2, \cdots, r_2^n)$. 显然, 当 $\lambda^* = 1$ 时, 2-型模糊样本的分类准则与基于实数样本 $X = (x_1, x_2, \cdots, x_n)$, $x_j = r_2^j$ 的经典支持向量机分类准则相同.

定理 9.2.4 对于一个 2-型模糊样本 $(\bar{X}, y)$, $\lambda_1 = \lambda_2, \lambda_1^* \leqslant \lambda_2^*$, 如果该样本以置信水平 (λ_2, λ_2^*) 正确分类, 那么它也能以置信水平 (λ_1, λ_1^*) 正确分类, 其中 λ_1, λ_2 是训练阶段的置信水平, λ_1^*, λ_2^* 是测试阶段的置信水平.

证 由于 $\lambda_1 = \lambda_2$, 在置信水平 (λ_1, λ_1^*) 下, 2-型模糊支持向量机的解 (w, b) 等价于在置信水平 (λ_2, λ_2^*) 下 2-型模糊支持向量机的解 (w, b). 当 $y = 1$ 时, 可以得到 (9.13) 或 (9.15), 当 $y = -1$ 时, 可以得到 (9.14) 或 (9.16). 由于 $((w \cdot T) + b)_u$ 关于 λ^* 递减, $((w \cdot T) + b)_l$ 关于 λ^* 递增, 可知, 当 $y = 1$ 时, (9.13) 或 (9.15) 成立, 当 $y = -1$ 时, (9.14) 或 (9.16) 成立, 即该样本在置信水平 (λ_1, λ_1^*) 下可以正确分类.

测试阶段的置信水平 λ^* 和训练阶段的置信水平 λ 可以不同. 一般来说, $\lambda, \lambda^* \in [0, 1]$ 和 $\lambda^* \leqslant \lambda$. 为了避免混淆, 测试阶段的置信水平 λ^* 称为严格度. 由前面分

析可知, 当训练阶段的置信水平 λ 相同时, 较高的严格度意味着较高的测试误差比率.

对于一个 2-型模糊测试样本, 由图 9.1 可知, 当 $\lambda^* = 1$ 时, $((w \cdot T) + b)_u = ((w \cdot T) + b)_l$; 当 $c \leqslant \lambda^* \leqslant 1$ 时, $((w \cdot T) + b)_u \geqslant ((w \cdot T) + b)_l \geqslant 0$; 当 $0 \leqslant \lambda^* \leqslant c$ 时, $((w \cdot T) + b)_u \geqslant 0, ((w \cdot T) + b)_l \leqslant 0$; 当 $\lambda^* = a$ 时, $4\lambda^* = 2 + \theta_r^j$. 当 $c \leqslant \lambda^* \leqslant 1$ 时, 样本 $(\bar{X}, y)$ 归为正类, 当 $0 \leqslant \lambda^* \leqslant c$ 时, 样本 $(\bar{X}, y)$ 归为敏感样本.

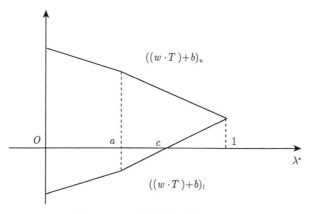

图 9.1 2-型模糊样本测试阶段

如果 $y = 1$, 当 $0 \leqslant \lambda^* \leqslant 1$ 时, 样本没有被错分; 如果 $y = -1$, 当 $c \leqslant \lambda^* \leqslant 1$ 时, 样本被错分, 当 $0 \leqslant \lambda^* \leqslant c$ 时, 样本没有被错分. 因此较高的严格度 λ^* 意味着较高的测试误差比率.

9.2.3 数值实验

考虑 Iris 数据集, 该数据集含有 150 个样本, 每个样本有 4 个属性特征: sepal length, sepal width, petal length 和 petal width. 以该数据集中任意某个样本 (5.1, 3.5, 1.4, 0.2, Setosa) 为例, 见表 9.2. 该样本每个属性都是实数形式, 例如属性 sepal length 值 5.1 是一个实数.

表 9.2 样本 (5.1, 3.5, 1.4, 0.2, Setosa)

属性	实数形式
sepal length	5.1
sepal width	3.5
petal length	1.4
petal width	0.2

众所周知, 测量误差通常难以避免. 因此, 表 9.2 中样本属性 sepal length 应该是 5.1cm 左右而非 5.1cm. 2-型模糊集适用于模糊集合隶属度难以准确测定的情况.

因此, 表 9.2 中属性值用 2-型模糊变量 $(r_1, r_2, r_3; \theta_l, \theta_r)$ 描述更准确. 样本实数形式 (X_{ij}, y) 转化为 2-型模糊形式 $(\bar{\tilde{X}}_{ij}, y), i = 1, 2, \cdots, 100; j = 1, 2, 3, 4$ 的过程如下.

令 $\tilde{X}_{ij} = (X_{ij} - a, X_{ij}, X_{ij} + a)$, 可以得到样本的模糊形式 $(\tilde{X}_{ij}, y)$, 其中 a 是集合 $[0, 0.1]$ 中的任意一个随机数; 令 $\bar{\tilde{X}}_{ij} = (\tilde{X}_{ij}, \theta_l^{ij}, \theta_r^{ij}), \theta_l^{ij}, \theta_r^{ij} \in [0, 1]$, 可以得到样本的 2-型模糊形式 $(X_{ij} - a, X_{ij}, X_{ij} + a, \theta_l^{ij}, \theta_r^{ij})$, 参见表 9.3.

表 9.3   样本的模糊形式和 2-型模糊形式

属性	模糊形式	2-型模糊形式
sepal length	(5.05, 5.1, 5.15)	(5.05, 5.1, 5.15; 0.25, 0.4)
sepal width	(3.42, 3.5, 3.58)	(3.42, 3.5, 3.58; 0.5, 0.3)
petal length	(1.3, 1.4, 1.5)	(1.3, 1.4, 1.5; 0.45, 0.85)
petal width	(0.17, 0.2, 0.23)	(0.17, 0.2, 0.23; 0.2, 0.6)

由于期望模糊可能性空间上的 2-型模糊支持向量机主要针对两类分类问题, 因此将 Iris 数据集转化为 3 个两类数据集: (Setosa, Versicolour), (Setosa, Virginica) 和 (Versicolour, Virginica). 篇幅限制, 仅考虑第三个数据集 (Versicolour, Virginica). 简单起见, (Versicolour, Virginica) 的清晰实数形式简记为 (V_e, V_i), 模糊形式简记为 $(\tilde{V}_e, \tilde{V}_i)$, 2-型模糊形式简记为 $(\bar{\tilde{V}}_e, \bar{\tilde{V}}_i)$. 选用线性核函数, 设定参数 $C = 1000$.

为了证明 2-型模糊支持向量机的有效性, 将基于 2-型模糊样本 $(\bar{\tilde{V}}_e, \bar{\tilde{V}}_i)$ 的 2-型模糊支持向量机 (TFSVM), 基于模糊样本 $(\tilde{V}_e, \tilde{V}_i)$ 的模糊支持向量机 (FSVM), 基于实数样本 (V_e, V_i) 的经典支持向量机 (SVM) 进行比较.

为了检验 TFSVM 是否是 SVM 的一种拓广, 即当 $\lambda = \lambda^* = 1$ 时 TFSVM 的最优分类超平面和 SVM 是否在实验上相同. 采用 5 折交叉验证法进行验证, 实验结果见表 9.4 和表 9.5. 不难看出, 当 $\lambda = \lambda^* = 1$ 时, 由 SVM 和 TFSVM 得到的 (w, b) 完全相同. 因此, 当 $\lambda = \lambda^* = 1$ 时, 2-型模糊支持向量机退化为经典的支持向量机.

表 9.4   SVM 在数据集 (V_e, V_i) 上的结果

算法	SVM
1	(2.00, 11.00, −7.50, −25.50, 35.90)
2	(1.70, 2.14, −4.05, −9.59, 19.15)
3	(1.15, 1.21, −4.74, −4.35, 19.06)
4	(1.66, 5.99, −5.48, −15.54, 25.75)
5	(1.66, 5.99, −5.48, −15.54, 25.75)

表 9.5　当 $\lambda = \lambda^* = 1$ 时 TFSVM 在数据集 $(\bar{\tilde{V}}_e, \bar{\tilde{V}}_i)$ 上的结果

算法	TFSVM
1	$(2.00, 11.00, -7.50, -25.50, 35.90)$
2	$(1.70, 2.14, -4.05, -9.59, 19.15)$
3	$(1.15, 1.21, -4.74, -4.35, 19.06)$
4	$(1.66, 5.99, -5.48, -15.54, 25.75)$
5	$(1.66, 5.99, -5.48, -15.54, 25.75)$

为了检验 TFSVM 是否是 FSVM 的一种拓广, 即当 $\theta_r^{ij} = 0$ 时, TFSVM 的最优分类超平面和 FSVM 是否相同. 采用 5 折交叉验证法进行验证, 令 2-型模糊样本 $(\bar{\tilde{V}}_e, \bar{\tilde{V}}_i)$ 中参数 $\theta_r^{ij} = 0$. 实验结果见表 9.6 和表 9.7. 不难看出, 当 $\lambda, \lambda^* \in [0,1]$ 时, 由 FSVM 和 TFSVM 得到的 (w, b) 完全相同. 参数 $\lambda = \lambda^* = 0.7$, 其中 λ 是训练阶段置信水平, λ^* 是测试阶段置信水平. 由表 9.6 和表 9.7 可以看到, 当 $\theta_r^{ij} = 0$ 时, 基于 2-型模糊样本 $(\bar{\tilde{V}}_e, \bar{\tilde{V}}_i)$ 的 TFSVM 退化为基于模糊样本 $(\tilde{V}_e, \tilde{V}_i)$ 的 FSVM.

表 9.6　当 $\lambda = \lambda^* = 0.7$ 时 FSVM 在数据集 $(\tilde{V}_e, \tilde{V}_i)$ 上的结果

算法	FSVM
1	$(1.31, 5.61, -4.98, -12.92, 22.02)$
2	$(2.23, 2.15, -4.32, -7.36, 13.51)$
3	$(0.74, 5.56, -7.78, -10.36, 34.42)$
4	$(1.14, 5.57, -4.84, -13.07, 22.80)$
5	$(1.14, 5.57, -4.84, -15.54, -13.07)$

表 9.7　当 $\lambda = \lambda^* = 0.7$ 时 TFSVM 在数据集 $(\bar{\tilde{V}}_e, \bar{\tilde{V}}_i)$ 上的结果

算法	TFSVM
1	$(1.31, 5.61, -4.98, -12.92, 22.02)$
2	$(2.23, 2.15, -4.32, -7.36, 13.51)$
3	$(0.74, 5.56, -7.78, -10.36, 34.42)$
4	$(1.14, 5.57, -4.84, -13.07, 22.80)$
5	$(1.14, 5.57, -4.84, -15.54, -13.07)$

将 SVM, FSVM 和 TFSVM 进行比较. 令 $\theta_r^{ij} = 0.8$, TFSVM 的实验结果见表 9.8. 不难看出, FSVM 的平均错误率是 4.75%, TFSVM 的平均错误率是 4.25%, SVM 的平均错误率是 5%. 当 $\lambda = \lambda^* = 0.9$ 时, TFSVM 的错误率 5% 高于 FSVM 的错误率 4%. 因此, TFSVM 的错误率与参数 λ 相关.

表 9.8 SVM, FSVM, TFSVM 的测试错误率

$\lambda = \lambda^*$	TFSVM	FSVM	SVM
0.7	2%	5%	—
0.8	5%	5%	—
0.9	5%	4%	—
1.0	5%	5%	—
平均	4.25%	4.75%	5.00%

测试阶段的置信水平 λ^* 不同于训练阶段的置信水平 λ. 由表 9.9 和表 9.10 可以看出, TFSVM 的错误率受 λ^* 影响, 当 λ^* 变小时, 错误率减小而敏感率增加, 当 λ^* 变大时, 错误率增加而敏感率降低, 与理论分析一致.

表 9.9 TFSVM 在数据集 $(\bar{V}_e, \bar{V}_i)$ 上的测试错误率

TFSVM	$\lambda^* = \lambda$	$\lambda^* = 0.5$	$\lambda^* = 0.3$	$\lambda^* = 0.1$
$\lambda = 0.7$	2%	2%	2%	2%
$\lambda = 0.8$	5%	2%	1%	1%
$\lambda = 0.9$	5%	2%	1%	1%
$\lambda = 1.0$	5%	3%	2%	2%
平均	4.25%	2.25%	1.50%	1.50%

表 9.10 FSVM 在数据集 $(\bar{V}_e, \bar{V}_i)$ 上的测试敏感率

TFSVM	$\lambda^* = \lambda$	$\lambda^* = 0.5$	$\lambda^* = 0.3$	$\lambda^* = 0.1$
$\lambda = 0.7$	6%	6%	6%	6%
$\lambda = 0.8$	0%	5%	6%	8%
$\lambda = 0.9$	1%	6%	8%	8%
$\lambda = 1.0$	0%	4%	7%	7%
平均	1.75%	5.25%	6.75%	7.25%

9.3 支持函数机

在实际应用领域, 常存在一些输入为集合型数据的分类问题. 例如, 在水环境的综合评价问题中, 人们往往对同一水质样本进行多次测量以减少不确定性, 这样就得到反映同一个样本特征的集合型数据 (由多个向量构成). 此外, 在空气质量评价、视频分析等领域都广泛存在集合型数据的分类问题.

9.3.1 集合型数据分类的数学描述

一个集合型数据两类问题可以用如下的数学语言描述.

设给定的训练集为

$$T = \{(A_1, y_1), (A_2, y_2), \cdots, (A_{l_1+l_2}, y_{l_1+l_2})\}, \tag{9.17}$$

其中 $A_i \subset \mathbf{R}^d$ 且有界, $y_i = +1 \ (i = 1, 2, \cdots, l_1)$ 为正类, $y_i = -1 \ (i = l_1 + 1, l_1 + 2, \cdots, l_1 + l_2)$ 为负类. $\mathbf{R}^d$ 中集合型数据的分类问题就是要依据训练集 (9.17) 寻找一个实值函数 $g(A)$, 以便根据任意给定的输入 A, 由决策函数

$$f(A) = \mathrm{sgn}(g(A)) \tag{9.18}$$

推断输出 $y = f(A)$.

由于, $\mathbf{R}^d$ 中的任一非空闭凸集 A 可以由其支撑函数 $\sigma_A(x)$(或 σ_A) 唯一确定[5]. 因此, 首先计算给定有界集合型数据 A_i 的闭凸包 $\mathrm{co}(A_i)$, 然后通过支撑函数将 $\mathbf{R}^d$ 中的集合型数据 A 映射到无穷维的 Banach 空间 $C(S)$ 中.

下面分别用 $\sigma_{\mathrm{co}(A_i)}$ 和 $\sigma_{\mathrm{co}(A)}$ 代替训练集 (9.17) 和式 (9.18) 中的集合 A_i 和 A, 可以得到训练集

$$T = \{(\sigma_1, y_1), (\sigma_2, y_2), \cdots, (\sigma_{l_1+l_2}, y_{l_1+l_2})\} \tag{9.19}$$

和决策函数

$$f(\sigma) = \mathrm{sgn}(g(\sigma)). \tag{9.20}$$

这样, $\mathbf{R}^d$ 中集合型数据的分类问题就转化为 $C(S)$ 中函数型数据 $\sigma_{\mathrm{co}(A_i)}$ 的分类问题 (见图 9.2, 其中 $\oplus$ 和 $+$ 分别表示正类的集合型数据 $A_i \ (i = 1, 2, \cdots, l_1)$ 及其支撑函数, $\ominus$ 和 $-$ 分别表示负类的集合型数据 $A_i \ (i = l_1 + 1, l_1 + 2, \cdots, l_1 + l_2)$ 及其支撑函数, $+$ 和 $-$ 为 $C(S)$ 中的点).

图 9.2　分类问题的转化

这样, 解决 $C(S)$ 中函数型数据的分类问题的本质就是寻找一种规则将 $C(S)$ 空间分成两部分. SVM 依据 Hilbert 空间中的 Riesz 表示定理, 可以通过内积定义超平面. 然而, Banach 空间 $C(S)$ 不是内积空间, 在该空间中定义超平面不能通过内积定义. 为此依据 Banach 空间中的 Riesz 表示定理[6], 通过 Radon 测度 μ 来定

义超平面. 为了简便, $\int_S \sigma \, \mathrm{d}\mu$ 简记为 $\mu(\sigma)$. 不失一般性, 这里以二分类问题为例, 描述集合型数据的分类问题.

定义 9.3.1 称

$$M = \left\{ \sigma \in C(S) \left| \int_S \sigma \, \mathrm{d}\mu = \alpha \right. \right\}, \quad \alpha \in \mathbf{R}$$

为 $C(S)$ 中的超平面,

$$M^\perp = \left\{ \mu \in C(S)^* \left| \int_S \sigma \, \mathrm{d}\mu = 0, \sigma \in M \right. \right\}$$

为超平面 M 的正交补.

为此, 根据定义 9.3.1 给出训练集 (9.19) 的线性可分性定义.

定义 9.3.2 若存在超平面 $g(\sigma)$ 将空间 $C(S)$ 划分为两部分, 则称训练集 (9.19) 是线性可分的; 否则, 称训练集 (9.19) 是线性不可分的.

为了构建基于集合型数据的分类方法, 下面将讨论两平行超平面间的 Hausdorff 距离.

定理 9.3.1 设 $\alpha, \beta \in \mathbf{R}$, μ 为 Radon 测度且 $\mu \in C(S)^*$, $M_1 = \left\{ \sigma \left| \int_s \sigma \, \mathrm{d}\mu = \alpha \right. \right\}$ 和 $M_2 = \left\{ \tau \left| \int_s \tau \, \mathrm{d}\mu = \beta \right. \right\}$ 为 $C(S)$ 中的两平行超平面 (图 9.3), 则 M_1 与 M_2 间的距离为

$$H(M_1, M_2) = \frac{|\alpha - \beta|}{\|\mu\|}. \tag{9.21}$$

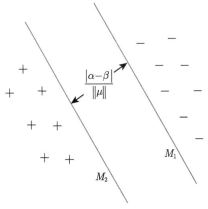

图 9.3 两平行超平面 M_1 和 M_2 之间的 Hausdorff 距离

证 设 $\sigma \in M_1$, 则有

$$\left| \int_S \sigma \, \mathrm{d}\mu \right| \leqslant \|\sigma\| \cdot \|\mu\|,$$

其中 $\|\sigma\| = \sup\limits_{x \in S} \{|\sigma(x)|\}$. 进而, 对任意 $\sigma \in M_1$ 和 $\tau \in M_2$, 有

$$\left| \int_S (\sigma - \tau) \, \mathrm{d}\mu \right| \leqslant \|\sigma - \tau\| \cdot \|\mu\|$$

和

$$\int_S (\sigma - \tau) \, \mathrm{d}\mu = \alpha - \beta.$$

这样,

$$\|\sigma - \tau\| \geqslant \frac{\left| \displaystyle\int_S (\sigma - \tau) \, \mathrm{d}\mu \right|}{\|\mu\|} = \frac{|\alpha - \beta|}{\|\mu\|}.$$

进而

$$h(M_1, M_2) = \sup_{\sigma \in M_1} \inf_{\tau \in M_2} \{\|\sigma - \tau\|\} \geqslant \sup_{\sigma \in M_1} \left\{ \frac{|\alpha - \beta|}{\|\mu\|} \right\} = \frac{|\alpha - \beta|}{\|\mu\|}. \tag{9.22}$$

同理可得

$$h(M_2, M_1) = \sup_{\tau \in M_2} \inf_{\sigma \in M_1} \{\|\tau - \sigma\|\} \geqslant \sup_{\tau \in M_2} \left\{ \frac{|\alpha - \beta|}{\|\mu\|} \right\} = \frac{|\alpha - \beta|}{\|\mu\|}. \tag{9.23}$$

由式 (9.22) 和式 (9.23) 可得

$$H(M_1, M_2) = \max\{h(M_1, M_2), h(M_2, M_1)\} \geqslant \frac{|\alpha - \beta|}{\|\mu\|}. \tag{9.24}$$

另一方面, 对任意 $\varepsilon > 0$, 取 $\sigma_\varepsilon \in C(S)$ 满足

$$\int_S \sigma_\varepsilon \, \mathrm{d}\mu > \|\mu\| - \varepsilon > 0, \quad \|\sigma_\varepsilon\| = 1, \tag{9.25}$$

其中 $\|\mu\| = \sup\limits_{\|\sigma\|=1} \left\{ \displaystyle\int_S \sigma \, \mathrm{d}\mu \right\}$, 则

$$\hat{\sigma} = \frac{\alpha \cdot \sigma_\varepsilon}{\displaystyle\int_S \sigma_\varepsilon \, \mathrm{d}\mu} \in M_1, \quad \hat{\tau} = \frac{\beta \cdot \sigma_\varepsilon}{\displaystyle\int_S \sigma_\varepsilon \, \mathrm{d}\mu} \in M_2.$$

由式 (9.25) 可得

$$\|\hat{\sigma} - \hat{\tau}\| = \left\| \frac{\alpha \cdot \sigma_\varepsilon}{\displaystyle\int_S \sigma_\varepsilon \, \mathrm{d}\mu} - \frac{\beta \cdot \sigma_\varepsilon}{\displaystyle\int_S \sigma_\varepsilon \, \mathrm{d}\mu} \right\| = \frac{|\alpha - \beta|}{\displaystyle\int_S \sigma_\varepsilon \, \mathrm{d}\mu} < \frac{|\alpha - \beta|}{\|\mu\| - \varepsilon}. \tag{9.26}$$

记 $\mathrm{Ker}\mu = \left\{ v \,\Big|\, \int_S v \,\mathrm{d}\mu = 0 \right\}$, 则

$$M_1 = \hat{\sigma} + \mathrm{Ker}\mu, \quad M_2 = \hat{\tau} + \mathrm{Ker}\mu.$$

对任意 $\sigma \in M_1$, 存在 $\hat{v} \in \mathrm{Ker}\mu$ 使得 $\sigma = \hat{\sigma} + \hat{v}$. 记 $\tilde{\tau} = \hat{\tau} + \hat{v} \in M_2$, 由式 (9.26) 得

$$h(\sigma, M_2) = \inf_{\tau \in M_2} \|\sigma - \tau\| \leqslant \|\sigma - \tilde{\tau}\| = \|\hat{\sigma} - \hat{\tau}\| < \frac{|\alpha - \beta|}{\|\mu\| - \varepsilon}.$$

因此, $\displaystyle\sup_{\sigma \in M_1} h(\sigma, M_2) \leqslant \frac{|\alpha - \beta|}{\|\mu\| - \varepsilon}$, 再由 ε 的任意性得

$$h(M_1, M_2) = \sup_{\sigma \in M_1} h(\sigma, M_2) \leqslant \frac{|\alpha - \beta|}{\|\mu\|}. \tag{9.27}$$

同理可证

$$h(M_2, M_1) = \sup_{\tau \in M_2} h(\tau, M_1) \leqslant \frac{|\alpha - \beta|}{\|\mu\|}. \tag{9.28}$$

由式 (9.27) 和式 (9.28) 得

$$H(M_1, M_2) = \max\{h(M_1, M_2), h(M_2, M_1)\} \leqslant \frac{|\alpha - \beta|}{\|\mu\|}. \tag{9.29}$$

所以由式 (9.24) 和式 (9.29) 可知

$$H(M_1, M_2) = \frac{|\alpha - \beta|}{\|\mu\|}.$$

9.3.2 硬间隔支持函数机

9.3.2.1 最优化问题与硬间隔支持函数机

假设训练集 (9.19) 在 $C(S)$ 中是线性可分的, 过点 (σ, y) 的超平面

$$M = \left\{ \sigma \,\Big|\, \int_S \sigma \,\mathrm{d}\mu + \alpha = 0 \right\}$$

具有垂直 μ, 它能够完全正确地分开训练集 (9.19)(图 9.4). 显然, M 不是唯一的. 可以向上或向下平行移动超平面 M 直至其触碰到点 + 或 −, 这样可以获得两个特殊的超平面 M_1 和 M_2. 称 M_1 和 M_2 为**支撑超平面**, 输入 + 或 − 为**支撑函数**(这里采用类似支撑向量的称呼, 不同于集合的支撑函数的定义). 这样, 两平行超平面 M_1 与 M_2 间的所有超平面都可以完全正确地划分训练集 (9.19). 显然, 位于 M_1 和 M_2 正中间的分离超平面 M 是最好的.

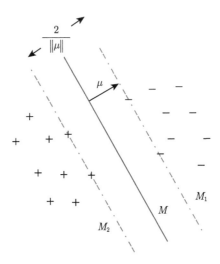

图 9.4　支撑超平面 M_1 和 M_2 之间的 Hausdorff 距离

对于给定的 μ, 两个平行超平面 M_1 和 M_2 间的 Hausdorff 距离 (也称为 "间隔") 就确定了. 为了保证学习机器的推广能力, 需要选择最大化间隔的 μ. 这种解决分类问题的原则称为最大间隔原则 (maximum margin principle, MMP).

根据 MMP, 寻找分类超平面 $\int_S \sigma \, d\mu + \alpha = 0$ 的问题就转化为关于参量 μ 和 α 的优化问题. 显然, 在给定某个 $\tilde{\mu}$ 后, 两个相应的支撑超平面可描述为 $\int_S \sigma \, d\tilde{\mu} + \tilde{\alpha} = \beta_1$ 和 $\int_S \sigma \, d\tilde{\mu} + \tilde{\alpha} = \beta_2$. 通过调整参数 $\tilde{\alpha}$, 两支撑超平面也可描述为 $\int_S \sigma \, d\tilde{\mu} + \tilde{\alpha} = \beta$ 和 $\int_S \sigma \, d\tilde{\mu} + \tilde{\alpha} = -\beta$. 根据 MMP, 最优分类超平面应该是位于这两个平行超平面正中间的超平面 $\int_S \sigma \, d\tilde{\mu} + \tilde{\alpha} = 0$. 记 $\mu = \dfrac{\tilde{\mu}}{\beta}$, $\alpha = \dfrac{\tilde{\alpha}}{\beta}$. 从而, 两个支撑超平面 $\int_S \sigma \, d\tilde{\mu} + \tilde{\alpha} = \beta$ 和 $\int_S \sigma \, d\tilde{\mu} + \tilde{\alpha} = -\beta$ 就分别等价于 $\int_S \sigma \, d\mu + \alpha = 1$ 和 $\int_S \sigma \, d\mu + \alpha = -1$, 最优分类超平面为

$$\int_S \sigma \, d\mu + \alpha = 0. \tag{9.30}$$

由定理 9.3.1 可知: 两支撑超平面 $\int_S \sigma \, d\tilde{\mu} + \tilde{\alpha} = \beta$ 和 $\int_S \sigma \, d\tilde{\mu} + \tilde{\alpha} = -\beta$ 间的 Hausdorff 距离 (即最大间隔) 为 $\dfrac{2}{\|\mu\|}$. 这样, MMP 导出了如下关于参数 μ 和 α 的最优化问题:

$$\begin{cases} \max\limits_{\mu, \alpha} & \dfrac{2}{\|\mu\|}, \\ \text{s.t.} & \displaystyle\int_S \sigma_i \, \mathrm{d}\mu + \alpha \geqslant 1, \quad \text{对所有正类的 } i, \\ & \displaystyle\int_S \sigma_i \, \mathrm{d}\mu + \alpha \leqslant -1, \quad \text{对所有负类的 } i, \end{cases}$$

或

$$\begin{cases} \min\limits_{\mu, \alpha} & \dfrac{1}{2} \|\mu\|, \\ \text{s.t.} & y_i \left(\displaystyle\int_S \sigma_i \, \mathrm{d}\mu + \alpha \right) \geqslant 1, \quad i = 1, 2, \cdots, l_1 + l_2. \end{cases} \tag{9.31}$$

为了解决上述优化问题, 需要首先计算训练集 (9.17) 中输入的支持函数, 然后求解积分 $\displaystyle\int_S \sigma_i \, \mathrm{d}\mu$, 将 $\mathbf{R}^d$ 上的单位球面 S 划分为 n 个区域 $G_1, G_2, \cdots, G_n$ 并分别计算相应的 Radon 测度 $\mu(G_1), \mu(G_2), \cdots, \mu(G_n)$. 由于当 n 趋于无穷大时, $\mu(G_n)$ 趋近于 0, 所以可以在 G_j 中任取 x_j 以计算和式 $\sum\limits_{j=1}^{n} \sigma_i(x_j) \cdot \mu(G_j)$ ($i = 1, 2, \cdots, l_1 + l_2$). 借助于 MATLAB 中的 CVX 工具包求解上述优化问题, 利用最优解获得决策函数. 这导致了如下的算法.

算法 9.3.1

步骤 1 计算给定集合 $A_1, \cdots, A_{l_1}, A_{l_1+1}, \cdots, A_{l_1+l_2}$ 的闭凸包 $\mathrm{co}(A_1), \cdots, \mathrm{co}(A_{l_1}), \mathrm{co}(A_{l_1+1}), \cdots, \mathrm{co}(A_{l_1+l_2})$.

步骤 2 计算闭凸包 $\mathrm{co}(A_1), \cdots, \mathrm{co}(A_{l_1}), \mathrm{co}(A_{l_1+1}), \cdots, \mathrm{co}(A_{l_1+l_2})$ 的支撑函数.

步骤 3 将 $\mathbf{R}^d$ 上的单位球面 S 划分为 n 个区域 $G_1, G_2, \cdots, G_n$, 分别估计 Radon 测度 $\mu(G_1), \mu(G_2), \cdots, \mu(G_n)$.

步骤 4 任取 x_j 属于 G_j(不包含 G_j 的边界), 计算和式 $\sum\limits_{j=1}^{n} \sigma_i(x_j) \cdot \mu(G_j)$ ($i = 1, 2, \cdots, l_1 + l_2$) 作为 $\displaystyle\int_S \sigma_i(x) \, \mathrm{d}\mu$ 的近似值.

步骤 5 求解优化问题

$$\begin{cases} \min\limits_{\mu, \alpha} & \dfrac{1}{2} \|\mu\| \\ \text{s.t.} & y_i \left(\sum\limits_{j=1}^{n} \sigma_i(x_j) \cdot \mu(G_j) + \alpha \right) \geqslant 1, \quad i = 1, 2, \cdots, l_1 + l_2, \end{cases} \tag{9.32}$$

将其最优解 (μ_n^*, α_n^*) 作为优化问题 (9.31) 最优解 (μ^*, α^*) 的近似解.

步骤 6 构建超平面 $\displaystyle\int_S \sigma_i \, \mathrm{d}\mu_n^* + \alpha_n^* = 0$, 进而获得决策函数

$$f(\sigma) = \mathrm{sgn}\,(g(\sigma)),$$

其中 $g(\sigma) = \int_S \sigma \, \mathrm{d}\mu_n^* + \alpha_n^*$.

上述算法称为硬间隔的支持函数机.

9.3.2.2 最优化问题的性质

本小节将讨论优化问题 (9.31) 的凸性和最优解的存在性.

定理 9.3.2[7](Banach-Alaoglu 定理)　设 $\mathcal{K}$ 为赋范线性空间, 则其对偶空间 $\mathcal{K}^*$ 上的闭单位球面 S 是 * 弱紧的.

定理 9.3.3　对于线性可分的集合型数据, 优化问题 (9.31) 是凸的.

证　设 D 为优化问题 (9.31) 的可行域. 由于数据集是线性可分的, 则存在可行解 (μ', α') 满足优化问题 (9.31) 约束条件. 因此, 可行域 D 非空. 对任意 $(\mu_1, \alpha_1), (\mu_2, \alpha_2) \in D$ 和任意 $\lambda \in [0,1]$, 有

$$\frac{1}{2} \|\lambda\mu_1 + (1-\lambda)\mu_2\|$$

$$\leqslant \frac{1}{2} \|\lambda\mu_1\| + \frac{1}{2} \|(1-\lambda)\mu_2\|$$

$$= \frac{1}{2}\lambda \|\mu_1\| + \frac{1}{2}(1-\lambda)\|\mu_2\|.$$

因此, 优化问题 (9.31) 的目标函数是凸的.

对可行域 D 中任意可行解 (μ_1, α_1) 和 (μ_2, α_2), 有

$$y_i\left(\int_S \sigma_i \, \mathrm{d}\mu_p + \alpha_p\right) \geqslant 1, \quad i = 1, 2, \cdots, l_1 + l_2, \ p = 1, 2.$$

所以, 对任意 $\lambda \in [0,1]$, 有

$$y_i\left[\int_S \sigma_i \, \mathrm{d}(\lambda\mu_1 + (1-\lambda)\mu_2) + (\lambda\alpha_1 + (1-\lambda)\alpha_2)\right]$$

$$= y_i\left[\lambda\int_S \sigma_i \, \mathrm{d}\mu_1 + \lambda\alpha_1 + (1-\lambda)\int_S \sigma_i \, \mathrm{d}\mu_2 + (1-\lambda)\alpha_2\right]$$

$$= \lambda y_i\left(\int_S \sigma_i \, \mathrm{d}\mu_1 + \lambda\alpha_1\right) + (1-\lambda)y_i\left(\int_S \sigma_i \, \mathrm{d}\mu_2 + \lambda\alpha_2\right)$$

$$\geqslant \lambda + (1-\lambda) = 1,$$

即

$$(\lambda(\mu_1, \alpha_1) + (1-\lambda)(\mu_2, \alpha_2)) \in D.$$

因此, 对于线性可分的集合型数据, 优化问题 (9.31) 是凸的.

定理 9.3.4 对于线性可分的集合型数据, 优化问题 (9.31) 的最优解存在.

证 对于线性可分的集合型数据, 优化问题 (9.31) 的可行域 D 非空. 由于 $\|\mu\| \geqslant 0$, 下确界 $\inf_{(\mu,\alpha) \in D} \{\|\mu\|\}$ 存在. 因此, 存在收敛子列 $\{\mu_n\}$ 使得 $\lim_{n \to +\infty} \|\mu_n\| = \beta$, 其中 $\beta = \inf_{(\mu,\alpha) \in D} \{\|\mu\|\}$.

由于 $C(S)$ 空间是可分的, 依据定理 9.3.2, 存在 $\mu_0 \in C(S)^*$ 和 $\{\mu_n\}$ 的一个收敛子列 $\{\mu_{n_k}\} \subset C(S)^*$ 使得

$$\lim_{k \to +\infty} \mu_{n_k}(\sigma) = \mu_0(\sigma), \quad \sigma \in C(S). \tag{9.33}$$

进而, 对任意 $\varepsilon > 0$, 可以找到 $N_0 \in \mathbf{N}$ 对所有 $n_k > N_0$, 有 $|\mu_{n_k}(\sigma) - \mu_0(\sigma)| < \varepsilon$. 令 $\varepsilon = \varepsilon_0$, 可得

$$-\varepsilon_0 + \mu_0(\sigma) < \mu_{n_k}(\sigma) < \varepsilon_0 + \mu_0(\sigma), \quad \sigma \in C(S).$$

对任意 $(\mu_n, \alpha_n) \in D$ 和正类输入 σ_i^+, 有 $\mu_n(\sigma_i^+) + \alpha_n \geqslant 1$. 因此, 子列 $\{(\mu_{n_k}, \alpha_{n_k})\}$ 满足 $\mu_{n_k}(\sigma_i^+) + \alpha_{n_k} \geqslant 1$, 进而

$$\alpha_{n_k} \geqslant 1 - \mu_{n_k}(\sigma_i^+) > 1 - \varepsilon_0 - \mu_0(\sigma_i^+), \quad i = 1, 2, \cdots, l_1.$$

令 $M_1 = \min_{1 \leqslant i \leqslant l_1} \{1 - \varepsilon_0 - \mu_0(\sigma_i^+)\}$, 则对任意 $n_k > N_0$, 有 $\alpha_{n_k} \geqslant M_1$.

类似地, 对负类的输入 σ_i^-, 令 $N_1 = \max_{l_1+1 \leqslant i \leqslant l_1+l_2} \{-1 + \varepsilon_0 - \mu_0(\sigma_i^-)\}$. 对任意 $n_k > N_0$, 有 $\alpha_{n_k} \leqslant N_1$. 因此, 对任意 $n_k > N_0$, 有 $M_1 \leqslant \alpha_{n_k} \leqslant N_1$.

令

$$M_2 = \min_{1 \leqslant n_k \leqslant N_0} \{\alpha_{n_k}\},$$
$$N_2 = \max_{1 \leqslant n_k \leqslant N_0} \{\alpha_{n_k}\},$$
$$M = \max \{|M_1|, |M_2|, |N_1|, |N_2|\},$$

则对任意 $n_k \in \mathbf{N}$, 有 $|\alpha_{n_k}| \leqslant M$. 因此, 存在 $\alpha_0 \in \mathbf{R}$ 和 $\{\alpha_{n_k}\}$ 的收敛子列 $\{\alpha_{n_{k_t}}\}$ 满足

$$\lim_{t \to +\infty} \alpha_{n_{k_t}} = \alpha_0. \tag{9.34}$$

由式 (9.33) 和 (9.34) 可得: 对任意正类输入 σ_i^+, 有

$$\mu_0(\sigma_i^+) + \alpha_0 = \lim_{t \to +\infty} (\mu_{n_{k_t}}(\sigma_i^+) + \alpha_{n_{k_t}}) \geqslant 1;$$

对任意负类输入 σ_i^-, 有

$$\mu_0\left(\sigma_i^-\right) + \alpha_0 = \lim_{t\to+\infty}\left(\mu_{n_{k_t}}\left(\sigma_i^-\right) + \alpha_{n_{k_t}}\right) \leqslant -1.$$

因此, (μ_0, α_0) 满足优化问题 (9.31) 的约束条件, 即 $(\mu_0, \alpha_0) \in D$.

由于 $\|\sigma\| \leqslant 1$, 若 $\mu_0(\sigma) \geqslant 0$, 则

$$|\mu_0(\sigma)| = \mu_0(\sigma) = \lim_{k\to\infty}\mu_{n_k}(\sigma) \leqslant \lim_{k\to\infty}|\mu_{n_k}(\sigma)|$$

$$\leqslant \lim_{k\to\infty}\|\mu_{n_k}\| \cdot \|\sigma\| \leqslant \lim_{k\to\infty}\|\mu_{n_k}\| = \beta;$$

若 $\mu_0(\sigma) < 0$, 则

$$|\mu_0(\sigma)| = \mu_0(-\sigma) = \lim_{k\to+\infty}\mu_{n_k}(-\sigma) \leqslant \lim_{k\to+\infty}|\mu_{n_k}(-\sigma)|$$

$$\leqslant \lim_{k\to+\infty}\|\mu_{n_k}\| \cdot \|\sigma\| \leqslant \lim_{k\to+\infty}\|\mu_{n_k}\| = \beta.$$

因此, $|\mu_0(\sigma)| \leqslant \beta$. 进而, $\|\mu_0\| = \sup_{\|\sigma\|\leqslant 1}|\mu_0(\sigma)| \leqslant \beta$.

由 $(\mu_0, \alpha_0) \in D$ 及 $\beta = \inf_{(\mu,\alpha)\in D}\{\|\mu\|\}$, 有 $\|\mu_0\| \geqslant \beta$. 因此, $\|\mu_0\| = \beta$. 也即存在 $(\mu_0, \alpha_0) \in D$, 使得

$$\|\mu_0\| = \inf_{(\mu,\alpha)\in D}\{\|\mu\|\}.$$

综上所述, 对于线性可分的集合型数据, (μ_0, α_0) 为优化问题 (9.31) 的最优解.

定理 9.3.5　设 (μ^*, α^*) 为最优化问题 (9.31) 的最优解, (μ_n^*, α_n^*) 为由算法 9.3.1 获得的最优化问题 (9.31) 的一个近似解, 则当 n 趋于无穷大时, (μ_n^*, α_n^*) 收敛于 (μ^*, α^*).

证　设 $G_j\ (j = 1, 2, \cdots, n)$ 为 $\mathbf{R}^d$ 上单位球面 S 的一个划分, 并且 $x_j \in G_j$. 注意到

$$\int_S \sigma_i(x)\,\mathrm{d}\mu = \lim_{n\to\infty}\sum_{j=1}^n \sigma_i(x_j)\cdot\mu(G_j), \quad i = 1, 2, \cdots, l_1+l_2,$$

并且 (μ^*, α^*) 为优化问题 (9.31) 的最优解, 则当 n 趋于无穷大时, 优化问题 (9.32) 的最优解 (μ_n^*, α_n^*) 收敛于 (μ^*, α^*).

9.3.3　软间隔支持函数机

9.3.3.1　最优化问题与软间隔支持函数机

对于线性不可分的集合型数据, 如果也借助于针对线性可分的集合型数据建立的硬间隔支持函数机 (support function mathine, SFM) 进行分类, 就必须软化优化

问题 (9.31) 的约束条件, 即允许一些训练点不满足约束条件 $y_i \left(\int_S \sigma_i \, \mathrm{d}\mu + \alpha \right) \geqslant 1$. 为此, 引入了松弛变量

$$\xi_i \geqslant 0, \quad i = 1, 2, \cdots, l_1 + l_2, \tag{9.35}$$

可以得到软化后的约束条件

$$y_i \left(\int_S \sigma_i \, \mathrm{d}\mu + \alpha \right) \geqslant 1 - \xi_i, \quad i = 1, 2, \cdots, l_1 + l_2. \tag{9.36}$$

显然, 当 ξ_i 充分大时, 训练点 (σ_i, y_i) 总能够满足约束条件 (9.36). 然而, 松弛变量 ξ_i 的值不应该特别大. 因此, 优化问题 (9.31) 的目标函数中添加了 $\sum\limits_{i=1}^{l_1+l_2} \xi_i$, 优化问题 (9.31) 变为

$$\begin{cases} \min\limits_{\mu, \, \alpha, \, \boldsymbol{\xi}} & \dfrac{1}{2} \|\mu\| + C \sum\limits_{i=1}^{l_1+l_2} \xi_i, \\ \text{s.t.} & y_i \left(\int_S \sigma_i \, \mathrm{d}\mu + \alpha \right) \geqslant 1 - \xi_i, \\ & \xi_i \geqslant 0, \ i = 1, 2, \cdots, l_1 + l_2, \end{cases} \tag{9.37}$$

其中向量 $\boldsymbol{\xi} = (\xi_1, \, \xi_2, \cdots, \xi_{l_1+l_2})^{\mathrm{T}}$, $C > 0$ 为惩罚参数. 优化问题 (9.37) 的目标函数意味着需要同时最小化 $\|\mu\|$ $\left($即最大化间隔 $\dfrac{2}{\|\mu\|}\right)$ 和 $\sum\limits_{i=1}^{l_1+l_2} \xi_i$ (即最小化破坏约束

$$y_i \left(\int_S \sigma_i \mathrm{d}\mu + \alpha \right) \geqslant 1 - \xi_i \quad (i = 1, 2, \cdots, l_1 + l_2)$$

的程度).

上述思想可用如下算法实现.

算法 9.3.2

步骤 1 分别计算给定集合 $A_1, \cdots, A_{l_1}, A_{l_1+1}, \cdots, A_{l_1+l_2}$ 的闭凸包 $\mathrm{co}(A_1), \cdots,$ $\mathrm{co}(A_{l_1}), \mathrm{co}(A_{l_1+1}), \cdots, \mathrm{co}(A_{l_1+l_2})$.

步骤 2 分别计算闭凸包 $\mathrm{co}(A_1), \cdots, \mathrm{co}(A_{l_1}), \mathrm{co}(A_{l_1+1}), \cdots, \mathrm{co}(A_{l_1+l_2})$ 的支撑函数.

步骤 3 将 $\mathbf{R}^d$ 上的单位球面 S 划分为 n 个区域 $G_1, G_2, \cdots, G_n$, 分别估计 Radon 测度 $\mu(G_1), \mu(G_2), \cdots, \mu(G_n)$.

步骤 4 在区域 G_j 中任取 x_j(不包含 G_j 的边界), 计算 $\sum\limits_{j=1}^{n} \sigma_i(x_j) \cdot \mu(G_j)$ $(i = 1, 2, \cdots, l_1+l_2)$, 并将其作为 $\int_S \sigma_i(x) \, \mathrm{d}\mu$ 的近似值.

步骤 5　求解如下优化问题

$$\begin{cases} \min\limits_{\mu,\,\alpha,\,\boldsymbol{\xi}} & \dfrac{1}{2}\|\mu\| + C\sum\limits_{i=1}^{l_1+l_2}\xi_i, \\[3mm] \text{s.t.} & y_i\left(\sum\limits_{j=1}^{n}\sigma_i\left(x_j\right)\cdot\mu\left(G_j\right)+\alpha\right)\geqslant 1-\xi_i, \\[3mm] & \xi_i\geqslant 0,\ i=1,2,\cdots,l_1+l_2, \end{cases} \tag{9.38}$$

将其最优解 $(\mu_n^*,\,\alpha_n^*,\,\boldsymbol{\xi}_n^*)$ 作为优化问题 (9.37) 的最优解 $(\mu^*,\,\alpha^*,\,\boldsymbol{\xi}^*)$ 的近似解.

步骤 6　构建超平面 $\displaystyle\int_s\sigma_i\,\mathrm{d}\mu_n^* + \alpha_n^* = 0$, 可以得到决策函数

$$f\left(\sigma\right)=\mathrm{sgn}\left(g\left(\sigma\right)\right),$$

其中 $g\left(\sigma\right)=\displaystyle\int_s\sigma\,\mathrm{d}\mu_n^* + \alpha_n^*$.

上述算法称为软间隔支持函数机.

注 9.3.1　上述建立的 SFM 是针对二分类问题提出的, 可以通过熟知的 "一对一" 方法将其推广到多分类问题.

9.3.3.2　最优化问题的性质

本小节将讨论优化问题 (9.37) 的凸性和最优解的存在性. 注意到通过优化问题 (9.37) 求解的决策函数 $f\left(\sigma\right)=\mathrm{sgn}\left(g\left(\sigma\right)\right)$ 主要取决于最优解 $(\mu^*,\,\alpha^*,\,\boldsymbol{\xi}^*)$ 中的 $(\mu^*,\,\alpha^*)$, 所以最关心的是 $(\mu^*,\,\alpha^*)$.

定理 9.3.6　对于线性不可分的训练集, 优化问题 (9.37) 的可行域非空.

证　如果训练集是线性不可分的, 则可以找到一个充分大的 ξ_i 使得训练点 $(\sigma_i,\,y_i)$ 满足优化问题 (9.37) 的约束条件. 进而, 存在可行解 $(\mu',\,\alpha',\,\boldsymbol{\xi}')$ 满足优化问题 (9.37) 的约束条件, 所以优化问题 (9.37) 的可行域 D 非空.

定理 9.3.7　对于线性不可分的训练集, 优化问题 (9.37) 是凸的.

证　设 D 为优化问题 (9.37) 的可行域. 由定理 9.3.6 可知 $D\neq\varnothing$. 对任意

$$(\mu_1,\,\alpha_1,\,\boldsymbol{\xi}_1),\quad(\mu_2,\,\alpha_2,\,\boldsymbol{\xi}_2)\in D,\quad\lambda\in[0,1],$$

有

$$\frac{1}{2}\|\lambda\mu_1+(1-\lambda)\mu_2\|+C\sum_{i=1}^{l_1+l_2}(\lambda\xi_{1i}+(1-\lambda)\xi_{2i})$$

$$\leqslant\frac{1}{2}\lambda\|\mu_1\|+\frac{1}{2}(1-\lambda)\|\mu_2\|+\lambda C\sum_{i=1}^{l_1+l_2}\xi_{1i}+(1-\lambda)C\sum_{i=1}^{l_1+l_2}\xi_{2i}$$

$$= \lambda \left(\frac{1}{2} \|\mu_1\| + C \sum_{i=1}^{l_1+l_2} \xi_{1i} \right) + (1-\lambda) \left(\frac{1}{2} \|\mu_2\| + C \sum_{i=1}^{l_1+l_2} \xi_{2i} \right).$$

其中 $\boldsymbol{\xi}_1 = (\xi_{11}, \xi_{12}, \cdots, \xi_{(l_1+l_2)})^{\mathrm{T}}$, $\boldsymbol{\xi}_2 = (\xi_{21}, \xi_{22}, \cdots, \xi_{21(l_1+l_2)})^{\mathrm{T}}$. 因此, 优化问题 (9.37) 目标函数 $\frac{1}{2} \|\mu\| + C \sum_{i=1}^{l_1+l_2} \xi_i$ 是凸的.

对任意 $(\mu_1, \alpha_1, \boldsymbol{\xi}_1)$, $(\mu_2, \alpha_2, \boldsymbol{\xi}_2) \in D$, 有

$$\begin{cases} y_i \left(\displaystyle\int_S \sigma_i \, \mathrm{d}\mu_p + \alpha_p \right) \geqslant 1 - \xi_{pi}, \\ \xi_{pi} \geqslant 0, \quad i = 1, 2, \cdots, l_1 + l_2, p = 1, 2, \end{cases}$$

即

$$\begin{cases} y_i \left(\displaystyle\int_S \sigma_i \, \mathrm{d}\mu_p + \alpha_p \right) + \xi_{pi} \geqslant 1, \\ \xi_{pi} \geqslant 0, \quad i = 1, 2, \cdots, l_1 + l_2, p = 1, 2. \end{cases}$$

对任意 $\lambda \in [0, 1]$, 有

$$y_i \left(\int_S \sigma_i \, \mathrm{d} \left(\lambda \mu_1 + (1-\lambda) \mu_2 \right) + \left(\lambda \alpha_1 + (1-\lambda) \alpha_2 \right) \right) + \lambda \xi_{1i} + (1-\lambda) \xi_{2i}$$

$$= y_i \left(\left(\lambda \int_S \sigma_i \, \mathrm{d}\mu_1 + \lambda \alpha_1 \right) + \left((1-\lambda) \int_S \sigma_i \, \mathrm{d}\mu_2 + (1-\lambda) \alpha_2 \right) \right) + \lambda \xi_{1i} + (1-\lambda) \xi_{2i}$$

$$= \lambda \left(y_i \left(\int_S \sigma_i \, \mathrm{d}\mu_1 + \alpha_1 \right) + \xi_{1i} \right) + (1-\lambda) \left(y_i \left(\int_S \sigma_i \, \mathrm{d}\mu_2 + \alpha_2 \right) + \xi_{2i} \right)$$

$$\geqslant \lambda + (1-\lambda) = 1$$

和

$$\lambda \xi_{1i} + (1-\lambda) \xi_{2i} \geqslant 0.$$

因此

$$\left(\lambda \left(\mu_1, \alpha_1, \boldsymbol{\xi}_1 \right) + (1-\lambda) \left(\mu_2, \alpha_2, \boldsymbol{\xi}_2 \right) \right) \in D.$$

因此, 对于线性不可分的训练集, 优化问题 (9.37) 是凸的.

定理 9.3.8 对于线性不可分的训练集, 最优化问题 (9.37) 存在最优解.

证 由定理 9.3.6 可知: 优化问题 (9.37) 的可行域 D 非空. 由于 $\frac{1}{2} \|\mu\| + C \sum_{i=1}^{l_1+l_2} \xi_i \geqslant 0$, 则下确界

$$\inf_{(\mu, \, \alpha, \, \boldsymbol{\xi}) \in D} \left\{ \frac{1}{2} \|\mu\| + C \sum_{i=1}^{l_1+l_2} \xi_i \right\}$$

存在. 进而, 存在一个收敛子列 $\{(\mu_n, \boldsymbol{\xi}_n)\}$ 使得

$$\lim_{n \to +\infty} \left(\frac{1}{2} \|\mu_n\| + C \sum_{i=1}^{l_1+l_2} \xi_{ni} \right) = \beta,$$

其中向量 $\boldsymbol{\xi}_n = (\xi_{n1}, \xi_{n2}, \cdots, \xi_{n(l_1+l_2)})^{\mathrm{T}}$ 和 $\beta = \inf\limits_{(\mu, \alpha, \boldsymbol{\xi}) \in D} \left\{ \frac{1}{2} \|\mu\| + C \sum\limits_{i=1}^{l_1+l_2} \xi_i \right\}$.

由于 $C(S)$ 空间是可分的, 依据定理 9.3.6 可知, $\{(\mu_n, \boldsymbol{\xi}_n)\}$ 存在一个收敛子列 $\{(\mu_{n_k}, \boldsymbol{\xi}_{n_k})\}$ 和 $(\mu_0, \boldsymbol{\xi}_0)$ 使得

$$\lim_{k \to +\infty} (\mu_{n_k}(\sigma), \boldsymbol{\xi}_{n_k}) = (\mu_0(\sigma), \boldsymbol{\xi}_0), \quad \sigma \in C(S). \tag{9.39}$$

因此, 存在 $N_0 \in \mathbf{N}$ 使得对于任意的 $\varepsilon > 0$ 及所有 $n_k > N_0$, 有

$$|\mu_{n_k}(\sigma) - \mu_0(\sigma)| < \varepsilon, \quad |\xi_{n_k i} - \xi_{0i}| < \varepsilon, \quad i = 1, 2, \cdots, l_1 + l_2.$$

令 $\varepsilon = \varepsilon_0$, 有

$$-\varepsilon_0 + \mu_0(\sigma) < \mu_{n_k}(\sigma) < \varepsilon_0 + \mu_0(\sigma), \quad \forall \, \sigma \in C(S),$$
$$-\varepsilon_0 + \xi_{0i} < \xi_{n_k i} < \varepsilon_0 + \xi_{0i}, \quad i = 1, 2, \cdots, l_1 + l_2.$$

对任意 $(\mu_n, \alpha_n, \boldsymbol{\xi}_n) \in D$ 和正类点 σ_i^+, 由优化问题 (9.37) 的第一个约束条件, 有

$$\mu_n(\sigma_i^+) + \alpha_n + \xi_{ni} \geqslant 1, \quad i = 1, 2, \cdots, l_1.$$

这样, 子列 $\{(\mu_{n_k}, \alpha_{n_k}, \boldsymbol{\xi}_{n_k})\}$ 满足

$$\mu_{n_k}(\sigma_i^+) + \alpha_{n_k} + \xi_{n_k i} \geqslant 1, \quad i = 1, 2, \cdots, l_1.$$

因此

$$\alpha_{n_k} \geqslant 1 - (\mu_{n_k}(\sigma_i^+) + \xi_{n_k i}) \geqslant 1 - 2\varepsilon_0 - \mu_0(\sigma_i^+) - \xi_{0i}. \tag{9.40}$$

令

$$M_1 = \min_{1 \leqslant i \leqslant l_1} \{1 - 2\varepsilon_0 - \mu_0(\sigma_i^+) - \xi_{0i}\}.$$

对所有的 $n_k > N_0$, 由式 (9.40) 得

$$\alpha_{n_k} \geqslant M_1. \tag{9.41}$$

类似于不等式 (9.41) 的证明过程, 对于负类点 σ_i^-, 令

$$N_1 = \max_{l_1+1 \leqslant i \leqslant l_1+l_2} \{-1 + 2\varepsilon_0 - \mu_0(\sigma_i^-) + \xi_{0i}\}.$$

这样, 对所有的 $n_k > N_0$, 由式 (9.40) 得

$$\alpha_{n_k} \leqslant N_1. \tag{9.42}$$

因此, 由式 (9.41) 和式 (9.42) 可知: 对所有正、负两类样本点 σ 和所有的 $n_k > N_0$, 有

$$M_1 \leqslant \alpha_{n_k} \leqslant N_1.$$

令

$$M_2 = \min_{1 \leqslant n_k \leqslant N_0} \{\alpha_{n_k}\}, \quad N_2 = \max_{1 \leqslant n_k \leqslant N_0} \{\alpha_{n_k}\},$$
$$M = \max \{|M_1|, |M_2|, |N_1|, |N_2|\}.$$

对任意 $n_k \in \mathbf{N}$, 有 $|\alpha_{n_k}| \leqslant M$. 因此, 存在 $\alpha_0 \in \mathbf{R}$ 和 $\{\alpha_{n_k}\}$ 的一个收敛子列 $\{\alpha_{n_{k_t}}\}$ 使得

$$\lim_{t \to +\infty} \alpha_{n_{k_t}} = \alpha_0.$$

从而, 对任意正类样本 σ_i^+, 有

$$\mu_0\left(\sigma_i^+\right) + \alpha_0 + \xi_{0i} = \lim_{t \to +\infty} \left(\mu_{n_{k_t}}\left(\sigma_i^+\right) + \alpha_{n_{k_t}} + \xi_{n_{k_t} i}\right) \geqslant 1. \tag{9.43}$$

类似于式 (9.43) 的证明过程, 对任意负类样本 σ_i^-, 有

$$\mu_0\left(\sigma_i^-\right) + \alpha_0 - \xi_{0i} = \lim_{t \to +\infty} \mu\left(u_{n_{k_t}}\left(\sigma_i^-\right) + \alpha_{n_{k_t}} - \xi_{n_{k_t} i}\right) \leqslant -1.$$

因此, $(\mu_0, \alpha_0, \boldsymbol{\xi}_0)$ 满足优化问题 (9.37) 的约束条件, 即

$$(\mu_0, \alpha_0, \boldsymbol{\xi}_0) \in D.$$

对于 $\|\sigma\| \leqslant 1$, 如果 $\mu_0(\sigma) \geqslant 0$, 则

$$
\begin{aligned}
& \frac{1}{2}\left|\mu_0(\sigma)\right| + C \sum_{i=1}^{l_1+l_2} \xi_{0i} \\
& = \frac{1}{2}\mu_0(\sigma) + C \sum_{i=1}^{l_1+l_2} \xi_{0i} \\
& = \lim_{k \to +\infty} \left(\frac{1}{2}\mu_{n_k}(\sigma) + C \sum_{i=1}^{l_1+l_2} \xi_{n_k i}\right) \\
& \leqslant \lim_{k \to +\infty} \left(\frac{1}{2}\left|\mu_{n_k}(\sigma)\right| + C \sum_{i=1}^{l_1+l_2} \xi_{n_k i}\right)
\end{aligned}
$$

$$\leqslant \lim_{k \to +\infty} \left(\frac{1}{2} \|\mu_{n_k}\| \cdot \|\sigma\| + C \sum_{i=1}^{l_1+l_2} \xi_{n_k i} \right)$$

$$\leqslant \lim_{k \to +\infty} \left(\frac{1}{2} \|\mu_{n_k}\| + C \sum_{i=1}^{l_1+l_2} \xi_{n_k i} \right)$$

$$= \beta.$$

如果 $\mu_0(\sigma) < 0$, 则

$$\frac{1}{2} |\mu_0(\sigma)| + C \sum_{i=1}^{l_1+l_2} \xi_{0i}$$

$$= \frac{1}{2} \mu_0(-\sigma) + C \sum_{i=1}^{l_1+l_2} \xi_{0i}$$

$$= \lim_{k \to +\infty} \left(\frac{1}{2} \mu_{n_k}(-\sigma) + C \sum_{i=1}^{l_1+l_2} \xi_{n_k i} \right)$$

$$\leqslant \lim_{k \to +\infty} \left(\frac{1}{2} |\mu_{n_k}(-\sigma)| + C \sum_{i=1}^{l_1+l_2} \xi_{n_k i} \right)$$

$$\leqslant \lim_{k \to +\infty} \left(\frac{1}{2} \|\mu_{n_k}\| \cdot \|\sigma\| + C \sum_{i=1}^{l_1+l_2} \xi_{n_k i} \right)$$

$$\leqslant \lim_{k \to +\infty} \left(\frac{1}{2} \|\mu_{n_k}\| + C \sum_{i=1}^{l_1+l_2} \xi_{n_k i} \right)$$

$$= \beta.$$

进而

$$\frac{1}{2} |\mu_0(\sigma)| + C \sum_{i=1}^{l_1+l_2} \xi_{0i} \leqslant \beta.$$

从而

$$\frac{1}{2} \|\mu_0\| + C \sum_{i=1}^{l_1+l_2} \xi_{0i} = \frac{1}{2} \sup_{\|\sigma\| \leqslant 1} |\mu_0(\sigma)| + C \sum_{i=1}^{l_1+l_2} \xi_{0i} \leqslant \beta. \tag{9.44}$$

由 $(\mu_0, \alpha_0, \boldsymbol{\xi}_0) \in D$ 和 $\beta = \inf_{(\mu, \alpha, \boldsymbol{\xi}) \in D} \left\{ \frac{1}{2} \|\mu\| + C \sum_{i=1}^{l_1+l_2} \xi_{0i} \right\}$, 有

$$\frac{1}{2} \|\mu_0\| + C \sum_{i=1}^{l_1+l_2} \xi_{0i} \geqslant \beta. \tag{9.45}$$

因此, 由式 (9.44) 和式 (9.45) 可得

$$\frac{1}{2}\|\mu_0\| + C\sum_{i=1}^{l_1+l_2} \xi_{0i} = \beta,$$

即存在 $(\mu_0,\ \alpha_0,\ \boldsymbol{\xi}_0) \in D$ 使得

$$\frac{1}{2}\|\mu_0\| + C\sum_{i=1}^{l_1+l_2} \xi_{0i} = \inf_{(\mu,\ \alpha,\ \boldsymbol{\xi})\in D}\left\{\frac{1}{2}\|\mu_0\| + C\sum_{i=1}^{l_1+l_2} \xi_{0i}\right\}.$$

因此, 对于线性不可分的训练集, 优化问题 (9.37) 存在最优解.

定理 9.3.9 设 $(\mu^*,\ \alpha^*,\ \boldsymbol{\xi}^*)$ 为凸优化问题 (9.37) 的最优解, $(\mu_n^*,\ \alpha_n^*,\ \boldsymbol{\xi}_n^*)$ 为通过算法 9.3.2 获得的优化问题 (9.38) 的最优解, 则当 n 趋于无穷大时, 近似解 $(\mu_n^*,\ \alpha_n^*,\ \boldsymbol{\xi}_n^*)$ 收敛于 $(\mu^*,\ \alpha^*,\ \boldsymbol{\xi}^*)$.

证 设 $G_j\ (j=1,2,\cdots,n)$ 是 $\mathbf{R}^d$ 上单位球面 S 的一个划分, $x_j \in G_j$. 注意到

$$\int_S \sigma_i(x)\,\mathrm{d}\mu = \lim_{n\to\infty}\sum_{j=1}^n \sigma_i(x_j)\cdot\mu(G_j), \quad i=1,2,\cdots,l_1+l_2$$

和 $(\mu^*,\ \alpha^*,\ \boldsymbol{\xi}^*)$ 为优化问题 (9.37) 的最优解, 则当 n 趋于无穷大时, 近似解 $(\mu_n^*,\ \alpha_n^*,\ \boldsymbol{\xi}_n^*)$ 收敛于真实解 $(\mu^*,\ \alpha^*,\ \boldsymbol{\xi}^*)$.

定理 9.3.10 设映射 $f:\mathbf{R}^d \to C(S)$, $x_0 \mapsto f(x_0) \triangleq \sigma_{\{x_0\}}(x)$, $\mathbf{R}^d$ 和 $C(S)$ 中的距离分别为 $d_1(x_0,\ x_1) = \|x_0 - x_1\|$ 和 $d_2(\sigma_{\{x_0\}}(x),\ \sigma_{\{x_1\}}(x)) = \sup\limits_{\|x\|=1}|(x,x_0) - (x,x_1)|$, 则 f 为线性等距映射.

证 首先, 对任意 $x_0,\ x_1 \in \mathbf{R}^d$, 有

$$f(x_0 + x_1) = \sigma_{\{x_0+x_1\}}(x) = \sup_{y\in\{x_0+x_1\}}\{(x,y)\} = f(x_0) + f(x_1),$$

对任意 $\lambda \in \mathbf{R}$, 有

$$f(\lambda x_0) = (x,\lambda x_0) = \lambda f(x_0).$$

因此, f 是线性的.

其次, 对任意 $x_0,\ x_1 \in \mathbf{R}^d$, 有

$$\begin{aligned}
d_2(f(x_0),\ f(x_1)) &= d_2(\sigma_{\{x_0\}}(x),\ \sigma_{\{x_1\}}(x))\\
&= \sup_{\|x\|=1}|(x,x_0) - (x,\ x_1)|\\
&\leqslant \sup_{\|x\|=1}\|x\|\cdot\|x_0 - x_1\|\\
&= d_1(x_0,x_1)
\end{aligned}$$

和

$$d_2(f(x_0),\, f(x_1)) = \sup_{\|x\|=1} |(x, x_0) - (x, x_1)|$$

$$\geqslant \left| \left(\frac{x_0 - x_1}{\|x_0 - x_1\|},\, x_0 - x_1 \right) \right|$$

$$= \|x_0 - x_1\| = d_1(x_0,\, x_1).$$

因此, f 是等距映射.

注 9.3.2　定理 9.3.10 说明: 当集合型数据退化为向量值数据时, $\mathbf{R}^d$ 可以通过等距嵌入 f 线性等距地嵌入 $C(S)$ 空间. 这样, $\mathbf{R}^d$ 为 $C(S)$ 的一个子空间, 本节中关于集合型数据的结论和算法对向量值数据仍然成立.

9.3.4　数值实验

本实验选用 UCI 数据库[8]中的 10 种数据集, 采用常用的技巧[9]分别生成集合型数据, 数据集的信息列于表 9.11 中.

表 9.11　数据集的描述

序号	数据集	样本数量	特征数量	类别数量
1	Banknote	1372	5	2
2	Bench	990	10	11
3	Glass	214	10	6
4	Heart	270	13	2
5	Iris	150	4	3
6	Leaf	340	16	30
7	Seeds	210	7	3
8	Wine	178	13	3
9	Winequality	6497	12	7
10	Yeast	1484	8	10

在实验中, 通过为特征向量加入高斯噪声的方式生成 10 个特征向量. 这样, 每个样本可以获得 10 个向量并组成一个集合型数据. 比如, 利用 Banknote 数据集可以获得一个包含 1372 个集合型数据的数据集 $A_i = \{x_{ik}|\ k = 1, 2, \cdots, 10\}$ ($i = 1, 2, \cdots, 1372$).

将所提出的软间隔 SFM 与处理不确定数据的二阶锥规划 (second order cone programming, SOCP)[9]、基于正则包图像集协作表示和分类 (regularized hull based image set based collaborative representation and classification, RHISCRC)[10] 和稀疏近似最近点 (sparse approximated nearest point, SANP)[11] 等处理集合型数据的方法进行比较.

这里, 考虑高斯噪声是因为实际问题中的随机噪声很多都满足高斯分布. 在生

成集合型数据时, 设定 f_{ij} 的有界区间为 $\omega \cdot |A_j|$(其中 $|A_j|$ 为所有样本第 j 个特征取值区间的长度, ω 为控制参数), $\frac{1}{4}(b_{ij} - a_{ij})$ 为标准差, γ_{ij} 为高斯噪声的均值. 采用 10 折交叉验证法, 将获得的平均精度和标准差 (± 后面的数字) 列于表 9.12. 对于每种数据集, 在置信水平 $1 - \alpha = 0.95$ 下, 利用 t 检验, 将获得的 h 值 (“1” 表示 SFM 与 SOCP, RHISCRC, SANP 具有显著差异) 列于表 9.13.

表 9.12　不同方法的分类结果

数据集	SFM	SOCP	RHISCRC	SANP
Bench	0.952±0.010	0.761±0.013	**0.969±0.011**	0.853±0.071
Glass	**0.836±0.035**	0.683±0.074	0.695±0.100	0.561±0.063
Iris	**0.986±0.023**	0.966±0.031	0.820±0.089	0.687±0.194
Leaf	**0.952±0.014**	0.853±0.011	0.791±0.054	0.656±0.027
Seeds	**0.968±0.027**	0.932±0.037	0.923±0.040	0.517±0.104
Wine	0.982±0.024	**0.988±0.020**	0.982±0.028	0.594±0.149
Winequality	**0.792±0.013**	0.484±0.017	0.538±0.027	0.685±0.005
Yeast	**0.689±0.014**	0.592±0.017	0.529±0.024	0.679±0.011
Banknote	**0.985±0.015**	0.976±0.010	0.955±0.020	0.556±0.047
Heart	0.814±0.067	**0.837±0.074**	0.770±0.110	0.544±0.078

表 9.13　t 检验的 h 值和置信水平 $1-\alpha=0.95$

数据集	SFM	SOCP	RHISCRC	SANP
Bench	—	1	0	1
Glass	—	1	1	1
Iris	—	0	1	1
Leaf	—	1	1	1
Seeds	—	1	1	1
Wine	—	0	0	1
Winequality	—	1	1	1
Yeast	—	1	1	1
Banknote	—	0	1	1
Heart	—	0	1	1

在表 9.12 中, 可以发现 SFM 在 7 个数据集上获得了最高的精度 (表中黑体数字), 其余 3 个数据集上获得第二的测试精度. 表 9.13 中的 h 值说明在较大规模数据集上, SFM 与其他方法相比也具有显著的差异性. 从表 9.12 可见本节提出的 SFM 相比于其他方法获得了最高的平均分类精度, h 值为 1 说明所提出的 SFM 能够显著的提高分类精度.

此外, 相比于当前其他的集合型数据的分类算法, 所提出的 SFM 是依据 Banach 空间中的 Riesz 表示定理建立的一种具有理论基础的通用算法, 而不是一种针对某种数据建立的特殊算法. 同时, SFM 还将集合型数据的分类问题转化为 $C(S)$ 中的函数型数据的分类问题, 可为函数型数据的分类问题提供借鉴.

9.4　可信性支持向量机

9.4.1　模糊输出样本类别的动态划分方法

模糊输出训练集的一般形式为

$$S = \{(x_1, \tilde{y}_1), \cdots, (x_l, \tilde{y}_l)\},$$

其中 $x_k \in \mathbf{R}^n (k = 1, 2, \cdots, l)$ 为输入向量, $\tilde{y}_k$ 是一个描述训练样本输出类别的模糊变量. 基于上述训练集, 尝试建立一个判别函数.

考虑到模糊信息的可能性和必要性, 基于可信性测度给出一种训练样本类别的动态划分方法.

定义 9.4.1　假设 $(x_k, \tilde{y}_k)$, $\tilde{y}_k = (\alpha_k, r_{k1}, r_{k2}, \beta_k)$ 为一个梯形模糊输出样本. 对于给定置信水平 $0 < \lambda \leqslant 0.5$, 若

$$(1 - 2\lambda)(\alpha_k + \beta_k) + 2\lambda(r_{k1} + r_{k2}) > 0, \tag{9.46}$$

则 $(x_k, \tilde{y}_k)$ 关于置信水平 λ 为梯形模糊正类样本. 反之, $(x_k, \tilde{y}_k)$ 关于置信水平 λ 为梯形模糊负类样本.

注 9.4.1　三角模糊输出样本和矩形模糊输出样本的动态类别划分方法均可以看作梯形模糊情形下的特例. 假设 $(x_k, \tilde{y}_k)$ 为矩形模糊样本, 其中 $\tilde{y}_k = (r_{k1}, r_{k2})$. 如果 $r_{k1} + r_{k2} > 0$, 则 $(x_k, \tilde{y}_k)$ 称为矩形模糊正类样本; 反之, $(x_k, \tilde{y}_k)$ 称为矩形模糊负类样本. 假设 $(x_k, \tilde{y}_k)$ 为三角模糊样本, 其中 $\tilde{y}_k = (\alpha_k, r_k, \beta_k)$. 对于任意给定的置信水平 $0 < \lambda \leqslant 0.5$, 如果

$$(1 - 2\lambda)(\alpha_k + \beta_k) + 4\lambda r_k > 0,$$

则关于置信水平 λ, $(x_k, \tilde{y}_k)$ 称为三角模糊正类样本; 反之, $(x_k, \tilde{y}_k)$ 三角模糊负类样本.

注 9.4.2　杨志民和邓乃扬[12]提出了一种特殊的三角模糊数来替换经典样本的类别 $+1$ 或者 -1. 假设 $\delta^+ (0.5 \leqslant \delta^+ \leqslant 1)$ 为正类样本的隶属度, 则其对应的三角模糊输出为

$$\tilde{y} = \left(\frac{2(\delta^+)^2 + \delta^+ - 2}{\delta^+}, 2\delta^+ - 1, \frac{2(\delta^+)^2 - 3\delta^+ + 2}{\delta^+} \right),$$

且称该类样本为模糊正类. 假设 $\delta^- (0.5 \leqslant \delta^- \leqslant 1)$ 为负类样本的隶属度, 则其对应的三角模糊输出为

$$\tilde{y} = \left(\frac{2(\delta^-)^2 - 3\delta^- + 2}{-\delta^-}, -2\delta^- + 1, \frac{2(\delta^-)^2 + \delta^- - 2}{-\delta^-} \right),$$

且该样本称为模糊负类. 显然, 上述的三角模糊输出是一类特殊的三角模糊数, 模糊输出数据的类别与原始数据一样, 没有发生改变. 本节我们基于置信水平给出了一种模糊输出样本类别的动态划分方法, 即随着置信水平的变化, 样本的类别也随之发生改变. 此外, 该方法适用于三角模糊数、梯形模糊数等多种模糊输出情形.

例 9.4.1 假设 $(x, \tilde{y})$ 为一个三角模糊输出样本, 其中 $\tilde{y} = (-0.9, -0.1, 1)$. 当 $\lambda = 0.1$ 时, 有

$$(1 - 2\lambda)(\alpha + \beta) + 4\lambda r = 0.04 > 0,$$

即在该置信水平下, $(x, \tilde{y})$ 为三角模糊正类样本; 当 $\lambda = 0.4$ 时, 有

$$(1 - 2\lambda)(\alpha + \beta) + 4\lambda r = -0.14 < 0,$$

即在该置信水平下 $(x, \tilde{y})$ 为三角模糊负类样本. 因此, 随着置信水平的变化, 样本的类别也随之发生改变.

注 9.4.3 上述置信水平 λ 的取值范围只能限定于 $(0, 0.5]$. 如果 $0.5 < \lambda \leqslant 1$, 以梯形模糊输出样本 $(x_k, \tilde{y}_k)$ 为例. 类似于定义 9.4.1, 给出动态划分方法如下:

如果

$$(1 - 2\lambda)\alpha_k + 2\lambda r_k > 0,$$

则 $(x_k, \tilde{y}_k)$ 为三角模糊正类样本; 如果

$$(1 - 2\lambda)\beta_k + 2\lambda r_k < 0,$$

则 $(x_k, \tilde{y}_k)$ 为三角模糊负类样本. 这时的动态划分条件太强, 且样本类别不能随置信水平的变化而变化.

9.4.2 基于模糊输出的可信性支持向量机

9.4.2.1 线性可分问题

定义 9.4.2 设 $S = \{(x_1, \tilde{y}_1), \cdots, (x_l, \tilde{y}_l)\}$ 为一个模糊输出训练集. 如果 $\exists \lambda \in (0, 0.5], w \in \mathbf{R}^n, b \in \mathbf{R}$, 有

$$\mathrm{Cr}\{\tilde{y}_k((w \cdot x_k) + b) \geqslant 1\} \geqslant \lambda, \quad k = 1, 2, \cdots, l, \tag{9.47}$$

则称训练样本集 S 关于置信水平 λ 为模糊线性可分的.

注 9.4.4　显然, 模糊输出训练集的模糊线性可分是经典训练集线性可分的一种推广. 如果经典训练集是线性可分的, 则一定是模糊线性可分的. 如果经典训练集是线性不可分的, 将 $y_k \in \{+1, -1\}$ 转化为模糊变量 $\tilde{y}_i$, 在某个置信水平下, 该训练集可能为模糊线性可分的.

对于给定的置信水平 $\lambda \in (0, 0.5]$, 利用定义 9.4.1, 模糊输出训练样本集 S 可以转化为

$$S^\lambda = \left\{ \left(x_1^\lambda, \tilde{y}_1^\lambda\right), \cdots, \left(x_l^\lambda, \tilde{y}_l^\lambda\right) \right\},$$

其中关于置信水平 λ, $\left(x_i^\lambda, \tilde{y}_i^\lambda\right), i = 1, 2, \cdots, p$ 为模糊正类样本, $\left(x_j^\lambda, \tilde{y}_j^\lambda\right), j = p + 1, p + 2, \cdots, l$ 为模糊负类样本.

由于矩形模糊输出样本和三角模糊输出样本的分类问题均可以看作梯形模糊输出样本分类问题的特例, 以下只考虑梯形模糊输出样本的分类问题.

定理 9.4.1　对于给定的置信水平 $\lambda \in (0, 0.5]$, 有

$$\mathrm{Cr}\left\{\tilde{y}_k^\lambda \left((w^\lambda \cdot x_k^\lambda) + b^\lambda\right) \geqslant 1\right\} \geqslant \lambda, k = 1, 2, \cdots, l$$
$$\Leftrightarrow \begin{cases} ((w^\lambda \cdot x_i^\lambda) + b^\lambda) \geqslant \dfrac{1}{\left(2\lambda r_{i2}^\lambda + (1 - 2\lambda)\beta_i^\lambda\right)}, & i = 1, 2, \cdots, p, \\ ((w^\lambda \cdot x_j^\lambda) + b^\lambda) \leqslant \dfrac{1}{\left(2\lambda r_{j1}^\lambda + (1 - 2\lambda)\alpha_j^\lambda\right)}, & j = p + 1, p + 2, \cdots, l, \end{cases}$$

其中 $\tilde{y}_k^\lambda, k = 1, 2, \cdots, l$ 为梯形模糊变量.

证　由于 $\tilde{y}_k = (\alpha_k, r_{k1}, r_{k2}, \beta_k)$, 对于给定的常数 $T(T \neq 0)$, 有

$$T \cdot \tilde{y}_k = \begin{cases} (T\alpha_k, Tr_{k1}, Tr_{k2}, T\beta_k), & T > 0, \\ (T\beta_k, Tr_{k2}, Tr_{k1}, T\alpha_k), & T < 0. \end{cases}$$

利用定理 3.2.8, 显然结论成立.

方便起见, 记

$$s_i^{\lambda+} = \frac{1}{\left(2\lambda r_{i2}^\lambda + (1 - 2\lambda)\beta_i^\lambda\right)},$$
$$s_j^{\lambda-} = \frac{1}{\left(2\lambda r_{j1}^\lambda + (1 - 2\lambda)\alpha_j^\lambda\right)},$$

则关于置信水平 λ 的模糊线性可分问题 (9.47) 表述为

$$\begin{cases} ((w \cdot x_i^\lambda) + b) \geqslant s_i^{\lambda+}, & i = 1, 2, \cdots, p, \\ ((w \cdot x_j^\lambda) + b) \leqslant s_j^{\lambda-}, & j = p + 1, p + 2, \cdots, l. \end{cases}$$

令

$$s^{\lambda+} = \min_{i=1,2,\cdots,p}\{((w \cdot x_i^\lambda) + b)|((w \cdot x_i^\lambda) + b) \geqslant s_i^{\lambda+}\},$$

$$s^{\lambda-} = \max_{j=p+1,p+2,\cdots,l}\{((w \cdot x_j^\lambda) + b)|((w \cdot x_j^\lambda) + b) \leqslant s_j^{\lambda-}\},$$

则 $w \cdot x^\lambda + b = s^{\lambda+}$ 和 $w \cdot x^\lambda + b = s^{\lambda-}$ 分别为训练集 S^λ 的两个平行超平面, 且间隔为 $\dfrac{\|w\|}{|s^{\lambda+} - s^{\lambda-}|}$. 由于

$$s^{\lambda+} = \min_{i=1,2,\cdots,p}\{s_i^{\lambda+}\}, \quad s^{\lambda-} = \max_{j=p+1,p+2,\cdots,l}\{s_j^{\lambda-}\},$$

因此, 利用最大间隔思想只需最大化 $\|w\|$.

为了求解梯形模糊输出样本分类问题最优超平面, 建立如下可信性模糊机会约束规划:

$$\begin{cases} \min & \dfrac{1}{2}\|w\|^2, \\ \text{s.t.} & \mathrm{Cr}\{\tilde{y}_k^\lambda((w \cdot x_k^\lambda) + b) \geqslant 1\} \geqslant \lambda, \quad k = 1, 2, \cdots, l. \end{cases} \tag{9.48}$$

利用定理 9.4.1, 模型 (9.48) 简化为一个凸二次规划

$$\begin{cases} \min & \dfrac{1}{2}\|w\|^2, \\ \text{s.t.} & (2\lambda r_{i2}^\lambda + (1-2\lambda)\beta_i^\lambda)((w \cdot x_i^\lambda) + b) \geqslant 1, \\ & (2\lambda r_{j1}^\lambda + (1-2\lambda)\alpha_j^\lambda)((w \cdot x_j^\lambda) + b) \geqslant 1, \\ & i = 1, 2, \cdots, p, j = p+1, p+2, \cdots, l. \end{cases}$$

9.4.2.2 模糊线性不可分问题

针对一个模糊线性不可分情形, 模糊输出训练集 S^λ 中的某些数据不满足不等式 (9.47). 因此, 将松弛变量引入到不等式 (9.47) 中

$$\mathrm{Cr}\{\tilde{y}_k((w \cdot x_k) + b) \geqslant 1 - \xi_k\} \geqslant \lambda, \quad k = 1, 2, \cdots, l.$$

则关于模糊线性不可分问题的可信性模糊机会约束规划为

$$\begin{cases} \min & \dfrac{1}{2}\|w\|^2, \\ \text{s.t.} & \mathrm{Cr}\{\tilde{y}_k^\lambda((w \cdot x_k^\lambda) + b) \geqslant 1 - \xi_k\} \geqslant \lambda, \quad k = 1, 2, \cdots, l, \\ & \xi_k \geqslant 0, i = 1, 2, \cdots, l. \end{cases} \tag{9.49}$$

定理 9.4.2 对于一个置信水平 $\lambda \in (0, 0.5]$, 有

$$\mathrm{Cr}\left\{\tilde{y}_k^\lambda\left((w \cdot x_k^\lambda) + b\right) \geqslant 1 - \xi_k\right\} \geqslant \lambda, k = 1, 2, \cdots, l$$
$$\Leftrightarrow \begin{cases} \left(2\lambda r_{i2}^\lambda + (1-2\lambda)\beta_i^\lambda\right)\left((w \cdot x_i^\lambda) + b\right) \geqslant 1 - \xi_i, \\ \left(2\lambda r_{j1}^\lambda + (1-2\lambda)\alpha_j^\lambda\right)\left((w \cdot x_j^\lambda) + b\right) \geqslant 1 - \xi_j, \\ i = 1, 2, \cdots, p, j = p+1, p+2, \cdots, l. \end{cases} \quad (9.50)$$

其中 $\tilde{y}_k^\lambda, k = 1, 2, \cdots, l$ 为梯形模糊变量.

证 参照定理 9.4.1, 结论显然成立.

为了方便求解可信性模糊机会约束规划, 令

$$\tau_k(\lambda) = \begin{cases} 2\lambda r_{k2}^\lambda + (1-2\lambda)\beta_k^\lambda, & k \leqslant p, \\ 2\lambda r_{k1}^\lambda + (1-2\lambda)\alpha_k^\lambda, & k > p \end{cases} \quad (k = 1, 2, \cdots, l),$$

则模型 (9.49) 化简为如下凸二次规划

$$\begin{cases} \min \quad \dfrac{1}{2}\|w\|^2 + C\sum_{k=1}^l \xi_k, \\ \mathrm{s.t.} \quad \tau_k(\lambda) \cdot \left((w \cdot x_k^\lambda) + b\right) \geqslant 1 - \xi_k, k = 1, 2, \cdots, l, \\ \xi_k \geqslant 0, \quad k = 1, 2, \cdots l. \end{cases} \quad (9.51)$$

求解凸二次规划, 引入 Lagrange 函数

$$L_\lambda(w, b, \xi, \gamma, \delta) = \frac{1}{2}\|w\|^2 + C\sum_{k=1}^l \xi_k - \sum_{k=1}^l \delta_k \xi_k$$
$$- \sum_{k=1}^l \gamma_k\left(\tau_k(\lambda)\left((w \cdot x_k^\lambda) + b\right) - 1 + \xi_k\right),$$

其中 $\gamma = (\gamma_1, \gamma_2, \cdots, \gamma_l)^{\mathrm{T}}$ 和 $\delta = (\delta_1, \delta_2, \cdots, \delta_l)^{\mathrm{T}}$ 为 Lagrange 乘子.

对 Lagrange 函数求偏导

$$\frac{\partial L_\lambda(w, b, \xi, \gamma, \delta)}{\partial w} = w - \sum_{k=1}^l \gamma_k \tau_k(\lambda) x_k^\lambda = 0, \quad (9.52)$$

$$\frac{\partial L_\lambda(w, b, \xi, \gamma, \delta)}{\partial b} = \sum_{k=1}^l \gamma_k \tau_k(\lambda) = 0, \quad (9.53)$$

$$\frac{\partial L_\lambda(w, b, \xi, \gamma, \delta)}{\partial \xi_k} = C - \gamma_k - \delta_k = 0, \quad k = 1, 2, \cdots, l. \quad (9.54)$$

因此, 得到模型 (9.51) 的对偶问题

$$\begin{cases} \max_{\gamma} \sum_{k=1}^{l} \gamma_k - \frac{1}{2} \sum_{k=1}^{l} \sum_{m=1}^{l} \tau_k(\lambda)\tau_m(\lambda)\gamma_k\gamma_m \left(x_k^{\lambda} \cdot x_m^{\lambda}\right), \\ \text{s.t.} \sum_{k=1}^{l} \gamma_k\tau_k(\lambda) = 0, \quad k = 1,2,\cdots,l, \\ 0 \leqslant \gamma_k \leqslant C, k = 1,2,\cdots,l. \end{cases} \tag{9.55}$$

求解对偶问题的解为

$$\gamma^* = \left(\gamma_1^*, \cdots, \gamma_p^*, \gamma_{p+1}^*, \cdots, \gamma_l^*\right),$$

进而

$$w^*(\lambda) = \sum_{k=1}^{l} \gamma_k^* \tau_k(\lambda) x_k^{\lambda},$$

且一定存在 $0 < \gamma_{k_0}^* \leqslant C, k_0 \in \{1,2,\cdots,l\}$, 满足

$$\gamma_{k_0}^* \left(\tau_{k_0}(\lambda)\left(\left(w^*(\lambda) \cdot x_{k_0}^{\lambda}\right) + b^*\right) - 1\right) = 0.$$

因此

$$f(x, \lambda) = \text{sgn}\left(\left(w^*(\lambda) \cdot x\right) + b^*(\lambda)\right) = \text{sgn}\left(\sum_{k=1}^{l} \gamma_k^* \tau_k(\lambda)\left(x_k^{\lambda} \cdot x\right) + b^*(\lambda)\right),$$

其中

$$b^*(\lambda) = \frac{1}{\tau_{k_0}(\lambda)} - \sum_{k=1}^{l} \gamma_k^* \tau_k(\lambda)\left(x_k^{\lambda} \cdot x_{k_0}^{\lambda}\right).$$

9.4.2.3 模糊非线性不可分问题

类似于经典数据集的非线性问题, 接下来考虑梯形模糊非线性问题. 一个非线性映射 ϕ 将输入空间映射到高维特征空间, 相应的可信性模糊机会约束规划为

$$\begin{cases} \min \quad \frac{1}{2}\|w\|^2, \\ \text{s.t.} \quad \text{Cr}\left\{\tilde{y}_k^{\lambda}\left(\left(w \cdot \phi(x_k^{\lambda})\right) + b\right) \geqslant 1 - \xi_k\right\} \geqslant \lambda, \\ \xi_k \geqslant 0, k = 1,2,\cdots,l. \end{cases} \tag{9.56}$$

利用核函数 $K(x_k^{\lambda}, x_m^{\lambda})$ 代替高维空间上的内积 $(\phi(x_k^{\lambda}), \phi(x_M^{\lambda}))$, 得到模型 (9.56)

的对偶问题

$$
\begin{cases}
\max\limits_{\gamma} \sum\limits_{k=1}^{l} \gamma_k - \dfrac{1}{2} \sum\limits_{k=1}^{l} \sum\limits_{m=1}^{l} \tau_k(\lambda)\tau_m(\lambda)\gamma_k\gamma_m K(x_k^{\lambda}, x_m^{\lambda}), \\
\text{s.t.} \sum\limits_{k=1}^{l} \gamma_k\tau_k(\lambda) = 0, \quad k = 1, 2, \cdots, l, \\
\quad\quad 0 \leqslant \gamma_k \leqslant C, k = 1, 2, \cdots, l.
\end{cases}
$$

求解得到决策函数为

$$
f(x, \lambda) = \operatorname{sgn}\left(\sum_{k=1}^{l} \gamma_k^* \tau_k(\lambda) K(x_k^{\lambda}, x) + b^*(\lambda) \right),
$$

其中

$$
b^*(\lambda) = \frac{1}{\tau_{k_0}(\lambda)} - \sum_{k=1}^{l} \gamma_k^* \tau_k(\lambda) K\left(x_k^{\lambda}, x_{k_0}^{\lambda} \right).
$$

9.4.3　数值实验

为了验证可信性支持向量机的有效性, 我们给出如下三角模糊输出训练数据

$$
S = \left\{ (x_1, \tilde{y}_1), (x_2, \tilde{y}_2), (x_3, \tilde{y}_3), (x_4, \tilde{y}_4) \right\},
$$

其中

$$
\begin{aligned}
x_1 &= (0.3, 0.7), \quad \tilde{y}_1 = (-1, -0.5, 0.8); \\
x_2 &= (0.6, 0.6), \quad \tilde{y}_2 = (-1, 0.05, 0.8); \\
x_3 &= (0.2, 0.3), \quad \tilde{y}_3 = (-0.9, -0.1, 1); \\
x_4 &= (0.5, 0.4), \quad \tilde{y}_4 = (-0.8, 0.3, 1).
\end{aligned}
$$

基于模糊输出样本类别动态划分方法, 随着置信水平的变化样本的类别也随之发生一定改变 (图 9.5 和图 9.6).

在图 9.5 中, $(x_1, \tilde{y}_1), (x_2, \tilde{y}_2)$ 为三角模糊负类样本, $(x_3, \tilde{y}_3), (x_4, \tilde{y}_4)$ 为三角模糊正类样本. 最优分类超平面为 (w, b), 其中 $w = (-1.4430, -5.1948), b = 3.5137$.

在图 9.6 中, $(x_1, \tilde{y}_1), (x_3, \tilde{y}_3)$ 为三角模糊负类样本, $(x_2, \tilde{y}_2), (x_4, \tilde{y}_4)$ 为三角模糊正类样本. 最优分类超平面为 (w, b), 其中 $w = (7.3590, -2.0385), b = -1.6141$.

如图 9.5 和图 9.6 所示, 正类间隔和负类间隔是不同的, 这意味着最优分类超平面具有一定的主观倾向. 在医疗诊断中, 专家经常高估某种事件发生的可能性, 即最优超平面倾向于患病的一方. 因此, 提出的这类可信性支持向量机在处理这类数据方面具有一定的优势.

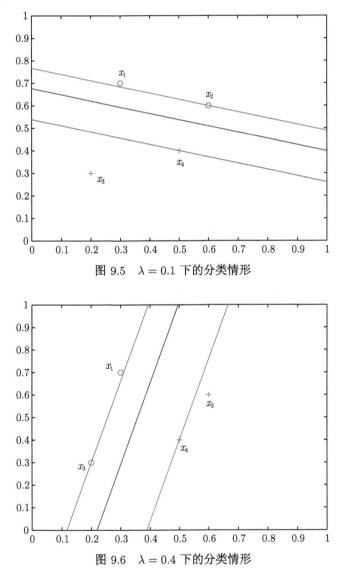

图 9.5 $\lambda = 0.1$ 下的分类情形

图 9.6 $\lambda = 0.4$ 下的分类情形

为了进一步验证算法的有效性, 考虑一类梯形模糊输出数据:

$$S = \{(x_1, \tilde{y}_1), \cdots, (x_l, \tilde{y}_l)\}, \quad \tilde{y}_i = (\alpha_i, r_{i1}, r_{i2}, \beta_i),$$

其中这类数据由经典数据 (Breast Cancer, Heart 和 Diabetes, 详见 [8]) 生成.

假设 c^+ 和 c^- 分别为正负类样本的中心. 记

$$r^+ = \max_{i=1,2,\cdots,l} \|x_i - c^+\|, \quad r^- = \max_{i=1,2,\cdots,l} \|x_i - c^-\|,$$

则

$$\mu_i^+ = 1 - \frac{\|x_i - c^+\|}{r^+ + \delta}, \quad \mu_i^- = 1 - \frac{\|x_i - c^-\|}{r^- + \delta},$$

其中 $i = 1, 2, \cdots, l, \delta > 0$ 为一个可调参数.

下面给出一种梯形模糊输出变量 $\tilde{y}_i = (\alpha_i, r_{i1}, r_{i2}, \beta_i)$ 的生成方法:

$$
\begin{aligned}
&\alpha_i = -\mu_i^-, \quad \beta_i = \mu_i^+, \\
&r_{i1} = \min\{0, \theta \cdot y_i \cdot \min\{\mu_i^-, \mu_i^+\}\}, \\
&r_{i2} = \max\{0, \theta \cdot y_i \cdot \min\{\mu_i^-, \mu_i^+\}\}.
\end{aligned}
\tag{9.57}
$$

其中 $0 < \theta < 1$ 也为一个可调参数.

因此, 得到三类梯形模糊输出数据集: Heart(216/训练, 54/ 测试), Breast Cancer(546/训练, 137/测试) 和 Diabetes (614/训练, 154/测试). 在这三类数据集上进一步验证算法的有效性.

一方面, 图 9.7—图 9.9 给出了不同核函数 (线性核函数 (Linear), 多项式核函数 (Poly) 和高斯核函数 (RBF)) 和不同置信水平下的可信性支持向量机的分类效果. 如前所述, 在不同置信水平下训练样本可以动态地划分为梯形模糊正类和梯形模糊负类. 因此, 三种核函数的可信性支持向量机的错误率也随着置信水平的变化而变化. 这在一定程度上验证了可信性支持向量机的有效性.

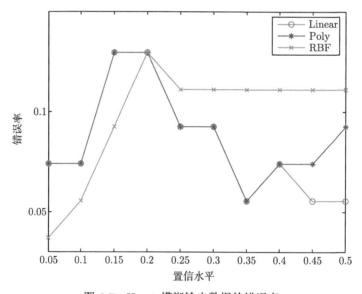

图 9.7 Heart 模糊输出数据的错误率

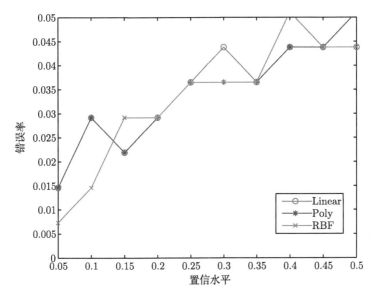

图 9.8　Breast Cancer 模糊输出数据的错误率

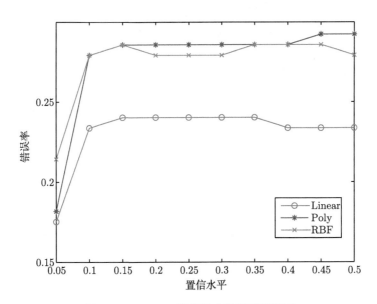

图 9.9　Diabetes 模糊输出数据的错误率

另一方面, 表 9.14 给出支持向量机 (SVM)、模糊支持向量机 (FSVM)、可能性支持向量机 (PRSVM) 和可信性支持向量机 (CRSVM) 四类支持向量机的分类结果, 其中 CRSVM1($\lambda = 0.05$), CRSVM2($\lambda = 0.25$) 和 CRSVM3($\lambda = 0.45$) 为不同置信水平下的可信支持向量机. 总体上, CRSVM1 的错误率远低于 SVM, FSVM

和 PRSVM; CRSVM2 的错误率略低于 SVM, FSVM 和 PRSVM; CRSVM3 的错误率接近于 SVM, FSVM 和 PRSVM. 因此, 这也在一定程度上验证了 CRSVM 的有效性.

表 9.14　SVM, FSVM, PRSVM 和 CRSVMs 的错误率　　(单位: %)

数据集	核函数	SVM	FSVM	PRSVM	CRSVM1	CRSVM2	CRSVM3
Heart	Linear	7.41	7.41	5.56	7.41	9.26	5.16
	Poly	7.41	7.41	7.41	7.41	9.26	7.41
	RBF	12.96	11.11	9.26	3.70	11.11	11.11
Breast Cancer	Linear	4.38	5.11	3.00	1.46	3.65	4.38
	Poly	5.11	4.38	3.64	1.46	3.65	4.38
	RBF	5.84	5.11	4.38	0.73	3.65	4.38
Diabetes	Linear	28.57	24.03	23.38	17.53	18.18	21.42
	Poly	29.22	28.57	24.04	24.03	28.37	27.92
	RBF	25.32	28.57	27.92	23.38	29.22	28.57

然而, 我们不能认为 CRSVMs 的性能远远优于 SVM, FSVM 和 PRSVM. 因为, CRSVM 针对的数据集为模糊输出的, 其类别随着置信水平而发生变化, 而 SVMs 和 FSVMs 针对的数据集的类别为确定的 +1 或者 −1. 根据公式 (9.57), $r_{i1} + r_{i2}$ 的正负值与经典数据集的类别有关, $\alpha_i + \beta_i$ 的正负值与属于正负类样本的隶属度有关. 当置信水平接近于 0 时, $r_{i1} + r_{i2}$ 的权重变小, 而 $\alpha_i + \beta_i$ 的权重变大. 这时, 梯形模糊输出的类别由 $\alpha_i + \beta_i$ 决定, 即与样本到正类中心的距离有关. 因此, CRSVM 的错误率远远低于前面三类 SVMs. 反之, 当置信水平接近于 0.5 时, 梯形模糊输出的类别由 $r_{i1} + r_{i2}$ 决定, 即与经典数据的类别相差不大. 因此, 这时的 CRSVM 的错误率接近于前三类 SVMs.

参 考 文 献

[1] Ji A B, Pang J H, Qiu H J. Support vector machine for classification based on fuzzy training data. Expert Systems with Applications, 2010, 37(4): 3495-3498

[2] Ha M H, Yang Y, Wang C. A new support vector machine based on type-2 fuzzy samples. Soft Computing, 2013, 17(11): 2065-2074

[3] Chen J Q, Hu Q H, Xue X P, et al. Support function machine for set-based classification with application to water quality evaluation. Information Sciences, 2017, 388: 48-61

[4] Wang C, Liu X W, Ha M H, et al. Credibility support vector machines based on fuzzy outputs. Soft Computing, 2018, 22: 5429-5437

[5] Rudin W. Real and Complex Analysis. New York: McGraw-Hill Book Company, 1987

[6] Gardner R. Geometric Tomography. 2nd ed. New York: Cambridge University Press, 2006

[7] Alaoglu L. Weak topologies of normed linear spaces. Annals of Mathematics, 1940, 41: 252-267

[8] Bache K, Lichman M. UCI Machine Learning Repository. Irvine, CA: University of California, School of Information and Computer Science, 2013

[9] Shivaswamy P, Bhattacharyya C, Smola A. Second order cone programming approaches for handling missingand uncertain data. Journal of Machine Learning Research, 2006, 7: 1283-1314

[10] Zhu P, Zuo W, Zhang L, et al. Image set based collaborative representation for face recognition. IEEE Transactions on Information Forensics and Security, 2014, 9(7): 1120-1132

[11] Hu Y, Mian A, Owens R. Sparse approximated nearest points for image set classification. IEEE Conference on Computer Vision and Pattern Recognition. Colorado Springs, CO, USA: IEEE, 2011: 121-128

[12] 杨志民, 邓乃扬. 基于可能性理论的模糊支持向量分类机. 模式识别与人工智能, 2007, 1: 7-14

第10章　不确定支持向量机的应用

本章将介绍课题组在不确定支持向量机应用方面的研究, 如安全第一投资组合[1]、入侵检测[4]、人脸识别[5]、水质评价[7] 等.

10.1　单类支持向量机在安全第一投资组合中的应用

目前, 支持向量机已在生物医学、计算机视觉、文本分类、风险识别与预警等众多模式识别领域得到了成功的应用. 本节将主要介绍支持向量机在安全第一投资组合中的应用, 详见参考文献 [1—3].

10.1.1　模型构建

考虑 n 只股票 $S_1, S_2, \cdots, S_n$ 的投资组合选择问题. 假定股票收益率是随机变量, 安全第一准则为

$$\min_w R(w) = \mathrm{P}\left\{(w \cdot X) \leqslant d\right\},$$

其中 n 维列向量 $X \in \mathbf{R}^n$ 表示 n 只股票的收益率, $d \in X$ 表示灾难性水平, $w \in W$, $W = \{w | (w \cdot e) = 1, w \in \mathbf{R}^n, e = (1, 1, \cdots, 1)^{\mathrm{T}}\}$, $e = (1, 1, \cdots, 1)^{\mathrm{T}}$ 是 n 维向量.

考虑基于样本 $(X_1 - de, 1), (X_2 - de, 1), \cdots, (X_T - de, 1), (0, -1)$ 分类问题, 在函数集 $\mathcal{F} = \{(w \cdot x) | w \in W\}$ 中选取最佳的分类函数使其推广能力最强, 也就是对于测试样本 (x, y) 来说错分率 $\mathrm{P}\{\mathrm{sgn}((w \cdot x)) \neq y\}$ 最小.

由于 $\forall w \in \mathbf{R}^n, \mathrm{sgn}((w \cdot 0)) \equiv -1$, 所以

$$\begin{aligned}
\mathrm{P}\left\{\mathrm{sgn}((w \cdot x)) \neq y\right\} &= \mathrm{P}\left\{\mathrm{sgn}((w \cdot (X - de))) \neq 1\right\} \\
&= \mathrm{P}\left\{\mathrm{sgn}((w \cdot (X - de))) = -1\right\} \\
&= \mathrm{P}\left\{(w \cdot (X - de)) \leqslant 0\right\}.
\end{aligned}$$

由于 $(w \cdot e) = 1$, 所以 $\mathrm{P}\{(w \cdot R) \leqslant d\} = \mathrm{P}\{(w \cdot (X - de)) \leqslant 0\}$. 因此在函数集 $\mathcal{F} = \{(w \cdot x) | w \in W\}$ 上选取分类函数使测试样本 (x, y) 错分率 $\mathrm{P}\{\mathrm{sgn}((w \cdot x)) \neq y\}$ 最小的 w^* 也是使灾难事件发生概率最小的投资组合.

由上面的分析可知, 基于样本 $X_1, X_2, \cdots, X_T$ 的最佳安全第一投资组合 w^* 可以通过求解基于样本 $(X_1 - de, 1), (X_2 - de, 1), \cdots, (X_T - de, 1), (0, -1)$ 分类问题

得到, 即在函数集 $\mathcal{F} = \{(w \cdot x) \,|\, w \in W\}$ 上选取最佳函数 $f(x, w^*)$, 使对于测试样本 (x, y) 来说错分率 $\mathrm{P}\{\mathrm{sgn}(f(x, w)) \neq y\}$ 最小, 也就是使如下期望风险泛函

$$R(w) = \int L(y, f(x, w)) \, \mathrm{d} F(x, y)$$

最小, 其中

$$L(y, f(x, w)) = \begin{cases} 0, & y = \mathrm{sgn}(f(x, w)), \\ 1, & y \neq \mathrm{sgn}(f(x, w)). \end{cases}$$

相较于其他分类算法, 支持向量分类机在处理基于小样本的分类问题时具有更强的推广能力, 能够保证测试样本错分率更小. 单类支持向量机 (OCSVM) 是一种支持向量分类算法, 该种算法将已知样本点视为一类, 将原点视为另外一类, 通过最大化已知样本点和原点的分类间隔来确定最佳分类超平面, 目前已被成功应用于医疗诊断、故障检测、信用卡检测等领域. 这里为了求解样本

$$(X_1 - de, 1), (X_2 - de, 1), \cdots, (X_T - de, 1), (0, -1)$$

的分类问题, 在 OCSVM 的基础上, 构建并求解下面的凸二次规划问题

$$\begin{cases} \min\limits_{w, \boldsymbol{\xi}, \rho} & \dfrac{1}{2} \|w\|_2^2 - \rho + \dfrac{1}{Tv} \sum\limits_{i=1}^{T} \xi_i, \\ \mathrm{s.t.} & (w \cdot (X_i - de)) \geqslant \rho - \xi_i, i = 1, 2, \cdots, T, \\ & \xi_i \geqslant 0, \quad i = 1, 2, \cdots, T, \\ & \rho \geqslant 0, \\ & (w \cdot e) = 1, \end{cases} \tag{10.1}$$

以得到最佳分类函数 $f(x, w^*)$, 其中 $\nu \in (0, 1]$. 由于分类问题和安全第一投资组合选择在最小化同一个风险泛函, 所以此时的 w^* 也是相应的安全第一投资组合.

可以看出和 OCSVM 相比, 凸二次规划问题 (10.1) 增加了约束 $\rho \geqslant 0$ 和 $(w \cdot e) = 1$. 与 v-SVM 相比, 除目标函数不同外, 凸二次规划问题 (10.1) 增加了约束 $(w \cdot e) = 1$, 且 $b = 0$ 假定. 因为 $w=0$, $\xi_i = 0$, $\rho = 0$ 是 v-SVM 的可行解, 如果 ρ 为负数时, 所对应的目标函数值均小于 $w=0$, $\xi_i = 0$, $\rho = 0$ 所对应的目标函数值, 所以 v-SVM 中最优解 ρ^* 不可能取负值, 即 v-SVM 中约束 $\rho \geqslant 0$ 是多余的. 同理 OCSVM 中虽然没有约束 $\rho \geqslant 0$, 但其最优解 ρ^* 也一定是非负的. 由于凸二次规划问题 (10.1) 中有约束 $(w \cdot e) = 1$, 所以 $w=0$, $\xi_i = 0$, $\rho = 0$ 不是凸二次规划问题 (10.1) 的可行解. 因此, 为了保证 OCSVM 优化模型最优解 ρ^* 的非负性, 凸二次规划问题 (10.1) 在 OCSVM 的基础上增加了约束 $\rho \geqslant 0$, 在后面内容中会讨论约束去除的条件.

为了求解凸二次规划问题 (10.1), 首先得到它的对偶规划

$$
\begin{cases}
\min\limits_{\alpha,\delta} & \dfrac{1}{2}\sum\limits_{i=1}^{T}\sum\limits_{j=1}^{T}\alpha_i\alpha_j\left((X_i-de)\cdot(X_j-de)\right)+\dfrac{1}{2}\delta^2 n+\delta\sum\limits_{i=1}^{T}\alpha_i\left(e\cdot(X_i-de)\right)-\delta, \\
\text{s.t.} & 0\leqslant\alpha_i\leqslant\dfrac{1}{Tv}, \quad i=1,2,\cdots,T, \\
& \sum\limits_{i=1}^{T}\alpha_i\geqslant 1.
\end{cases}
$$

(10.2)

假定 (α^*,δ^*) 为对偶规划 (10.2) 的最优解, 且满足 Slater 条件, 则原问题 (10.1) 的最优解 w^* 可以由下式得到

$$
w^*=\sum_{i=1}^{T}\alpha_i^*\left(X_i-de\right)+\delta^* e.
$$

由上面的分析, 可知基于 OCSVM 得到最佳安全第一投资组合可以归结为如下一般算法:

(1) 从区间 $(0,1]$ 中选取适当的参数 v;

(2) 基于样本 $X_1,X_2,\cdots,X_T$ 求解对偶二次规划问题

$$
\begin{cases}
\min\limits_{\alpha,\delta} & \dfrac{1}{2}\sum\limits_{i=1}^{T}\sum\limits_{j=1}^{T}\alpha_i\alpha_j\left((X_i-de)\cdot(X_j-de)\right)+\dfrac{1}{2}\delta^2 n+\delta\sum\limits_{i=1}^{T}\alpha_i\left(e\cdot(X_i-de)\right)-\delta, \\
\text{s.t.} & 0\leqslant\alpha_i\leqslant\dfrac{1}{T\nu}, \quad i=1,2,\cdots,T, \\
& \sum\limits_{i=1}^{T}\alpha_i\geqslant 1,
\end{cases}
$$

得解 (α^*,δ^*), 其中 $\alpha^*=(\alpha_1^*,\alpha_2^*,\cdots,\alpha_T^*)^{\mathrm{T}}$;

(3) 由 (α^*,δ^*) 得到最佳的安全第一投资组合

$$
w^*=\sum_{i=1}^{T}\alpha_i^*\left(X_i-de\right)+\delta^* e.
$$

10.1.2　模型分析

(1) 小样本适用性. 基于单类支持向量机的安全第一投资组合优化模型通过求解等价的单类分类问题来实现安全第一准则. 由于单类支持向量机适用于小样本情况下的单类分类问题, 所以基于单类支持向量机的安全第一投资组合优化模型也适用于小样本情况下的安全第一投资组合选择问题.

(2) 凸性. 基于单类支持向量机的安全第一投资组合优化模型本质上就是一个单类支持向量机, 具有凸二次规划形式, 能够避免出现局部最优的情况.

(3) 模型参数的意义和选取. 模型参数的意义和选取类似于单类支持向量机, 参数选取范围可以缩小为一个区间, 且该参数是间隔错分样本个数占训练样本个数份额的上界, 是支持向量个数占训练样本个数份额的下界. 在一定条件下, 该参数以 1 的概率趋近于支持向量和错分样本占训练样本个数的总份额.

(4) 模型提出的意义. 基于单类支持向量机的安全第一投资组合优化模型利用了安全第一投资组合选择和分类问题之间的等价关系, 克服了现有正则化 CVaR(条件风险价值) 最小模型所存在的等权重投资收益非负必然最优的缺陷, 为支持向量算法应用于投资组合选择提供了新的思路.

10.1.3 应用

为了说明基于 OCSVM 的投资组合优化模型不仅能够践行 "安全第一" 的思想, 并且与现有正则化 CVaR 最小模型[2]相比具有优越性, 这部分采用张鹏[3]所使用的上证 6 只股票的三年季收益率数据进行实验验证, 6 只股票的三年季收益率数据见表 10.1.

表 10.1   6 只股票季收益率及统计特征   (单位: %)

时间 ＼ 股票	600005	600016	600050	600104	600795	600601
2006-06	6.4500	10.4400	3.4500	4.2900	4.9140	4.5100
2006-09	12.4030	14.5600	5.4000	6.3900	8.0500	7.1100
2006-12	17.5170	19.8400	7.3500	4.3700	10.6540	9.2100
2007-03	6.0290	5.4100	2.2000	2.9500	2.8800	1.8200
2007-06	14.5950	6.5600	4.9700	6.5000	6.3780	3.4100
2007-09	19.9560	9.4700	6.7000	9.5800	11.7740	5.3800
2007-12	24.5830	12.5500	7.8900	11.9200	12.4900	7.5200
2008-03	7.4190	5.0600	2.2000	3.2700	1.2800	1.7300
均值	13.6190	10.4863	5.0200	6.1588	7.3025	5.0863
标准差	6.8184	5.0711	2.2362	3.1713	4.1591	2.7304

张鹏[3]通过求解含卖空约束的如下均值–方差模型

$$\begin{cases} \min\limits_{w,\xi_i} & \dfrac{1}{2}w^{\mathrm{T}}Gw, \\ \text{s.t.} & (w \cdot \bar{R}) \geqslant d, \\ & (w \cdot e) = 1, \\ & w \geqslant 0, \end{cases} \tag{10.3}$$

得到最佳的均值–方差投资组合, 其中 $\bar{R}$ 为季收益率的均值向量, G 为季收益率的协方差矩阵 $G = (\sigma_{ij})_{6\times 6}$, σ_{ij} 为第 i 只股票和第 j 只股票收益率的协方差. 针对不同的灾难性水平 d, 得到的最佳均值–方差投资组合见表 10.2.

表 10.2   基于均值–方差模型的投资组合

d \ w	w_1	w_2	w_3	w_4	w_5	w_6
0.05	0.0000	0.0000	1.0000	0.0000	0.0000	0.0000
0.06	0.0000	0.1288	0.6287	0.2425	0.0000	0.0000
0.07	0.0000	0.2685	0.2814	0.4501	0.0000	0.0000
0.08	0.0000	0.4255	0.0000	0.5745	0.0000	0.0000
0.09	0.1056	0.4744	0.0000	0.4199	0.0000	0.0000
0.10	0.2233	0.5027	0.0000	0.2740	0.0000	0.0000
0.11	0.3409	0.5310	0.0000	0.1281	0.0000	0.0000
0.12	0.4832	0.5168	0.0000	0.0000	0.0000	0.0000
0.13	0.8024	0.1976	0.0000	0.0000	0.0000	0.0000
0.13619	1.0000	0.0000	0.0000	0.0000	0.0000	0.0000

为了与表 10.2 中的结果进行对比, 在求解基于 OCSVM 的安全第一投资组合时, 也引入卖空约束 $w \geqslant 0$. 此外, 令 $v = 0.03$, 应用 MATLAB 的优化工具, 选择内点凸算法来求解含 $w \geqslant 0$ 的优化模型 (10.3), 实验结果见表 10.3.

表 10.3   基于 OCSVM 的安全第一投资组合

d \ w	w_1	w_2	w_3	w_4	w_5	w_6
0	0.1966	0.1842	0.1534	0.1620	0.1545	0.1493
0.01	0.1966	0.1842	0.1534	0.1620	0.1545	0.1493
0.02	0.1966	0.1842	0.1534	0.1620	0.1545	0.1493
0.03	0.1966	0.1842	0.1534	0.1620	0.1545	0.1493
0.04	0.2403	0.2219	0.1267	0.1489	0.1468	0.1154
0.05	0.3714	0.2847	0.0771	0.1360	0.0817	0.0491
0.06	0.4336	0.3095	0.0566	0.1324	0.0466	0.0212
0.07	0.4336	0.3095	0.0566	0.1324	0.0466	0.0212
0.08	0.4509	0.4429	0.0000	0.0869	0.0192	0.0000
0.09	0.4497	0.4918	0.0000	0.0585	0.0000	0.0000
0.10	0.4496	0.4918	0.0000	0.0585	0.0001	0.0000
0.11	0.5526	0.4409	0.0000	0.0064	0.0000	0.0000
0.12	0.6463	0.3537	0.0000	0.0000	0.0000	0.0000
0.13	0.6463	0.3537	0.0000	0.0000	0.0000	0.0000
0.13619	0.6014	0.3986	0.0000	0.0000	0.0000	0.0000

由表 10.3 可看到, 当 $d = 0.05$ 时, 由均值–方差模型 (10.3) 得到的最佳投资组合为

$$w_{MV}^* = (0, 0, 1, 0, 0, 0)^T.$$

因为第 3 只股票收益率均值为 5.02% 大于 0.05, 而收益率标准差最小, 符合均

值–方差模型投资股票的原则. 不难得出, 当 $d < 0.05$ 时, 由均值–方差模型 (10.3) 得到的最佳投资组合也为 $w_{\mathrm{MV}}^* = (0, 0, 1, 0, 0, 0)^{\mathrm{T}}$. 由表 10.3 可看到, 当 $d = 0.05$ 时, 基于 OCSVM 的安全第一投资组合优化模型 (10.1) 得到的最佳投资组合为

$$w_{\mathrm{OCSVM}}^* = (0.3714, 0.2847, 0.0771, 0.1360, 0.0817, 0.0491)^{\mathrm{T}},$$

并没有赋予第 3 只股票过高的投资权重. 由表 10.1 可知, 前两只股票的收益率标准差虽然大于其他 4 只股票, 但是它们三年的季收益率都大于 0.05. 所以, 此时, 对于灾难性水平 d 来说, 前两只股票的波动并不能构成风险, 不应在投资中舍弃. 此外, 可以看到, 当 $d < 0.05$ 时, 基于 OCSVM 的安全第一投资组合优化模型 (10.1) 更倾向于对 6 只股票平均分配, 相较于均值–方差模型 (10.3) 全部投资于第 3 只股票, 基于 OCSVM 的安全第一投资组合优化模型践行了 "安全第一" 的思想.

10.2 模糊多类支持向量机在入侵检测中的应用

计算机网络安全是目前计算机科学技术中最重要的研究领域之一, 是一个涉及计算机科学、网络技术、通信技术、密码技术、应用数学与信息论等多学科的边缘性综合学科. 入侵检测是动态安全技术中最为核心的内容, 它采取的是主动监视、检测和识别正在进行的入侵企图或已经成功的入侵者或入侵行为, 而不是被动的防御策略, 并且入侵检测还可以为阻止入侵事件的发生、为减小入侵所造成的损失、为系统或数据的恢复以及为入侵事件的处理提供信息服务和证据.

从本质上来看, 入侵检测问题是一个模式识别问题或模式分类问题, 而 SVM 是解决这类问题的一个强有力的工具. 本节将引入模糊成员函数的模糊多类支持向量机应用于入侵检测中, 详见参考文献 [4]. 采用的数据是在入侵模式数据生成程序生成的入侵检测数据集上得到的, 该数据集具有较强的实用性. 在对各种网络入侵和攻击所产生的网络连接数据进行分析后, 并深入了解每一种入侵和攻击的特点的基础上, 编写了一个入侵模式数据生成程序, 以自动生成一个入侵数据集. 该数据中不但含有各种不同类型的攻击模式 (共有 4 种类型), 而且还有一定数量的噪声数据, 所以该数据集具有很强的代表性. 下面简单介绍该数据.

数据集中含有 4000 个入侵数据, 每一个数据均为 24 维的向量, 并且在数据集中含有 100 个噪声数据. 攻击类型共有 4 种, 即数据集的类别数为 4. 这 4 种类别分别是 Dos (拒绝服务攻击), R2L (远程权限的获取), U2R (各种权限的提升) 和 Probe (端口扫描). 实验的目的是给出各种分类器 (FMSVM, 1-v-1, 1-v-r, J&C) 对该数据集中各种攻击的检测率与总检测精度.

检测率 (detection rate, DR) = 被检测出的攻击样本数/异常样本总数.

误报率 (false positive, FP) = 正常样本被误报为异常样本数/正常样本数.

在本实验中, s_i 的取值如下:

正常数据, 取 $s_i = 1$; DoS 类攻击数据, 取 $s_i = 0.8$; Probe 类攻击数据, 取 $s_i = 0.6$; U2R 类攻击数据, 取 $s_i = 0.4$; R2L 类攻击数据, 取 $s_i = 0.2$.

实验结果如表 10.4 所示.

表 10.4　在入侵检测数据上的实验

攻击类别	朴素贝叶斯分类/%	1-v-r/%	1-v-1/%	J&C/%	FMSVM/%
DoS	DR=91	DR=87	DR=93	DR=91	DR=93
	FP=8	FP=7	FP=8	FP=10	FP=10
Probe	DR=35	DR=52	DR=46	DR=45	DR=91
	FP=6	FP=5	FP=6	FP=6	FP=7
U2R	DR=23	DR=35	DR=33	DR=35	DR=31
	FP=3	FP=4	FP=5	FP=5	FP=4
R2L	DR=21	DR=17	DR=23	DR=12	DR=33
	FP=3	FP=2	FP=5	FP=4	FP=2

实验结果表明, FMSVM 在 DoS 类数据的检测率与 "1-v-1" 算法相同, 而误报率稍高于 "1-v-1" 算法; 在 U2R 类数据上检测率与 1-v-r, 1-v-1 和 J&C 算法相比略低, 误报率与其他方法相差无几, 在其他情形几乎是最好的 (只是在 Probe 上的误报率稍高, 但是在该数据上的检测率明显高于其他各种方法).

10.3　基于直觉模糊数和核函数的支持向量机在人脸识别中的应用

10.3.1　人脸数据库

2D 静态人脸数据库是检验目前人脸识别算法 (特征提取和分类器) 有效性的主要依据, 下面介绍其中 5 种的常用的 2D 静态人脸数据库.

(1) ORL 人脸数据库 (AT&T 人脸数据库): 该数据库由剑桥大学 AT&T 实验室建立, 提供了 40 人共 400 幅面部图像.

(2) YALE 人脸数据库: 该数据库由麻省理工学院媒体实验室创建, 提供了 15 个人的 165 幅图像, 其中每个人有 11 张不同的光照条件和面部表情的人脸图像.

(3) FERET 人脸数据库: 由 FERET 项目创立的人脸数据库是人脸识别领域应用最为普遍的数据库之一, 提供了 14051 张多姿势、不同光照条件的灰度人脸图像.

(4) MIT 人脸数据库: 该数据库由麻省理工学院媒体实验室建立, 提供了 16 位志愿者的 2592 张不同姿势、光照和大小的面部图像.

(5) PIE 人脸数据库: 该数据库由美国卡耐基梅隆大学创立, 在严格控制的条件下采集了 68 位志愿者的 41368 张多姿势、光照和表情的面部图像. 目前, 它已经逐渐成为人脸识别领域的一个重要数据库之一.

本节主要选取 ORL 人脸数据库和 YALE 人脸数据库进行实验.

ORL 人脸数据库包含了自 1992 年 4 月至 1994 年 4 月在剑桥 Olivetti 研究室所拍摄的一批人脸图像. 人脸数据库中含有 40 个人, 每人 10 幅图像, 共 400 幅图像. 所有图像大小为 92 × 112, 背景为黑色, 图像中的人脸基本上是垂直正面人脸, 有的图像有轻微的侧移. 图像在拍摄时间、光照、表情和面部饰件等方面有差异. 图 10.1 中给出了 ORL 人脸数据库中前两个人的原始图像.

图 10.1   ORL 人脸原始图像

YALE 人脸数据库由麻省理工学院媒体实验室创建, 包含 15 个人的 165 幅图像, 其中每个人有 11 张不同的光照条件和面部表情的人脸图像, 每张人脸图像的表情或配置如下: 正面光照、戴眼镜、高兴的、左侧光照、不戴眼镜、普通的、右侧光照、悲伤的、困倦的、惊讶的、眨眼的等等. 图 10.2 中给出了 YALE 人脸数据库中前两个人的原始图像.

图 10.2   YALE 人脸原始图像

在利用支持向量机分类之前, 人脸图像必须经过人脸检测、预处理、特征提取/选择三个阶段. 本节主要利用 YALE 和 ORL 人脸数据库进行研究, 因此不需要进行人脸检测. 考虑到这两个数据库中具有较少的样本, 因此可以手工校准的方式将 ORL 和 YALE 人脸数据库的原始图片裁剪成 32×32 像素大小 (图 10.3 和图 10.4), 从而去除上述两种数据库中的人脸图像背景且对其分类特征影响不大.

图 10.3   ORL 人脸 32×32 图像

图 10.4   YALE 人脸 32×32 图像

10.3.2   应用

本节利用基于直觉模糊数和核函数的支持向量机 (K-IFSVM) 在 YALE 人脸数据库和 ORL 人脸数据库上进行了人脸识别的实验, 并与传统支持向量机 (SVM) 和模糊支持向量机 (FSVM) 的识别率作比较[5](图 10.5).

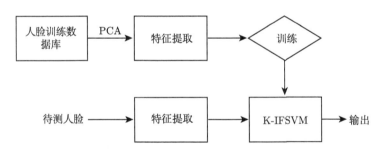

图 10.5   基于主成分分析 (PCA) 和 K-IFSVM 的人脸识别过程

在 YALE 人脸数据库中共有 165 幅图像, 将其中 100 副作为训练数样本, 剩余 65 副作为测试样本. 在 ORL 人脸数据库中共有 40 个人, 每个人共 10 副图像, 将前 5 副用作测试, 后 5 副作为测试, 即训练集和测试集各有 200 个人脸样本. 基于直觉模糊数的多类支持向量机主要采用一对一和一对多两种模式, 进一步验证 K-IFSVM 的有效性和可行性.

表 10.5 中的实验结果表明: 在 ORL 和 YALE 两个人脸数据库上 K-IFSVM 与 SVM, FSVM 相比, 总体上的错误率相对较低.

表 10.5 SVM, FSVM 和 K-IFSVM 的人脸识别错误率

人脸数据库	核函数	SVM/%	FSVM/%	K-IFSVM/%
	线性	0.1063	0.1063	0.1063
ORL	多项式	0.0688	0.0688	0.0688
	高斯	0.0688	0.0937	0.0625
	线性	0.3158	0.3333	0.3333
YALE	多项式	0.3333	0.3158	0.3158
	高斯	0.2933	0.288	0.2667

表 10.6 中的实验结果表明: 一对多模式下 K-IFSVM 的错误率与一对一模式下的相比相差不大, 甚至有时还较低, 进一步验证了一对多模式下 K-IFSVM 的有效性. 此外, 由于一对一模式需要训练的支持向量机比较多, 故一对一模式的训练时间要比一对多模式要长. 由于人脸训练样本较少, 二者的训练时间相差不大.

表 10.6 一对多和一对一模式下 K-IFSVM 的人脸识别性能

人脸数据库	本征脸个数	一对多		一对一	
		错误率/%	时间/s	错误率/%	时间/s
	10	0.1563	278.415	0.1688	353.1863
ORL	20	0.075	319.9581	0.0688	364.9175
	40	0.05	460.0781	0.0813	313.6868
	10	0.3867	33.2282	0.3867	0.29531
YALE	20	0.2667	27.2066	0.2667	0.3441
	40	0.20	21.9493	0.2533	0.3107

10.4 软间隔支持函数机在水质评价中的应用

在水质评价问题中, 经常用多次测量的方式减少水质数据的不确定性[6]. 因此, 水质评价是一个集合型数据的分类问题 (暂不考虑水质评价等级的模糊性). 本节利用软间隔 SFM 评价滏阳河邯郸段的水质, 详见参考文献 [7]. 在该问题中设置了 84 个采样点, 每个采样点进行了 10 次测量. 从而, 获得了 84 个分别属于 6 个不同等级 (I, II, III, IV, V, VI) 的采样点 A_i ($i = 1, 2, \cdots, 84$). 每个集合型数据 A_i 由 10 个不同向量 $x_{i1}, x_{i2}, \cdots, x_{i10}$ 组成, 即 $A_i = \{x_{i1}, x_{i2}, \cdots, x_{i10}\}$ ($i = 1, 2, \cdots, 84$)(见表 10.7, 其中每个向量 x_{ik} ($k = 1, 2, \cdots, 10$) 包含 10 个特征, 如 pH, DO 等. DO 是通过碘量法测量获得, DO、CODcr、NH-N、TN、NO$_3$、NO$_2$、PO$_4$、TP 和 CODmn 的单位都是 "mg/L". 表 10.7 列出了部分训练数据.

表 10.7　部分用于训练的水质数据

集合	向量	pH	DO	CODcr	NH-N	TN	NO$_3$	NO$_2$	PO$_4$	TP	CODmn	等级
	x_{11}	7.55	1.74	36.25	5.17	11.77	4.94	0.62	0.22	0.58	4.89	
	x_{12}	7.53	1.60	36.08	4.99	11.89	5.01	0.57	0.21	0.60	5.08	
	x_{13}	7.56	1.65	36.99	4.74	12.01	5.12	0.51	0.22	0.59	5.00	
	x_{14}	7.52	1.68	39.20	5.18	12.03	5.18	0.65	0.24	0.55	5.12	
A_1	x_{15}	7.55	1.61	34.14	5.11	11.82	5.06	0.54	0.24	0.55	5.06	III
	x_{16}	7.52	1.64	37.11	5.21	12.15	5.25	0.42	0.25	0.61	5.20	
	x_{17}	7.53	1.41	36.47	5.45	11.68	5.05	0.41	0.19	0.56	4.85	
	x_{18}	7.56	1.59	37.93	5.13	11.68	5.16	0.62	0.26	0.53	4.98	
	x_{19}	7.52	1.59	36.42	5.03	11.66	5.08	0.61	0.24	0.59	5.30	
	x_{110}	7.57	1.53	34.73	5.20	11.86	4.92	0.38	0.22	0.58	5.02	
	x_{21}	7.40	7.32	40.92	0.99	4.09	2.87	0.27	0.08	0.54	5.51	
	x_{22}	7.48	7.10	39.06	0.89	4.16	2.66	0.29	0.08	0.55	5.53	
	x_{23}	7.45	7.10	40.02	0.55	4.47	2.64	0.59	0.07	0.58	5.61	
	x_{24}	7.43	7.29	38.97	0.98	4.43	2.78	0.45	0.10	0.57	5.60	
A_2	x_{25}	7.45	7.02	40.01	0.29	4.07	2.69	0.39	0.09	0.55	5.50	II
	x_{26}	7.47	7.34	40.67	0.87	3.99	2.95	0.32	0.06	0.56	5.25	
	x_{27}	7.47	7.27	42.41	0.75	4.32	2.66	0.62	0.13	0.54	5.65	
	x_{28}	7.41	7.21	40.24	0.86	3.71	2.79	0.43	0.04	0.57	5.30	
	x_{29}	7.43	7.21	39.77	1.02	4.34	2.72	0.44	0.10	0.57	5.60	
	x_{210}	7.46	7.03	39.58	0.62	3.79	2.63	0.44	0.08	0.57	5.38	
	x_{31}	6.32	2.75	19.34	1.77	5.32	0.244	3.22	0.05	0.62	40.34	
	x_{32}	6.31	2.67	22.75	1.82	5.19	0.63	3.38	0.05	0.70	40.31	
	x_{33}	6.26	2.78	21.89	1.68	5.21	0.41	3.29	0.03	0.61	40.28	
	x_{34}	6.29	2.64	22.38	2.19	4.95	0.53	3.39	0.03	0.62	40.39	
A_3	x_{35}	6.26	2.71	21.60	1.98	5.28	0.60	3.20	0.02	0.62	40.33	IV
	x_{36}	6.28	2.57	19.47	2.27	5.05	0.40	3.29	0.07	0.63	40.40	
	x_{37}	6.31	2.51	19.19	2.15	5.25	0.28	3.32	0.06	0.63	40.24	
	x_{38}	6.28	2.60	20.80	1.88	5.07	0.46	3.25	0.04	0.61	40.31	
	x_{39}	6.28	2.97	20.79	1.88	5.12	0.44	3.29	0.05	0.62	40.37	
	x_{310}	6.28	2.53	19.92	2.29	5.07	0.52	3.33	0.03	0.66	40.21	

　　将所提出的软间隔 SFM 与 SOCP[8], RHISCRC[9]、SANP[10] 等处理集合型数据的方法进行比较.

　　对于测试数据, 采用 10 折交叉验证法进行测试. 每折的测试精度、平均精度和方差均列在表 10.8 中. 在置信水平 $1 - \alpha = 0.95$ 下, 利用 t 检验法, 将获得的结果 (h 值为 1 意味着 SFM 与 SOCP、RHISCRC、SANP 等方法相比具有显著差异性) 也列在了表 10.8 中.

　　然而, 4 种方法的分类精度都不是很高, 主要原因分析如下:

(1) 滏阳河 (邯郸段) 的水质数据集非常不平衡, 大部分属于等级 IV 或 V. 尽管本节建立了一种新的集合型数据的分类方法, 也能获得提高分类精度, 但是对于非平衡集合型数据的分类精度还不够高, 尚需进一步改进.

(2) 水质评价等级 (如 "清洁 I" "相对清洁 II" 等) 经常用模糊语言描述, 本没有清晰的等级边界. 人们为了便于应用, 常常硬性划分等级边界.

表 10.8 不同方法的评价结果

折数	SFM	SOCP	RHISCRC	SANP
第一折	0.57	0.57	0.37	0
第二折	0.60	0.60	0.37	0.13
第三折	0.60	0.57	0.62	0
第四折	0.55	0.55	0.50	0.13
第五折	0.57	0.38	0.75	0
第六折	0.53	0.57	0.62	0.17
第七折	0.58	0.63	0.50	0
第八折	0.60	0.57	0.37	0.14
第九折	0.57	0.50	0.37	0.13
第十折	0.62	0.67	0.62	0
平均精度	0.58	0.56	0.51	0.07
方差	0.03	0.08	0.14	0.07
h 值	–	1	1	1

参 考 文 献

[1] 哈明虎, 杨扬. 基于统计学习理论的安全第一投资组合选择. 北京: 科学出版社, 2016

[2] Crisp D J, Burges C J C. A geometric interpretation of v-SVM classifiers. Neural Information Processing Systems Conference, 2000: 244-250

[3] 张鹏. 不允许卖空情况下均值–方差和均值–VaR 投资组合比较研究. 中国管理科学, 2008, 16(4): 30-35

[4] 李昆仑, 黄厚宽, 田盛丰, 等. 模糊多类支持向量机及其在入侵检测中的应用. 计算机学报, 2005, 28(2): 274-280

[5] 王超. 三类不确定支持向量机及其应用. 河北大学博士学位论文, 2013

[6] Nodler K, Tsakiri M, Aloupi M, et al. Evaluation of polar organic micropollu-tants as indicators for waste water-related coastal water quality impairment. Environmental Pollution, 2016, 211(6): 282-290

[7] Chen J Q, Hu Q H, Xue X P, et al. Support function machine for set-based classification with application to water quality evaluation. Information Sciences, 2017, 388: 48-61

[8] Shivaswamy P, Bhattacharyya C, Smola A. Second order cone programming approaches for handling missingand uncertain data. Journal of Machine Learning Research, 2006, 7: 1283-1314

[9] Zhu P, Zuo W, Zhang L, et al. Image set based collaborative representation for face recognition. IEEE Transactions on Information Forensics and Security, 2014, 9(7): 1120-1132

[10] Hu Y, Mian A, Owens R. Sparse approximated nearest points for image set classification. IEEE Conference on Computer Vision and Pattern Recognition. Colorado Springs, CO, USA: IEEE, 2011: 121-128

索　引

B

必要性测度, 41
闭模糊集, 16
闭模糊数, 17
闭区间数, 17
闭凸模糊集, 16
边界支持向量, 167
不确定变量, 41
不确定测度, 3
不确定分布, 69

F

泛可加测度, 41
泛随机变量, 53
非平凡一致性, 75

G

关键定理, 2
广义不确定测度, 4
广义不确定测度空间, 4
广义不确定集, 4
广义不确定样本, 4

J

集值映射, 3
集值概率, 3
加权支持向量机, 5
经验风险泛函, 75
经验风险最小化原则, 2

K

可能性测度, 3
可信性测度, 4
可信性支持向量机, 6

M

模糊变量, 53
模糊粗糙集, 11
模糊集, 3
模糊可加, 47
模糊数, 3
模糊随机集, 68
模糊支持向量机, 5
模糊多类支持向量机, 189

N

拟测度, 41
拟概率, 3
拟可加, 43

Q

期望风险泛函, 75
期望模糊可能性测度, 6
区间 2-型模糊集, 21
区间直觉模糊集, 23
区间直觉犹豫模糊集, 11

S

三元模糊集, 11
随机集, 3

生长函数, 104
似然函数, 39

T

凸模糊集, 16
退火熵, 105
条件熵, 175
特征加权支持向量机, 5

Y

一致单边收敛, 83
一致双边收敛, 102
犹豫模糊集, 11

Z

支持函数机, 6
知识约简, 29

直觉模糊集, 3
直觉模糊支持向量机, 5

其 他

Chebyshev 不等式, 61
Khinchin 大数定律, 61
Markov 不等式, 61
Minkowski 加法, 69
Scalar 乘法, 69
Sugeno 测度, 3
VC 熵, 104
2-型模糊集, 3
T-函数, 43
λ-律, 41
σ-λ-律, 42
λ-模糊测度, 42
ε 网格, 105